工业水处理

第二版

李 杰 主编

程爱华 刘 蕾 副主编

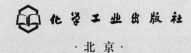
化学工业出版社

·北京·

内 容 简 介

本书结合工业企业的特点，阐述了工业给水及回用水处理、工业废水处理及循环冷却水处理的基本原理及基本过程。本书共分 3 篇 14 章，分别从工业水处理基础知识、工业给水和循环冷却水处理、工业废水处理的技术方法三方面对工业水处理技术做了系统而全面的论述。

本书适合作为高等学校环境工程专业、给排水科学与工程专业、市政工程专业的本科生、研究生教材，也适合从事工业水处理领域的科研人员、技术人员和管理人员参考。

图书在版编目（CIP）数据

工业水处理 / 李杰主编；程爱华，刘蕾副主编.
2 版. -- 北京：化学工业出版社，2025. 2. -- ISBN
978-7-122-46763-8

Ⅰ. TQ085

中国国家版本馆 CIP 数据核字第 202491G652 号

责任编辑：徐　娟　　　　　　　文字编辑：邹　宁
责任校对：杜杏然　　　　　　　装帧设计：关　飞

出版发行：化学工业出版社
　　　　　（北京市东城区青年湖南街 13 号　邮政编码 100011）
印　　装：中煤（北京）印务有限公司
787mm×1092mm　1/16　印张 21　字数 548 千字
2025 年 5 月北京第 2 版第 1 次印刷

购书咨询：010-64518888　　　　　售后服务：010-64518899
网　　址：http://www.cip.com.cn
凡购买本书，如有缺损质量问题，本社销售中心负责调换。

定　价：98. 00 元

前言

本书第一版自 2014 年出版以来，已历时十年，多次重印，获得了众多专家和读者的认可。其间，我国社会经济快速发展，工业水处理技术也有了很大进步。基于清洁高效、低碳环保等新发展理念，工业企业对水处理工程的设计、建设和运行管理也提出了很多新要求。为了及时反映工业水处理领域的发展现状，优化培养学生的工程实践能力，我们在内容上做了较多的增补和删减，主要涵盖五个方面。

（1）为了突出相关知识的紧凑性，便于读者学习，进行了相关章节的调整，如将第 1 篇基础知识中的流量（负荷）调节、 pH 值的控制、消毒等内容，根据实际应用情况分别调整到了第 2 篇和第 3 篇中。

（2）精简了不同章节中相似的基础知识，如混凝；并且删减了实际中较为少见的设备内容，如流量监测与水位测量等设备。

（3）针对各工艺方法近年来出现的新理论、新成果和新设备，对各章的理论体系重新进行了梳理和归纳。

（4）部分章节新增了多个实际工程案例，强化工程实践能力的培养。

（5）新增第 14 章新污染物、高效微生物及生物识别技术，响应了国家开展新污染物治理的号召，拓展了工业水处理领域的维度，提高了工业水处理的精度。

本书由兰州交通大学李杰主编，西安科技大学程爱华、郑州航空工业管理学院刘蕾副主编，参加编写的还有东华理工大学李泽兵、烟台大学嵇斌、中国环境科学研究院李文謏、中国科学院青藏高原研究所毛飞剑等。具体分工为：李泽兵编写第 1、 2、 7、 9 章；程爱华编写第 3、 11 章；刘蕾编写第 5、 12 章；嵇斌编写第 6、 13 章；李文謏编写第 10、 14 章；毛飞剑编写第 4、 8 章。李杰负责再版修订大纲与统稿工作。

限于编者的知识和水平，不足和疏漏之处在所难免，敬请读者不吝批评指正。

编　者

2025 年 1 月

扫码可见书中部分彩图

第一版前言

水是人类生活和生产的命脉。但全球水资源的分布极不均匀。我国人均淡水资源仅为世界平均水平的四分之一，在世界上名列 110 位，是全球人均水资源最贫乏的国家之一。而根据《2012 年中国环境状况公报》我国主要河流和湖泊的水污染情况不容乐观，国控江河断面中水质Ⅳ类～劣Ⅴ类的断面，珠江流域占 8.7%，长江流域占 13.8%，黄河流域占 39.3%，松花江流域占 42%，淮河流域占 52.6%，辽河流域占 56.4%，主要污染物为化学需氧量、生化需氧量、氨氮和总磷；国控重点湖泊（水库）中，Ⅳ～劣Ⅴ类水质的湖泊（水库）占比为 38.7%，其主要污染为总磷、化学需氧量和高锰酸盐指数。也就是说，我国三分之一以上的淡水水域已经受到不同程度的污染。

继氮、磷和有机物污染之后，工业废水中排出的大量难降解有机物以其较高的毒性与化学稳定性给生态环境和人类健康造成了极大的危害。2013 年环保部公布的《化学品环境风险防控"十二五"规划》中指出，我国现有生产使用记录的化学物质 4 万多种，其中 3000 余种已列入当前《危险化学品名录》，这些化合物具有急性或者慢性毒性、生物蓄积性、不易降解性、致癌致畸致突变性等特性，并有大量化学物质的危害特性还未明确和掌握。难降解有机物的污染防治已被列为"十二五"期间环境保护工作的重要组成部分，而对难降解有机废水的有效处理及达标排放，长期以来都是水处理领域面临的难题。

随着我国经济的快速发展与环境保护工作的不断深入，水处理尤其是工业水处理的工作任务越来越重，越来越多的工程技术人员投入到工业水处理行业中。这些人在对专业知识的学习过程中，急需一本适合作为工程师培养目标的参考书。目前国内关于水处理的专业书籍很多，但这些书一般针对本科及以上学业水平人员的需要，偏重理论部分讲述，且分为给水和排水单独详述。还有极少部分关于现场管理方面的书，又显得内容单调不够全面。所以从工程师培养目的出发，编写一部集给水和排水、理论和实践相糅并举的教材或参考书，具有一定的实际意义。

本书在总结编者多年教学经验和实际工程实践的基础上，结合本科生及其他处于初学期的相关工程技术人员对工业水处理理论与应用知识掌握的阶段性特点，从实际工业水处理常见的处理单元与基本流程出发，沿基础知识、给水处理和废水处理部分逐次进行讲述；在讲述基本理论的基础上，尽量突出各单元的实用性，并加入一些工艺仪表及其控制内容。

全书由李杰主编、统稿。参与本书编写的人员为：王霞，第 1、7 章；程爱华，第 5、6、10～12 章；王旭东，第 2、3、8 章；杨静，第 4、9 章；葛磊，第 13 章。

在本书编写过程中，还得到兰州交通大学（原兰州铁道学院）校友周岳溪、翟为民、蒋金辉、张汉英、徐栋等的支持，感谢他们的热情付出。

鉴于水平所限，不妥与疏漏之处难免，敬请批评指正。

编　者

2014 年 7 月

目录

第3篇 工业废水处理 / 169

第1篇
基础知识

第1章
概　述

1.1　工业用水

工业用水通常指工业企业用于生产活动的水，包括主要生产用水、辅助生产用水（如机修、运输、空压站等）和附属生产用水（如绿化、办公室、浴室、食堂、厕所、保健站等），不包括企业内部的重复利用水。工业企业在进行用水过程前应确定用水来源、用水定额和用水量等信息，并报相关部门审批同意后方可开展用水活动。在用水过程中，还需对水质和水量进行管理，以满足企业的生产和生活需求。

1.1.1　工业用水水源

工业用水水源通常包括地表水（河水、湖水、水库水）、地下水（井水）和其他（非常规）水源。在特定区域（如沿海地区或缺水地区）可使用经处理后的城市污水（再生水）、集蓄雨水、淡化海水、微咸水和矿坑（井）水等作为水源。

1.1.1.1　地表水

地表水通常包括河水、湖水和水库水。特点是主要由雨水、冰川融水和泉水等地面径流汇合而成，含盐量低、溶解氧含量高，水质较好。通常情况下，地表水水质主要受气候和季节条件影响，而在特殊区域，地表水还面临各类外源性污染物输入的风险，从而影响水质。

当输入水体的污染物在水体自身可以承受的环境容量范围内时，水体经过一系列物理、化学和生物化学作用，其污染物的含量降低或总量减少，受污染的水体部分地或完全地恢复原状，这个过程称为水体自净，这个状态下的最大污染物输入量称为水体自净能力或自净容量。但是，当污染物输入量超过水体的自净能力，水体就会呈现持续的污染状态，水质将急剧恶化，进而发黑、发臭。因此，以地表水为水源的工业企业，应定期对水源水质进行分析检测，关注丰水期和枯水期的水质变化，建立水源的水量、水质资料档案。同时，还要了解本企业取水点附近及上游的工业废水和生活污水排放情况及变化趋势，明确它们对本企业取水水质的影响，必要时要采取相应措施。

1.1.1.2　地下水

地下水即通常所说的井水或泉水，是雨水或地表水经过地层的入渗补给形成的。地下水按深度分为表层水、层间水和深层水。表层水包括土壤水和潜水，是地壳不透水层以上的水；层间水是指第一个不透水层以下的地下水，这是工业上使用较多的地下水源；深层水为几乎与外界隔绝的地下水层。由于地壳构造的复杂性，不同地区（甚至是相邻地区）同一深度的井，有的可能引出的是表层水，有的可能引出的是层间水，水质会有很大不同。

天然条件下，由于与外界隔绝，地下水水质受气候和季节影响小，水质稳定、浊度低、溶解氧少、有机物少、微生物少，但由于地壳活动的原因，地下水 CO_2 含量高。同时，由于地下水长期与土壤、岩石接触，土壤、岩石中的矿物质会逐渐溶解于水中。一般来说，水层越深，含盐量越高，有的甚至可以达到苦咸水水质。另外，地下水水质还与地下水流经的岩石矿区有关，如流经铁矿区的水中含铁、锰较高，流经石灰岩地区的水硬度较高。除此以外，近年来一些地区还发现：地表工业废水和生活污水通过土壤入渗破坏附近浅井地下水水质；近海地区的海水入渗也会破坏区域浅井地下水水质。更严重的是，一些采矿活动还会破坏深层地下水水质。当然，与地表水相比，地下水水质相对稳定，以井水为水源时企业的水质分析次数可适当减少（如每季一次），但是也应建立用井取水的详细档案资料。资料应涵盖区域水文地质资料、凿井的地层标本和地质柱状图以及井位、井深、井管结构、动水位、静水位、泵工况、流量、水温等内容。浅井附近应禁止污水排放和污物堆放。

1.1.1.3 城市自来水

我国城市自来水大部分取自地表水，经混凝、沉淀、过滤、消毒处理后供出，也有一部分取自地下水（井水、泉水），仅经过滤、消毒后供出。由于经济成本原因，使用城市自来水作水源的都是用水量较少的中小型企业，有时仅是企业的某个车间、工段。

城市自来水水质应符合《生活饮用水卫生标准》（GB 5749—2022），虽然水质稳定，但是以城市自来水作水源的企业也应对其水质进行定期分析，建立档案。

1.1.1.4 海水

沿海地区的工业企业，经常取用海水作为冷却水。在某些淡水资源紧缺的地区，也可以取用海水进行淡化处理后作工业用途，但其费用高昂。

海水含可溶性盐多，盐度（指当海水中所有碳酸盐转变为氧化物、溴和碘用氯代替、有机物被氧化后的固体物质总含量）可达 5.5%～5.7%，其中氯化物占 88.7%，硫酸盐占 10.8%，碳酸盐占 0.3%左右（波动较大）。由于海水含盐量高，作为冷却水时，设备与管道腐蚀严重，防腐难度大。另外，海洋生物在冷却水系统的繁殖和黏附会堵塞管道，影响冷却效果，也必须采取有效的防护措施。近年来，部分地区近海海水因工业废水和（或）生活污水排入，水体有机质和营养盐浓度上升，海洋"赤潮"时有发生。因此，使用海水的工业企业也应注意海水水质的波动变化。

1.1.1.5 处理过的城市污水

城市污水处理厂尾水经适当再生工艺处理后，可作为工业冷却、洗涤、除尘、冲渣（灰）、锅炉补给、工艺和产品等用水水源。

利用取水工程或者设施直接从江河、湖泊或者地下取用水资源的单位和个人，应当申请领取取水许可证，严格执行取水许可制度。而针对再生水，国家鼓励企业提高工业用水重复利用率，拓展再生水利用途径，促进水资源循环利用，节约用水。

1.1.2 工业用水的类型

1.1.2.1 按行业分类

对城市工业用水，可按不同工业部门及行业进行分类。行业可以按照《国民经济行业分类》（GB/T 4754—2017）的规定并结合工业行业的实际情况进行分类，如钢铁行业、医药行业、造纸行业、火力发电行业等。

1.1.2.2　按生产过程主次分类

按生产过程的主次关系可将工业用水分为主要生产用水、辅助生产用水（包括机修、锅炉、运输、空压站、厂内基建等）和附属生产用水（包括厂部、科室、绿化、厂内和车间浴室、保健站、厕所等生活用水）三类。

1.1.2.3　按水的用途分类

按照用途，可将工业用水分为生产用水和生活用水。生产用水又分为间接冷却水、工艺用水和锅炉用水。其中，工艺用水包含产品用水、洗涤用水、直接冷却水和其他工艺用水，

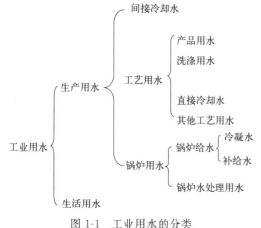

图 1-1　工业用水的分类

如图 1-1 所示。

（1）间接冷却水。在工业生产过程中，为保证生产设备能在正常温度下工作，需使用冷却水吸收或转移生产设备的多余热量，冷却水与被冷却介质之间由换热器壁或设备隔开时，此冷却水称为间接冷却水。

（2）产品用水。在生产过程中，作为产品原料的那部分水（此水或为产品的组成部分，或参加化学反应）。

（3）洗涤用水。在生产过程中对原材料、物料、半成品或容器进行洗涤处理的水。

（4）直接冷却水。在生产过程中，为满足工业过程需要，使产品或半成品冷却所用的与之直接接触的冷却水（包括调温、调湿使用的直流喷雾水）。

（5）其他工艺用水。除产品用水、洗涤用水和直接冷却水之外的其他工艺用水。

（6）锅炉用水。包括锅炉给水和锅炉水处理用水。

（7）锅炉给水。为直接产生工业蒸汽而进入锅炉的水，它由两部分组成，一部分是回收由蒸汽冷却得到的冷凝水，另一部分是经化学处理后的补给水（软化水或除盐水）。

（8）锅炉水处理用水。在为锅炉制备软化水时，所需要的再生、冲洗等项目的用水。

1.1.2.4　按水的具体用途分类

在不同的生产行业，用水又可按水的具体用途分类。

（1）在啤酒行业分为糖化用水（投料水）、洗涤用水（洗槽用水、刷洗用水、洗涤用水等）、洗瓶装瓶用水、锅炉用水、冷却用水和生活用水等。

（2）在味精行业分为淀粉调浆、酸解制糖用水、糖液连消用水、谷氨酸冷却用水、交换柱清洗用水、中和脱色用水、结晶离心烘干用水、成品包装用水和锅炉用水等。

（3）在火力发电行业分为锅炉给水、锅炉补给水、冷却水、冲灰水、消防水和生活用水等。

1.1.2.5　按用水水质分类

按照水质条件，工业用水通常包括纯水（除盐水、蒸馏水等）、软化水（去除硬度的水）、清水（天然水经混凝、澄清、过滤处理后的水）、原水（天然水）、冷却水和生活用水等。

1.1.3 工业用水定额

《中华人民共和国水法》规定，国家对用水实行总量控制和定额管理相结合的制度。省、自治区、直辖市人民政府有关行业主管部门负责制定本行政区域内的行业用水定额。县级以上地方人民政府发展计划主管部门会同同级水行政主管部门，根据用水定额、经济技术条件以及水量分配方案确定可供本行政区域使用的水量，制定年度用水计划，并对本行政区域内的年度用水实行总量控制。在用水管理过程中，用水定额被广泛应用于涉水规划、水资源论证、取水许可、计划用水、节水评价、节水载体建设和监督考核等各项工作，是指导各行业开展节水工作的重要技术依据。

各地编制用水定额应符合以下原则。

（1）科学合理。用水定额编制应采取科学的方法和程序，在保证生产生活基本用水需求的同时，综合考虑经济成本和用水户的承受能力。

（2）节约用水。用水定额编制应符合节约用水的发展趋势，有利于促进节约用水。

（3）因地制宜。用水定额编制要充分考虑本地水资源条件、用水总量指标、经济社会发展水平和工程技术条件。

（4）可操作性。用水定额是计划用水、取水许可和水资源论证的主要依据。用水定额应和《取水许可技术考核与管理通则》（GB/T 17367—1998）等相关标准相协调，具有可操作性，便于计划用水、取水许可、水资源论证和节水管理。

1.1.4 工业用水量

据《2022年中国水资源公报》，2022年全国用水总量为5998.2亿立方米。其中，工业用水量为968.4亿立方米，占全国用水总量的比值为16.2%。从省份看，工业用水量排名前五的省份分别是江苏（245.5亿立方米）、湖北（80.9亿立方米）、安徽（78.9亿立方米）、广东（75.4亿立方米）和上海（65.0亿立方米），用水情况与各省经济发展状态密切相关。从行业看，2021年石化、造纸、钢铁和纺织等行业用水量占比排名靠前，节水减污空间较大。

衡量用水效率一般采用万元工业增加值用水量，其计算公式为：

$$万元工业增加值用水量(m^3) = \frac{工业用水量(m^3)}{工业增加值(万元)}$$

据统计，我国目前万元工业增加值用水量为24.1m^3。随着社会的发展、企业工艺技术的优化以及循环用水量的增加，该指标呈逐年下降趋势。与仅使用用水量来评价节水能力相比，使用万元工业增加值用水量来对行业和企业进行评价时，更能促进行业和企业提升循环用水水平，开发应用节水装备和节水工艺。

1.1.5 工业用水水质管理

工业企业生产过程中，由于用水环节较多、目的不同，所以对水质的要求也不尽相同。工业用水水质主要依据用水来源和用水途径进行管理。

从用水来源看，当工业用水来源于城市公共集中式供水管网时，公共供水企业将按照《生活饮用水卫生标准》（GB 5749—2022）管理水质。当工业用水来源于企业自建设施供水时，则需根据用水途径分类考虑。企业自建设施供水仅用于自身或邻近企业的生产用水时，可以根据生产用水途径分类控制自建设施的出水水质：如当作为锅炉补给水时，应进行软化、脱盐等处理；当作为工艺与产品用水时，应通过试验或根据相关行业水质指标，确定供水处理工艺和水质参数。假如企业自建设施供水还用于满足自身生活用水或接入公共管网对外供水时，则需按照《城市供水条例》进行管理，严禁擅自将自建设施供水管网系统与城市公共供水管网系统进行连接，建立、健全水质检测制度，确保供水水质符合《生活饮用水卫生标准》（GB 5749—2022）。当以城市污水再生水作为工业用水水源，用作冷却用水、洗涤用水、锅炉用水、工艺用水或产品等用水时，应满足《城市污水再生利用　工业用水水质》（GB/T 19923—2005）的要求。

1.1.6　工业用水常用处理方法及工艺流程

给水处理的主要水源有地表水和地下水两大类。常规的地表水处理以去除水中的浑浊物质、细菌、病毒为主，水处理系统主要由混凝、沉淀、过滤和消毒工艺组成，典型地表水处理流程如图 1-2 所示，其中混凝、沉淀和过滤的主要作用是去除浑浊物质，称为澄清工艺。

图 1-2　典型地表水处理流程

当水源的有机污染较严重时，需要增加预处理或深度处理工艺。图 1-3 是带有除有机污染工艺的典型给水处理流程。

图 1-3　带有除有机污染工艺的典型给水处理流程

各种工业用水，随用水要求的不同，往往采用不同的处理流程。如一般工业冷却用水，仅经自然沉淀或混凝沉淀就可满足要求（图 1-4）；而锅炉、电子工业等对用水水质要求较高，则要在常规水处理工艺的基础上进行脱盐等深度处理，如图 1-5 所示。

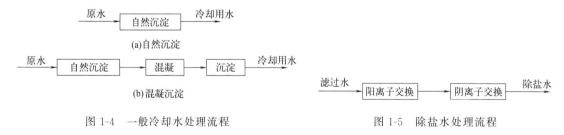

图 1-4　一般冷却水处理流程　　　　　　图 1-5　除盐水处理流程

1.2　工业废水

各行业工业企业生产过程中排出的废水统称工业废水，其中包括生产废水、冷却废水和生活污水三种。未经处理的工业废水进入城市排水管网或者排入天然水体，都将产生不可预估的环境风险。因此，工业企业需对自身排放的工业废水进行严格管理，根据废水的污染特征和相关排放标准确定处理方法和处理工艺流程，以满足不同受纳环境的排放要求。

1.2.1 工业废水的类型

为了解工业废水的性质、认识其危害、研究其处理措施，通常需进行废水分类。一般采用以下三种分类方法。

（1）按行业划分。包括：冶金废水、造纸废水、炼焦煤气废水、金属酸洗废水、纺织印染废水、制革废水、农药废水、化学肥料废水等。

（2）按主要污染物性质分类。含无机污染物为主的废水称为无机废水，含有机污染物为主的废水称为有机废水。例如，电镀和矿物加工过程的废水是无机废水，食品和石油加工过程的废水是有机废水。这种分类方法比较简单，对选择处理方法有利。如对易生物降解的有机废水一般采用生物处理法，对无机废水一般采用物理、化学和物理化学方法处理。不过，在工业生产过程中，废水的污染成分通常既含无机物，也含有机物。

（3）按主要污染成分分类。如酸性废水、碱性废水、含酚废水、含镉废水、含锌废水、含汞废水、含氟废水、有机磷废水、放射性废水等。这种分类方法的优点是突出了废水的主要污染成分，可有针对性地采用处理方法或进行回收利用。

1.2.2 工业废水的污染特征及其危害

（1）无毒有机废水和无机废水污染。有些污染物质虽无毒性，但由于量大或浓度高而对水体产生污染。例如排入水体的有机物超过允许量时，水体会出现厌氧腐败现象；大量的无机物流入时，会使水体内盐类浓度增高，造成渗透压改变，对生物（动植物或微生物）造成不良的影响。

（2）有毒有机废水和无机废水污染。例如氰、酚等急性有毒物质、重金属等慢性有毒物质及致癌物质造成的污染。致毒方式有接触中毒（主要是神经中毒）、食物中毒、糜烂性毒害等。

（3）不溶性悬浮物废水污染。例如，纸浆、纤维工业等的纤维素；选煤、选矿等排放的微细粉尘；陶瓷、采石工业排出的灰砂等。这些物质沉积在水底，有的会形成"毒泥"，发生毒害事件的例子很多。如果是有机物，则会发生腐败，使水体变成厌氧状态。这些物质在水中还会阻塞鱼类的鳃，导致其呼吸困难，并破坏鱼类的产卵场所。

（4）含油废水污染。油漂浮在水面既有损感观，又会散发出令人厌恶的气味。燃点低的油类还有引起火灾的危险。动植物油脂具有腐败性，不仅易消耗水体的溶解氧，还会隔绝大气复氧，危害水生态安全。

（5）高浊度和高色度废水污染。这种污染会引起光通量不足，影响生物的生长繁殖。

（6）酸碱废水污染。水体的酸碱污染除对生物有危害作用外，还会损坏设备和器材。

（7）含多种污染物废水的污染。各种物质之间会产生化学反应，或在自然光和氧的作用下产生化学反应并生成有害物质。例如，硫化钠和硫酸产生硫化氢、亚铁氰盐经光分解产生氰等。

（8）含氮、磷工业废水污染。对湖泊等封闭性水域，含氮、磷的废水流入使水体富营养化，导致藻类及其他水生生物异常繁殖。

1.2.3 工业废水的排放管理

1.2.3.1 排污许可证制度

《中华人民共和国环境保护法》第四十五条规定，国家依照法律规定实行排污许可管理制度。实行排污许可管理的企业事业单位和其他生产经营者应当按照排污许可证的要求排放污染物；未取得排污许可证的，不得排放污染物。2021年1月24日，国务院公布了《排污许可管理条例》，根据排放污染物的企业事业单位和其他生产经营者的污染物产生量、排放量、对环境的影响程度等因素，实行排污许可分类管理。管理类别包括重点管理、简化管理和登记管理三种。

为明确排污要求，排污企业可基于生态环境部公布的《固定污染源排污许可分类管理名录（2019版）》，确定企业排污许可管理类别和申领时限。在《固定污染源排污许可分类管理名录（2019版）》中，依据《国民经济行业分类》（GB/T 4754—2017）划分行业类别107类，并将各行业的排污过程分为非通用工序和通用工序，其中非通用工序因行业不同而不同，通用工序包括锅炉、工业炉窑、表面处理和水处理等工序。具体企业的排污许可管理类别主要按以下方法确定。

（1）设区的市级生态环境主管部门按照生态环境部《重点排污单位名录管理规定（试行）》要求确定各地重点排污单位名录，进入地区重点排污单位名录的企业直接按照排污许可重点管理类别管理。

（2）未进入重点排污单位名录的企业，如未包含锅炉、工业炉窑、表面处理和水处理等通用工序，其非通用工序按《固定污染源排污许可分类管理名录（2019版）》中确定的原材料种类或生产环节确定排污许可管理类别，可为重点管理、简化管理或登记管理。

（3）未进入重点排污单位名录的企业，包含锅炉、工业炉窑、表面处理和水处理等通用工序时，只需对其涉及的通用工序申请取得排污许可证，不需要对其他生产设施和相应的排放口等申请取得排污许可证。按照企业不同的生产方式、生产规模或者水处理设施规模，其排污许可管理可分别确定为简化管理或登记管理。

1.2.3.2　排放标准

按照生态环境部《生态环境标准管理办法》，基于管理层级，排放标准可分为国家标准和地方标准，根据适用对象标准又可分为行业型、综合型、通用型、流域（海域）或者区域型标准。截至目前，生态环保部门主要依据国家级综合型标准《污水综合排放标准》（GB 8978—1996）、61项国家级行业水污染物排放标准、地区综合型污水综合排放标准、流域（海域）或者区域型行业水污染物排放标准等标准，控制工业企业排入水环境的污染物数量。具体执行时，遵循以下原则。

（1）作为国家标准的补充规定或因增加了更加严格的规定，地方污染物排放标准优先于国家污染物排放标准，地方污染物排放标准未规定的项目，应当执行国家污染物排放标准的相关规定。

（2）同属国家污染物排放标准的，行业型污染物排放标准优先于综合型和通用型污染物排放标准，行业型或者综合型污染物排放标准未规定的项目，应当执行通用型污染物排放标准的相关规定。

（3）同属地方污染物排放标准的，流域（海域）或者区域型污染物排放标准优先于行业型污染物排放标准，行业型污染物排放标准优先于综合型和通用型污染物排放标准。流域（海域）或者区域型污染物排放标准未规定的项目，应当执行行业型或者综合型污染物排放标准的相关规定，流域（海域）或者区域型、行业型或者综合型污染物排放标准均未规定的项目，应当执行通用型污染物排放标准的相关规定。

（4）由于企业生产和水污染物排放过程的复杂性和多样性，当排放项目同时受多个标准约束时，按照最严格的标准执行。

1.2.4　工业废水的常用处理方法

工业废水处理过程是将废水中所含有的各种污染物与水分离或加以分解，使其净化的过程。废水处理方法可分为：物理法、化学法、物理化学法和生物法。

（1）物理法。物理法分为调节、离心分离、沉淀、除油和过滤等。

（2）化学法。化学法分为中和、氧化还原和化学沉淀等。

（3）物理化学法。物理化学法分为混凝沉淀、混凝气浮、吸附、离子交换和膜分离等。

（4）生物法。生物法分为好氧生物处理法和厌氧生物处理法等。

1.2.5 工业废水处理的原则

选用工业废水处理方法前必须了解企业工业废水的水量和水质情况，从而有针对性地选择处理处置措施。在进行实际工业废水处理工程设计时，通常遵循以下原则。

（1）控源减排。优化企业生产工艺，通过节约用水、分质排水、消除污染物产生空间和减少污染物排放数量等措施，降低废水处理难度和处理成本。

（2）工业废水循环利用。鼓励企业、园区根据内部废水水质特点，围绕过程循环和末端回用，实施废水循环利用技术改造。完善废水循环利用装备和设施，实现串联用水、分质用水、一水多用和梯级利用，提升企业水重复利用率。

（3）工业废水资源化处理。前述工业废水循环利用也属于工业废水资源化处理的一种重要手段，除此以外，还应重点考虑将工业废水中的低温余热（温度低于100℃的余热）、重金属或有机污染物等资源进行回收或者再利用。例如，利用工业废水低温余热发电；将电镀废水处理产生的污泥（其金属品位通常高于天然矿石）运至冶炼厂回收金属；国家鼓励酒类制造企业与下游污水处理厂协商约定间接排放浓度限值，降低酒企污水处理设施建设和运行成本，利用酒企废水中的易降解有机质提升污水处理厂的脱氮除磷能力。

（4）工业废水达标处理。对于没有循环利用空间或者资源回收价值的工业废水，需要进行达标处理。针对含悬浮物或者漂浮物的废水，通常采用沉淀、气浮、隔油或者过滤等物理法处理；针对各类重金属和盐类等无机废水，通常采用中和、氧化还原、化学沉淀、混凝沉淀、混凝气浮、物理化学吸附、离子交换、萃取或者膜分离等化学法和物理化学法处理；针对有机废水，通常采用生物法处理。如果有机污染物可生化性较差，可以考虑使用水解酸化或者芬顿法等方法进行预处理。当废水 COD 浓度低于 2000mg/L 时（时常面临氮磷污染问题），通常采用一段或者多段式的厌氧-缺氧-好氧活性污泥法或者生物膜法等生物法处理。当废水 COD 高于 2000mg/L 时，优先考虑使用高活性的厌氧生物处理工艺回收沼气资源后，再进行生物处理达标排放。

1.3 常用水质指标

1.3.1 物理性指标

（1）温度。水温通过改变水的黏滞性、物质在水中的溶解度和扩散速度来改变水的物理、化学和生化反应速度，从而影响工业用水处理设施和废水处理设施的处理能力和处理效率。

（2）色度。当水中含有不同物质时会呈现不同颜色，凭此可初步对水质做出评价。色度对水环境质量和人的观感都有重要影响（色度往往使人不悦）。

（3）浊度。浊度用于表达因水中胶体和悬浮杂质而引起的水的浑浊程度。浊度较高，既可能是因为水中含有较多的无机胶体颗粒，还可能因为水中既有大量无机胶体颗粒，还有大量高分子有机污染物。在用水处理中，由于胶体颗粒物质的包裹和保护作用，其内部的病原微生物可以减少和消毒剂的接触，影响消毒效果，增加了病原微生物传播的风险。

（4）臭与味。饮用水中的异臭、异味是由原水、水处理或输水过程中微生物污染或化学污染引起的，是水质不纯的表现。水中的某些无机物，如硫化氢、过量的铁盐和锰盐等，会产生一定的臭和味。但大多数饮用水中的异臭、异味是由水源水中藻类代谢产物引起的。另外，饮用水消毒中所投加的氯等消毒剂也会产生一定的氯味，同时，它们还可以与水中的一些污染物质发生反应产生氯酚等致臭物质。

（5）悬浮物。在给水处理中，悬浮物浓度主要用于表达水源水中的泥砂含量。而经处理后的出厂水因为水中颗粒物含量很低，直接测量困难，因此，常用浊度表示，测量时通常用散射法-福尔马肼标准测得，其单位为 NTU。

在工业废水处理中，悬浮物指标用途较广，除用于评价进出水水质外，还常用重量法测量活性污泥混合液中的悬浮固体浓度（MLSS），用于表达反应体系中的微生物数量。

（6）电导率。水中溶解性盐类都以离子形态存在，具有导电能力。测定水的电导率可了解水中溶解性盐类的数量。通常每升自来水的含盐量从几百至上千毫克，测得的电导率为 $100 \sim 1000 \mu S/cm$。

1.3.2　化学性指标

（1）pH 值。pH 值是衡量水体酸碱度的指标，其数值等于氢离子浓度的负对数。pH 值等于、小于和大于 7 的溶液，分别称为中性、酸性和碱性溶液。pH 值越小，酸性越强，反之碱性越强。

（2）生化需氧量（BOD）。生化需氧量是指在一定时间和温度条件下微生物分解水中有机污染物所需消耗的氧量，常用于废水处理。以 20℃、5d 生化反应时间为条件获得的需氧量为五日生化需氧量（BOD_5），可作为废水可生化有机物的含量指标。

（3）化学需氧量（COD）。在酸性测定条件下，以硫酸银为催化剂，强氧化剂（如重铬酸钾、高锰酸钾）与水中有机物充分反应时，消耗的氧化剂对应的氧当量，即为化学需氧量，以 COD_{Cr} 及 COD_{Mn} 表示。

（4）总有机碳（TOC）。以水中含碳有机物在高温下燃烧转化的 CO_2 数量来衡量有机物数量，通常用专门仪器进行燃烧及测定 CO_2 含量。

（5）总需氧量（TOD）。水中所有还原性物质经燃烧生成稳定性氧化物（如 CO_2、H_2O、NO_x、SO_2）所耗的氧量。

（6）总氮（TN）。总氮包括有机氮和无机氮，其中无机氮又包括氨氮、亚硝酸盐氮和硝酸盐氮。另外，还常用总凯式氮（TKN）来表达有机氮和氨氮之和。

（7）总磷（TP）。总磷是水中所有形态磷元素的总和，包括有机磷、正磷酸盐和缩合磷酸盐等。正磷酸盐包括 PO_4^{3-}、HPO_4^{2-} 和 $H_2PO_4^{-}$；缩合磷酸盐包括焦磷酸盐、偏磷酸盐及聚合磷酸盐等。

（8）无机非金属指标。除氮、磷外，无机非金属指标还包括硫酸盐、硫化物、氯化物、氟化物和氰化物等的指标。

（9）金属和类金属指标。主要指铝、铁、锰、铜、锌、砷、硒、汞、镉、铬（六价）、铅和镍等的指标。

1.3.3　微生物学指标

当工业用水来源于企业自建设施供水时，如需满足企业生活用水需求，则按照《生活饮用水卫生标准》（GB 5749—2022）管理水质；如只是用于生产用水，则需根据生产要求选择是否进行消毒处理以控制微生物种类和数量。《生活饮用水卫生标准》（GB 5749—2022）共列明了三种微生物指标：总大肠菌群数、大肠埃希氏菌和菌落总数，其中，总大肠菌群和大肠埃希氏菌不应检出，菌落总数<100MPN/mL 或 100CFU/mL。总大肠菌群和大肠埃希氏菌是判断水体受到粪便污染程度的直接指标，再加上细菌总数指标，即可指示水的微生物污染状况，判定水的消毒效果。

在工业废水处理排放标准中，除《污水综合排放标准》（GB 8978—1996）和《肉类加工工业水污染物排放标准》（GB 13457—1992）等几类标准外，一般行业废水排放标准均没有对微生物学指标进行限制。如需消毒处理的工业废水，其消毒药剂和消毒方法与城市污水处理相同，可参照处理。

1.3.4　毒理学指标

有毒化学物质进入水环境带给人们的健康危害不同于微生物污染。一般微生物污染可导致传染病的暴发，而有毒化学污染物引起的健康危害往往是与之长期接触所致，特别是蓄积性毒物和致癌物的危害更是如此。只有在极特殊的情况下，才会发生大量化学物质污染而引起急性中毒。

1.3.5　放射性指标

人类的工业活动可能使环境中的天然辐射强度有所提高，特别是核能的发展和同位素技术的应用，很可能产生放射性物质污染水环境的问题，因此，必须对生活饮用水中的放射性指标进行常规监测和评价。《生活饮用水卫生标准》（GB 5749—2022）规定了总 α 放射性和总 β 放射性的参考值分别为 0.5Bq/L 和 1.0Bq/L，当这些指标超过参考值时，需进行全面的核素分析以确保饮用水的安全性。

思考题

1. 应用各类水源作为工业用水时，分别应重点注意哪些事项？
2. 新建的工业企业实现正常用水，应完成哪些步骤？
3. 新建的工业企业实现废水达标排放，应完成哪些步骤？
4. 比较 BOD_5、COD_{Cr}、TOC、TOD 的差异。

参考文献

[1] 谢水波，姜应和. 水质工程学：上册[M]. 北京：机械工业出版社，2010.
[2] 李圭白，张杰. 水质工程学[M]. 北京：中国建筑工业出版社，2020.
[3] 丁桓如，吴春华，龚云峰. 工业用水处理工程[M] 北京：清华大学出版社，2014.
[4] 周岳溪，李杰. 工业废水的管理、处理与处置[M]. 北京：中国石化出版社，2012.

第2章
工业水处理常用检测设施和检测监测设备

工业水处理常用检测设施和检测监测设备分为四类，分别是水量检测设施和仪表、液位检测仪表、压力检测仪表和水质检测仪表，本章将介绍一些典型设施和仪器仪表。

2.1　水量检测设施和仪表

水量是指单位时间通过渠道或者管道某一过水断面的水的体积，是工业水处理最重要的过程参数之一，其测量装置称为流量计。根据应用场景的不同，流量计通常可分为明渠堰槽流量计和封闭管路流量计。

2.1.1　明渠堰槽流量计

图 2-1　巴氏计量槽

明渠堰槽流量计的堰槽形式主要有薄壁堰、宽顶堰、三角形剖面堰和巴歇尔槽等，其中最常用的是巴歇尔槽。在明渠中安装堰槽后，利用水位计测定规定位置的水位，由于流过堰槽的流量与水位呈正相关关系，那么依据相应的流量公式或经验公式即可将测出的水位值换算成流过堰槽的流量。

利用巴歇尔槽作为堰槽的流量计通常被称为巴氏计量槽。经过 20 多年的发展，巴氏计量槽的设计加工已非常成熟，仅需向相关生产企业提供流量参数即可选用已标准化生产的槽体。图 2-1 所示为巴氏计量槽，表 2-1 所示为巴氏计量槽的规格及成品尺寸。

表 2-1　巴氏计量槽的规格及成品尺寸

序号	喉道宽度/mm	长×宽×高/mm	最大流量/(m³/h)
1	25	635×267×265	19.44
2	51	773×314×305	47.52
3	76	914×359×517	115.56
4	152	1525×500×730	399.6
5	228	1630×675×890	905.6
6	250	2845×980×1060	900
7	300	2870×940×1200	1440
8	450	2945×1120×1200	2268

序号	喉道宽度/mm	长×宽×高/mm	最大流量/(m³/h)
9	600	3020×1300×1200	3060
10	750	3095×1480×1200	3960
11	900	3170×1660×1200	4500
12	1000	3200×1780×1250	5400
13	1200	3320×2020×1250	7200
14	1500	3470×2380×1250	9000
15	1800	3620×2740×1250	10800
16	2100	3770×3100×1250	12960
17	2400	3920×3460×1250	14400
18	3050	7010×4900×1580	29808
19	3660	8230×6830×1900	52848
20	4570	11890×7760×2300	90144

2.1.2 封闭管路流量计

为获取管道内液体的流量，通常需要在管道上布置封闭管路流量计。工业水处理过程中，常用的封闭管路流量计包括浮子流量计、电磁流量计和超声波流量计。每种流量计各有优缺点，在实际选用过程中，需根据液体组分、含固量、气体掺混情况和远程传输需求等条件择优选择。

2.1.2.1 浮子流量计

浮子流量计的浮子在垂直锥形管中随着流量变化而升降，从而改变锥形管与浮子之间的流通面积，以此进行体积流量的测量。浮子流量计又称转子流量计。被测流体从下向上经过锥形管和浮子间形成的环隙时，浮子上下端产生差压形成浮子上升的力。当浮子所受的上升力大于浸在流体中的浮子的重力时，浮子便上升，环隙面积随之增大，环隙处流体的流速立即下降，浮子上下端压差降低，作用于浮子的上升力亦随着减少。直到上升力等于浸在流体中的浮子的重力时，浮子便稳定在某一高度。浮子在锥形管中的高度和通过的流量有对应关系，即可通过理论公式计算液体流量。

因液体需要流经浮子与锥形管间的环隙，其计量也是依靠浮子的上下移动来度量，所以当输送的流体中存在悬浮物时，悬浮物容易堵塞环隙，卡住浮子，产生较大的误差，所以浮子流量计不能用于测量含有悬浮物的工业水流。浮子流量计一般适用于中小管径和低流速流体，玻璃管浮子流量计最大口径为100mm，金属管浮子流量计最大口径为150mm。测量时，口径10mm以下的玻璃管浮子流量计的计量流速为0.2~0.6m/s，金属管浮子流量计和口径大于15mm的玻璃管浮子流量计，流速控制为0.5~1.5m/s。大部分浮子流量计没有上游直管段要求，或对上游直管段要求不高，但必须垂直布置。

浮子流量计有远传信号输出型，仪表的转换部分将浮子位移量转换为电流或气压模拟量信号输出，分别称为电远传浮子流量计和气远传浮子流量计。

2.1.2.2 电磁流量计

电磁流量计是基于法拉第电磁感应定律制成的一种测量导电液体体积流量的仪表。当导体在磁场中移动时，导体的感应电压与其在磁场中的移动速度成比例（见图2-2）。电磁流量计以流动的液体作为导电体，后者的速度是液体通过管道横截面的平均速度。在管道的两边放置电磁线圈，当导电液体流过时就会产生磁场，通过垂直安装于磁化线圈的电极测定感应电压，再转换为流量值。

（1）使用电磁流量计的注意事项

①待测流体必须是导电体；②流体必须以连续满流流动；③须确保上游直管的长度（大约为管道直径的 10 倍）和下游直管的长度（大约为管道直径的 5 倍），以确保流体在电极间呈现出均衡的流速分布；④被测流体中避免含有异物；⑤需防止与流体接触的部件被流体腐蚀或者破坏。

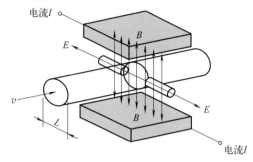

图 2-2　法拉第原理图解
v—液体流速；L—管径；B—磁感应强度；
E—感应电动势

在电磁流量计的使用过程中，电极易于被污染，因此，需使用离线或在线清理系统定期进行清理（例如利用超声波清理鳞形沉积物或低温蒸发清理油脂类污垢）。

（2）电磁流量计的优点

① 结构简单，无可动和截流部件，无压头损失，不会引发堵塞、磨损等弊端；适于测量带有颗粒物的污水、浆液等固液两相流体和黏性介质。若采用耐腐蚀绝缘衬里或耐腐蚀绝缘材料作电极，还可用于各类腐蚀性介质的测量。

② 由于电磁流量计测量的是体积流量，不受被测介质的温度、黏度、密度以及电导率的影响。因此，只需用水标定后即可用于测量其他导电液体的流量，而无须再进行其他修正。

③ 测量范围宽，可达 100∶1。测量结果只与被测介质的平均流速有关，而与轴对称分布下的流动状态（层流或紊流）无关。

④ 无机械惯性，灵敏度高，可测瞬时脉动流量且线性度好，可将测量结果直接转换成线性标准信号就地指示或远传。

2.1.2.3　超声波流量计

超声波流量计是通过检测流体流动时对超声波传播的影响来测量流体流速的，基于流体流速和管道截面积再换算出流体流量。超声波流量计主要有两种类型：时差式超声波流量计和多普勒超声波流量计。

（1）时差式超声波流量计。超声波在流体中传播，顺流方向声波传播速度会增大，逆流方向则减小，同一传播距离就有不同的传播时间。利用传播速度之差与被测流体流速之间的关系即可求取流速，结合管径即可计算流量。传播时间法所测量的和计算所得的流速是超声波声道上的线平均流速，而计算流量所需是过流断面的面平均流速，二者的数值是不同的，其差异取决于流速分布状况。因此，必须用一定的方法对流速分布进行补偿。此外，对于夹装式换能器的仪表，还必须对折射角受温度影响的变化进行补偿，才能精确地测得流量。

（2）多普勒超声波流量计。多普勒超声波流量计的原理是利用超声波换能器向流体发出一定频率的连续超声波，照射域内液体中的散射体悬浮颗粒或气泡，散射的超声波产生多普勒频移。接收换能器收到频移后的超声波后，可以计算出频移的大小，进而计算散射体的流动速度。多普勒法测得的流速是各散射体的速度，与过流断面的平均流速数值并不一致，因此也需要进行修正补偿。

作为非接触测量设备，夹装式换能器超声波流量计无须停流截管安装，只要在既设管道外部安装换能器即可。这是超声波流量计在工业用流量仪表中具有的独特优势，因此可用作移动性（即非定点固定安装）测量，适用于工业管道流动状况评估测定。超声波流量计为无流动阻挠测量，无额外压力损失。

超声波流量计适用于大型圆形管道和矩形管道，不受管径限制，其造价也与管径无关。时差法超声波流量计一般用于测量清洁液体，不能测量悬浮颗粒和气泡超过某一范围的液体。多普勒超声波流量计可测量固相含量较多或含有气泡的液体。另外，外夹装换能器的夹装式换能超声波流量计不能用于衬里或结垢太厚的管道，以及不能用于衬里（或锈层）管道、内管壁剥离的管道（若夹层夹有气体，会严重衰减超声信号）、锈蚀严重的管道（改变超声传播路径）。

2.2 液位及压力检测仪表

（1）液位检测仪表。液位检测仪表是用于指示和控制容器或池体内液位的设备。常用液位检测仪表主要有磁翻板液位计、气泡式液位计、压力传感器、超声波液位计等。

① 磁翻板液位计。磁翻板液位计也可称为磁性浮子液位计，是根据浮力原理和磁性耦合作用研制而成的。当被测容器中的液位升降时，液位计本体管中的磁性浮子也随之升降，浮子内的永久磁钢通过磁耦合作用将位置传递到磁翻柱指示器，驱动红、白翻柱翻转180°。当液位上升时翻柱由白色转变为红色，当液位下降时翻柱由红色转变为白色，指示器的红白交界处为容器内部液位的实际高度，从而实现液位的清晰指示。在工业水处理中，磁翻板液位计常用于混凝剂、碳源、消毒剂等药剂储罐的液位控制和管理。

② 气泡式液位计。气泡式液位计的工作原理是，当采用管道向液体中不断地注入少量空气时，管道内空气的压力与管道末端液体的高度成正比，通过测定该压力来反映液位值。管道内空气的压力可采用气动测量器或控制器、电压力开关、电子传感器等仪器检测。

③ 压力传感器。压力传感器（或信号变送器）是一种电子装置，它发射的电信号与传感器上部液体的深度成正比。压力传感器可以固定在池壁外侧靠近池底的隔板上，也可以淹没悬挂在液体中。潜水式压力传感器的信号发射装置上设有一个传递静水压力的小孔，或者将该装置直接密封在油里，通过有弹性的隔膜传递静水压力。

隔板安装式和潜水小孔感应式传感器非常适用于不易发生堵塞的清洁溶液的液位测定，而潜水隔膜式传感器更适合于含有悬浮固体的溶液（如废水）与稀污泥的液位测定。污水液位测定受到蒸汽、浮渣、浮油和湍流等因素的干扰，故潜水隔膜式传感器特别适合用于污水集水井的液位测定。

④ 超声波液位计。超声波液位计由上至下向待测液体表面发射声波或脉冲超声，声波传至液体表面后被反射回来，根据声波或脉冲超声从发射到液体表面，再反射到接收器的传输时间，可换算出超声传感器头部与液体表面之间的距离，该距离与液位成反比，即离传感器头部的距离越短，液位就越高。

超声波液位计属于非浸入性测定仪，即测定仪不需要与液面接触，非常适用于测定界面清晰的静止液面，而不适用于消能井内湍流液体的测定，也不适合用于液体表面上有厚重的蒸汽或因存在泡沫或浮油层而使界面模糊的液体的测定。因此，大多数未经处理的污水的集水井不宜使用超声波液位计。

（2）压力测定仪。压力测定仪常用于输送加压气体和液体的封闭管线的压力测定。压力测定仪分为数据现场显示（如压力表）和远程传送数据（如机电传感器）两种。采用化学密封隔膜片，可以防止压力测定仪在测定含有固体的工业流体中时出现堵塞。采用阻尼或满流可以减小压力波动的幅度。

2.3 水质检测仪表

在工业水处理设施的运行过程中，需对水质进行定期或实时的检测监测，常用的检测装置包括 pH 计、溶解氧仪、氧化还原电位仪（ORP 计）、电导率仪等多种设备。

（1）pH 计。pH 计是依靠电位测定来测量溶液 pH 值的，主要测量部件是玻璃电极和参比电极。玻璃电极的玻璃薄膜内充满 pH 值为 7.0（中性）的缓冲溶液，其电位取决于待测溶液的 pH 值。而参比电极是一个充满饱和氯化钾溶液的渗透膜，电位稳定。将两个电极一起放入同一溶液中，就构成了一个原电池，这个原电池的电位就是玻璃电极和参比电极间的电位差。pH 计内的电流计识别并放大电极间的电位差，再通过换算显示为 pH 值。现在市售的 pH 计通常采用将玻璃电极和参比电极组合在一起的复合电极，计量准确性和稳定性都有提升。需注意的是，长期使用时，各 pH 计的电极都容易老化，指针（或读数）会出现"漂移"现象，应经常进行校准。

（2）溶解氧仪。溶解氧是废水生物处理过程中重要的控制参数，因此，溶解氧仪在废水生物处理系统应用广泛。溶解氧的测定方法主要有碘量法、高锰酸钾修正法、叠氮化钠修正法、膜电极法和电导测定法五种。溶解氧浓度一般采用溶解氧探头测定。溶解氧探头由安装在电解质溶液中的电极对（阴极和阳极）构成，电解质溶液和待测液体通过气体渗透膜隔开。从阴极到阳极的电子流（如电流）与待测液体的溶解氧浓度成正比，此电流可以被识别、放大并且显示和传送。电流对温度高度敏感，因此，溶解氧仪还包括一套温度感应和补偿电路系统。

在测定过程中，溶解氧探头易受固体、脂肪、油和油脂的污染。因此，需要经常清洗和更换。溶解氧探头存在维护问题，维护工作量越来越小的新型溶解氧测定仪不断涌现。

（3）氧化还原电位仪。溶液的氧化还原电位（ORP）是表征原子或分子对其他原子或分子给出电子的电化学能力的指标。氧化还原电位采用电极测定，这与 pH 值计类似，但前者的玻璃薄膜不是专门测氢离子的。氧化还原电位仪常用于重金属离子（如铬）的去除过程和氰化物在碱中的氯化去除过程。一种专用的高分辨率 ORP 测量系统有时用于氯消毒的精确控制和重亚硫酸盐的脱氯过程。

（4）电导率仪。电导率是水质监测的常规项目之一。水的电导率是指电流通过横截面积各为 $1cm^2$，相距 1cm 的两电极之间水样的电导率。电解质（如酸、碱和盐）在水溶液中能电离成带电离子，能使溶液导电并产生电流，电导率即可反映电解质溶液的导电能力。测定水和溶液的电导率，可以了解水被杂质污染的程度和溶液中所含盐分或其他离子的量。

电导率传感器使用两个电极与溶液接触。在电极上施加交流电（AC）电压，将测量的电流转换为电导率的标准单位（S/cm）。

（5）流动电流测定仪。流动电流测定仪是水和废水处理中用于监控絮凝剂的专用电导仪。絮凝剂包括有机电解质（如聚合物）、无机电解质（如铁盐和石灰），或二者相结合。絮凝剂与水中颗粒接触形成絮凝体，然后与水分离。水或废水中投加絮凝剂混合后，利用流动电流测定仪测定水流中的动电荷值。该值可反映水或废水中混凝剂的残留量，由此控制混凝剂的投加量。

（6）浊度计和粒子计数器。浊度计和粒子计数器是实验室或在线监测悬浮固体去除（如砂滤及膜过滤）效果的仪器。浊度是反映混合液中悬浮固体浓度的参数。悬浮粒子可反射光，而被溶解的固体不反射。光会沿直线通过不含悬浮固体的溶液。但是，光通过含有悬浮固体的混合液时，部分光线会被向四周反射。目前各种类型的浊度测定仪都是利用光电光度法原理制成的，即将一束光照射到水样中，在与入射光呈直角的方向上，用一个光电池测量被反射或散射出来的光束强弱。当光源是一个标准烛时，用 Jackson 浊度单位（JTU）来表示浊度的大小。目前，美国国家环境保护局（USEPA）采用原有福尔马肼标准浊度进行校准的浊度衡量体系，其基本浊度单位是 NTU。

浊度测定仪有不同的分类方法。其中，最为常见的是按照浊度的测定方法来分类，可以分为透射光测定法、散射光测定法、透射光和散射光比较测定法、表面散射光法。粒子计数器有时用于高效膜处理工艺（如超滤和反渗透）的出水悬浮固体的精确测量。粒子计数器可检测 $2 \sim 750 \mu m$ 的粒子，并能显示流量为 $100 mL/min$ 的样品中高达 10 亿个的粒子数目。

（7）总有机碳分析仪。总有机碳分析仪是将溶液中的碳全部氧化为 CO_2 后，通过测定 CO_2 的数量来表达碳的数量，再以碳的含量表示有机物质总量的一项综合性指标，单位为 mg/L。水样的 TOC 值反映了废水中有机物的污染程度。总有机碳分析仪的碳氧化原理主要有三种：热氧化法、紫外光-过硫酸盐氧化法和氧化剂氧化法。CO_2 的检测方法也有三种，即非分散红外检测方法、选择性薄膜电导率检测法和直接电导率检测法。

（8）COD 快速测定仪。COD 快速测定仪由 COD 主机和消解仪两部分组成，可分开，也可集成为一体机。通常 COD 快速测定仪具有自动控温、计时、调零、线性回归、曲线储存和数据打印等功能。其工作原理为：试样中加入已知量的重铬酸钾（$K_2Cr_2O_7$）溶液，在强硫酸介质中，以硫酸银作为催化剂，经消解仪高温消解后，再用 COD 主机的分光光度计测定 COD 值。

（9）在线自动监测设备。根据《排污许可管理条例》，实行排污许可重点管理的排污单位应当依法安装、使用、维护污染物排放自动监测设备，并与生态环境主管部门的监控设备联网。工业废水处理常用在线自动监测设备包括：流量计、水质自动采样器、化学需氧量（COD_{Cr}）水质自动分析仪、氨氮（NH_3-N）水质自动分析仪、总磷（TP）水质自动分析仪、总氮（TN）水质自动分析仪、pH 值水质自动分析仪等。

思考题

1. 图示巴氏计量槽的水量测量原理。
2. 比较超声波流量计和电磁流量计的优缺点。

参考文献

[1] 周岳溪，李杰. 工业废水的管理、处理与处置[M]. 北京：中国石化出版社，2012.
[2] 崔玉川. 城市污水处理厂处理设施设计计算[M]. 3版. 北京：化学工业出版社，2018.
[3] 韩洪军. 污水处理构筑物设计与计算[M]. 哈尔滨工业大学出版社，2005.
[4] 孙体昌，娄金生，章北平. 水污染控制工程[M]. 北京：机械工业出版社，2009.

第 2 篇
工业给水处理

第3章

浊度的去除

浊度是指水中杂质对光线透过时所发生的阻碍程度，它不仅与杂质的含量有关，而且与它们的大小、形状及折射系数等有关。水中杂质一般由泥土、砂粒、有机物、无机物、浮游生物、微生物和胶体等物质组成，按尺寸大小可分为悬浮物、胶体和溶解物等，而悬浮物和胶体是使水产生浑浊现象的根源。作为给水处理的首要步骤，去除浊度的目的即为消除水中的悬浮物和胶体，使得供水清澈透明，其方法主要有混凝、沉淀、澄清和过滤等。

3.1 混凝

混凝的处理对象是水中的胶体粒子以及微小悬浮物，包括凝聚与絮凝两个过程。凝聚是指胶体失去稳定性的过程，絮凝则指胶体脱稳后聚结成大颗粒絮体的过程。自药剂与水均匀混合起直至大颗粒絮体形成为止，在工艺上总称混凝过程，能起凝聚与絮凝作用的药剂统称为混凝剂。

3.1.1 混凝原理

3.1.1.1 胶体的结构及 ζ 电位

胶体粒子的双电层结构及其电位分布如图 3-1 所示。

如图 3-1 所示，胶体粒子的中心是由数百以至数万个分散相固体物质分子组成的胶核。在胶核表面，有一层带同号电荷的离子，称为电位离子层，电位离子层构成了双电层的内层，电位离子所带的电荷称为胶体粒子的表面电荷，其电性正负和数量多少决定了双电层总电位的正负和大小。为了平衡电位离子所带的表面电荷，液相一侧必须存在众多电荷数与表面电荷相等而电性与电位离子相反的离子，称为反离子。反离子层构成了双电层的外层，其中紧靠电位离子的反离子被电位离子牢固吸引着，并随胶核一起运动，称为反离子吸附层。吸附层的厚度一般为几纳米，它和电位离子层一起构成胶体粒

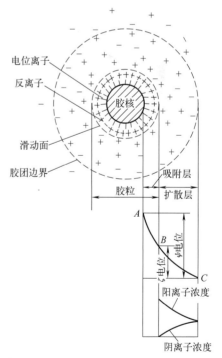

图 3-1 胶体粒子的双电层结构及其电位分布

子的固定层。固定层外围的反离子由于受电位离子的引力较弱，受热运动和水合作用的影响较大，因而不随胶核一起运动，并趋于向溶液主体扩散，称为反离子扩散层。扩散层中，反离子浓度呈内浓外稀的递减分布，直至与溶液中的平均浓度相等。

固定层与扩散层之间的交界面称为滑动面。当胶核与溶液发生相对运动时，胶体粒子就沿滑动面一分为二，滑动面以内的部分是一个做整体运动的动力单元，称为胶粒。由于其中的反离子所带电荷数少于表面电荷总数，所以胶粒总是带有剩余电荷。剩余电荷的电性与电位离子的电性相同，其数量等于表面电荷总数与吸附层反离子所带电荷之差。胶粒和扩散层一起构成电中性的胶体粒子（即胶团）。

胶核表面电荷的存在，使胶核与溶液主体之间产生电位，称为总电位或 ϕ 电位。胶粒表面的剩余电荷使滑动面与溶液主体之间也产生电位，称为电动电位或 ζ 电位。图 3-1 中的曲线 AC 和 BC 段分别表示出 ϕ 电位和 ζ 电位随与胶核距离不同而变化的情况。ϕ 电位和 ζ 电位的区别是：对于特定的胶体，ϕ 电位是固定不变的，而 ζ 电位则随温度、pH 值及溶液中的反离子强度等外部条件而变化。ζ 电位是表征胶体稳定性强弱和研究胶体凝聚条件的重要参数。

3.1.1.2　水中胶体的稳定性

胶体的稳定性是指胶体颗粒在水中保持分散状态的性质。

对于憎水性胶体而言，其稳定性主要取决于颗粒表面的动电位，即 ζ 电位。胶体的稳定性可从两个颗粒相碰时相互间的作用力来分析。按照库仑定律，两个带同样电荷的颗粒之间

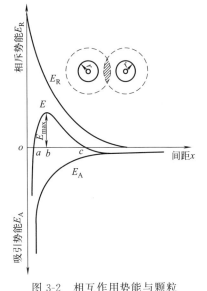

有静电斥力，它与两胶粒表面的间距 x 有关。静电斥力用排斥势能 E_R 表示，E_R 随 x 的增大呈指数关系减小，两胶粒表面越接近，静电斥力越大。两个颗粒表面分子间还存在范德瓦耳斯力，其大小同样与 x 有关。范德瓦耳斯力用吸引势能 E_A 表示，E_A 与 x 的二次方成反比。这两种力的合力即为总势能 E，它决定胶体微粒是否稳定。

图 3-2 表示出合力与颗粒间距离的关系。当两个胶体颗粒表面的距离 $x = oa \sim oc$ 时，E_R 占优势，两个颗粒总是处于相斥状态。当 $x < oa$ 或 $x > oc$ 时，E_A 占优势。当胶体微粒表面距离 x 为 ob 时排斥能最大，用 E_{max} 表示。一般情况下，胶体颗粒的布朗运动的动能不足以克服这个最大斥能，所以不能聚合，故胶体处于分散稳定状态。但如能克服这个最大斥能，则颗粒就有可能进一步接近，直至吸引势能大于排斥势能而使它们吸附聚合。

图 3-2　相互作用势能与颗粒间距离的关系

对于亲水性胶体而言，水化作用是胶体稳定的主要原因，水化作用来源于粒子表面极性基团对水分子的强烈吸附，使粒子周围包裹一层较厚的水化膜，阻碍胶粒相互靠近，使范德瓦耳斯引力不能发挥作用。

3.1.1.3　胶体脱稳的机理

废水的混凝过程是一个十分复杂的过程，其机理一直是水处理领域的研究热点。混凝过程就是使废水中稳定存在的胶体或细小颗粒失去稳定性的过程，该过程称为胶体的脱稳。不同水质条件及投加不同种类的混凝剂，胶体脱稳的作用机理也不同。通常情况下，混凝剂对

水中胶体粒子的脱稳作用主要有压缩双电层、电性中和、吸附架桥和网捕 4 种。

（1）压缩双电层。胶体颗粒在水中能保持稳定的分散悬浮状态，主要是由于胶粒的 ζ 电位。胶核表面的电位 φ 电位一般是固定的，而滑动面上的电位 ζ 电位是表面双电层构造的一个主要指标，如扩散层的厚度 δ 变小，电位曲线变陡，ζ 电位自然也下降，排斥势能变小。当扩散层厚度压缩到某种程度，使两个胶粒因布朗运动相互碰撞时，由于胶粒之间的范德瓦耳斯力不变，而静电斥力变小，两种力的对比便发生变化，当最大斥能 E_{max} 小于布朗运动的能量时，则胶粒就可以在引力的作用下相互结合起来。在水中投加电解质混凝剂就可以达到此目的。对于水中的负电荷胶粒而言，投入的电解质混凝剂应是正电荷离子或聚合离子。通常向水中投加铝盐或铁盐等混凝剂后，混凝剂提供的大量正离子会涌入胶体扩散层甚至吸附层，从而增加扩散层及吸附层中的正离子浓度，使扩散层减薄，胶粒的 ζ 电位降低，E_{max} 减小，胶粒间的相互排斥力减小。同时，由于扩散层减薄，胶粒间相撞时的距离也减小，因此相互间的吸引力相应变大，从而使胶粒易发生聚集。当大量正离子涌入吸附层以致扩散层完全消失时，ζ 电位为零，这时称为等电状态。在等电状态下，胶粒最易发生聚集。实际上，ζ 电位只要降至某一程度，胶粒就开始产生明显的聚集，这时的 ζ 电位称为临界电位。综上所述，此种机理是添加反离子时的作用过程，即添加与胶体所带电荷符号相反的离子，使 ζ 电位降低。

此机理还可以解释当混凝剂投量过多时胶体再稳定的过程，原因是水中原来带负电荷的胶体可变成带正电荷的胶体，这是带负电荷的胶核直接吸附了过多的正电荷聚合离子的结果。这种吸附力并非单纯的静电力作用，一般认为还存在范德瓦耳斯力、氢键力及共价键力等。

（2）电性中和。当投加的电解质为铝盐或铁盐时，它们在一定的条件下水解生成各种络合阳离子，水中的异号胶粒与这些络合阳离子有强烈的吸附作用，由于这种吸附作用中和了胶粒的部分电荷，降低了 ζ 电位，减少了静电斥力，因而容易使其与其他颗粒接近而互相吸附，此时静电引力成为絮凝的主要作用。但混凝剂投量也不能过多，否则会使胶粒吸附了过多的反离子，使原来的带负电荷转变成带正电荷，使胶粒发生再稳现象。

（3）吸附架桥。吸附架桥作用主要是指链状高分子聚合物在静电引力、范德瓦耳斯力和氢键力等的作用下，通过活性部位与胶粒和细微悬浮物等发生吸附桥连的过程，桥连的结果是形成“胶粒-高分子-胶粒”絮凝体，高分子物质在这里起胶粒与胶粒之间相互结合的桥梁作用。

作为混凝剂的高分子物质以及三价铝盐或铁盐溶于水后，经水解和缩聚反应形成高聚物，这些物质均具有线型结构，整个分子具有一定的长度，胶体颗粒对这类高分子具有强烈的吸附作用。聚合物在胶粒表面的吸附来源于各种物理化学作用，如范德瓦耳斯力、静电引力、氢键力、配位键力等。由于高分子物质易被胶粒强烈吸附，且线型长度较大，因而它可以在相距较远的两个胶粒之间进行吸附架桥。即当它的一端吸附某一胶粒后，另一端伸入水中又吸附另一胶粒，通过高分子吸附架桥，颗粒逐渐变大，最终形成肉眼可见的粗大絮凝体（矾花）。高分子絮凝剂对胶体微粒的吸附架桥作用模式如图 3-3 所示。

在废水处理中，对高分子絮凝剂投加量、搅拌时间和强度都应严格控制。投加量过大时，会使胶粒表面饱和产生再稳现象；已经架桥絮凝的胶粒，如受到长时间剧烈的搅拌，架桥聚合物可能从另一胶粒表面脱开，重新回到原所在胶粒表面，形成再稳定状态。

对于高分子混凝剂特别是有机高分子混凝剂来说，吸附架桥起决定作用；对于硫酸铝等无机盐混凝剂来说，吸附架桥作用和压缩双电层作用均具有重要作用。

（4）网捕。当三价铝盐或铁盐等投量很大而生成大量氢氧化物沉淀时，这些沉淀物在自

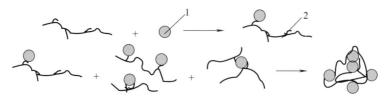

图 3-3　高分子絮凝剂对胶体微粒的吸附架桥作用模式示意

1—胶体颗粒；2—絮凝剂大分子

身沉降过程中，能网捕、卷扫水中的胶体和微粒等产生沉淀分离。这种作用基本上是一种机械作用。另外水中胶粒本身可作为这些氢氧化物沉淀物形成的核心，所以混凝剂最佳投加量与被除去物质的浓度成反比，即胶粒越多，混凝剂投加量越少，反之投加量越多。

以上介绍的四种混凝机理，在水处理中常不是孤立地作用，往往可能是同时或交叉发挥作用，只是在一定情况下以某种作用为主而已。

3.1.2　混凝剂和助凝剂

3.1.2.1　混凝剂

混凝剂按化学成分可分为无机和有机两大类；按相对分子质量的大小、官能团的特性及官能团离解后所带电荷的性质，又可分为高分子、低分子、阳离子型、阴离子型和非离子型等。

常用的无机盐类混凝剂见表 3-1。

表 3-1　常用的无机盐类混凝剂

名称	分子式	性能
精制硫酸铝	$Al_2(SO_4)_3 \cdot 18H_2O$	(1)含无水硫酸铝 50%～52% (2)适用于水温为 20～40℃ (3)pH=4～7 时，主要去除水中有机物；pH=5.7～7.8 时，主要去除水中悬浮物；pH=6.4～7.8 时，处理浊度高、色度低(小于 30 度)的水 (4)湿式投加时一般先溶解成 10%～20%的溶液
工业硫酸铝	$Al_2(SO_4)_3 \cdot 18H_2O$	(1)制造工艺较简单 (2)无水硫酸铝含量各地产品不同，设计时一般可采用 20%～25% (3)价格比精制硫酸铝便宜 (4)用于废水处理时，投加量一般为 50～200mg/L (5)其他同精制硫酸铝
明矾	$Al_2(SO_4)_3 \cdot$ $K_2SO_4 \cdot 24H_2O$	(1)同精制硫酸铝 (2)已大部分被硫酸铝所代替
硫酸亚铁 (绿矾)	$FeSO_4 \cdot 7H_2O$	(1)腐蚀性较高 (2)矾花形成较快，较稳定，沉淀时间短 (3)适用于碱度高，浊度高，pH=8.1～9.6 的水，不论在冬季或夏季使用都很稳定，混凝作用良好，当 pH 值较低(<8.0)时，常使用氯来氧化，使二价铁氧化成三价铁，也可以用同时投加石灰的方法解决
三氯化铁	$FeCl_3 \cdot 6H_2O$	(1)对金属(尤其对铁器)腐蚀性大，对混凝土有腐蚀作用，用塑料管输送时也会因发热而引起管体变形 (2)不受温度影响，矾花结体大，沉淀速度快，效果较好 (3)易溶解，易混合，渣滓少 (4)适用最佳 pH 值为 6.0～8.4

名称	分子式	性能
聚合氯化铝 (简写为 PAC)	$[Al_n(OH)_mCl_{3n-m}]$ (通式)	(1)净化效率高,耗药量少,过滤性能好,对各种工业废水适应性较广 (2)温度适应性高,pH 值适用范围宽(可在 pH=5~9 的范围内),因而可不投加碱剂 (3)使用时操作方便,腐蚀性小,劳动条件好 (4)设备简单,操作方便,成本较三氯化铁低 (5)配制时无特殊要求,配制溶液的质量浓度一般为 10%~20%,应用时的投加量一般在 200~300mg/L

常用的有机合成高分子混凝剂及天然絮凝剂见表 3-2。

表 3-2 常用的有机合成高分子混凝剂及天然絮凝剂

名称	代号	性能
聚丙烯酰胺	PAM	(1)目前被认为是最有效的高分子物质之一,在废水处理中常被用作助凝剂,与铝盐或铁盐配合使用 (2)与常用混凝剂配合使用时,应按一定的顺序先后投加,以发挥两种药剂的最大效果 (3)聚丙烯酰胺固体产品不易溶解,宜在有机械搅拌的溶解槽内配制成 0.1%~0.2%的溶液再进行投加,用自来水配制,配置时注意一定要使 PAM 均匀、分散地加入不断搅拌的水中,而且要确保入水时都是分散的单独颗粒,不形成团,否则一旦形成大的水包药颗粒团便很难继续溶解了。配制时要充分搅拌,使其溶解。配成的溶液容易水解,应在当天用完。稀释后的溶液保存期不宜超过 2 周 (4)有极微弱的毒性,用于生活饮用水净化时,应注意控制投加量 (5)PAM 是合成有机高分子絮凝剂,为非离子型。通过水解构成阴离子型,也可通过引入基团制成阳离子型。目前市场上已有阳离子型 PAM 产品出售
脱色絮凝剂	脱色Ⅰ号	(1)属于聚胺类高度阳离子化的有机高分子混凝剂,液体产品含固量 70%,为无色或浅黄色透明黏稠液体 (2)贮存温度 5~45℃,使用 pH 值 7~9,按(1:50)~(1:100)稀释后投加,投加量一般为 20~100mg/L,也可与其他混凝剂配合使用 (3)对于印染厂、染料厂、油墨厂等工业废水处理具有其他混凝剂不能达到的脱色效果
天然高分子絮凝剂		(1)以淀粉、纤维素、壳聚糖、植物胶、蛋白质及微生物等为原料制得,取材于野生植物,制备方便,成本较低 (2)宜溶于水,适用水质范围广,沉降速度快,处理水澄清度好 (3)性能稳定,不易降解变质 (4)安全无毒

新型混凝剂也被不断研发。例如:王德英等研制的聚硅酸硫酸铝,其活性较好,聚合度适宜,不易形成凝胶,絮凝效果显著。用于处理低浊度水时,其效果优于聚合氯化铝(PAC)和聚硅酸铁(PFS)。此外,为了改善低温、低浊度水的净化效果,人们又研制开发出一种 PSF 混凝剂。在处理低温低浊水时,PSF 比硫酸铁的絮凝效果更好:用量少,投料范围宽,絮团形成时间短且颗粒大而密实,可缩短水样在处理系统中的停留时间,对处理水的 pH 值基本无影响。东北电力学院的袁斌等以 $AlCl_3$ 和 Na_2SiO_3 为原料,采用向聚合硅酸溶液直接加入 $AlCl_3$ 的共聚工艺,制备了聚硅氯化铝(PASC)絮凝剂,PASC 比 PAC 具有更好的除浊、脱色效果,残留铝含量低。

3.1.2.2 助凝剂

当单独使用混凝剂不能取得预期效果时,需投加助凝剂以提高混凝效果。助凝剂的作用是改善絮凝体结构,产生大而结实的矾花,作用机理是调整 pH 值、增加絮体密度或高分子物质的吸附架桥作用。常用助凝剂的种类及特点见表 3-3。

表 3-3 常用助凝剂的种类及特点

名称	分子式	作用与注意事项
氯	Cl_2	(1)处理高色度水及用来氧化水中有机物,或去除臭味时,可在投加混凝剂前先投氯,以减少混凝剂用量 (2)用硫酸亚铁作混凝剂时,为使二价铁氧化成三价铁,可在水中投加氯
生石灰	CaO	(1)用于原水碱度不足 (2)用于去除水中的 CO_2,调整水的 pH 值
氢氧化钠	$NaOH$	(1)用于调整水的 pH 值 (2)投加在滤池出水后可用于水质稳定 (3)一般采用浓度≤30%液体商品 NaOH,在投加点稀释后投加 (4)气温低时会结晶,浓度越高越易结晶 (5)使用时要注意安全
活化硅酸 (活化水玻璃、泡花碱)	$Na_2O \cdot xSiO_2 \cdot yH_2O$	(1)适用于硫酸亚铁与铝盐凝聚剂,可缩短混凝沉淀时间,节省混凝剂用量 (2)原水浑浊度低,悬浮物含量少及水温较低(约在 14℃ 以下)时使用,效果更为显著 (3)可提高滤池滤速 (4)必须注意投加点 (5)要有适宜的酸化度和活化时间
骨胶		(1)骨胶有粒状和片状两种,来源丰富,骨胶一般和 $FeCl_3$ 混合后使用 (2)骨胶投加量与澄清效果成正比,且不会因投加量过大,使混凝效果下降 (3)投加骨胶及 $FeCl_3$ 后的净水效果比单独投 $FeCl_3$ 效果好,可降低净水成本 (4)投加量少,投加方便
海藻酸钠 (简写为 SA)	$(NaC_6H_7O_6)_x$	(1)原料取自海草,海带根或海带等 (2)生产性试验证实 SA 浆液在处理浊度稍大(200NTU 左右)的原水时助凝效果较好,用量仅为水玻璃的 1/15 左右,当原水浊度较低时(50NTU 左右)助凝效果有所下降,SA 投量约为水玻璃的 1/5 (3)SA 价格较贵,产地只限于沿海

3.1.3 影响混凝效果的主要因素

影响混凝效果的因素较复杂,主要分为水质、混凝剂、水力条件三方面。

3.1.3.1 水质的影响

(1) 水温。水温对混凝效果的影响较大,尤其是冬季低温。低温时絮体形成缓慢,絮体粒径小、松散,不利于沉降,通常需要增大混凝剂用量来获得预期混凝效果。主要原因包括以下四点。

① 水温影响无机盐类的水解,由于无机盐类混凝剂的水解是吸热反应,水温低时,水解反应慢。如硫酸铝的最佳反应温度是 35～40℃,当水温低于 5℃ 时,水解速度变慢。

② 低温水的黏度大,布朗运动减弱,颗粒之间碰撞机会减少,不利于脱稳胶粒相互絮凝,同时水流剪切力增大,影响絮凝体的成长,进而影响后续沉淀处理的效果。

③ 水温低时,由于胶体颗粒水化作用增强,妨碍了胶体凝聚。

④ 水温低时,水的 pH 值提高,相应的混凝最佳 pH 值也将提高。

改善低温水混凝效果的主要措施有:增加混凝剂的投量,以改善颗粒之间的碰撞条件;投加助凝剂(如活化硅酸)或黏土以增加絮体的质量和强度,提高沉速;用气浮法代替沉淀法作为混凝的后续处理。

(2) 水的 pH 值(碱度)。在不同的 pH 值下,铝盐与铁盐混凝剂的水解产物形态不同,混凝效果差异较大。

由于混凝剂水解反应产生 H^+，它可与水中 HCO_3^-（碱度）作用生成 CO_2，当投药量较少，原水的碱度又较大时，由于上述缓冲作用，水的 pH 值略有降低，对混凝效果影响较小。当混凝剂投药量大，原水碱度小，碱度不足以中和水解产生的酸时，水的 pH 值将大幅下降。所以，要保持水解和混凝反应充分进行，必须加碱性物质中和（一般投加 CaO）。实际应用时，用于除去废水浊度时，硫酸铝混凝剂的最佳作用 pH 值范围为 $6.5 \sim 7.5$，用于除色时，pH 值在 $4.5 \sim 5.5$。三价铁盐水解反应同样受 pH 值控制，但三价铁盐混凝剂适用的 pH 值范围较宽，最优 pH 值在 $6.0 \sim 8.4$，用于除色时，pH 值在 $3.5 \sim 5.0$。当使用 $FeSO_4 \cdot 7H_2O$ 时，由于溶解度较大，且 Fe^{2+} 只能形成较简单的络合物，混凝效果较差，因此要把 Fe^{2+} 氧化成 Fe^{3+}。氧化的方法通常采用溶解氧氧化法或加氯氧化法。

一般来说，高分子混凝剂尤其是有机高分子混凝剂在投入水中前已发生水解聚合反应，聚合物形态基本确定，故对水的 pH 值变化适应性较强，混凝效果受 pH 值的影响较小。

（3）水中悬浮物及其他物质浓度。颗粒浓度过低往往不利于混凝，人工投加黏土或高分子助凝剂可提高混凝效果。但由于不同黏土杂质的粒径大小、级配、化学组成、带电性能和吸附性能等各不相同，因而即使投放完的浊度相同，水的混凝性能也不同。杂质颗粒级配越单一均匀、越细，越不利于混凝，大小不一的颗粒有利于混凝。当水中有机物浓度过高时，有机物会吸附于胶体颗粒表面，提高胶体稳定性，这就是有机物对胶体的保护作用。如向水中投 Cl_2 等氧化剂来氧化有机物，破坏其结构，就能提升混凝效果。有机物少时有助凝作用，在实际应用时可利用这个功能。

因电解质能使胶体凝聚，所以水中溶解盐类能对混凝产生影响。因水中胶体离子大部分带负电荷，所以天然水中 Ca^{2+}、Mg^{2+} 对压缩双电层有利，而水中某些阴离子（如 Cl^-）可能对混凝产生不利影响。

3.1.3.2　混凝剂的影响

（1）铝盐和铁盐混凝剂。当废水 pH<3 时，简单水合铝离子 $[Al(H_2O)_6]^{3+}$ 可起压缩胶体双电层作用；pH=$4.5 \sim 6.0$ 时（视混凝剂投量不同而异），主要是多核烃基配合物对负电荷胶体起电性中和作用，凝聚体比较密实；pH=$7.0 \sim 7.5$ 时，电中性氢氧化铝聚合物 $[Al(OH)_3]_n$ 可起吸附架桥作用，同时也存在某些烃基配合物的电性中和作用，混凝效果较好。

（2）高分子混凝剂。阳离子型高分子混凝剂可对负电荷胶粒起电性中和与吸附架桥双重作用，絮凝体一般比较密实，并且对废水的 pH 值适用范围更广。非离子型和阴离子型高分子混凝剂只能起吸附架桥作用。

（3）复合混凝剂。多种混凝剂混合使用常能取得更好效果，现多以无机高分子絮凝剂与有机高分子絮凝剂复合使用，或以无机盐与污染物作电荷中和，促进有机高分子絮凝剂的絮凝作用。

（4）混凝剂投量。混凝剂投量对混凝效果影响较大。投量除与水中微粒种类、性质和浓度有关外，还与混凝剂种类、投加方式和介质条件有关。一般的投药量范围是：普通铝盐、铁盐为 $10 \sim 30 mg/L$；聚合盐为普通盐的 $1/3 \sim 1/2$；有机高分子混凝剂通常只需 $1 \sim 5 mg/L$。投加不能过量，否则会出现胶体的再稳现象。任何废水的混凝处理都存在最佳投药量的问题，应通过试验确定。其中，标准烧杯试验（图 3-4）是选择和确定混凝剂、絮凝剂或助凝剂最佳投加量和最佳 pH 值的有效方法，具体方法可参见《水的混凝、沉淀试杯试验方法》（GB/T 16881—2008）。

3.1.3.3 水力条件的影响

影响混凝的水动力条件主要是指混凝过程的搅拌强度和搅拌时间，搅拌强度通常用相邻水层中两个颗粒运动的速度梯度 G 来表示，搅拌速度越快，两运动颗粒的速度梯度 G 越大，相互碰撞的机会越多。相互碰撞的机会越多，混凝反应速度就越快。搅拌时间 T 是指水在反应设备中的停留时间。

G 是控制混凝效果的水力条件，当原水杂质特性一定时，要提高混凝效果就要控制速度梯度 G。G 的计算公式如下。

图 3-4　标准烧杯试验

$$G = \sqrt{\frac{P}{\mu V}} \tag{3-1}$$

式中，G 为速度梯度，s^{-1}；P 为所需功率，W；μ 为在设计温度下的动力黏度，$N \cdot s/m^2$；V 为反应器体积，m^3。

在式（3-1）中，当用机械搅拌时，式中 P 由机械搅拌的功率提供；当用水力搅拌时，功率 P 为水流本身的能量消耗。

在混合阶段，对水流进行剧烈搅拌的目的，主要是使药剂快速均匀地分散于水中以利于混凝剂快速水解、聚合及颗粒脱稳。由于上述过程进行得很快，故混合要快速剧烈，通常 G 值一般在 $700 \sim 1000 s^{-1}$，T 在 $15 \sim 30s$。在絮凝阶段，絮凝体尺寸逐渐增大，由于大的絮凝体容易破碎，故自絮凝开始至絮凝结束，G 值应渐次减小。采用机械搅拌时，搅拌强度应逐渐减小；采用水力絮凝池时，水流速度应逐渐减小。絮凝阶段，G 值一般在 $20 \sim 70 s^{-1}$，T 在 $15 \sim 30min$。

3.1.4 混凝的工艺设备

混凝过程是由一系列工艺单元串联起来组成的，每个单元设有相应的设备，完成凝聚作用的有加药和混合等设备，完成絮凝作用的设备为絮凝池（也称反应池）。混凝的工艺流程如图 3-5 所示。

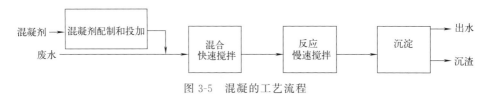

图 3-5　混凝的工艺流程

由图 3-5 可见，整个混凝工艺过程包括混凝剂的配制和投加、混合以及絮凝反应三个步骤。

混凝剂的配制和投加是保证混凝过程的先决条件。对于混凝剂投加系统和设备的设计，应考虑不同原水水质条件下的最大投加量，并考虑运行中的超负荷因素，留有适当余量。

混合阶段的目的是使混凝剂快速均匀地分散于水中以利于其快速水解、聚合及颗粒脱稳。由于上述过程进行得很快，故对混合的要求是快速剧烈但时间要短，通常混合时间为 $10 \sim 30s$ 至 $2min$。

絮凝阶段的目的是使絮体尺寸逐渐增大，主要靠机械或水力搅拌促使颗粒碰撞凝聚，长大成可见的絮体（矾花），粒径变化可从微米级增加到毫米级，变化幅度达几个数量级。这一阶段要求搅拌强度低，但时间要长。由于大的絮凝体容易破碎，故采用机械搅拌时，搅拌强度应逐渐减小；采用水力絮凝池时，水流速度应逐渐减小。

3.1.4.1 混凝剂的配制

混凝剂的配制可在溶解池或溶液池内完成。当采用液体混凝剂时可不设溶解池，药剂储存于储液池后直接进入溶液池。当采用固体混凝剂时需设置溶解池，其作用是把块状或粒状的药剂溶解成溶液。高聚物一般难以溶解。由于其性质的差异，没有能适用于所有高聚物溶解和投加的系统，高聚物供应商通常会推荐其产品的溶解及投加方法。溶液池和溶解池的容积按下式计算：

$$W_1 = \frac{aQ}{417cn} \tag{3-2}$$

$$W_2 = (0.2 \sim 0.3)W_1 \tag{3-3}$$

式中，W_1 为溶液池容积，m^3；W_2 为溶解池容积，m^3；a 为混凝剂最大投加量，按无水产品计，石灰最大用量按 CaO 计，mg/L；Q 为处理的水量，m^3/h；c 为溶液浓度，％，一般采用 5％～20％（按混凝剂固体质量计算），或采用 5％～7.5％（扣除结晶水计），石灰乳采用 2％～5％（按纯 CaO 计）；n 为每日调制次数，次，应根据混凝剂投加量和配制条件等因素确定，一般不宜超过 3 次。

粉末状药剂在进入溶解池前应提前加湿以防止出现"鱼目（胶浆疙瘩）现象"。"鱼目现象"导致高聚物混合时间延长、有效性下降，投加量增加。高聚物溶解之后，还需要一定时间的"熟化"（如允许长的高聚物分子"完全舒展开来"），溶解池内的熟化时间一般为 30～60min。药剂的溶解根据投加量大小、混凝剂的品种，可采用水力溶解、机械溶解或压缩空气等搅拌方式，其中用得较多的是机械搅拌。

（1）水力溶解。水力溶解是采用压力水对药剂进行冲溶和淋溶，适用于小水量和易溶解的药剂。其优点是可以节省机电等设备，缺点是效率较低，溶药不够充分。

（2）机械溶解。机械搅拌适用于各种药剂和各种规模的废水处理，具有溶解效率高、溶药充分、便于实现自动控制操作等优点，因而被普遍采用。机械溶解大多采用电动搅拌机进行。搅拌机由电动机、传动或减速器、轴杆、叶片等组成，可以自行设计，也可选用商用的定型产品。图 3-6 所示为常用溶解池机械搅拌机的构造。

搅拌机适用于大、中、小尺寸的溶解池。设计和选用搅拌机时应注意以下方面。

① 转速。搅拌机转速有减速和全速两种，减速搅拌机转速一般为 100～200r/min，全速搅拌机转速一般为 1000～1500r/min。

② 结合转速选用合适的叶片形式和叶片直径，常用的叶片形式有螺旋桨式、平板式等。

③ 采用防腐蚀措施和耐腐蚀材料，尤其是在使用强腐蚀药剂时。

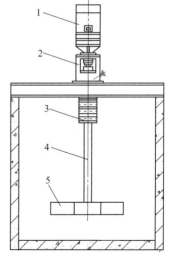

图 3-6　常用溶解池机械
搅拌机的构造

1—电动机；2—减速机；3—传动
或减速器；4—轴杆；5—叶片

（3）压缩空气溶解。压缩空气溶解一般在溶解池底部设置环形穿孔布气管。气源一般由空压机提供。压缩空气溶解适用于各种药剂和各种规模的废水处理，但不宜用作较长时间的石灰乳液连续搅拌。

3.1.4.2　混凝剂投加设备

混凝剂投加设备包括计量设备、药液提升设备、投药箱、必要的水封箱及注入设备等。根据不同的投药方式或投药量控制系统，所用设备也有所不同。具体要求如下。

（1）投加地点。根据工艺流程，药剂投加点的位置可以设在提升水泵前，也可以投加于原水管。泵前投加一般投加在水泵吸水管进口处或吸水管中，利用水泵叶轮转动使药剂充分混合，从而可省去混合设备。原水管中投加药剂是最常用的方式，根据废水处理工艺和生产管理的需要，可投加在原水总管上，也可投加在各絮凝池的进水管中，加药管应采用耐腐蚀材料。

（2）投加方法。可以采用重力投加，也可采用压力投加，一般多采用压力投加。

① 重力投加。重力投加系统需设置高位溶液池，利用重力将药液投入水中。溶液池与投药点水体水位高差应足够克服输液管的水头损失并留有一定的余量。重力投加输液管不宜过长，并力求平直，以避免堵塞和气阻。重力投加时，溶液池的液面标高应通过计算确定，一般高于絮凝池或澄清池水面3m以上。加药管尽量按最短路线敷设以减小水头损失。重力投加适用于中小水量，且投加点较集中的场合。泵前重力投加系统的构造分别见图3-7和图3-8。

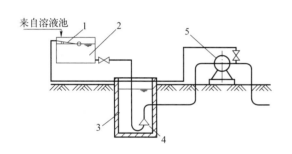

图 3-7　吸水喇叭口处重力投药系统的构造

1—浮球阀；2—水封箱；3—吸水井；
4—吸水喇叭口；5—水泵

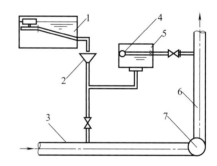

图 3-8　吸水管内重力投药系统的构造

1—溶液池；2—漏斗；3—吸水管；4—浮球阀；
5—水封箱；6—水泵出水管；7—水泵

② 压力投加。压力投加可采用水射器和计量泵两种方法。

图3-9所示为水射器投加系统的构造，它具有设备简单、使用方便、不受溶液池高程所限等优点，但效率较低，且需另外设置水射器压力水系统。

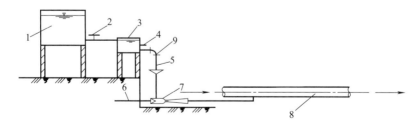

图 3-9　水射器压力投加系统的构造

1—溶液池；2,4—阀门；3—投药箱；5—漏斗；6—高压水管；7—水射器；
8—原水进水管；9—孔嘴等计量装置

目前新建以及改建的处理厂大多采用计量泵投加方式。图 3-10 所示为计量泵投药系统的构造，它同时具有压力输送药液和计量两种功能，与加药自控设备和水质监测仪表配合，可以组成全自动投药系统，达到自动调节药剂投加量的目的。目前常用的计量泵有隔膜泵和柱塞泵。采用计量泵投药具有计量精度高、加药量可调节等优点，适用于各种规模的废水处理，但计量泵价格较高。另外，在投药过程中要时刻观察设备的运行状态和计量泵的投加量是否正常。

（3）提升设备。由搅拌池或储液池到溶液池，以及当溶液池高度不满足重力投加条件时均需设置药液提升设备，最常用的是耐腐蚀泵。常用的耐腐蚀泵主要有以下三种形式。

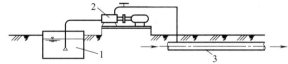

图 3-10　计量泵压力投药系统的构造
1—溶液池；2—计量泵；3—进水管

① 耐腐蚀金属离心泵。一种金属离心泵的过流部件采用耐腐蚀的金属材料，型号有 IH、F、BF 等。另一种为泵体采用金属材料，但其过流部件采用耐腐蚀塑料，如聚丙烯、聚全氟乙丙烯等，型号有 FS 等，这种泵较常采用。

② 塑料离心泵。其泵体用聚氯乙烯等塑料制成，型号有 SB、101、102 等。

③ 耐腐蚀液下立式泵。型号有 Fy 型等，这种泵的泵体及加长部件均采用耐腐蚀金属材料制成，适用于地下储液池等场合。

此外还有耐腐蚀陶瓷泵、玻璃钢泵等，但较少采用。

3.1.4.3　混合设备

混合是反应的第一关，也是非常重要的一关，在这个过程中应使混凝剂水解产物迅速地扩散到水体中的每一个细部，使所有胶体颗粒几乎在同一瞬间脱稳并凝聚，这样才能得到好的絮凝效果。因为在混合过程中同时产生胶体颗粒的脱稳与凝聚，所以可以把这个过程称为初级混凝过程。但这个过程的主要作用是混合，因此常称为混合过程。

混合的方式主要有管式混合、机械搅拌混合以及水泵混合等。

（1）管式混合。常用的管式混合有管式静态混合器、孔板式管式混合器、文氏管式混合器、扩散混合器等，其中管式静态混合器应用较多。管式静态混合器是在管道内设置多节固定叶片，使水流成对分流，同时产生涡旋反向旋转及交叉流动，从而获得混合效果。图 3-11 所示为目前应用较多的管式静态混合器的构造。

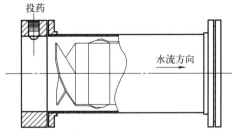

图 3-11　管式静态混合器的构造

孔板式管式混合器是在孔板混合器前加上锥形配药帽。锥形帽的顶角为 $90°$，锥形帽顺水流方向的投影面积为进水管总面积的 1/4，孔板开孔面积为进水管总面积的 3/4，混合器管节长度 $L \geqslant 500\text{mm}$。孔板处的流速取 $1.0 \sim 2.0\text{m/s}$，速度梯度 G 值约为 $700 \sim 1000\text{s}^{-1}$。图 3-12 为孔板式管式混合器的构造图。

（2）机械搅拌混合池。机械搅拌混合池的布置形式见图 3-13。机械搅拌机采用较多的为桨板式和推进式。桨板式结构简单，加工制造容易，但效率比推进式低。推进式效率较高，但制造较复杂。有条件时宜优先考虑采用推进式搅拌机。为避免水流发生整体旋流，应在混合池中设置竖直固定挡板。

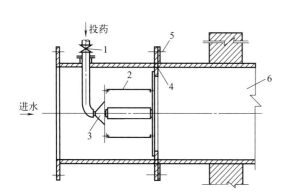

图 3-12　孔板式管式混合器的构造
1—塑料阀；2—支架；3—锥形配药帽；
4—孔板；5—橡胶垫；6—管道

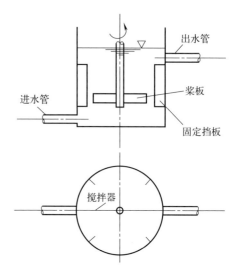

图 3-13　机械搅拌混合池的布置形式

机械搅拌混合池可以在要求的混合时间内达到需要的搅拌强度，满足速度快、均匀充分混合的要求，水头损失小，并可适应水量、水温、水质等的变化，可取得较好的混合效果，适用于各种规模的处理厂和使用场合。混合池可采用单格或多格串联。

混合过程的一个关键参数，就是在不产生剪切应力或破坏絮体条件下，絮凝剂和废水完全混合所需的能量。计算混合所需能量时，关键参数包括 G 值（根据经验选取）、反应器体积以及混合液体的黏度。在某一 G 值、给定停留时间和黏度条件下，所需功率可按下式计算：

$$P = G^2 \mu V \tag{3-4}$$

例如，当某工业水流量 $500\,\mathrm{m^3/d}$，平均温度为 $40\,℃$ 时，快速混合所需要的能量（或功率）可按以下计算求出（取 $G = 750\,\mathrm{s^{-1}}$，设所需停留时间为 $60\mathrm{s}$）。

查得 $40\,℃$ 时水的动力黏滞系数 $\mu = 0.653 \times 10^{-3}\,\mathrm{N \cdot s/m^2}$，则：

$$所需体积 = \frac{500}{1440} \times 1 = 0.35\,(\mathrm{m^3})$$

$$所需功率 = 750^2 \times 0.000653 \times 0.35 = 128.56\,(\mathrm{W}) \approx 0.13\,(\mathrm{kW})$$

在快速混合之后，需有慢速混合区，以便细小颗粒能够形成絮体，然后通过重力或气浮去除。

混合方式还与混凝剂种类有关。当使用高分子絮凝剂时，由于其作用机理主要是絮凝，故只要求使药剂均匀地分散于水体中，而不要求采用"快速"和"剧烈"的混合。

混合池停留时间一般为 $10\sim60\mathrm{s}$（有的国家建议混合时间为 $1\sim5\mathrm{min}$），G 值一般采用 $500\sim1000\,\mathrm{s^{-1}}$。机械搅拌机一般采用立式安装，为减少共同旋流，可将搅拌机轴中心适当偏离混合池的中心。

（3）水泵混合。水泵混合是利用水泵叶轮产生的涡流达到混合目的的一种方式（与前面加药方式类似）。采用水泵混合应注意的要点是：

① 药剂可投加入每台水泵的吸水管中，或者吸水喇叭管处，不宜投在吸水井；

② 为防止空气进入水泵，投药管中不能掺有空气，需在加药设施中采取适当的措施；

③ 投加点距絮凝池的距离不能过长，以避免在原水管中形成絮凝体；

④ 当采用腐蚀性的药剂时，应考虑对水泵的腐蚀影响。

综上所述，可以总结出不同混合方式的特点：管式混合无须设置专用混合池，混合效果较好，但受水量变化影响较大；机械混合可以适应水量、水温等的变化，但相应增加了机械设备；水泵混合没有专用的混合设施，但水泵与絮凝池相距必须较近。具体采用何种形式应根据废水处理的工艺布置、水质、水量、药剂品种等因素综合确定。

3.1.4.4 絮凝反应设备

完成絮凝过程的设备称絮凝池。要使絮凝反应充分，必须具备两个主要条件，即存在具有充分絮凝能力的颗粒和保证颗粒获得适当的碰撞接触而又不致破碎的水力条件。絮凝过程产生速度梯度所需的能量，可通过水力、空气和机械等方法产生。絮凝过程的典型 G 值为 $10 \sim 60 \mathrm{s}^{-1}$。在设计流量条件下，絮凝过程的水力停留时间为 $10 \sim 30 \mathrm{min}$。

常见的絮凝池有隔板絮凝池、折板絮凝池、栅条（网格）絮凝池、机械搅拌絮凝池。

（1）隔板絮凝池。水流以一定流速在隔板之间通过而完成絮凝过程的絮凝池称为隔板絮凝池。如果水流方向为水平的，称为水平隔板絮凝池，如图 3-14 所示；如果水流为上下竖向的，则称为垂直隔板絮凝池。

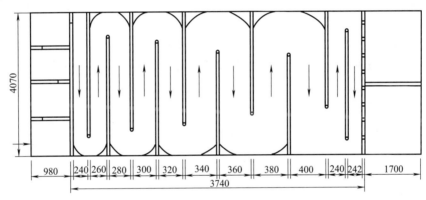

(a) 往复式隔板絮凝池(单位：mm)

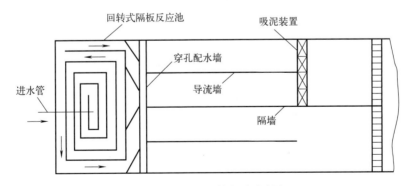

(b) 回转式隔板絮凝池

图 3-14 水平隔板絮凝池

水平隔板絮凝池是应用最早且较普遍的一种絮凝池。往复式隔板絮凝池中隔板的布置采用来回往复的形式，见图 3-14（a），水流沿槽来回往复前进，流速由大逐渐减小。为达到流速递减的目的，有两种措施：一种是将隔板间距从起端至末端逐步放宽，池底相平；另一种是隔板间距相等，从起端至末端池底逐渐降低。前者因施工方便采用较多。若地形合适，则可采用后者。

往复式隔板絮凝池在转折处消耗较大的能量，虽然它可提供较多的颗粒碰撞机会，但也容易引起已形成的絮体破碎。为减少能量损失，以后又发展了一种把180°的急剧转折改为90°转折的回转式隔板絮凝池，如图3-14（b）所示。这种絮凝池一般水流由池中间进入，逐渐回转流向外侧，因而其最高水位出现在池的中间，而出口处的水位与沉淀池水位相近。由于这一原因，回转式絮凝池更适合对原有水池提高水量时的改造。回转式隔板絮凝池由于转折处的能量消耗较往复式絮凝池小，因而有利于避免絮体的破碎，但也减少了颗粒的碰撞机会，影响絮凝速度。考虑到絮凝初期增加颗粒的碰撞是主要因素，后期应着重于避免絮体的破碎，因而出现了往复式隔板与回转式隔板相结合的形式。

当处理水量较小时，为了控制絮凝槽内的流速，并避免槽的宽度太窄，隔板絮凝池也可以布置成双层。上、下层分别设置隔板，进行串联运行。隔板的布置可以是往复式的，也可以是回转式的。水流可以先通过下层隔板再进入上层，也可以先经过上层再流入下层，一般认为先进入下层可以避免积泥。对于规模较小的絮凝池，双层隔板絮凝可以充分利用空间而节省用地，并可与沉淀池深度保持一致而利于结构设计。

（2）折板絮凝池。折板絮凝池是在隔板絮凝池的基础上改造发展起来的。从20世纪70年代应用以来，取得了成功经验，成为目前应用较普遍的形式之一。这种折板絮凝池的总絮凝时间由以往的20～30min（隔板絮凝池）缩减至15min左右，絮凝效果良好。

折板絮凝池的布置方式按照水流方向可分成竖流式和平流式两种，目前以采用竖流式为多；根据折板相对位置的不同又可分为异波和同波两种形式，如图3-15所示。

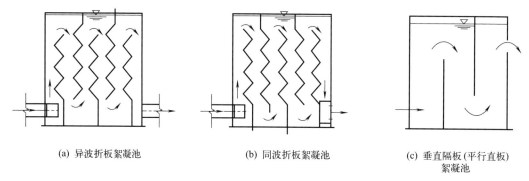

| (a) 异波折板絮凝池 | (b) 同波折板絮凝池 | (c) 垂直隔板(平行直板)絮凝池 |

图3-15　竖流式折板絮凝池的不同形式

异波折板是将折板交错布置，使流速在通过收缩段时增大，通过扩张段时减小，从而产生絮凝反应所需要的紊动；同波折板是将折板平行布置，使水的流速保持不变，水在流过转角处产生紊动。与折板絮凝池相似的应用形式还有波纹板及波折板絮凝池。

折板絮凝池可布置成多通道或单通道。单通道指水流沿两折板间不断循序流行；多通道指将絮凝反应池分隔为若干区格，各区格内设一定数量的折板，水流按各区格逐格通过。折板絮凝池可设计为3～6段，与隔板絮凝池一样，折板间距应根据水流速度由大到小的原则而改变。目前为提高大规模的废水处理的效果，采用不同形式的折板相组合，即多通道折板絮凝池，第一阶段可采用异波，第二阶段采用同波，第三阶段采用平板，其布置形式如图3-16所示。

（3）栅条（网格）絮凝池。栅条（网格）絮凝池是在沿流程一定距离（一般为0.6～0.7m）的过水断面中设置栅条或网格，通过栅条或网格的能量消耗完成絮凝过程。当水流通过网格时，相继收缩、扩大，形成涡旋，造成颗粒碰撞，所需絮凝时间相对较少。栅条（网格）絮凝池的布置及构造如图3-17所示。

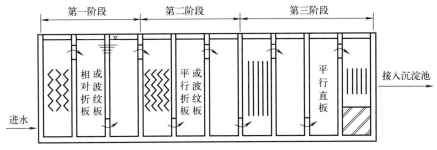

图 3-16　多通道折板絮凝池的布置形式

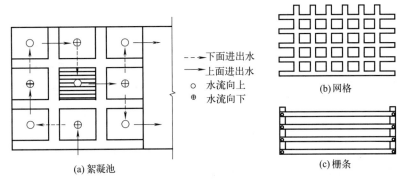

(a) 絮凝池

- - - 下面进出水
—— 上面进出水
○ 水流向上
⊕ 水流向下

(b) 网格

(c) 栅条

图 3-17　栅条（网格）絮凝池的布置及构造

　　栅条絮凝池一般由上、下翻越的多格竖井所组成。各竖井的过水断面尺寸相同，因而平均流速也相同。为了控制絮凝过程中 G 值的变化，絮凝池前段采用密型栅条或网格，中段采用疏型栅条或网格，末段可不放置栅条或网格。

　　栅条或网格可采用木材、扁钢、铸铁或水泥预制件组成。由于栅条比网格加工容易，因而应用较多。

　　栅条（网格）絮凝池的分格数一般采用 8～18 格，但也可以降低竖井流速，以减少分格数的布置，其分格数仅为 3～6 格。

　　（4）机械搅拌絮凝池。机械搅拌絮凝池是通过机械带动叶片而使液体运动完成絮凝的絮凝池。叶片可以旋转运动，也可以上下往复运动。目前国内的机械絮凝池大多是采用旋转运动的方式。

　　机械搅拌絮凝池分为水平轴式和垂直轴式两种，分别如图 3-18 和图 3-19 所示。搅拌叶片目前多用条形桨板，有时也有布置成网状形式。

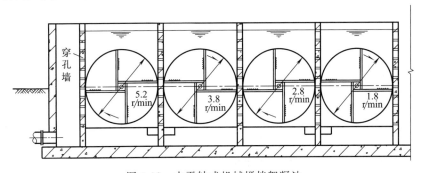

图 3-18　水平轴式机械搅拌絮凝池

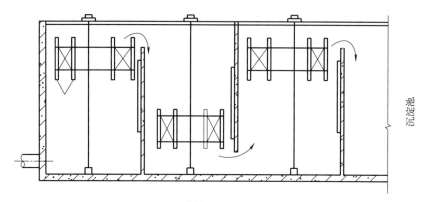

图 3-19　垂直轴式机械搅拌絮凝池

为了适应絮凝过程中 G 值变化的要求和提高絮凝的效率，机械搅拌絮凝池一般应采用多级串联。对于较大规模的絮凝池，各级分设搅拌器，每级采用不同的转速。为适应絮凝体形成的规律，第一级搅拌强度最大，而后逐级减少。速度梯度 G 值也相应由大变小。搅拌强度取决于搅拌器的转速和桨板面积，由计算决定。对于小规模的机械絮凝池，为了实现不同的搅拌速度，也有采用一根传动轴带动不同回转半径桨板的形式。

由以上分析可知，常用的絮凝设备可以布置成多种形式，如图 3-20 所示。

此外，还可以将上述不同形式加以组合，如隔板絮凝与机械搅拌絮凝组合、穿孔絮凝与隔板絮凝组合等，可根据不同的适用条件和设计要求灵活选用。

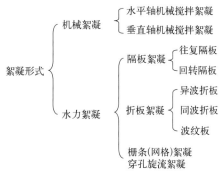

图 3-20　常用絮凝设备类型

3.2　沉淀和澄清

沉淀是利用废水中悬浮物质与水的密度差，使水中的悬浮物质在重力作用下下沉，从而与水分离，使水得到澄清的过程。混凝和沉淀属于两个单元过程，通过混凝反应，水中脱稳杂质碰撞结合成大的絮凝体，然后在沉淀池内下沉分离。澄清池则是将两个过程综合于一个构筑物，沉淀区保留有高浓度的活性絮体，称为泥渣层，当脱稳杂质随水流与泥渣层接触时，便被泥渣层阻留下来，使水得到澄清。

3.2.1　沉淀理论

3.2.1.1　悬浮颗粒在静水中的沉淀

因为废水中悬浮物的颗粒大小、物理和物理化学性质不同，因此在沉降过程中表现出的规律也不同，此外不同颗粒之间还会有相互作用，这种作用的程度又与颗粒的性质、质量浓度等有关系，所以颗粒在废水中的沉降是一个非常复杂的过程，到目前为止还没有一种理论可以准确地描述所有沉降过程。根据废水中可沉降物质颗粒的大小、凝聚性能的强弱及其质量浓度的高低，可把沉降过程分为自由沉降、絮凝沉降、成层沉降和压缩沉降四种类型。

（1）自由沉降。废水中的悬浮颗粒的浓度低，在沉降过程中颗粒互不黏合，不改变形状、尺寸及密度，各自独立完成沉降的过程。沉降过程中各颗粒开始是加速，一定时间后变为匀速下沉。可观察到的现象是水从上到下逐渐变清。

（2）絮凝沉降。废水中悬浮固体浓度不高（50～500mg/L），但在沉降过程中能发生凝聚或絮凝作用，由于絮凝作用，多个小颗粒互相黏结变为大颗粒，致使颗粒质量增加，沉降速度加快，沉速随深度而增加，即颗粒呈加速下沉。可观察到的现象也是水由上到下逐渐变清，且可观察到颗粒的絮凝现象。

（3）成层沉降（集团沉降、拥挤沉降）。当污水中悬浮颗粒的浓度提高到一定程度（＞500mg/L）后，每个颗粒的沉淀将受到周围颗粒的干扰，沉降速度有所降低。随着浓度进一步提高，颗粒间的干涉影响加剧，沉降速度大的颗粒也不能超过沉降速度小的颗粒，致使颗粒群结合成为一个整体，各自保持相对不变的位置，共同下沉。观察到的现象是水与颗粒群之间有明显的分界面，沉降的过程实际上是该分界面下沉的过程。

（4）压缩沉降。当悬浮颗粒浓度很高时，固体颗粒互相接触，且互相支撑，靠颗粒自身的重力作用不能下沉，颗粒的下沉是在上层颗粒的重力压缩下，下层颗粒间隙中的液体被挤出界面，致使固体颗粒群被浓缩而实现的。特征是颗粒群与水之间也有明显的界面，但颗粒群部分比成层沉降时密集，界面的沉降速度很慢。

上述四种类型的沉降是相互联系的。在实际应用中，在同一个沉淀池中的不同沉降时间，或沉淀池的不同深度可能是不同的沉降类型。如果在实验室用量筒来观察沉降过程，会发现随沉降时间的延长，不同的沉降类型会在不同时间出现，如图 3-21 所示。图中时刻 1 沉降时间为零，在搅拌的作用下废水中的悬浮物呈均匀状态；在时刻 1 与 2 之间为自由沉降或絮凝沉降时间；到时刻 2 时，水与颗粒层出现明显的界面，此时变为成层沉降阶段，同时由于靠近底部的颗粒很快沉降到容器底部，所以在底部出现压缩层 D。在时刻 2 与 4 之间，界面继续以匀速下沉，沉降区 B 的质量浓度基本保持不变，压缩区的高度增加。到时刻 5 时沉降区 B 消失，此时称为临界点。时刻 5 和 6 之间为压缩沉降阶段。试验时各时刻的出现时间和存在时间的长短与颗粒的性质、质量浓度和是否添加药剂有关。

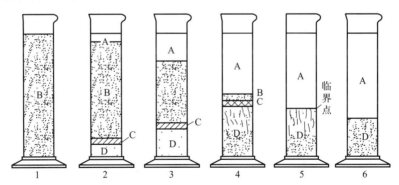

图 3-21　不同沉降时间沉降类型分布示意
A—澄清区；B—沉降区；C—过渡区；D—压缩区

3.2.1.2　自由沉降理论

下面以单体球形颗粒的自由沉降为例，说明影响颗粒沉降的主要因素。为了便于讨论，假定：颗粒为球形且为非压密性的，在沉淀过程中不改变自己的形状；液体是静止的，为非压缩性的，球状颗粒沉淀不受容器器壁的影响；颗粒承受相同的重力场。

图 3-22 颗粒自由
沉降时受力分析

静水中的球体颗粒，受其本身重力 F_1 的作用而下沉，同时又受到液体的浮力 F_2 的抵抗，F_2 阻止颗粒下沉。此外，颗粒在下沉过程中还受到水的阻力 F_3 的作用，如图 3-22 所示。颗粒的自由沉降可用牛顿第二定律表述。

从图 3-22 可以得出：

$$m \frac{\mathrm{d}u}{\mathrm{d}t} = F_1 - F_2 - F_3 \tag{3-5}$$

式中，u 为颗粒沉速，m/s；m 为颗粒质量，g；t 为沉淀时间，s；F_1 为颗粒所受的重力，N；F_2 为颗粒的浮力，N；F_3 为颗粒在下沉过程中受到的摩擦阻力，N。

F_1、F_2、F_3 分别由式（3-6）、式（3-7）、式（3-8）计算：

$$F_1 = \frac{\pi d^3}{6} g \rho_g \tag{3-6}$$

$$F_2 = \frac{\pi d^3}{6} g \rho_y \tag{3-7}$$

$$F_3 = \frac{C \pi d^2 \rho_y \mu^2}{8} = C \frac{\pi d^2}{4} \rho_y \frac{\mu^2}{2} = C A \rho_y \frac{\mu^2}{2} \tag{3-8}$$

式中，A 为颗粒在垂直运动方向平面上的投影面积，m^2；d 为颗粒的直径，m；g 为重力加速度，$\mathrm{m/s}^2$；μ 为液体的黏度 Pa·s；ρ_g 为颗粒的密度，$\mathrm{kg/m}^3$；ρ_y 为液体的密度，$\mathrm{kg/m}^3$；C 为阻力系数，是球形颗粒周围液体绕流雷诺数 Re 的函数。

把上面各关系式代入式（3-5），整理后得：

$$m \frac{\mathrm{d}u}{\mathrm{d}t} = g (\rho_g - \rho_y) \frac{\pi d^3}{6} - C \frac{\pi d^2}{4} \rho_y \frac{\mu^2}{2} \tag{3-9}$$

颗粒下沉时，起始沉降速度为 0，在重力的作用下逐渐加速，摩擦阻力 F_3 也随之增加，很快（约 1/10s）重力与阻力达到平衡，加速度 $\mathrm{d}u/\mathrm{d}t=0$，颗粒等速下沉。故式（3-9）可改写为：

$$u = \sqrt{\frac{4}{3} \times \frac{g}{C} \times \frac{\rho_g - \rho_y}{\rho_y} d} \tag{3-10}$$

从水力学可知阻力系数 C 是球体颗粒周围液体绕流的雷诺数 Re 的函数。当颗粒的沉速较小，其周围绕流的流速不大，并处于层流状态时（$Re < 1.9$），阻力主要来自液体的黏滞性，此时温度是主要的影响因素；当绕流的流速较大，并转入紊流状态时，液体的惯性力也将产生阻力。

对废水中的颗粒污染物来说，颗粒的粒径较小，沉降速度不大，绕流多处于层流状态，阻力主要来自污水的黏滞性，在这种情况下，阻力系数公式 $C = 24/Re$；Re 是雷诺数，$Re = du\rho_y/\mu$，代入阻力系数公式，整理后得式（3-11）。

$$u = \frac{\rho_g - \rho_y}{18\mu} g d^2 \tag{3-11}$$

式（3-11）即为斯托克斯沉降公式（Stockes formula）。从该式可知：

（1）颗粒沉降速度 u 的决定因素是（$\rho_g - \rho_y$），当 $\rho_g - \rho_y < 0$ 时，u 呈负值，颗粒上浮，$\rho_g - \rho_y > 0$ 时，u 呈正值，颗粒下沉，$\rho_g - \rho_y = 0$ 时，$u = 0$，颗粒在水中不沉也不浮；

（2）u 与颗粒直径的平方 d^2 成正比，所以增大颗粒直径 d 可大大地提高沉淀（或上浮）效果；

（3）u 与 μ 成反比，μ 决定于水质与水温，在水质相同的条件下，水温高则 μ 值小，有利于颗粒下沉（或上浮）；

（4）由于污水中的颗粒并非球形，故式（3-11）不能直接用于工艺计算，需要进行非球形修正。

3.2.1.3　沉降试验和沉降曲线

污水中含有的悬浮物实际上是大小、形状及密度都不相同的颗粒群，而且其性质、特性也因废水性质的不同而有差异。因此，通常要通过沉降试验来判定其沉降性能，并根据所要求的沉降效率来取得沉降时间和沉降速度这两个基本的设计参数。

根据污水沉降试验的结果，绘制各种参数间的关系曲线，这些曲线统称为沉降曲线。沉降曲线是沉淀处理单元设计的基础。各种类型沉降的试验方法基本相同，但沉降曲线的绘制方法不同。

（1）自由沉降试验。自由沉降试验用沉降柱如图 3-23 所示，直径为 80～100mm，高度为 1500～2000mm。试验需沉降柱 6～8 个。

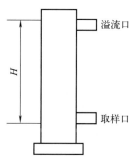

试验步骤如下。将已知悬浮物浓度和水温的水样注入各沉降柱，直到水从溢流口溢出，搅拌均匀后测定其悬浮物浓度 c_0。然后开始沉降，取样点设于水深 H 处。经 t_1 时间后，在第 1 个沉降柱取 100mL 左右水样，取样时要准确记录所取试样的体积。经 t_2 时间后，在第 2 个沉降柱取样，以此类推，依次取样直到试验完成。分别分析各水样的悬浮物浓度 c_1、c_2、…、c_n，然后计算各沉降时间 t_i 的沉降速度 u_i，$u_i = H/t_i$，它的意义是在时间 t_i 内能沉降 H 高度的最小颗粒的沉降速度；计算各沉降时间 t_i 时的剩余固体分数 p_i，$p_i = c_i/c_0$，它的意义是悬浮物中沉降速度小于 u_i 的颗粒占悬浮物总量的分数。因为在沉降 t_i 时间时，悬浮物中

图 3-23　自由沉降试验用沉降柱

沉降速度大于 u_i 的颗粒已全部沉降过了取样口，而沉降速度小于 u_i 的颗粒的浓度不变。然后以沉降速度 u 为横坐标，p 为纵坐标作图，如图 3-23 所示。若要求去除沉降速度为 $u_0 = \dfrac{H}{t}$ 的颗粒，则沉降速度 $u_t \geqslant u_0$ 的所有颗粒都可被去除，去除量为（$1 - p_0$），而沉降速度 $u_t < u_0$ 的颗粒，可被部分去除。其去除量应为 $\int_0^{p_0} \dfrac{u_t}{u_0} \mathrm{d}p$。

因此，总去除率 $\eta(\%)$ 应为：

$$\eta = (100 - p_0) + \frac{100}{u_0} \int_0^{p_0} u\,\mathrm{d}p \tag{3-12}$$

从图 3-24 可知，$\int_0^{p_0} u\,\mathrm{d}p$ 是沉降曲线与纵坐标所包围的面积，如把此包围的面积划分成很多矩形小块，便可用图解的方法求得去除率。

（2）絮凝沉降试验。在絮凝沉降中，颗粒的沉降速度随深度的加深而加大，悬浮物质的去除不仅取决于沉降速度，而且也和沉降的深度有关。絮凝沉降的有关参数只能通过沉降试验测定，所采用的沉降柱的深度应尽可能与实际沉淀池相等。一般情况下，絮凝沉降试验是

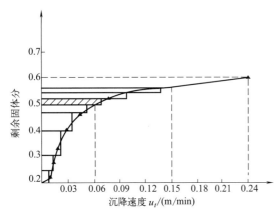

图 3-24　剩余固体分数与沉降速度的关系曲线

在直径为 $150 \sim 200\text{mm}$，高度为 $1500 \sim 2500\text{mm}$ 的沉降柱内进行的，其结构与图 3-23 所示的基本相同，只是设有多个取样口（一般每隔 $500 \sim 600\text{mm}$ 设一个）。试验中将水样装满沉降柱，搅拌均匀后开始计时，每隔一定时间间隔，如 10min、20min、30min、…、120min，同时在各取样口取样，分析各水样的悬浮物浓度，计算其表观去除率 E，$E = \dfrac{c_0 - c_i}{c_0} \times 100\%$。

在直角坐标纸上，以取样口深度（m）为纵坐标，以沉降时间（min）为横坐标，将同一沉降时间、不同深度的去除率标于其上，然后把去除率相等的各点连接起来，即可画出等去除率曲线。从中可以求出与不同沉淀时间、不同深度相对应的总去除率。

（3）成层与压缩沉降试验。成层与压缩沉降试验可在直径为 $100 \sim 150\text{mm}$，高度为 $1000 \sim 2000\text{mm}$ 的沉降柱内进行。将已知悬浮物浓度为 c_0 的污水，装入沉降柱内（高度为 H_0），搅拌均匀后，开始计时，水样会很快形成上清液与污泥层之间的清晰界面。污泥层内的颗粒之间相对位置稳定，沉降表现为界面的下沉，而不是单颗粒下沉，沉降速度用界面沉速表达。

记录界面高度随时间的变化，在直角坐标纸上，以纵坐标为界面高度，横坐标为沉降时间，作界面高度与沉降时间关系曲线，如图 3-25 所示。界面下沉的初始阶段，由于浓度较小，沉降速度是悬浮物浓度的函数 $u = f(c)$，呈等速沉降，见图 3-25 A 段。随着界面继续下沉，悬浮物浓度不断增加，界面沉降速度逐渐减慢，出现过渡段，见图 3-25 B 段。此时，颗粒之间的水分被挤出并穿过颗粒上升，成为上清液。界面继续下沉，浓度更大，污泥层内的下层颗粒能够机械地承托上层颗粒，因而产生压缩区，见图 3-25 C 段。

通过图 3-25 曲线的任一点作曲线的切线，切线的斜率即该点对应的界面沉降速度 u_c。分别作等速沉淀段的切线及压缩段的切线，两切线交角的角平分线交沉淀曲线于 D 点，D 点就是等速沉淀区与压缩区的分界点。与 D 点相对应的时间即压缩开始时间。这种静态试验方法可用来表述动态二次沉淀池与浓缩池的工况，亦可作为它们的设计依据。

根据图 3-25 可以确定不同条件下所需的沉淀池的面积。沉淀池有两个目的：一是澄清，即得到一定悬浮物浓度的出水；二是浓缩，即得到规定浓度的污泥。实际应用中应根据不同的目的确定沉淀池的面积。

① 澄清所需的最小面积为：

$$A_1 = \frac{Q}{u_c} \qquad (3\text{-}13)$$

式中，A_1 为澄清所需的沉淀池的最小面积，m^2；u_c 为界面沉降速度，m/s；

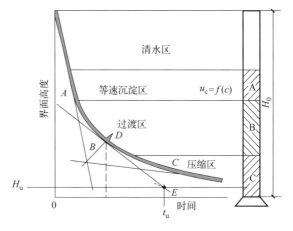

图 3-25　沉淀曲线及装置
A—阻滞区；B—过渡区；C—压缩区

Q 为废水的处理量，m^3/s。

② 浓缩所需的最小面积为：

$$A_2 = \frac{Qt_u}{H_0} \tag{3-14}$$

式中，A_2 为浓缩所需的沉淀池的最小面积，m^2；t_u 为到达要求的浓度所需的沉降时间，s；Q 为废水的处理量，m^3/s；H_0 为池深，m。

t_u 的确定方法如下：

a. 确定等于要求浓度 c_u 时的界面高度 H_u，$H_u = c_0 H_0 / c_u$；

b. 在纵坐标上找到 H_u，过 H_u 做横坐标的平行线，再过临界点 D 做沉降曲线的切线，使两直线相交，交点为 E；

c. 过 E 点做横坐标的垂线与横坐标的交点即 t_u。

实际所需的沉淀池面积根据实际用途的不同来选择，如果仅是得到澄清水则选择 A_1；如果需要得到一定浓度的污泥，则选择 A_2；如果既要得到澄清水又要得到一定浓度的污泥，则选择 A_1、A_2 中的较大者。

3.2.1.4 理想沉淀池

为了分析悬浮颗粒在沉淀池内运动的普遍规律及其分离效果，有学者提出了一种概念化的沉淀池，即理想沉淀池。按功能，理想沉淀池可分为流入区、流出区、沉淀区和污泥区四部分。

理想沉淀池的假定条件如下：池内污水按水平方向流动，从入口到出口，分布均匀；悬浮颗粒在流入区沿整个水深均匀分布并处于自由沉降状态，每个颗粒的沉速 u_i 固定不变；颗粒的水平分速等于水平流速 v，从入口到出口的流动时间为 t；颗粒一经接触池底即被除去，不再上浮。

图 3-26 所示即为理想沉淀池中不同颗粒沉降的过程分析。

设某一颗粒从点 A 处进入沉淀区，它的运动轨迹为其水平流速 v 和沉速 u 的矢量和，是斜率为 u/v 的斜线，如图 3-26 所示。必存在颗粒粒径为 d_0，沉速为 u_0 的颗粒，在流入区处于水的表面 A 点，在出口处恰好沉至池底 D 点，则 u_0 为临界沉速，也称最小沉速，即在该沉淀池中能够完全除去的最小颗粒的沉降速度。凡是 $u \geqslant u_0$ 的颗粒全部能够沉于池底，则可得如下关系式：

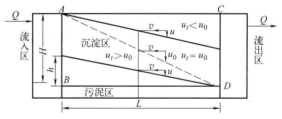

图 3-26　理想沉淀池中不同颗粒沉降过程分析

$$\frac{u_0}{v} = \frac{H}{L}$$

即有：

$$u_0 = \frac{H}{L}v \tag{3-15}$$

沉速 $u < u_0$ 的颗粒则不能一概而论，其中一部分流入沉淀池时靠近水面，将不能沉于池底并被带出池外，而另外一部分流入沉淀池时接近池底，因此能够沉于池底。

假设沉速 $u < u_0$ 的颗粒占全部颗粒的 $dp\%$，其中的 $\frac{h}{H}dp\%$ 将从水中分离出去。

由于 $h = u_0 t$，$H = u_0 t$，可得：

$$\frac{h}{u}=\frac{H}{u_0} \tag{3-16}$$

于是:
$$\frac{h}{H}\mathrm{d}p=\frac{u}{u_0}\mathrm{d}p \tag{3-17}$$

对沉速 $u<u_0$ 的全部颗粒来讲，从水中分离出来的总量将等于:
$$\int_0^{p_0}\frac{u}{u_0}=\frac{1}{u_0}\int_0^{p_0}u\mathrm{d}p \tag{3-18}$$

而沉淀池对悬浮颗粒的全部去除百分数 η（%）为:
$$\eta=(100-p_0)+\frac{1}{u_0}\int_0^{p_0}u\mathrm{d}p \tag{3-19}$$

式中，p_0 为沉速小于 u_0 的颗粒在全部颗粒中所占的质量分数，%。式（3-19）与式（3-12）相同，说明式（3-19）也可用图解法求解。设处理水量为 $Q(\mathrm{m^3/s})$，而分离面积为 $A=BL$（B、L 分别为理想沉淀池的宽度和长度，m），可得下列各关系式。

颗粒在沉淀池中的沉降时间:
$$t=\frac{L}{v}=\frac{H}{u_0} \tag{3-20}$$

沉淀池的容积:
$$V=Qt=HBL \tag{3-21}$$

通过沉淀池的流量:
$$Q=\frac{V}{t}=\frac{HBL}{t}=Au_0 \tag{3-22}$$

此处定义:
$$\frac{Q}{A}=q \tag{3-23}$$

显然在数值上:
$$u_0=q \tag{3-24}$$

Q/A 的物理意义是单位时间内通过沉淀池单位表面积的流量，一般称之为表面负荷率或溢流率，以 q 表示，单位是 $\mathrm{m^3/(m^2 \cdot s)}$ 或 $\mathrm{m^3/(m^2 \cdot h)}$。从式（3-22）可以看出，表面负荷率与该沉淀池能完全去除的最小颗粒的沉降速度在数值上是相等的，通过沉降试验求得应去除颗粒的最小沉降速度 u_0，也就求得了理想沉淀池的表面负荷率 q。

根据图 3-25，沉降速度为 u_t 的颗粒，入流时在水深 h 以下的可全部被沉降去除，因为 $\frac{h}{u_t}=\frac{L}{v}$，所以 $h=\frac{u_t}{v}L$，则沉降速度为 u_t 的颗粒的去除率 η_u 为:

$$\eta_u=\frac{h}{H}=\frac{\frac{u_t}{v}L}{H}=\frac{u_t}{vH}=\frac{u_t}{\frac{vHB}{L}}=\frac{u_t}{\frac{Q}{A}}=\frac{u_t}{q} \tag{3-25}$$

说明颗粒的去除率仅决定于表面负荷 q 和颗粒沉降速度 u_t，而与沉降时间无关。

3.2.2 沉淀池

按照水在池内的总体流向，沉淀池可分为平流式、辐流式和竖流式三种形式，如图 3-27 所示，图中的箭头表示水流的方向。平流式沉淀池，污水从池一端流入，按水平方向在池内流动，从另一端溢出，池体呈长方形，在进口处的底部设贮泥斗。辐流式沉淀池表面呈圆形，污水从池中心进入，澄清污水从池周溢出，在池内污水也呈水平方向流动，但流速是变化的。竖流式沉淀池表面多为圆形，但也有呈方形或多角形的，污水从池中央下部进入，由下向上流动，澄清污水由池面和池边溢出。

所有类型的沉淀池都包括入流区、沉降区、出流区、污泥区和缓冲区 5 个功能区，如图 3-27 所示。进水处为入流区，池子主体部分为沉降区，出水处为出流区，池子下部为污泥区，污泥区与沉降区交界处为缓冲区。入流区和出流区的作用是进行配水和集水，使水流均匀地分布在各个过流断面上，提高容积利用系数以及为固体颗粒的沉降提供尽可能稳定的水力条件。沉降区是可沉颗粒与水分离的区域。污泥区是泥渣贮存、浓缩和排放的区域。缓冲层的作用是分隔沉降区和污泥区的水层，防止泥渣受水流冲刷而重新浮起。以上各部分相互联系，构成一个有机整体，以达到设计要求的处理能力和沉降效率。

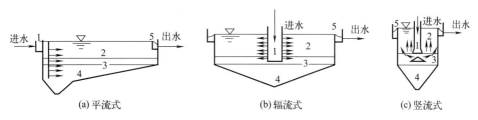

图 3-27　沉淀池的类型示意
1—入流区；2—沉降区；3—缓冲区；4—污泥区；5—出流区

3.2.2.1　平流式沉淀池

在平流式沉淀池内，水是沿水平方向流过沉降区并完成沉降过程的，如图 3-27（a）所示。废水由进水槽经淹没孔口进入池内。在孔口后面设有挡板或穿孔整流墙，用来消能稳流，使进水沿过流断面均匀分布。在沉淀池末端设有溢流堰（或淹没孔口）和集水槽，澄清水溢过堰口，经集水槽排出。在溢流堰前也设有挡板，用以阻隔浮渣，浮渣通过可转动的排渣管收集和排除。池体下部靠近进水端有泥斗，斗壁倾角为 $50° \sim 60°$，池底以 $0.01 \sim 0.02$ 的坡度坡向泥斗。泥斗内设有排泥管，开启排泥阀时，泥渣便在静水压力的作用下由排泥管排出池外。

平流式沉淀池的流入装置常用潜孔，在潜孔后垂直于水流的方向设挡板，其作用一方面是消除入流废水的能量，另一方面也可使入流废水在池内均匀分布。入流处的挡板一般高出池水水面 $0.1 \sim 0.5\text{m}$，挡板的浸没深度在水面下应不小于 0.25m，并距进水口 $0.5 \sim 1.0\text{m}$。出流区设有流出装置，出水堰可用来控制沉淀池内的水面高度，且对池内水流的均匀分布有着直接影响，安置要求是沿整个出水堰的单位长度溢流量相等。锯齿形三角堰应用最普遍，水面宜位于齿高的 $1/2$ 处。为适应水流的变化或构筑物的不均匀沉降，在堰口处设有能使堰板上下移动的调节装置，使出水堰口尽可能平正。堰前也应设挡板或浮渣槽。挡板应高出池内水面 $0.1 \sim 0.15\text{m}$，并浸没在水面下 $0.3 \sim 0.4\text{m}$。

平流式沉淀池的沉淀区有效水深一般为 $2 \sim 3\text{m}$，废水在池中停留时间为 $1 \sim 2\text{h}$，表面负荷 $1 \sim 3\text{m}^3 /（\text{m}^2 \cdot \text{h}）$，水平流速一般不大于 $4 \sim 5\text{mm/s}$，为了保证废水在池内分布均匀，池长与池宽比以 $4 \sim 5$ 为宜。

在实际的沉淀池内，污水流动状态和理论状态差异很大。因为流入污水与池内原有污水之间在水温和密度方面的差异，所以可产生异重流。由于惯性力的作用，污水在池内能够产生股流；又由于池壁、池底及其他构件的存在，导致污水在池内流速分布不均，出现偏流、絮流等现象。这些因素在设计时可采用一些经验系数和校正项加以考虑。

平流式沉淀池的主要优点是有效沉淀区大，沉淀效果好，造价较低，对废水流量的适应性强。缺点是占地面积大，排泥较困难。

平流式沉淀池的排泥一般采用机械排泥法或吸泥法。

（1）机械排泥法。机械排泥法是用机械装置把污泥集中到污泥斗，然后排出的方法，常用的有链带式刮泥机和行走小车式刮泥机。链带式刮泥机如图 3-28 所示，链带上装有刮板，沿池底缓慢移动，速度约 1m/min，把沉泥缓缓推入污泥斗，当链带刮板转到水面时，又可将浮渣推向挡板处的浮渣槽流出。链带式的缺点是机件长期浸于污水中，易被腐蚀，且难维修。图 3-29 所示的沉淀池使用了行走小车刮泥机，小车沿池壁顶的导轨往返行走，带动刮板将沉泥刮入污泥斗，同时将浮渣刮入浮渣槽。由于整套刮泥机都在水面上，不易腐蚀，易于维修。被刮入污泥斗的沉泥，可用静水压力法或螺旋泵排出池外。

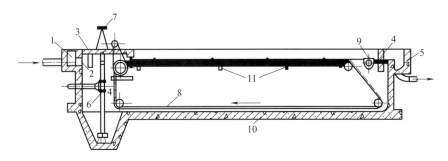

图 3-28　设有链带式刮泥机的平流式沉淀池

1—进水槽；2—进水孔；3—进水挡流板；4—出水挡流板；5—出水槽；6—排泥管；

7—排泥阀门；8—链条；9—排渣管槽（能够转动）；10—导轨；11—支撑

（2）吸泥法。当沉淀物密度低，含水率高时，不能被刮除，可采用单口扫描泵吸式吸泥机，使集泥与排泥同时完成，如图 3-30 所示。图中吸泥口 1、吸泥泵及吸泥管 2，用猫头吊 8 挂在桁架 7 的工字钢上，并沿工字钢做横向往返移动，吸出的污泥排入安装在桁架上的排泥槽 4，通过排泥槽输送到污泥后续处理的构筑物中。这样可以保持污泥的高程，便于后续处理。单口扫描泵吸式吸泥机向流入区移动时吸、排沉泥，向流出区移动时不吸泥。吸泥时的耗水量约占处理水量的 0.3%～0.6%。

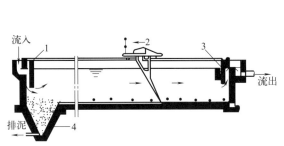

图 3-29　设有行走小车刮泥机的平流式沉淀池

1—挡板；2—刮泥装置；3—浮渣槽；4—污泥斗

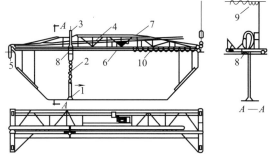

图 3-30　单口扫描泵吸式吸泥机

1—吸泥口；2—吸泥泵及吸泥管；3—排泥管；4—排泥槽；5—排泥渠；6—电机与驱动机构；7—桁架；8—小车电机及猫头吊；9—桁架电源引入线；10—小车电机电源引入线

3.2.2.2　竖流式沉淀池

竖流式沉淀池多用于小流量废水中絮凝性悬浮固体的分离，池面多呈圆形或正多边形，如图 3-31 所示。上部为沉降区，下部为污泥区，二者之间有 0.3～0.5m 的缓冲层。沉淀池运行时，废水经进水管进入中心管，由管口流出后，借助反射板的阻挡向四周分布，并沿沉降区断面缓慢竖直上升。沉降速度大于水流速度的颗粒下沉到污泥区，澄清水则由周边的溢流堰溢入集水槽排出。如果池径大于 7m，可增加辐射向出水槽。溢流堰内侧设有半浸没式挡板来阻止浮渣被水带出。池底锥体为贮泥斗，它的水平倾角常不小于 45°，排泥一般采用静水压力。污泥管直径一般用 200mm。

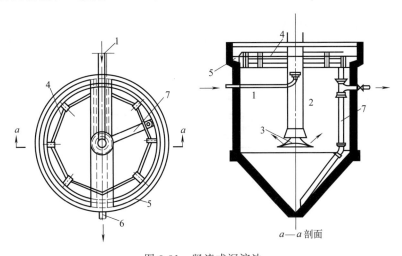

图 3-31　竖流式沉淀池
1—进水管；2—中心管；3—反射板；4—挡板；5—集水槽；6—出水管；7—污泥管

竖流式沉淀池的水流流速 v 是向上的，而颗粒沉降速度 u 是向下的，颗粒的实际沉降速度是 v 与 u 的矢量和，只有 $u \geqslant v$ 的颗粒才能被沉淀去除，因此颗粒去除率比平流式与辐流式沉淀池小。但若颗粒具有絮凝性，则由于水流向上，带着微颗粒在上升的过程中，互相碰撞，促进絮凝，使颗粒变大，沉降速度随之增大，颗粒去除率就会增大。竖流式沉淀池可用静水压力排泥，不必用机械刮泥设备，但池深较大。

竖流式沉淀池的直径（或边长）为 4～8m，沉淀区的水流上升速度一般采用 0.5～1.0mm/s，沉淀时间 1～1.5h。为保证水流自下而上垂直流动，要求池子直径与沉淀区深度之比不大于 3∶1。中心管内水流速度应不大于 0.03m/s，而当设置反射板时，可取 0.1m/s。污泥斗的容积则视沉淀池的功能而异，对于初次沉淀池，泥斗一般以贮存 2d 污泥量来计算，而对于活性污泥法后的二次沉淀池，其停留时间以取 2h 为宜。

竖流式沉淀池的优点是排泥容易，不需设机械刮泥设备，占地面积较小。其缺点是造价较高，单池容量小，池深大，施工较困难。因此，竖流式沉淀池适用于处理水量不大的小型污水处理厂。

3.2.2.3　辐流式沉淀池

辐流式沉淀池大多呈圆形，根据进出水方式的不同，又分为中心进水周边出水型（简称为中进周出）、周边进水周边出水型（简称为周进周出）和周边进水中心出水型（简称为周进中出）三种。其中中心进水周边出水型辐流式沉淀池最为常用，在此主要以中心进水周边出水型辐流式沉淀池为例对辐流式沉淀池进行介绍。如图 3-32 所示。辐流式沉淀池的直径一般为 6～60m，最大可达 100m，池周水深 1.5～3.0m。废水经进水管进入中心布水筒后，通过筒壁上的孔口和外围的环形穿孔整流挡板（穿孔率为 10%～20%）沿径向呈辐射状流向池周，其水力特征是污水的流速由大向小变化。沉淀后的水经溢流堰或淹没孔口汇入集水槽排出。溢流堰前设挡板，可以拦截浮渣。沉于池底的污泥，由安装于桁架底部的刮板以螺线形轨迹刮入泥斗，刮泥机由桁架及传动装置组成。当池径小于 20m 时，采用中心传动方式；当池径大于 20m 时，采用周边传动方式。周边线速为 $1.0 \sim 1.5 \mathrm{m/min}$，池底坡度一般为 0.05，污泥靠静压或污泥泵排出。

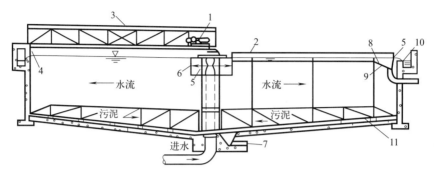

图 3-32 中心进水周边出水型辐流式沉淀池
1—驱动装置；2—装在一侧桁架上的刮泥板；3—桥；4—浮渣挡板；5—转动挡板；
6—转筒；7—排泥管；8—刮泥刮板；9—浮渣槽；10—出水堰；11—刮泥板

辐流式沉淀池的优点是：建筑容量大；采用机械排泥，运行较好；管理较简单。辐流式沉淀池适用范围广泛，在城市污水及各种类型的工业污水的处理中都可以使用，既能够用作初次沉淀池，也可以用作二次沉淀池，一般适用于大型污水厂。这种沉淀池的缺点是池中水流速度不稳定，排泥设备庞大，维护困难，造价亦较高。

3.2.2.4 斜板和斜管沉淀池

（1）浅层沉降原理。斜板、斜管沉淀池是根据浅层沉降原理设计的沉淀池。与普通沉淀池比较，它具有容积利用率高和沉降效率高等优点。

设有一理想沉淀池，其沉降区的长、宽、深分别为 L、B 和 H，表面积为 A，处理水量为 Q，表面负荷为 q_0，能够完全去除的最小颗粒的沉降速度为 u_0，则 $Q = u_0 A$。由此可见，在 A 一定的条件下，若增大 Q，则 u_0 成正比增大，从而使 $u \geqslant u_0$ 的颗粒所占分率 $(1 - p_0)$ 和 $u < u_0$ 的颗粒中能被除去的分率 u/u_0 都减小，总沉降效率 E_t 相应降低；反之，要提高沉降效率，则必须减小 u_0，结果 Q 成正比减小。以上分析说明，在普通沉淀池中提高沉降效率和增大处理能力相互矛盾，二者之间呈此长彼落的负相关关系。

但是，如果将沉降区高度分隔为 n 层，即分为 n 个高度为 $h = H/n$ 的浅层沉降单元，如图 3-33 所示，则在 Q 不变的条件下，颗粒的沉降深度由 H 减小到 H/n，可被完全除去的颗粒沉降范围由原来的 $u \geqslant u_0$ 扩大到 $u \geqslant u_0/n$，沉降速度 $u < u_0$ 的颗粒中能被除去的分率也由 u/u_0 增大到 nu/u_0，从而使总沉降效率 E_t 大幅度提高；反之，如果 E_t 不变，即沉降速度为 u_0 的颗粒在下沉了距离 h 后恰好运动到浅层的右下端点，即水流速度可以由 v 增加到 v'，而沉淀池的总去除率不变。则由 $v/v' = h/H$ 和 $h = H/n$ 可得 $v' = nv$，即 n 个浅层的处理水量 $Q' = HBnv$，比原来增大了 n 倍。显然，分隔的浅层数愈多，总沉降效率 E_t 值提高愈多或 Q' 值增加愈多。

此外，沉淀池的分隔还能大大改善沉降过程的水力条件，当水以速度 v 流过当量直径为 d_e 的断面时，雷诺数 $Re = d_e v \rho_1 / \mu$，$d_e = 4R$（R 为水力半径）。若原沉淀池内水流的雷诺数为 Re，则分隔为 n 个浅层后的雷诺数 $Re' = (B + H)Re/(nB + H)$。如果再沿纵向将池宽 B 也分为 n 格，即相当于形成了 n^2 个管形沉降单元，则其雷诺数 $Re'' = Re/n^2$。显然，$Re'' < Re' < Re$。实际上，普通沉淀池中，$Re = 4.0 \times 10^3 \sim 1.5 \times 10^5$，水流处于紊流状态，而在斜板和斜管沉淀池内则可分别降至 500 和 100，远小于各自的层流临界雷诺数 10^3 和

2.0×10^3，可使颗粒在稳定的层流状态下沉降。其次，由于浅层和管形沉降单元的水力半径 R 很小，表征水流稳定性的弗劳德数 $Fr = v^2/(Rg)$ 可增大至 $10^{-4} \sim 10^{-3}$ 以上。上述沉降面积增大和水力条件改善的双重有利因素，不但使斜板、斜管沉淀池能在接近于理想的稳定条件下高效率运行，而且也大大缩小了处理单位水量所需的池容。

（2）斜板和斜管沉淀池构造。将浅层沉降原理应用于工程实际时，必须解决沉泥从隔板上侧顺利滑入泥斗的问题。为此要把隔板倾斜放置，而且相邻隔板之中要留有适当的间隔，一块隔板和它上面间隔的空间就构成一个斜板沉降单元。如果再用垂直于斜板的隔板进行纵向分离，每个斜板单元就变为若干斜管沉降单元。斜板倾角 θ 通常按污泥的滑动性及滑动方向与水流方向是否一致来确定，一般取 $30° \sim 60°$。为了安装和检修和方便，通常将许多斜板

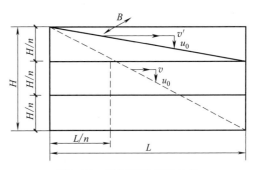

图 3-33　浅层沉降原理示意

或斜管预制成规格化的整体，然后安装在沉淀池内，就构成斜板或斜管沉淀池。安装斜板或斜管的区域为沉降区，沉降区以下依次为入流区和污泥区，沉降区上面为出流区。沉淀池工作时，水从斜板之间或斜管内流过，沉落在斜板、斜管底面上的泥渣靠重力自动滑入泥斗。这种沉淀池常用穿孔整流墙布水，用穿孔管或淹没孔口集水，也可以在池面上增设潜孔式中途集水槽使集水更趋均匀。集泥常采用多斗式，用穿孔管靠静压或吸泥泵排泥。沉降区高度大多为 $0.6 \sim 1.0\text{m}$，入流、出流区高度分别为 $0.6 \sim 1.2\text{m}$ 和 $0.5 \sim 1.0\text{m}$。为防止水流短路，还需在池壁与斜板或斜管体间隙处安装阻流板。

根据沉降区内水流与污泥的相对运动方向，斜板（管）沉淀池分为异向流、同向流和横向流三种，如图 3-34 所示。异向流的水流方向与污泥运动方向相反；横向流的水流方向与污泥运动方向互相垂直；同向流的水流方向与污泥运动方向相同。异向流可采用斜板或斜管单元，而横向流和同向流则只能采用斜板单元。目前主要采用异向流。

图 3-35 为异向流斜板沉淀池示意。异向流斜板（管）长度通常采用 $1 \sim 1.2\text{m}$，倾角 $60°$，板间垂直间距不能太小，以 $8 \sim 12\text{cm}$ 为宜，为防止沉淀污泥的上浮，缓冲层高度一般采用 $0.5 \sim 1.0\text{m}$。

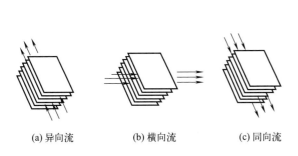

(a) 异向流　　(b) 横向流　　(c) 同向流

图 3-34　斜板沉淀池水流方向示意

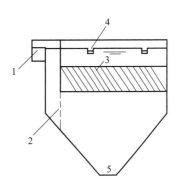

图 3-35　异向流斜板沉淀池示意

1—进水槽；2—布水孔；3—斜板；

4—出水槽；5—污泥斗

斜板常用薄塑料板模压和黏结制成，也可用玻璃钢板或木板。斜管除上述材料外，还可用酚醛树脂涂刷的纸蜂窝。斜板通常用平板或波纹板。斜管断面有正六边形、菱形、圆形和正方形，其中以前两种最为常用。

斜板（管）沉淀池的水流接近层流状态，有利于沉降，而且增大了沉降面积，缩短了颗粒沉降距离，从而大大减少了废水在池中的停留时间，初沉池的停留时间可以降低到约30min。这种沉淀池的处理能力高于一般沉淀池，由于其具有去除率高，停留时间短，占地面积小等优点，故常用于初沉池以及已有污水处理厂挖潜或扩大处理能力。但斜板（管）沉淀池也存在以下一些缺点：造价较高；斜板（管）上部在日光照射下会大量繁殖藻类，增加污泥量；易在板间积泥，不宜于处理黏性较高的泥渣，尤其不宜用作二沉池。因为活性污泥的黏度较大，容易粘在板或管上，经厌氧消化后，脱落并浮到水面结成壳或阻塞斜板（管）工作，影响沉降面积。

3.2.3 澄清池

3.2.3.1 澄清池的分类

混凝和沉淀可以在澄清池内同时完成，澄清池形式很多，按水与泥渣的接触情况，分为循环（回流）泥渣型和悬浮泥渣（泥渣过滤）型两大类。

（1）循环（回流）泥渣型。循环泥渣型澄清池利用机械或水力的作用，使部分沉淀泥渣循环回流以增加其与水中杂质的接触碰撞和吸附机会，从而提高混凝的效果。一部分泥渣沉积到泥渣浓缩室，大部分泥渣又被送入絮凝室重新与原水中的杂质碰撞和吸附，如此不断循环。在循环泥渣型澄清池中，加注混凝剂后形成的新生微絮粒和絮凝室出口呈悬浮状态的高浓度原有大絮粒之间进行接触吸附，也就是新生微絮粒被吸附结合在原有粗大絮粒（即在池内循环的泥渣）之上而形成较为结实易沉的粗大絮粒。机械搅拌澄清池和水力循环澄清池就属于此种形式。

（2）悬浮泥渣（泥渣过滤）型。悬浮泥渣型澄清池是使上升水流的流速等于絮粒在静水中靠重力沉降的速度，絮粒处于既不沉淀又不随水流上升的悬浮状态，当絮粒集结到一定厚度时，就构成泥渣悬浮层。原水通过时，水中的杂质有充分的机会与絮粒碰撞接触，并被悬浮泥渣层的絮粒吸附、过滤而截留下来。由于悬浮泥渣层处于悬浮状态，所以为了与循环泥渣的接触絮凝相区别，就把这种接触絮凝称作泥渣过滤。脉冲澄清池和悬浮澄清池就属于此种类型。

与沉淀池不同的是，沉淀池底的沉泥均被排出而未被利用，而澄清池充分利用了沉淀泥渣的絮凝作用，排出的只是经过反复絮凝的多余泥渣。其排泥量与新形成的泥渣量相等，泥渣层始终处于新陈代谢状态中，因而泥渣层能始终保持着接触絮凝的活性。

由于澄清池重复利用了有吸附能力的絮粒来澄清原水，因此可以充分发挥混凝剂的净水效率。上述两种澄清池又可分为图3-36所示的形式。

图 3-36　澄清池的分类

由于近年来国内对悬浮澄清池及水力循环澄清池已较少应用，故下面着重介绍机械搅拌澄清池和脉冲澄清池。

3.2.3.2 机械搅拌澄清池

（1）构造。机械搅拌澄清池的构造如图3-37所示。它利用安装在同一根轴上的机械搅拌装置和提升叶轮，使进入第一絮凝室Ⅰ的水流，先通过搅拌叶片缓慢回转，使水中杂质能和泥渣相互凝聚吸附，并保持泥渣在悬浮状态，进而通过提升叶轮将泥渣水从第一絮凝室Ⅰ提升到第二絮凝室Ⅱ继续混凝反应以结成更大的颗粒。混合水从第二絮凝室Ⅱ出来经过导流室进入分离区。在分离区内，由于过水断面的面积突然增大，流速降低，絮凝状颗粒与清水靠密度差实现分离。沉下的泥渣除部分通过泥渣浓缩室Ⅴ排出以保持泥渣平衡外，大部分泥渣通过搅拌、提升装置在池内不断与原水再度循环。

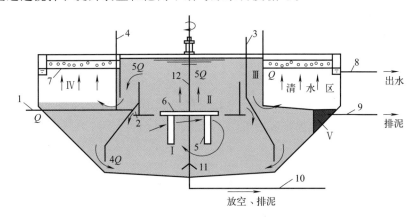

图 3-37　机械搅拌澄清池剖面示意

1—进水管；2—三角配水槽；3—透气管；4—投药管；5—搅拌桨；6—提升叶轮；7—集水槽；
8—出水管；9—排泥管；10—放空管；11—排泥罩；12—搅拌轴
Ⅰ—第一絮凝室；Ⅱ—第二絮凝室；Ⅲ—导流室；Ⅳ—沉降分离室；Ⅴ—泥渣浓缩室

原水由进水管 1 通过环形三角配水槽 2 的缝隙均匀流入第一絮凝室Ⅰ，因原水中可能含有气体，会积在三角配水槽 2 顶部，故应安装透气管 3。凝聚剂投加点按实际情况和运转经验确定，可加在水泵吸水管内，亦可由投药管 4 加入澄清池进水管 1、三角配水槽 2 等处，亦可在数处同时加注药剂。

（2）搅拌设备。搅拌设备由提升叶轮 6 和搅拌桨 5 组成，提升叶轮装在第一絮凝室Ⅰ和第二絮凝室Ⅱ的分隔处。搅拌设备的作用是：第一，提升叶轮将回流水从第一絮凝室Ⅰ提升至第二絮凝室Ⅱ，使回流水中的泥渣不断在池内循环；第二，搅拌桨使第一絮凝室Ⅰ内的水和进水迅速混合，泥渣随水流处于悬浮和环流状态。因此，搅拌设备使接触絮凝过程在第一絮凝室Ⅰ、第二絮凝室Ⅱ内得到充分发挥。回流流量为进水流量的 3～5 倍，图 3-37 中表示的回流量为进水流量的 4 倍。

搅拌设备宜采用无级变速电动机驱动，以便随进水水质和水量变动而调整回流量或搅拌强度。但是生产实践证明，一般转速约为 5～7r/min，平时运转中很少调整搅拌设备的转速，因而也可采用普通电动机通过蜗轮蜗杆变速装置带动搅拌设备。

（3）泥、水的收集和排放。第二絮凝室Ⅱ设有导流板（图 3-37 中未给出），用以消除因叶轮提升时所引起的水的旋转，使水流平稳地经导流室Ⅲ流入沉降分离室Ⅳ。沉降分离室Ⅳ中下部为泥渣层，上部为清水层，清水向上经集水槽 7 流至出水槽。清水层需有 1.5～2.0m 的深度，以便在排泥不当而导致泥渣层厚度变化时，仍可保证出水水质。

向下沉降的泥渣沿槽底的回流缝再进入第一絮凝室Ⅰ，重新参加絮凝，一部分泥渣则自动排入泥渣浓缩室Ⅴ进行浓缩，至适当浓度后经排泥管排除，以减少排泥所消耗的水量。

澄清池底部设放空管 10，备放空检修之用。当泥渣浓缩室Ⅴ排泥还不能消除泥渣上浮时，也可用放空管 10 排泥。放空管 10 进口处设有排泥罩 11，使池底积泥可沿罩的四周排除，以彻底排泥。

（4）适用范围。机械搅拌澄清池具有处理效率高，运行较稳定，对原水浊度、温度和处理水量的变化适应性较强等特点。它的适用条件为：无机械刮泥时，进水浊度一般不超过 500 度，短时间内不超过 1000 度；有机械刮泥时，进水浊度一般为 500～3000 度，短时间内不超过 5000 度，当超过 5000 度时，应加设预沉池。机械搅拌澄清池的单位面积产水量较大，适用于大、中型处理水厂。它与其他形式的澄清池比较，机械设备的日常管理和维修工作量较大。

3.2.3.3　脉冲澄清池

脉冲澄清池剖面和工艺流程见图 3-38。它主要是利用脉冲发生器，将进入水池的原水脉动地送入池底配水系统，在配水管的孔口处以高速喷出，并激烈地撞在人字形稳流板上，使原水与混凝剂在配水管与稳流板之间的狭窄空间中，在极短的时间内进行充分的混合和初步絮凝，形成微絮粒。然后通过稳流板缝隙整流后，以缓慢速度垂直上升。在上升过程中，絮粒进一步凝聚，逐渐变大变重而趋于下沉，但因上升水流的作用而被托住，从而形成悬浮泥渣层。由于悬浮泥渣具有一定的吸附性能，在进水"脉冲"的作用下，悬浮泥渣层有规律地上下运动，时疏时密。这样有利于絮粒的继续碰撞和进一步接触絮凝，同时也能使悬浮泥渣层的分布更趋均匀。当水流上升至泥渣浓缩室顶部后，因断面突然扩大，水流速度变慢，因此，过剩的泥渣流入浓缩室，从而使原水得以澄清，并向上汇集于集水系统而流出。过剩的泥渣则在浓缩室浓缩后排出池外。

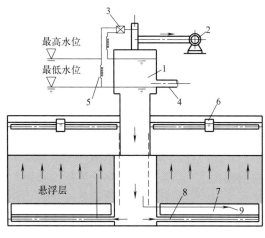

图 3-38　采用真空泵脉冲发生器的脉冲
澄清池剖面和工艺流程示意
1—进水室；2—真空泵；3—进气阀；4—进水管；
5—水位电极；6—集水槽；7—稳流板；
8—配水管；9—排泥管

脉冲发生器有多种形式，图 3-38 为采用真空泵脉冲发生器的脉冲澄清池，其工作原理如下。

原水由进水管 4 进入进水室 1。由于真空泵 2 造成的真空而使进水室内水位上升，此为充水过程。当水面达到进水室的最高水位时，进气阀 3 自动开启，使进水室通大气。这时进水室内水位迅速下降，向澄清池放水，此为放水过程。当水位下降到最低水位时，进气阀 3 又自动关闭，真空泵则自动启动，再次制造进水室的真空，进水室内水位又上升，如此反复进行脉冲工作，从而使悬浮层产生周期性的膨胀和收缩。脉冲澄清池的设计参数和设计计算方法见《室外给水设计规范》和有关设计手册。

脉冲澄清池的特点是澄清效率高，它具有快速混合、缓慢充分絮凝、大阻力配水系统使布水较均匀、池体利用较充分等优点。池形可做成圆形、方形、矩形，便于因地制宜布置，也适用于平流式沉淀池的改建。由于水下集水装置、配水装置可采用硬聚氯乙烯制品，腐蚀影响小，维修保养较简单，所以脉冲澄清池适用于大、中、小型水处理厂。

脉冲澄清池适于处理浊度长期小于 3000 度的原水。当原水浊度大于 3000 度时需考虑预沉措施。它对水量、水温适应能力较差，当选用真空式时需要一套真空设备，操作管理要求较高，当选用虹吸式时水头损失较大，脉冲周期也较难控制。

3.3 过滤

过滤是使含悬浮物的废水流过具有一定孔隙率的粒状滤料（过滤介质），水中的悬浮物被截留在介质表面或内部空隙中而得到去除的过程。目的是截留废水中所含的悬浮颗粒，包括胶体颗粒、细菌、各种浮游生物、滤过性病毒与漂浮油、乳化油等，进而降低废水的浊度、COD 和 BOD 等。

根据所采用的过滤介质不同，可将过滤分为下列四类：格筛过滤、微孔过滤、膜过滤和深层粒状介质过滤。

（1）格筛过滤。过滤介质为栅条或滤网，用以去除粗大的悬浮物，如杂草、破布、纤维、纸浆等。其典型设备有格栅、筛网和微滤机。

（2）微孔过滤。采用成型滤材，如滤布、滤片、烧结滤管、蜂房滤芯等，也可在过滤介质上预先涂上一层助滤剂（如硅藻土）形成孔隙细小的滤饼，用以去除粒径细微的颗粒。定型的商品设备很多。

（3）膜过滤。采用特别的半透膜作过滤介质，在一定的推动力（如压力、电场力等）下进行过滤，由于滤膜孔隙极小且具有选择性，可以除去水中细菌、病毒、有机物和溶解性溶质。主要设备有反渗透设备、超过滤设备和电渗析设备等。

（4）深层粒状介质过滤。采用颗粒状滤料，如石英砂、无烟煤等。由于滤料颗粒之间存在孔隙，废水穿过一定深度的滤层，水中的悬浮物即被截留。为区别于上述三类表面或浅层过滤过程，这类过滤称之为深层过滤。

本章仅介绍深层粒状介质过滤，简称过滤。

3.3.1 概述

如图 3-39（a）所示，深层过滤的基本过程是废水由上到下通过一定厚度的，由一定粒度的粒状介质组成的床层，由于粒状介质之间存在大小不同的孔隙，废水中的悬浮物被这些孔隙截留而除去。随着过滤过程的进行，孔隙中截留的污染物越来越多，到一定程度时过滤不能进行，需要进行反洗，目的是去除截留在介质中的污染物。如图 3-39（b）所示，反洗的过程是通过上升水流的作用使滤料呈悬浮状态，滤料间的孔隙变大，污染物随水流带走。反洗完成后再进行过滤。所以深层过滤过程是间断进行的。

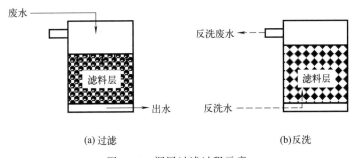

(a)过滤   (b)反洗

图 3-39　深层过滤过程示意

深层过滤是在滤池中完成的，池内有排水槽、滤料层、承托层和配水系统；池外有集中管廊，配有浑水进水管、清水出水管、冲洗水总管、冲洗水排出管等管道及阀门等附件。其中，滤池冲洗废水由排水槽排出，在过滤时排水槽也是分配待滤水的装置；滤料层是滤池中起过滤作用的主体；承托层的作用主要是防止滤料从配水系统中流失，同时对均匀分布冲洗水也有一定的作用；配水系统的作用在于使冲洗水在整个滤池面积上均匀分布。

3.3.2 过滤理论

水流中的悬浮颗粒能够黏附于滤料颗粒表面上，涉及两个问题：第一，被水流挟带的颗粒如何与滤料颗粒表面接近或接触，这就涉及颗粒脱离水流流线而向滤料颗粒表面靠近的迁移机理；第二，当颗粒与滤粒表面接触或接近时，依靠哪些力的作用使得它们黏附于滤粒表面上，这就涉及黏附机理。应说明的是，过滤过程非常复杂，目前还没有完全清楚，以下只是一些假说。

3.3.2.1 迁移机理

悬浮颗粒脱离流线与滤料接触的过程就是迁移机理。在过滤过程中，滤层孔隙中的水流速度较慢，被水流挟带的颗粒由于受到某种或几种物理-力学作用就会脱离流线而与滤料颗粒表面接近，悬浮颗粒脱离流线而与滤料接触的过程，就是迁移过程。一般认为，迁移过程由筛滤、拦截、重力沉降、惯性、扩散和水动力作用等产生。

（1）筛滤。比孔隙大的颗粒被机械筛分，截留于滤料层的表面上，然后这些被截留的颗粒形成孔隙更小的滤饼层，使过滤水头增加，甚至发生堵塞。显然，这种表面筛滤没能发挥整个滤层的作用。

（2）拦截。沿流线流动的颗粒，在流线汇聚处与滤料表面接触产生拦截作用。其去除率与颗粒直径的平方成正比，与滤料粒径的立方成反比。

（3）重力沉降。如果悬浮物的粒径和密度较大，将存在一个沿重力方向的相对沉降速度。在重力作用下，颗粒偏离流线沉淀到滤料表面上。沉淀效率取决于颗粒沉速和过滤水流速的相对大小和方向。此时，滤层中的每个小孔隙起着一个浅层沉淀池的作用。

（4）惯性。当流线绕过滤料表面时，具有较大动量和密度的颗粒因惯性冲击而脱离流线与滤料表面接触。

（5）扩散作用。对于微小悬浮颗粒，布朗运动较剧烈时会扩散至滤料表面。

（6）水力作用。也称为水动力作用，是因为在滤粒表面附近存在速度梯度，非球体颗粒在速度梯度的作用下，会产生转动而脱离流线与滤料颗粒表面接触。

对于上述迁移机理，目前只能定性描述，其相对作用大小尚无法定量估算。虽然也有某些数学模型，但还不能解决实际问题。在实际过滤中，悬浮颗粒的迁移将受到上述各种机理的作用，可能几种机理同时存在，也可能只有其中某些机理起作用。它们的相对重要性取决于颗粒本身的性质（粒度、形状、密度等）、水流状况、滤层孔隙形状等。

3.3.2.2 黏附机理

黏附作用是一种物理化学作用。上述迁移过程与滤料接触的悬浮颗粒，被黏附于滤料颗粒表面上，或者黏附在滤粒表面上原先黏附的颗粒上，就是附着过程。引起颗粒附着的因素主要有如下几种。

（1）范德华引力和静电力。由于颗粒表面上所附电荷和由此形成的双电层产生静电力，同时颗粒之间还存在范德华引力、某些化学键力和某些特殊的化学吸附力，从而使颗粒之间产生黏附。

（2）接触凝聚。在原水中投加混凝剂，压缩悬浮颗粒和滤料颗粒表面的双电层，但尚未生成微絮凝体时，立即进行过滤。此时水中脱稳的胶体很容易与滤料表面凝聚，即发生接触凝聚作用。原水经加药后直接进入滤池过滤，即采用直接过滤的方式时，接触凝聚是主要附着机理。

（3）吸附。悬浮颗粒细小，具有很强的吸附趋势时，吸附作用也可能通过絮凝剂的架桥作用实现。絮凝物的一端附着在滤料表面，而另一端附着在悬浮颗粒上。某些聚合电解质能降低双电层的排斥力或者在两表面活性点间起键的作用而改善附着性能。

当然，颗粒在黏附的同时，还存在由于孔隙中水流的剪切力作用导致从滤料表面脱落的趋势，黏附与脱落的程度往往决定于黏附力和水流剪应力的相对大小。随着过滤进行，悬浮颗粒的黏附，滤料间的孔隙逐渐减小，水流速度加快，水流剪力增大，最后黏附的颗粒由于黏附力较弱就可能优先脱落。脱落的颗粒以及没有黏附的颗粒会被水流挟带向下层推移，下层滤料的截留作用得到发挥。

3.3.2.3 脱落机理

过滤一定时间后，由于滤层阻力过大或出水水质恶化，过滤必须停止并进行滤层清洗，使滤池恢复工作能力。滤池通常用高速水进行反冲洗或气、水反冲洗或表面助冲加高速水流冲洗。无论采用何种方式，在反冲洗时，滤层均膨胀一定高度，滤料处于流化状态，截留和附着于滤料上的悬浮物受到高速反洗水或气的冲刷而脱落。滤料颗粒在水流中旋转，碰撞和摩擦，也是悬浮物脱落的主要原因之一。反冲洗效果主要取决于冲洗强度、时间及滤层膨胀度。

3.3.3 过滤水力学

滤层由大量滤料颗粒组成，在过滤过程中，滤料颗粒对水流运动产生阻力，同时滤层中所截留的悬浮颗粒量不断增加，导致过滤过程中水力条件改变。水头损失及滤速是设计和运行操作中的重要参数。过滤水力学所阐述的即是过滤时水流通过滤层的水头损失变化及滤速的变化。

3.3.3.1 清洁滤层水头损失

过滤开始时，滤层是干净的，水流通过干净滤层的水头损失称为"清洁滤层水头损失"或称为"起始水头损失"。就砂滤池而言，滤速为 $8 \sim 10m/h$ 时，该水头损失仅约为 $30 \sim 40cm$。

3.3.3.2 等速过滤的方式和水头损失变化

（1）等速过滤的三种方式。滤池过滤速度保持不变，即滤池流量保持不变，称为"等速过滤"。等速过滤一般采用下述三种方式。

① 变水位控制。在滤池进水端设置进水流量控制装置，如流量分配堰等，使每个滤池的进水流量基本一致。在过滤周期的初期，因滤层的水头损失小，滤层上的水深较浅。随着过滤的进行，滤层的水头损失逐渐增加，滤层之上的水位也逐渐上升，见图3-40。

② 常水位控制。通过对过滤水位的测定（水位计或浮球）控制滤池出水阀门的开启度，减小出水阀门的阻力，使滤池的总水头损失不随时间的延长而下降。

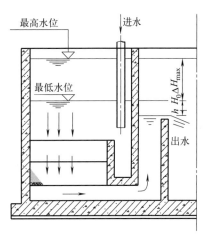

图 3-40　等速过滤

③ 进水控制的等水位控制 结合上述两种控制方式，既对进水流量分配进行控制，同时控制出水，使过滤水位恒定。

（2）等速过滤的水头损失变化。滤池中水位的高低反映了滤层水头损失的大小，在等速过滤状态下，水头损失随时间而逐渐增加，滤池中水位逐渐上升，见图3-41。当水位上升至最高允许水位时，进水堰室不再进水，过滤停止，需进行反冲洗。冲洗后刚开始过滤时，滤层水头损失为 H_0。当过滤时间为 t 时，滤层中水头损失增加 ΔH_t，于是过滤时滤池的总水头损失为：

$$H_t = H_0 + h + \Delta H_t \tag{3-26}$$

式中，H_0 为清洁滤层水头损失，cm；h 为配水系统、承托层及管（渠）水头损失之和，cm；ΔH_t 为在时间为 t 时的水头损失增加值，cm。

式中 H_0 和 h 在整个过滤过程中保持不变，ΔH_t 则随 t 增加而增大。ΔH_t 与 t 的关系，反映了滤层截留杂质量与过滤时间的关系，即滤层孔隙率的变化与时间的关系。根据试验，ΔH_t 与 t 一般呈直线关系，见图3-41。图中 H_{max} 为水头损失增值为最大时的过滤水头损失。设计时应根据技术经济条件决定，一般为 1.5～2.0m。图中 T 为过滤周期，随滤料组成、原水浓度、滤速而异，一般控制在 12～24h。设过滤速度 $v' > v$，一方面 $H_0' > H_0$，同时单位时间内被滤层截留的杂质较多，水头损失增加也较快，因而过滤周期 $T' < T$。其中已忽略了承托层及配水系统、管（渠）等水头损失的微小变化。

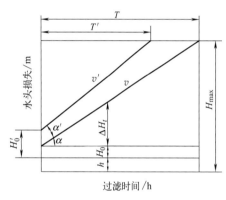

图 3-41　水头损失与过滤时间关系

以上仅讨论整个滤层水头损失的变化情况。至于由上而下逐层滤料水头损失的变化情况就比较复杂。鉴于上层滤料截污量多，愈往下层愈少，因而水头损失增值也由上而下逐渐减小。在图3-41中，如果出水堰口低于滤料层，则因各层滤料水头损失不均匀，有时将会导致某一深度出现负水头现象，详见下文。

3.3.3.3 变速过滤中的滤速变化

滤速随过滤时间而逐渐减小的过滤称为"变速过滤"或"减速过滤"。普通快滤池可以设计成变速过滤，也可设计成等速过滤，而且，采用不同的操作方式，滤速变化规律也不相同。

在过滤过程中，如果过滤水头损失始终保持不变，滤层孔隙率的逐渐减小，必然使滤速逐渐减小，这种情况称为"等水头变速过滤"。这种变速过滤方式，在普通快滤池中一般不可能出现。因为滤池进水总流量基本不变，因而，尽管给水厂内设有多座滤池，根据水流进、出的平衡关系，要保持每座滤池水位恒定而又要保持总的进、出流量平衡当然不可能。不过，在分格数很多的移动罩滤池中，有可能达到近似的"等水头变速过滤"状态。

对于如图3-42所示的滤池，如果采用并联运行，进水渠相互连通，且每座滤池进水阀均处于滤池最低水位以下，各滤池内的水位基本相同，当其中某个滤池阻力增大时，则总进水量在各滤池间重新分配，使滤池内水位稍稍上升，从而增加了较干净滤池的水头和流量。随着滤层阻力的增大，滤速相应降低，除滤层外的其余各部分阻力随滤速的变化也有所减少。总的结果是滤速降低较为缓慢。采用这种降速过滤方式运行，需要的工作水头（即滤池深度）可以小于等速过滤。

克里斯比等人对这种降速过滤进行了较深入的研究以后认为，与等速过滤相比，在平均滤速相同的情况下，减速过滤的滤后水质较好，而且在相同过滤周期内，过滤水头损失也较小。这是因为当滤料干净时，滤层孔隙率较大，虽然滤速较高（在容许范围内），但孔隙中的流速并非按滤速的增高倍数而增大。相反，滤层内截留杂质量较多时，虽然滤速降低，但因滤层孔隙率减小，孔隙流速未必过多地减小。因而，过滤初期，滤速较大可使悬浮杂质深入下层滤料；过滤后期滤速减小，可防止悬浮颗粒穿透滤层。等速过滤则不具备这种自然调节功能。

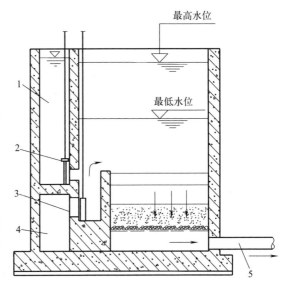

图 3-42　减速过滤
1—进水渠；2—进水阀；3—反洗水排水阀；
4—排水渠；5—出水口

3.3.3.4　滤层中的负水头

在过滤过程中，当滤层截留了大量杂质以致砂面以下某一深度处的水头损失超过该处水深时，便出现负水头现象。由于上层滤料截留杂质最多，故负水头往往出现在上层滤料中。图 3-43 表示过滤时滤层中的压力变化。各水压线与静水压力线之间的水平距离表示过滤时滤层中的水头损失。直线 1 表示水流静止时滤层内压力的分布。按照流体力学静力

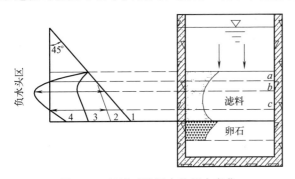

图 3-43　过滤时滤层内的压力变化
1—静水压力线；2—清洁滤料过滤时水压线；3—过滤时间为 t_1
时的水压线；4—过滤时间为 t_2（$t_2 > t_1$）时的水压线

学原理，位能转化为压能，滤层内压力沿滤层深度线性增加，且为一条 45°的直线。直线 2 为清洁滤料过滤时压力线。这时滤层内压力分布沿滤层深度仍为线性关系，压力沿滤层深度而增加，由于要克服阻力消耗一部分水头，故增加的幅度小于静止滤层。随着过滤的进行，由于滤层截污量沿滤层深度呈指数分布，故滤层上部截污量远大于滤层下部，而上部截污后孔隙变小，在流量不变的情况下滤速加快，导致上层的水流阻力快速增加。从曲线 3、曲线 4 可以看到，压力的变化沿滤层深度的

增加开始是减小的，然后又逐渐增大，说明下层的损失小于上层。由曲线 4 可知，在砂面以下 c 处（a 处与之相同），水流通过 c 处以上砂面的水头损失恰好等于 c 处以上的水深（a 处亦相同），而在 a 处和 c 处之间，水头损失则大于各相应位置的水深，于是在 $a \sim c$ 范围内出现负水头现象，在砂面以下的 b 处出现最大负水头。

负水头会导致溶解于水中的气体释放出来而形成气囊。气囊对过滤有破坏作用，一是减少有效过滤面积，使过滤时的水头损失及滤速增加，严重时会破坏滤后水质；二是气囊会穿过滤层上升，有可能把部分细滤料或轻质滤料带出，破坏滤层结构。反冲洗时，气囊更易将滤料带出滤池。通常情况下，可通过增加砂面上水深，或令滤池出口位置等于或高于滤层表面的方法来避免出现负水头。

3.3.4　滤料

过滤设备中均需加入滤料，滤料对过滤效果影响较大，故先介绍滤料。滤料的选择是影响滤池过滤效果的主要因素之一，有条件时应通过对不同滤料进行试验比较确定。滤料选择主要确定滤床深度、滤料品种、颗粒的大小和组成分布等。常用的滤料有天然石英砂、无烟煤、颗粒活性炭、石榴石、钛铁矿石等。选择时还应注意滤料的供应来源以及滤料的硬度、颗粒形状、抗腐性和含杂质量等参数。

3.3.4.1　滤料的粒径和滤层厚度

采用的滤层厚度与滤料粒径有关：滤料的粒径越小，滤层越不易穿透，滤层厚度可较小，过滤水头损失较大；相反，采用滤料的粒径越大，滤层容易泄漏，需要的滤层厚度较大，但过滤的水头损失较小。因此，从水质保证考虑，可采用较小的滤料粒径和较小的滤层厚度或者较大的滤料粒径和较大的滤层厚度，寻求最佳的粒径与厚度组合。

此外，滤料粒径和厚度也与滤速有关。在相同的过滤周期，采用的滤速高，要求滤层总的截污容量也高。为了发挥滤层的深层截污能力，一般可采用较粗的滤料颗粒和较厚的滤层。

3.3.4.2　有效粒径与不均匀系数

颗粒介质过滤采用单一粒径或多种粒径的粒状滤料，可以连续或间歇运行，而且水流形态多种多样。选择粒状滤料的依据是有效粒径和均匀系数，可根据其粒径分布计算而得。将粒状滤料通过一系列孔径逐渐变小的筛子筛分后，称量每个筛子上截留颗粒的质量，便可以确定粒状滤料的粒径分布。

描述滤料粒径分布的主要方法有中位粒径法、有效粒径法、平均粒径法。其中使用最广泛的是有效粒径法，即以滤料有效粒径 d_{10} 和不均匀系数 K_{80} 来表示其粒径的分布。

$$K_{80} = \frac{d_{80}}{d_{10}} \tag{3-27}$$

式中，d_{10} 为滤料质量10％能通过的筛孔孔径，反映了细颗粒的尺寸；d_{80} 为滤料质量80％能通过的筛孔孔径，反映了粗颗粒的尺寸。

均匀系数越低，意味着粒状滤料越均匀，这样会降低水头损失（延长过滤器两次反冲洗之间的使用周期）。均匀系数越低越有利于过滤，然而费用也会越高。滤池在反冲洗过程中，滤料呈流化和膨胀状态，冲洗完成后细小颗粒滤料积聚在滤床上部，大颗粒滤料沉到滤床底部，由上而下形成细-粗滤料滤床，这种滤料称为级配滤料。不均匀系数越大，形成粗细的差距越明显，滤料粒径的分布越不均匀，这对过滤和冲洗都很不利。级配滤料的不均匀系数 K_{80} 一般为 1.6～2.0。

级配滤料的截污作用主要集中在上层细颗粒。滤层的截污作用不充分，为了克服级配滤料的缺陷，可以采用两种或者两种以上不同密度的滤料（如无烟煤、石英砂、石榴石等），不同密度的滤料层之间可形成混合层。

3.3.4.3　滤料层的结构

如前所述，滤料与颗粒表面存在黏附作用。同时，由于孔隙中水流剪力的作用，亦存在颗粒从滤料表面上脱落的趋势。黏附力和水流剪力的相对大小，决定了颗粒黏附和脱落的程度。

在过滤初期，滤料较干净，孔隙率较大，孔隙流速较小，水流剪力相对较小，因而黏附作用占优势。随着过滤时间的延长，滤层中杂质逐渐增多，孔隙率逐渐减小，水流剪力逐渐增大，黏附的颗粒从滤料表面脱落下来，于是，悬浮颗粒便向下层推移，下层滤料截留作用渐次得到发挥。

然而，往往是下层滤料截留悬浮颗粒作用远未得到充分发挥时，过滤就需被迫停止。这是因为滤料经反冲洗后，滤层因膨胀而分层，表层滤料粒径最小，黏附比表面积最大，截留悬浮颗粒量最多，而孔隙尺寸又最小，因而过滤到一定时间后，表层滤料间的孔隙将逐渐被堵塞，甚至产生筛滤作用而形成泥膜，使过滤阻力剧增。其结果是在一定过滤水头下滤速减小，或者因滤层表面受力不均匀而使泥膜产生裂缝时，大量水流将自裂缝中流出，以致悬浮杂质穿过滤层而使出水水质恶化。当上述两种情况之一出现时，过滤将被迫停止。如果按整个滤层计，单位体积滤料中的平均含污量称为滤层含污能力，以 g/cm^3 或 kg/m^3 计。

为了改变上细下粗的滤层中杂质分布严重不均匀的现象，提高滤层含污能力，便出现了双层滤料、三层滤料或混合滤料及均质滤料等，见图3-44。

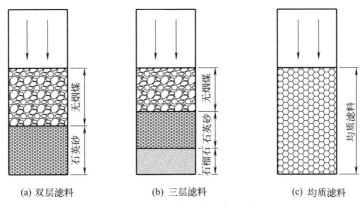

(a) 双层滤料　　　　(b) 三层滤料　　　　(c) 均质滤料

图 3-44　几种滤料组成示意

双层滤料上层采用密度较小、粒径较大的轻质滤料（如无烟煤），下层采用密度较大、粒径较小的重质滤料（如石英砂）。由于两种滤料存在密度差，在一定反冲洗强度下，反冲后轻质滤料仍在上层，重质滤料位于下层，见图3-44（a）。虽然每层滤料粒径仍由上而下递增，但就整个滤层而言，上层平均粒径总是大于下层平均粒径。实践证明，双层滤料含污能力较单层滤料高。在相同滤速下，过滤周期增长；在相同过滤周期下，滤速可提高。

三层滤料上层为大粒径、小密度的轻质滤料（如无烟煤），中层为中等粒径、中等密度的滤料（如石英砂），下层为小粒径、大密度的重质滤料（如石榴石），见图3-44（b）。各层滤料平均粒径由上而下递减。这种滤料组成不仅含污能力大，且因下层重质滤料粒径很小，对保证滤后水质有很大作用。

所谓"均质滤料"，并非指滤料粒径完全相同（实际上很难做到），滤料粒径仍存在一定程度的差别（差别比一般单层级配滤料小）。所谓"均质"，是指沿整个滤层深度方向的任一横断面上，滤料组成和平均粒径均匀一致，见图3-44（c）。要做到这一点，必要的条件是反冲洗时滤料层不能膨胀。当前应用较多的气水反冲滤池大多属于均质滤料滤池，这种均质滤料层的含污能力显然也大于上细下粗的级配滤层。

总之，滤层组成的改变是为了改善单层级配滤料层中杂质的分布状况，提高滤层纳污能力，相应地也会降低滤层中水头损失的增长速率。无论采用双层、三层或均质滤料，滤池构造和工作过程与单层滤料滤池均无多大差别。

3.3.4.4 常用滤料规格

常用滤料规格见表 3-4。

表 3-4 常用滤料规格

类 型	滤料粒径/mm	K_{80}	厚度/mm
单层级配石英砂	$d_{10}=0.5 \sim 0.6$	$2 \sim 2.2$	700
双层滤料	石英砂 $d_{10}=0.5 \sim 0.6$	2	$400 \sim 500$
	无烟煤 $d_{min}=0.8$ $d_{max}=1.8$	2	$400 \sim 500$
多(三)层滤料	无烟煤 $d_{min}=0.8$ $d_{max}=1.6$	<1.7	450
	石英砂 $d_{min}=0.5$ $d_{max}=0.8$	<1.5	230
	钛铁矿 $d_{min}=0.25$ $d_{max}=0.5$	<1.7	70
均质石英砂滤料	$d_{10}=0.95 \sim 1.20$	$1.3 \sim 1.5$	$1000 \sim 1300$

注：表中，d_{80} 与 d_{10} 的比值为滤料的不均匀系数，以 K_{80} 表示。d_{10} 有效直径，指能使 10% 的滤料通过的筛孔直径，mm；d_{80} 为能使 80% 的滤料通过的筛孔直径，mm；d_{min} 为最小滤料通过的筛孔直径，mm；d_{max} 为最大滤料通过的筛孔直径，mm。

3.3.5 滤池冲洗

随着过滤的进行，滤料孔隙逐渐被堵塞，当滤层水头损失超过允许值或者出水浊度不能满足要求时，就需要对滤层进行冲洗，以清除滤层中截留的污物，保证下一周期的过滤顺利进行。

一般认为，吸附在滤料上的污泥分为两种：一种是滤料直接吸附的污泥，称为一次污泥，较难脱落；另一种为滤料间隙中沉积的污泥，称为二次污泥，比较容易去除。反冲洗时去除二次污泥主要可通过水流剪切力来完成，而去除一次污泥则需滤料颗粒之间的碰撞和摩擦。因此，滤池冲洗的作用机理即为冲洗水流的剪切力和颗粒之间的碰撞作用力。

滤池的冲洗过程按滤层状态可分为滤层膨胀冲洗和微膨胀冲洗，其方式主要有三种：单独水反冲洗、气水联合反冲洗、带表面冲洗的反冲洗。从某种意义上讲，滤池冲洗比过滤过程更重要，因为很多问题都是反冲洗不好造成的。

3.3.5.1 单独水反冲洗

单独水反冲洗要去除滤料上吸附的污泥，达到较好的冲洗效果，必须提供滤料足够的碰撞、摩擦机会，因此一般采用高速冲洗，冲洗强度比较大，在冲洗过程中滤料膨胀流化，呈悬浮状态，颗粒在悬浮流化状态下相互碰撞，完成剥落污泥和排除污泥的任务。冲洗强度是指单位时间内单位滤池面积通过的反洗水量，单位是 $L/(m^2 \cdot s)$。

单独水反冲洗后滤料通过水力分级呈上细下粗的分层结构状态，其优点是只需一套反冲洗系统，比较简单。其缺点是冲洗耗水量大，冲洗能力弱，当冲洗强度控制不当时，可能产生砾石承托层流动，导致漏砂。

3.3.5.2 气水联合反冲洗

采用气水联合反冲洗时，空气快速通过滤层，微小气泡加剧滤料颗粒之间的碰撞、摩擦，并对颗粒进行擦洗，有效地加速污泥的脱落，反冲洗水主要起漂洗作用，将已与滤料脱离的污泥带出滤层，因而水洗强度小，冲洗过程中滤层基本不膨胀或微膨胀。

气水联合反冲洗的优点是冲洗效果好，耗用水量小，冲洗过程中不需滤层流化，可选用较粗的滤料等。其缺点是需增加空气系统，包括鼓风机、控制阀以及管路等，设备较单独水反冲洗要多。

3.3.5.3 带表面冲洗的反冲洗

带表面冲洗的反冲洗一般作为单独水反冲洗的辅助冲洗手段。由于过滤过程中滤料表层截留污泥最多，泥球往往黏结在滤料的上层，因此在滤层表面设置高速冲洗系统，利用高速水流对表层滤料加以搅拌，增加滤料颗粒的碰撞机会，同时高速水流的剪切作用也明显高于反冲洗。表面冲洗有固定式和旋转式两种方式，见图3-45和图3-46。

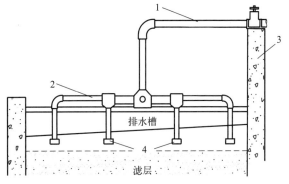

图 3-45　固定式表面冲洗装置示意
1—压力水总管；2—压力水支管；3—滤池池壁；4—喷嘴

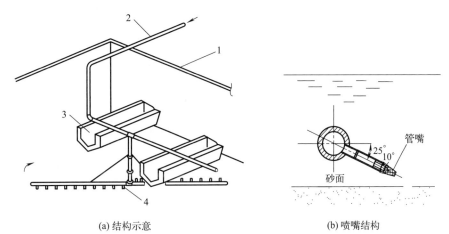

(a) 结构示意　　　　　　　(b) 喷嘴结构

图 3-46　旋转式表面冲洗装置示意
1—滤池池壁；2—压力水管；3—滤池反洗水槽；4—喷嘴

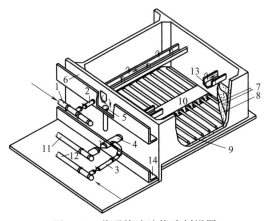

图 3-47　普通快滤池构造剖视图
1—进水总管；2—进水支管；3—出水支管；4—反冲洗水支管；5—排水阀；6—进水渠；7—滤料层；8—承托层；9—配水支管；10—配水干管；11—反冲洗总管；12—清水总管；13—冲洗排水槽；14—废水渠

3.3.6　过滤设备

3.3.6.1　普通快滤池

普通快滤池本身包括集水渠、反冲洗排水槽，滤料层、承托层（也称垫层）及配水系统五个部分，如图3-47所示。

普通快滤池的运行过程，主要是过滤和冲洗两个过程的重复循环。过滤就是生产清水的过程。过滤时，开启进水支管2与出水支管3的阀门，关闭反冲洗水支管4的阀门与排水阀5。进水就经进水总管1、进水支管2从进水渠6进入滤池。进水由集水渠进入滤池时，从洗砂排水槽的两边溢流而出，通过槽的作用使水均匀分布在滤池的整个面积上。然后经过滤料层7、承托层8后，由配水系统的配水支管9汇集起来再经配水干管10、出水支管3、清水总管12流往清水池。

随着过滤时间的延长，可能出现两种情况。一种情况是由于砂粒表面不断吸附水中的杂质，使砂粒间的孔隙不断减小，水流的阻力就会不断增长。当水头损失达到允许的最大值时，继续过滤会使滤池产水量锐减。另一种情况是水头损失仍在允许范围内，但出水水质参数不合格。

出现上述任何一种情况，滤池都必须停止过滤，进行冲洗。冲洗就是把砂粒上截留的杂质冲洗下来的过程。冲洗的流向与过滤完全相反，水是从滤池的底部朝滤池上部流动的，所以又叫反冲洗，冲洗水是指过滤后的出水（又称滤后水）。冲洗时，关闭进水支管2与出水支管3的阀门，停止过滤，但要保持池子水位在砂面以上至少10cm处，以防止空气进入滤层。开启排水阀5与反冲洗水支管4的阀门，冲洗水即由反冲洗水总管11、反冲洗水支管4，经配水系统的干管、支管及支管上的许多孔眼流出，自下而上穿过承托层及滤料层，均匀地分布于整个滤池平面上。滤料层在自下而上均匀分布的水流中处于悬浮状态，滤料得到清洗。冲洗废水流入冲洗排水槽13，再经进水渠6、排水管和废水渠14排出。冲洗一直进行到冲洗排水变清，滤料基本洗干净为止。一般从停止过滤至冲洗完毕需20～30min，在这段时间内，滤池停止生产。冲洗所消耗的清水，约占滤池生产水量的1%～3%（视处理规模而异）。冲洗结束后，过滤重新开始。

从过滤开始到过滤终止的运行时间，称滤池的过滤周期，一般以小时计。冲洗操作（包括反冲洗和其他辅助冲洗方法）所需的时间称为滤池的冲洗周期。过滤周期与冲洗周期以及其他辅助时间之和称为滤池的工作周期或运转周期，也称为过滤循环，一般为12～24h。快滤池单位时间的产水量取决于滤速。滤速也称滤池负荷，是指单位时间、单位滤池横截面积的过滤水量，单位为$m^3/(m^2 \cdot h)$或m/h。

普通快滤池又称为四阀滤池，是应用历史最久和采用较广泛的一种滤池形式。每格滤池的进水、出水、反冲洗水和排水管上均设置阀门，用以控制过滤和反冲洗过程。为减少阀门，可以用虹吸管取代进水阀和排水阀，习惯上称为"双阀滤池"。实际上它与四阀滤池的构造和工艺过程完全相同，只是以两个虹吸管代替两个阀门而已，故仍称为普通快滤池。

因为过滤过程是间断进行的，为保证整个处理过程的连续性，实际使用时都是多个滤池并联运行，少数滤池在反冲洗，多数滤池在过滤，所以就涉及多个滤池如何布置的问题。普通快滤池的布置，根据其规模大小，可采用单排或双排布置。滤池的布置应使阀门相对集中、管理简单，便于操作管理和安装维修。对于小型单排滤池，一般阀门集中布置在一侧。快滤池的管廊内主要是进水、清水出水、冲洗来水、冲洗排水（或称废水渠）等管道以及与其相应的控制阀门。

下面分别介绍各部分的结构和作用。

（1）管廊的布置。集中布置滤池的管渠、配件及阀门的场所称为管廊。管廊的上面为操作室，设有控制台。管廊的布置要满足下列要求：①保证设备安装及维修所必要的空间，但同时布置要紧凑；②管廊内要有通道，管廊与过滤室要便于联系；③管廊内要求适当地采光及通风。

管廊的布置与滤池的数目和排列有关，一般滤池的个数少于5个时宜用单行排列，管廊位于滤池的一侧。超过5个时宜用双行排列，管廊在两排滤池中间。后者布置紧凑，但采光、通风不如前者，检修也不方便。管廊中有管道、阀门及测量仪表等设备，主要管道有进水管、清水管、冲洗水管及排水管等。管道可采用金属材料，也可用钢筋混凝土渠道代替。

（2）滤池配水系统。滤池配水系统的作用是均匀收集滤后水和均匀分配反冲洗水，后者更为重要。目前快滤池常用的配水方式为大阻力配水系统，通过系统的水头损失一般大于3m，主要形式为带有配水干管（渠）和配水支管（穿孔管）组成的配水系统。大阻力配水系统具有布局简单、配水均匀性较好和造价较低的优点。其缺点是水头损失大，因而耗能较其他方式高。图 3-48 所示为穿孔管式大阻力配水系统布置。

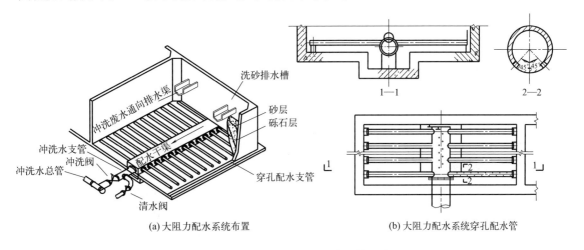

(a) 大阻力配水系统布置　　(b) 大阻力配水系统穿孔配水管

图 3-48　穿孔管式大阻力配水系统示意

（3）滤池排水设施。滤池排水包括反冲洗排水槽和集水渠两部分。集水渠将排水槽的排水收集排出；排水槽布置在滤层表面上方，主要用于均匀收集滤层反冲洗水，断面一般有三角形槽底和半圆形槽底两种形式。

（4）承托层。承托层的作用是防止过滤时滤料通过配水系统的孔眼进入出水中，同时在反冲洗时保持稳定，并对均匀配水起协助的作用。承托层由若干层卵石，或者经破碎的石块、重质矿石构成，承托层中的颗粒粒度按上小下大的顺序排列。承托层常用的材料为卵石，因此也称为卵石层。最上一层承托层与滤料直接接触，因此应根据滤料底部的粒度确定卵石粒度的大小。最下一层承托层与配水系统接触，需根据配水孔的大小来确定卵石粒度的大小，大致按孔径的 4 倍考虑。最下一层承托层的顶部至少应高于配水孔眼 100mm。常用于管式大阻力配水系统的承托层规格见表 3-5。

为了保证承托层的稳定，并对配水的均匀性起充分的作用，材料的机械强度、化学稳定性、形状和密度都有一定的要求。前三者的要求与对滤料的要求类似，承托层应由坚硬的、不被水溶解的、形状接近球形的材料构成。承托层的密度直接与滤层的密度有关。为了防止在反冲洗时，承托层中那些与滤料粒度接近的层次可能发生的浮动，或者处于不稳定状态，这部分承托层料的密度必须至少与滤料的密度一样。例如，当用卵石做石英砂滤层或双层滤料的承托层时，其密度必须大于 2.25g/cm^3。当采用三层滤料或单层重质滤料（如锰砂）时，至少承托层中粒度小于 8mm 的部分要由同样的重质材料构成。同样的道理，当采用无烟煤一类密度较小的材料为单层滤料或多层材料的底层时，承托层就不一定要采用卵石那样密度大的材料了。

（5）单池面积和滤池深度。滤池个数直接涉及滤池造价、冲洗效果和运行管理等。池子多则冲洗效果好，不会超过允许的强制滤速，能保证总出水量。而且，因滤速增加对水质的影响也会小一些，运转上的灵活性也比较大。但如池子太多，也会造成冲洗工作过于频繁，运转管理也不方便。反之，若滤池个数过少，单池面积较大，则个别滤池的检修对出水量影响较大，冲洗水分布不均匀，冲洗效果欠佳。目前，我国建造的比较大的滤池面积为$130m^2$左右。设计中，滤池的个数一般经过技术经济比较来确定，并考虑其他处理构筑物和总体布局等因素，但不得少于 2 个。

滤池深度包括保护高 0.25～0.3m；滤层表面以上水深 1.5～2.0m；滤层厚度 0.7～0.8m；承托层厚度 0.4m。据此，滤池总深度一般为 3.0～3.5m。单层砂滤池深度一般稍小，双层和三层滤料的滤池的池深稍大。

表 3-5　常用于管式大阻力配水系统的承托层规格

层次（自上而下）	粒径/mm	厚度/mm
1	2～4	100
2	4～8	100
3	8～16	100
4	16～32	100

3.3.6.2　V 型滤池

V 型滤池是快滤池的一种形式，因为其进水槽形状呈 V 字形而得名，也叫均粒滤料滤池（其滤料采用均质滤料，即均粒径滤料）、六阀滤池（各种管路上有六个主要阀门）。V 型滤池采用了较粗、较厚的均匀颗粒的石英砂滤层；采用了不使滤层膨胀的气、水同时反冲洗兼有待滤水的表面扫洗；采用了专用的长柄滤头进行气、水分配等工艺。

V 型滤池的结构如图 3-49 所示，包括进水系统（进水总渠、进水支渠、V 形进水槽）、出水系统（清水支管、出水水封井、出水堰、清水总管等）、排水系统、配水系统、配气系统和池体等。V 型滤池的一组滤池通常由数个滤池组成。每个滤池中间为双层中央渠道，将滤池分成左、右两格。

过滤时，待过滤水由进水总渠经水气动隔膜阀和方孔后，溢过堰口经过侧孔进入 V 形槽。分别经槽底均布配水孔和 V 形槽堰顶进入滤池。被砂滤层过滤后的洁净水经长柄滤头流入滤池底部，由配水方孔汇入气水分配管渠，再经管廊中的水封井、出水堰、清水渠流入清水池。

反冲洗时，关闭进水阀，进水阀两侧的两个方孔依然处于常开状态，仍有一部分水通过 V 形槽底部的配水孔，形成表面漂洗。之后开启排水阀将池面水从排水槽中排出，直至滤池水面与 V 形槽顶相平。最后开始进行反洗操作，采用气冲、气水同时反冲、水冲三步。

V 型滤池的优点是：采用均质滤料过滤，避免了级配滤料过滤时可能产生的一些缺点；滤料层含污容量大，出水水质较好，过滤周期较长，过滤速度较高；采用气-水联合反冲洗，冲洗耗水量小，冲洗效果好；容易实现自动过滤与冲洗。缺点是对冲洗操作要求严格，需要鼓风机等机械，滤池施工要求高。

3.3.6.3　虹吸滤池

虹吸滤池是快滤池的一种形式，它的特点是利用虹吸原理进水和排走反洗水。此外，它利用小阻力配水系统和池子本身的水位来进行反冲洗，不需另设冲洗水箱或水泵，加之较易自动控制池子的运行，所以已得到较多的应用。

（1）虹吸滤池的构造及工作原理。虹吸滤池是由 6～8 个单元滤池组成。滤池的形状主要是矩形，水量小时也可建成圆形。图 3-50 为圆形虹吸滤池工作示意。滤池的中心部分相当于普通快滤池的管廊，滤池的进水和冲洗水的排出由虹吸管完成，管廊上部设有真空系统。

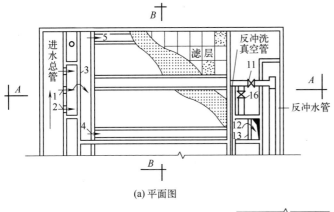

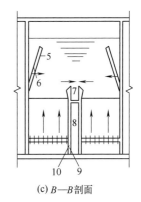

(c) B—B剖面

(a) 平面图

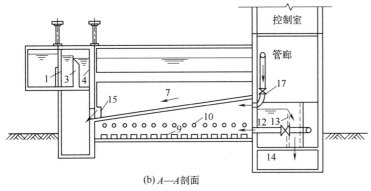

(b) A—A剖面

图 3-49　V型滤池构造简图

1—进水气动隔膜阀；2—方孔；3—堰口；4—侧孔；5—V形槽；6—小孔；7—排水槽；8—气、水分配渠；
9—配水方孔；10—配气方孔；11—冲洗水阀；12—水封井；13—出水堰；14—清水渠；
15,16—清水阀；17—进气阀

随着过滤的进行，滤层中的含污量不断增加，水头损失不断增大，要保持出水堰 12 上的水位，即维持一定的滤速，则滤池内的水位会不断地上升。当滤池内水位上升到预定的高度时，水头损失达到了最大允许值（一般采用 1.5~2.0m），滤层就需要进行反冲洗。

图 3-50 的左半部表示滤池冲洗时的情况。首先破坏进水虹吸管 3 的真空，使该单元滤池停止进水，滤池内水位逐渐下降，当滤池水位无显著下降时，利用真空系统 14 抽出冲洗虹吸管 15 中的空气，使之形成虹吸，并把滤池内的存水通过冲洗虹吸管 15 抽到池中心的下部，再由冲洗排水管 16 排走。此时滤池内水位降低，当清水槽的水位与池内水位形成一定的水位差时，反冲洗开始。当滤池水位降低至冲洗排水槽 17 的顶端时，反冲洗强度达到最大值。此时，其他格滤池的全部过滤水量都通过集水槽 9 源源不断地供给该滤池冲洗。当滤料冲洗干净后，破坏冲洗虹吸管 15 的真空，冲洗立即停止，然后启动进水虹吸管 3，滤池又可以进行过滤。各单元滤池轮流进行反冲洗。

冲洗水头一般采用 1.0~1.2m，是由集水槽 9 的水位与冲洗排水槽 17 顶的高差来控制的。滤池平均冲洗强度一般采用 10~15L/(m² · s)，冲洗历时 5~6min。一个单元滤池在冲洗时，其他滤池会自动调整增加滤速使总处理水量不变。

（2）配水系统。虹吸滤池通常采用小阻力配水系统，有格栅式（包括钢格栅、木格栅和钢筋混凝土格栅）、平板孔式和滤头等，各自构造和水头损失见表 3-6。

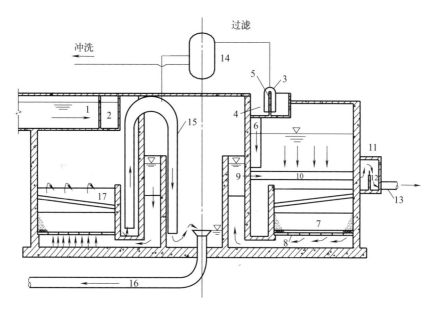

图 3-50　圆形虹吸滤池工作示意

1—进水槽；2—环形配水槽；3—进水虹吸管；4—单格滤池进水槽；5—进水堰；6—布水管；
7—滤层；8—配水系统；9—集水槽；10—出水管；11—出水井；12—出水堰；13—清水管；
14—真空系统；15—冲洗虹吸管；16—冲洗排水管；17—冲洗排水槽

表 3-6　各种小阻力配水系统构造和水头损失

名称		流量系数 α	开孔比 $\beta/\%$	水头损失/cm			数据来源
				冲洗强度 7L/(m²·s)	冲洗强度 8L/(m²·s)	冲洗强度 9L/(m²·s)	
格栅式	钢格栅	0.85	47	0.003	0.005	0.007	计算值
		0.85	20	0.043	0.060	0.094	
	木格栅	0.60	40	0.007	0.013	0.020	计算值
		0.60	15	0.051	0.090	0.140	
	条缝式滤板	0.60	4	0.8	1.3	2.1	冲洗强度 19L/s·m² 时，实测损失 4cm
平板式	钢筋混凝土圆孔板	0.75	1.32	4.2	7.5	11.7	计算值
		0.75	0.80	11.4	20.4	31.9	
	条隙孔板	0.75	6.74	1.0	2.5	3.8	实测值
	铸铁圆孔板	0.75	6.15	0.2	0.35	0.54	计算值
		0.75	2.20	约5	11.6	约13	实测值,包括尼龙网损失
滤头	改进型尼龙滤头	0.80	1.44	—	21	30	实测值

　　虹吸滤池的主要优点是不需要大型的阀门及相应的电动或水力等控制设备，可以利用滤池本身的出水量、水头进行冲洗，不需要设置冲洗水塔或水泵，由于滤过水位永远高于滤层，可保持正水头过滤，不致发生负水头现象。主要缺点是池深较大，一般在 5～6m，冲洗效果不理想。

3.3.6.4　无阀滤池

　　重力式无阀滤池工作原理如图 3-51 所示，其平面形状一般采用圆形或方形。

　　过滤时，原水经进水分配槽 1、进水管 2 及配水挡板 5 的消能和分散作用后，比较均匀地分布在滤层上部，水流通过滤料层 6、承托层 7 与小阻力配水系统 8 进入底部配水系统 9，然后经连通渠 10 上升到冲洗水箱 11。随着过滤的进行，冲洗水箱中的水位逐渐上升，当水位达到出水渠 12 的溢流堰顶后，进入渠内，最后流入清水池。

无阀滤池的冲洗用水，全靠自己上部的冲洗水箱暂时储存。冲洗水箱的容积按照一个滤池的一次冲洗水量设计。无阀滤池常用小阻力配水系统。

当滤池刚投入运转时，滤层较清洁，虹吸上升管与冲洗水箱的水位差为过滤初期水头损失。随着过滤的进行，水头损失逐渐增加，使得虹吸上升管 3 内的水位缓慢上升，也就使得滤层上的过滤水头加大，用以克服滤层中增加的阻力，使滤速不变，过滤水量也因此不变。当虹吸上升管 3 内的水位上升到虹吸辅助管 13 以前（即过滤阶段），上升管中被水排挤的空气受到压缩，从虹吸下降管 15 的下端穿过水封进入大气。当虹吸上升管 3 中的水位超过虹吸辅助管 13 的上端管口时，水便从虹吸辅助管 13 中流下，依靠下降水流在管中形成的真空和水流的挟气作用，抽气管 14 不断把虹吸管中的空气带走，使它产生负压。虹吸上升管 3 中的

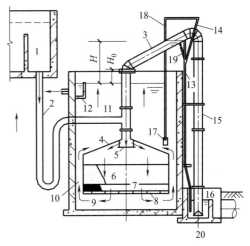

图 3-51　重力式无阀滤池工作原理

1—进水分配槽；2—进水管；3—虹吸上升管；4—伞形顶盖；5—配水挡板；6—滤料层；7—承托层；8—小阻力配水系统；9—底部配水系统；10—连通渠；11—冲洗水箱；12—出水渠；13—虹吸辅助管；14—抽气管；15—虹吸下降管；16—水封井；17—虹吸破坏斗；18—虹吸破坏管；19—强制冲洗管；20—冲洗强度调节器

水位继续上升，同时虹吸下降管 15 中的水位也在上升，当虹吸上升管 3 中的水越过虹吸管顶端而下落时，管中真空度急剧增加，达到一定程度时，虹吸管 3、15 中两股水柱汇合后，水流便冲出管口流入水封井 16，把管中残留空气全部带走，形成连续虹吸水流，冲洗就开始了。虹吸形成后，冲洗水箱的水便沿着与过滤相反的方向，通过连通渠 10，通过底部配水系统 9 的分配，均匀地从下而上地经过滤池，自动进行冲洗，冲洗后的水进入虹吸管 3、15 流到排水井。

在冲洗过程中，冲洗水箱的水位逐渐下降，当降到虹吸破坏斗 17 缘口以下时，虹吸破坏管 18 把斗中水吸光，管口露出水面，空气便大量由虹吸破坏管 18 进入虹吸管，虹吸被破坏，冲洗即停止，虹吸上升管 3 中的水位回降，过滤又重新开始。

无阀滤池优点是：运行自动，操作方便，工作稳定可靠；在运转过程中滤层内不会出现负水头；结构简单，节省材料，造价比普通快滤池低 30%～50%。但由于冲洗水箱建于滤池的上部，滤池的总高度较大，滤池冲洗时，进水管照样进水，并被排走，浪费了一部分澄清水，并且增加了虹吸管管径。由于采用的是小阻力配水系统，所以滤池面积不能太大。无阀滤池适用于工矿、城镇的小型废水处理工程。

3.3.6.5　压力滤池

压力滤池是在密闭的容器中进行压力过滤的滤池，是快滤池的一种形式，滤池内装滤料及进水和配水系统，滤料厚约 1.0～1.2m，配水系统通常用小阻力的缝隙式滤头或开缝、开孔的支管上包尼龙网。滤池外设各种管道和阀门。压力滤池在压力下进行过滤，进水用泵直接打入，滤后水借压力直接送到用水设备或后续处理设备中，为提高冲洗效果，一般用压缩空气辅助冲洗。

压力滤池依靠压力工作，滤速快 $[8\sim10m^3/(m^2\cdot h)]$，滤后水直接供到用水装置。压力滤池常用于工业给水处理、中水回用处理、污水深度处理等，当用于工业给水处理时，常与离子交换器串联使用。

思考题

1. 简述胶体的双电层结构及稳定性机理。
2. 试述胶体及微细悬浮物的混凝机理。
3. 试举例说明混凝剂的作用机理和主要适用范围。
4. 试述影响混凝过程的主要因素。
5. 在污水处理中常将有机混凝剂和无机混凝剂配合使用，其投加顺序如何确定？
6. 混凝过程的混合阶段和反应阶段对搅拌强度和搅拌时间的要求有何不同？为什么？
7. 澄清池的工作原理是什么？它与沉淀池有何区别？
8. 沉淀有哪几种类型？各有何特点？说明各种类型的联系和区别以及适用范围。
9. 沉淀法处理的基本原理是什么？影响沉淀的因素有哪些？
10. 根据滤层中杂质的分布规律，提出改善快滤池的几种途径，并简述滤池的发展趋势。
11. 什么叫等速过滤和变速过滤？分别在什么情况下形成？分析两种过滤方式的优缺点并指出哪几种滤池属于等速过滤。

参考文献

[1] 王九思，陈学民，等. 水处理化学[M]. 北京：化学工业出版社，2002.
[2] 常青. 水处理絮凝学[M]. 2版. 北京：化学工业出版社，2011.
[3] 周岳溪，李杰. 工业废水的管理、处理与处置[M]. 北京：中国石化出版社，2012.

第4章

消　毒

在水处理过程中，水中微生物如原生动物、浮游生物、藻类、细菌和病毒等与药剂作用，被灭活或去除的过程被称为消毒过程，所使用的药剂称为消毒剂。在工业用水处理中，首先，当企业生活用水来源于自建水厂时，为确保饮用水卫生安全，维护职工健康，无论原水来自地表水或地下水，自建水厂都必须设消毒处理工艺。通过消毒处理后的水质，不仅要满足《生活饮用水卫生标准》（GB 5749—2022）中与消毒相关的微生物学指标，还要求满足相关的感官性状和毒理学指标，确保员工安全饮用。另外，有些工业用水过程也对水有消毒和灭菌的要求，如食品加工用水、饮料工业洗瓶用水、医药工业洗瓶用水等。在工业废水处理过程中，大部分行业废水排放标准均没有对微生物学指标进行限制。如需消毒处理的工业废水，其消毒药剂和消毒方法与城市污水处理相同，可参照处理。

常用的消毒技术有物理消毒技术和化学消毒技术。物理消毒利用加热、冷冻、照射等方法对生物遗传物质的核酸进行破坏从而达到消毒的目的，主要有紫外线消毒、微电解消毒、超声波消毒等。化学消毒亦即药剂消毒，根据药剂对微生物作用机理的不同，可分为氧化型消毒和非氧化型消毒。

① 氧化型消毒指使用药剂氧化破坏微生物机能从而达到消毒目的，主要有氯氧化消毒、臭氧消毒、重金属离子消毒和其他氧化剂消毒等。加氯法，除使用氯气以外，还可使用氯的化合物，如次氯酸钠、次氯酸钙、氯胺类以及比氯的氧化性能更为强烈的氧化剂——二氧化氯。

② 非氧化型消毒是指利用氯酚类消毒剂和季铵盐类化合物等消毒剂，作用于微生物的特殊部位，从而达到消毒和灭菌的作用。此外，国外研制的二硫氰酸亚甲酯、盐酸十二烷基胍、有机溴化物等以及国内研制成功的双氯酚 NL-4，复配型杀菌剂 SQ8（二硫氰基甲烷＋苯扎氯胺＋溶剂＋表面活性剂）等都是有效的非氧化型消毒剂。

随着消毒技术的发展和设备的进步，工业水处理消毒过程愈加成熟，自动化程度不断提升。截至目前，常用的消毒方法主要有氯消毒、二氧化氯消毒、氯胺消毒、次氯酸消毒、臭氧消毒和紫外线消毒等，本章将分别进行阐述。

4.1　氯消毒

4.1.1　氯气的理化性质

4.1.1.1　氯气的相变化规律

氯气是黄绿色气体。在标准大气压下，温度为 0℃ 时呈气态，每升重 3.22g，其密度（质量）约为空气的 2.5 倍；在 −33.6℃ 时呈液态；常温下，加压到 0.6~0.8MPa 亦为液态，此时每升重 1468.41g，约为水重的 1.5 倍。因此，同样质量的氯气与液氯相比，体积相差 456 倍，故常使氯气液化，便于灌瓶、储藏和运输。

4.1.1.2 氯气的溶解性

氯气能溶于水，溶解度随水温增高而减少。在常压下氯的分压为 0.1MPa，若水温在 10℃ 时，可溶解 1%；水温为 20℃ 时，可溶解 0.7%；水温达到 30℃ 时，只能溶解 0.55%。

4.1.1.3 氯气的毒性

氯气是具有强烈刺激性的窒息性气体。对人体有害，尤其对于呼吸系统及眼部黏膜伤害很大，会引起气管痉挛和引发肺气肿，使人窒息而死亡。氯气浓度达到 3.5mg/L 时，就能使人嗅到气味；达到 14.0mg/L 时，人的咽喉会疼痛；达到 20.0mg/L 时，引起气呛；当达到 50.0mg/L 时就会发生生命危险，再高时会引起死亡。

4.1.2 氯消毒原理

氯气与水接触后极易发生歧化反应，见式（4-1），产生次氯酸（HOCl）。HOCl 是一种弱酸，当 pH 值 > 6.5 时，部分离解为 H^+ 和 OCl^-，见式（4-2）。HOCl 和 OCl^- 都有氧化能力，但由于细菌带负电，与 OCl^- 排斥，所以，一般认为氯的消毒作用主要是依靠 HOCl 的氧化和破坏作用。由于 HOCl 的相对分子质量很小，电荷呈中性，所以它能很快扩散到细菌表面，再经细胞壁和细胞膜而穿透到细菌内部。作为强氧化剂，HOCl 能氧化破坏磷酸葡萄糖去氢酶的巯基，能损害细菌细胞膜及酶系统，使细菌蛋白质、RNA 和 DNA 等物质释出，最终导致细菌灭活死亡。

$$Cl_2 + H_2O \rightleftharpoons HOCl + HCl \tag{4-1}$$

$$HOCl \rightleftharpoons H^+ + OCl^- \tag{4-2}$$

实际上，很多地表水源中含有一定的氨氮，氯加入后会产生如下的反应：

$$Cl_2 + H_2O \rightleftharpoons HOCl + HCl \tag{4-3}$$

$$NH_3 + HOCl \rightleftharpoons NH_2Cl + H_2O \tag{4-4}$$

$$NH_2Cl + HOCl \rightleftharpoons NHCl_2 + H_2O \tag{4-5}$$

$$NHCl_2 + HOCl \rightleftharpoons NCl_3 + H_2O \tag{4-6}$$

从上述反应可见：HOCl、一氯胺（NH_2Cl）、二氯胺（$NHCl_2$）和三氯胺（NCl_3）都存在，它们在平衡状态下的含量比例取决于氯、氨的相对浓度，pH 值和温度等因素。一般来说，当 pH 值大于 9.0 时，NH_2Cl 占优势；当 pH 值为 7.0 时，NH_2Cl 和 $NHCl_2$ 同时存在，近似等量；当 pH 值小于 6.5 时，主要是 $NHCl_2$；而 NCl_3 只有在 pH 值低于 4.5 时才存在。

氯胺是氯化消毒的中间产物，其中具有消毒杀菌作用的只有 NH_2Cl 和 $NHCl_2$，而 $NHCl_2$ 的杀菌效果较 NH_2Cl 要高。纯的 NH_2Cl 是一种无色不稳定液体，沸点为 -66℃，能够溶于冷水和乙醇，微溶于四氯化碳和苯。NH_2Cl 的消毒作用是通过缓慢释放 HOCl 而进行的。比较三种氯胺的消毒效果，$NHCl_2$ 要胜过 NH_2Cl，但前者具有臭味。当 pH 值低时，$NHCl_2$ 所占比例大，消毒效果较好。NCl_3 消毒作用极差，且具有恶臭味（到 0.05mg/L 含量时，已不能忍受）。一般自来水中不太可能产生 NCl_3，而且它在水中溶解度很低，不稳定而且易气化，所以 NCl_3 的恶臭味并不引起严重问题。

从消毒效果而言，水中有氯胺时，仍然可理解为依靠 HOCl 起消毒作用。从式（4-3）～

式 (4-6) 可见：只有当水中的 HOCl 因消毒而消耗后，反应才向左进行，继续产生消毒所需的 HOCl。因此当水中存在氯胺时，消毒作用比较缓慢，需要较长的接触时间。根据实验室静态试验结果，用氯消毒，5min 内可杀灭细菌达 99% 以上；而用氯胺时，相同条件下，5min 内仅达 60%；需要将水与氯胺的接触时间延长到十几小时，才能达到 99% 以上的灭菌效果。

由此可见，水中的氯胺是氯与水中的氨氮反应生成的具有氧化能力的化合物，仍有一定的氧化能力，其含氯总量称为化合性氯。加入水中的氯量若高于需氯量与化合氯之和时，剩余的氯在水中多以游离态存在，称为游离性氯，或自由性氯。自由性氯的消毒性能比化合性氯高得多。为此可以将氯消毒分为自由性氯消毒和化合性氯消毒两大类。

4.1.3 加氯量

水中加氯量可以分为两部分，即需氯量和余氯。由于水中含有一定的微生物、黏泥、有机物及其他还原性化合物，这些物质要消耗掉一部分有效氯，这部分被消耗的氯称为需氯量。只有加氯超过需氯量之后，才能测出水中的余氯量。保留一定数量余氯的目的是保持持续的灭活力，防止水的污染。我国《生活饮用水卫生标准》（GB 5749—2022）规定：加氯接触 30min 后，游离性余氯不应低于 0.3mg/L；对于集中式给水厂的出厂水，管网末梢水的余氯不应低于 0.05mg/L；对于不同用途的工业用水，其控制余氯量也不相同。

水处理中的加氯量一般要通过需氯的试验来确定。根据水质情况不同，加氯量大致有以下两种情况。

第一种情况为：如果水质纯净（如蒸馏水），由于水中没有细菌存在，水中氨氮、有机物质和还原性物质等都不存在，此时需氯量为零，因此，加氯量即等于余氯量，如图 4-1 中直线 L_1 所示，该线与坐标轴成 45°。

第二种情况为实际情况。事实上天然水特别是地表水源多少已受到有机物和细菌等的污染，为了氧化这些有机物和杀灭细菌要消耗一定的氯量，即需氯量，水质越差，耗氯越多。同时，加氯量必须超过需氯量，才能保证一定的剩余氯。

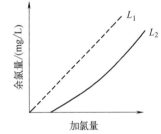

图 4-1 加氯量与余氯关系

当水中有机物较少，而且主要不是游离氨和含氮化合物时，需氯量满足以后就会出现余氯，如图 4-1 中直线 L_2 所示，这条曲线与横坐标交角小于 45°，其原因如下。

① 水中有机物与氯作用的速度有快有慢。当测定余氯时，有一部分有机物尚在继续与氯作用中。

② 水中余氯有一部分会自行分解，如 HOCl 由于受水中某些杂质或光线的作用，产生如下的催化分解：

$$2HOCl \rightleftharpoons 2HCl + O_2 \qquad (4-7)$$

③ 当水的污染程度比较严重（如循环冷却水处理漏氨时），且水中的工艺泄漏物主要是氨氮化合物时，情况比较复杂。此时加氯量如图 4-2 所示。

图 4-2 中，a 表示余氯量，b 表示耗氯量。从图 4-2 可知，在开始加氯时，OA 阶

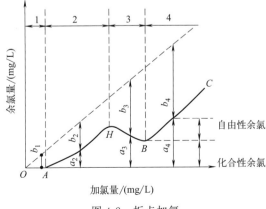

图 4-2 折点加氯

段加氯量表示水中的杂质把氯消耗光（耗氯量 b_1），即余氯为零。此时，虽杀灭细菌，但是效果不可靠，因为无余氯来抑制细菌的再度繁殖；在 AH 阶段，表示随着加氯量的增加，余氯量也有增加。但是增加较慢，也即表示加氯后，有余氯存在，有一定的杀菌效果，但余氯是化合性氯；H 点为余氯值的第一个峰点；在 HB 阶段，表示加氯量虽然增加，然而余氯反而下降，因为这时化合性余氯产生了如下反应：

$$2NH_2Cl + HOCl \rightleftharpoons N_2 \uparrow + 3HCl + H_2O \qquad (4-8)$$

从式（4-8）可知，氯胺被氧化成一些不起消毒作用的化合物，使得余氯反而逐渐减少；当到达 B 点之后，进入 BC 阶段，此后已经没有可以消耗氯的杂质了，出现自由性余氯，此时灭活能力最强，效果最好。我们习惯上把 H 点称为峰点，为余氯量最高点，此时水中消毒物质为化合性余氯而不是游离性余氯。将 B 点称为折点，余氯较低，然而继续加氯，余氯就会增加，而且是游离性余氯。加氯量超过折点需要量时称为折点氯化。

鉴于上述情况，一般加氯量按下述确定：当水中含氨量小于 0.3mg/L 时，加氯量控制在折点后；当水中含氨量大于 0.5mg/L 时，加氯量控制在峰点之前；当水中含氨量在 0.3～0.5mg/L 时，加氯量控制在峰点与折点之间。但是，由于各地水质不同，尚需要根据实际的生产情况经过试验来确定。一般来说，经过混凝、沉淀、过滤后的水，或清洁的地下水，加氯量可采用 0.5～1.5mg/L；如果水源水质较差，或是经过混凝、沉淀而未经过过滤，或是为了改善混凝条件，使其中一部分氯来氧化水中的杂质，加氯量可采用 1.0～2.5mg/L。

当原水受到严重污染，采用普通的混凝沉淀和过滤加上一般加氯量的消毒方法都不能解决问题时，折点加氯法可取得明显效果，它能降低水的色度，去除恶臭，降低水中有机物含量；还能提高混凝效果。折点加氯法过去经常应用，但自从发现水中的有机污染物能与氯生成三卤甲烷（THMs）后，采用折点加氯来处理受污染水源已引起人们担心，因而也在不断寻求去除有机污染物的预处理或深度处理方法和其他消毒法。

4.1.4 氯消毒的影响因素

氯化消毒的影响因素主要有加氯量、接触时间、水温、pH 值、水的浊度和微生物的种类及数量等。

4.1.4.1 加氯量和接触时间

加氯量除了需要满足需氯量外，尚应有一定量的剩余氯。所需余氯量的多少，与余氯的性质有关。氯加入水中后，必须保证与水有一定的接触时间，才能充分发挥消毒作用。对游离性余氯，要求接触时间 30min 后，游离性余氯达 0.3～0.5mg/L；对化合性余氯，要求接触时间 1～2h 后，化合性余氯达 1～2mg/L。

4.1.4.2 水温

温度升高使次氯酸易于透过细胞壁，并加快它们与酶的化学反应速度。所以，在加氯量相同的情况下，温度越高，氯对微生物的杀灭效果越好，水温每提高 10℃，病菌杀灭率约提高 2～3 倍。

4.1.4.3 pH 值

HOCl 电离平衡常数为：

$$K_i = \frac{[H^+][OCl^-]}{[HOCl]} \qquad (4-9)$$

不同温度下 HOCl 的离解平衡常数见表 4-1。

表 4-1　HOCl 的离解平衡常数

温度/℃	0	5	10	15	20	25
$K_i/(\times 10^{-8} \mathrm{mol/L})$	2.0	2.3	2.6	3.0	3.3	3.7

【例 4-1】　计算在 20℃，pH 值为 7 时，HOCl 所占的比例。

【解】　根据式（4-9），可得：

$$\frac{[OCl^-]}{[HOCl]} = \frac{K_i}{[H^+]}$$

查表 4-1 得 K_i，在水温为 20℃时，$K_i = 3.3 \times 10^{-8}$，次氯酸所占的比例为：

$$\frac{[HOCl] \times 100}{[HOCl] + [OCl^-]} = \frac{100}{1 + \dfrac{[OCl^-]}{[HOCl]}} = \frac{100}{1 + \dfrac{K_i}{[H^+]}}$$

代入数据得：HOCl 所占的比例＝74.2%。

由此可见，HOCl 的离解程度取决于水温和 pH 值，即 HOCl 与 OCl⁻ 的比例取决于水温和 pH 值。当 pH<5 时，HOCl 在水中的含量接近 100%，随着 pH 值的增高，HOCl 逐渐减少而 OCl⁻ 逐渐增多。pH＝6 时，HOCl 含量在 95% 以上；pH>7 时，HOCl 含量急剧减少；pH＝7.5 时，HOCl 和 OCl⁻ 大致相等；pH>9 时，OCl⁻ 接近 100%。所以，通常在 pH 值较低时，氯消毒效果较好。

根据对大肠杆菌的试验，HOCl 的杀菌效率比 OCl⁻ 高约 80 倍。因此，消毒时应注意控制水的 pH 值，不要太高，以免生成的 OCl⁻ 较多、HOCl 较少而影响杀菌效率。

4.1.4.4　浊度

用氯消毒时，必须使生成的 HOCl 和 OCl⁻ 直接与水中的细菌接触，方能达到杀菌效果。若水的浊度很高，悬浮物质较多，细菌多附着在这些悬浮颗粒上，则氯的作用达不到细菌本身，使杀菌效果降低。这说明消毒前混凝沉淀和过滤处理的必要性。悬浮颗粒对消毒的影响，因颗粒性质、微生物种类而不同。如黏土颗粒吸附微生物后，对消毒效果影响甚小，而水中的有机颗粒物与微生物结合后，会使微生物获得明显的保护作用。病毒因体积小，表面积大，易被吸附成团，因而颗粒对病毒的保护作用较细菌大。

4.1.4.5　水中微生物的种类和数量

不同微生物对氯的耐受性不尽相同，除腺病毒外，肠道病毒对氯的耐受性较肠道病原菌强。消毒往往达不到 100% 的杀灭效果，常以 99%、99.9% 或 99.99% 的效果为参数。故消毒前若水中细菌过多，则消毒后水中细菌数就不易达到卫生标准的要求。

4.1.5　加氯点

加氯点主要是从加氯效果、卫生要求以及设备保护三方面来确定的，大致情况如下。

4.1.5.1　滤后加氯

滤后加氯指在过滤后的清水中加氯，它是最常用的消毒方式。加氯点是在过滤水到清水池的管道上，或清水池的进口处，以保证氯与水的充分混合。由于消耗氯的物质此时已经大部分去除，所以加氯量很少，效果也好。

4.1.5.2 滤前加氯（预氯化）

滤前加氯指过滤之前加氯或与混凝剂同时加氯。这种方法对污染较严重的水或色度较高的水能提高混凝效果，降低色度和去除铁、锰等杂质。尤其在用硫酸亚铁作为混凝剂时，利用加氯，可促使亚铁氧化为三价铁，促进硫酸亚铁的凝聚作用。此外，还可以改善净水构筑物的工作条件，例如可以防止沉淀池底部的污泥腐烂发臭；防止构筑物内滋长青苔；防止微生物在滤料层中生长繁殖，延长滤池的工作周期。对于污染严重的水，加氯点在滤池前为好，也可以采用二次加氯，即混凝沉淀前和滤后各一次。

4.1.5.3 中途加氯

中途加氯指在输水管线较长时，为了既能保证管网末梢的余氯，又不致使水厂附近管网中的余氯过高，要在管网中途补充加氯。加氯的位置一般都设在管网中途的加压泵站或储水池泵站内。

4.1.5.4 工业循环冷却水系统加氯点

加氯点通常有两处，一是循环水泵的吸入口；二是远离循环水泵的冷却塔水池底部，由于冷却塔水池是微生物重要的滋长地，所以此处加氯灭活的效果最好。

4.2 二氧化氯消毒

4.2.1 二氧化氯的理化性质

二氧化氯（Chlorine Dioxide，ClO_2）常温下是一种黄绿色到橙色的气体，颜色变化取决于其浓度，具有类似于氯气和臭氧的刺激性气味。二氧化氯的沸点为 11℃，熔点为 -59℃，挥发性较强，稍微曝气即从溶液中逸出。

二氧化氯是一种易于爆炸的气体，当空气中二氧化氯含量大于 10% 或水溶液含量大于 30% 时都易发生爆炸，受热和受光照或遇有机物等能促进氧化作用的物质时，也能加速分解并易引起爆炸。工业上经常使用空气和惰性气体冲淡二氧化氯，使其含量小于 8%。

4.2.2 二氧化氯的消毒原理

二氧化氯在水中几乎 100% 以分子状态存在，对细胞壁有较好吸附和透过性能，易透过细胞膜。作为氧化剂，二氧化氯在水溶液中的氧化还原电位高达 1.5V，具有很强的氧化作用，其氧化能力要比氯和过氧化氢强，而比臭氧弱。作为消毒剂，二氧化氯对微生物的灭活机理与氧化剂类消毒剂相同。其原理是通过渗入细菌及其他微生物细胞内，与部分氨基酸发生氧化还原反应，使氨基酸分解破坏，进而控制微生物蛋白质合成，导致细菌死亡。除对一般细菌有灭活作用外，二氧化氯对芽孢、病毒、藻类、铁细菌、硫酸盐还原菌和真菌等均有很好的杀灭作用，其中，对病毒的灭活作用在于其能迅速地对病毒衣壳上的蛋白质中的酪氨酸起破坏作用，从而抑制病毒的特异性吸附，阻止对宿主细胞的感染。

二氧化氯消毒的主要优势表现为对微生物的灭活范围广，灭活能力强，有机副产物少，有害副作用小，受 pH 值、有机物的影响较小。但是二氧化氯极不稳定，气态和液态均易爆炸，故必须以水溶液形式现场制取，即时使用。在水处理中，制取二氧化氯的方法较多，主要有电解法和化学法两种。

4.2.3 二氧化氯的制备方法

4.2.3.1 亚氯酸钠氧化法：亚氯酸钠（NaClO₂）＋氯（Cl₂）

该法采用亚氯酸钠与氯进行反应，或者亚氯酸钠与次氯酸反应，生成二氧化氯，其反应式如下：

$$Cl_2 + 2NaClO_2 \Longrightarrow 2ClO_2 + 2NaCl \tag{4-10}$$

$$Cl_2 + H_2O \Longrightarrow HOCl + HCl \tag{4-11}$$

$$HOCl + HCl + 2NaClO_2 \Longrightarrow 2ClO_2 + 2NaCl + H_2O \tag{4-12}$$

根据式（4-10），理论上 1mol 氯和 2mol 亚氯酸钠反应可生成 2mol 二氧化氯。但实际应用时，为了加快反应速度，投氯量往往超过理论值，那么产品中通常就含有自由氯 Cl_2，如果用于受污染水消毒时就存在产生 THMs 的风险。

此制备方法通常采用内填瓷环的圆柱形发生器。由加氯机供应的氯溶液和用泵抽出的亚氯酸钠稀溶液共同进入二氧化氯发生器，反应约 1min 后便得二氧化氯水溶液，随后将溶液类似加氯一样直接投入水中。发生器上设置透明管用于观察产品颜色，出水若呈黄绿色即表明二氧化氯生成。

4.2.3.2 亚氯酸钠酸分解法：亚氯酸钠（NaClO₂）＋盐酸（HCl）或硫酸（H₂SO₄）

该法采用亚氯酸钠与一定浓度的酸溶液反应生成二氧化氯[式（4-13）、式（4-14）]。一般小流量采用稀盐酸，大流量采用浓盐酸，反应式如下：

$$5NaClO_2 + 4HCl \Longrightarrow 4ClO_2 + 5NaCl + 2H_2O \tag{4-13}$$

$$10NaClO_2 + 5H_2SO_4 \Longrightarrow 8ClO_2 + 5Na_2SO_4 + 4H_2O + 2HCl \tag{4-14}$$

这是一个自氧化还原反应，亚氯酸钠既是氧化剂又是还原剂，盐酸（硫酸）是酸化剂。因此，理论上有 20% 的亚氯酸钠被还原成 NaCl（Na₂SO₄），如果以亚氯酸钠转化为二氧化氯的量来计算产率，其最高有效产率只有 80%。需要注意的是，在用硫酸制备时，硫酸不能与固态亚氯酸钠接触，否则会发生爆炸。此外，还需注意两种反应物（亚氯酸钠和盐酸或硫酸）的浓度控制，浓度过高，化合时也会发生爆炸。

这种制取方法是国内外小型先进二氧化氯发生器常用的反应原理，具有工艺简单，设备操作维护简便，无需加温，产物中二氧化氯纯度高，无 THMs 风险等优点。其制取过程通常在圆柱形发生器中进行，先在 2 个溶液槽中分别配制一定浓度（注意浓度不可过高，一般盐酸浓度 8.5%，亚氯酸钠浓度 7%）的盐酸（酸用量一般超过化学计量 3～4 倍）和亚氯酸钠溶液，再分别用泵打入发生器，经过约 20min 反应后便形成二氧化氯溶液。

以上两种二氧化氯制取方法各有优缺点。采用强酸与亚氯酸钠制取二氧化氯，方法简便，产品中无自由氯，但亚氯酸钠转化成二氧化氯的理论转化率仅为 80%，即 5mol 的亚氯酸钠产生 4mol 的二氧化氯。采用氯与亚氯酸钠制取二氧化氯，1mol 的亚氯酸钠可产生 1mol 的二氧化氯，理论转化率 100%。由于亚氯酸钠价格高，采用氯制取二氧化氯在经济上占有优势。当然，在选用生产设备时，还应考虑其他因素，如设备性能、价格等。

4.3 氯胺消毒

氯胺的消毒原理已在氯消毒部分进行了介绍，化学反应式见式（4-3）～式（4-6），其消毒作用缓慢，杀菌能力比自由氯弱。但氯胺消毒的优点是：当水中含有有机物和酚时，氯胺消毒不会产生氯臭和氯酚臭，同时大大减少 THMs 产生的可能；能保持水中余氯较久，适用于供水管网较长的情况。不过，因杀菌能力弱，通常作为辅助消毒剂以抑制细菌再繁殖。

采用氯胺消毒时，优先利用水中原有的氨，如不足时，可投加液氨、硫酸铵 $[(NH_4)_2SO_4]$ 或氯化铵（NH_4Cl）。人工投加的氨、硫酸铵或氯化铵应先配成溶液，然后再投加到水中。在实际生产中，一般先加氨，待其与水充分混合后再加氯，这样可减少氯臭，特别当水中含酚时，这种投加顺序可避免产生氯酚恶臭。另外，氯和氨也可同时投加，有资料认为，氯和氨同时投加比先加氨后加氯，可减少有害副产物（如三卤甲烷、卤乙酸等）的生成。氯和氨的投加量视水质不同而有不同比例。一般采用氯：氨＝(3:1)～(6:1)。以防止氯臭为主要目的时，氯和氨之比应小些；当以杀菌和维持余氯为主要目的时，氯和氨之比应大些。

4.4　次氯酸钠消毒

次氯酸钠（$NaOCl$）可用发生器的钛阳极电解食盐水而制得，反应如下：

$$NaCl + H_2O \Longrightarrow NaOCl + H_2 \uparrow \tag{4-15}$$

次氯酸钠也是强氧化剂和消毒剂，但消毒效果不如氯强。次氯酸钠消毒作用仍依靠 $HOCl$，反应如下：

$$NaOCl + H_2O \Longrightarrow HOCl + NaOH \tag{4-16}$$

次氯酸钠发生器有成品出售。由于次氯酸钠易分解，故通常采用次氯酸钠发生器现场制取，就地投加，不宜储运。制作成本就是食盐和电耗费用。

4.5　臭氧消毒

4.5.1　臭氧的理化性质

臭氧（O_3）由 3 个氧原子组成，在常温常压下，它是淡蓝色的具有强烈刺激性的气体。臭氧密度为空气的 1.7 倍，易溶于水，在空气或水中均易分解消失。臭氧对人体健康有影响。根据《环境空气质量标准》（GB 3095—2012）要求，环境空气中臭氧日最大 8h 平均浓度不能超过 $160mg/m^3$，故在水处理中散发出来的臭氧尾气必须处理。

4.5.2　臭氧的消毒原理

臭氧溶于水后会发生两种反应：一种是直接氧化，反应速度慢，选择性高，易与苯酚等芳香族化合物及乙醇、胺等反应；另一种是臭氧分解产生羟基自由基从而引发链反应，此反应还会产生十分活泼的、具有强氧化能力的单原子氧（O），可瞬时氧化分解水中有机物质、细菌和微生物。当溶液 pH＞7 时，臭氧自分解加剧，自由基型反应占主导地位，反应速度快，选择性低。

化学反应式如下：

$$O_3 \Longleftrightarrow O_2 + (O) \tag{4-17}$$
$$(O) + H_2O \Longleftrightarrow 2OH \tag{4-18}$$

由上述机理可知，臭氧在水处理中能氧化水中的多数有机物使之降解，并能氧化酚、氨氮、铁、锰等无机还原物质。此外，由于臭氧具有很高的氧化还原电位，能破坏或分解细菌的细胞壁，容易通过微生物细胞膜迅速扩散到细胞内并氧化其中的酶等有机物；或破坏其细胞膜、组织结构的蛋白质、核糖核酸等从而导致细胞死亡。因此，臭氧能够除藻杀菌，对病毒、芽孢等生命力较强的微生物也能起到很好的灭活作用。

臭氧作为高效的无二次污染的氧化剂，是常用氧化剂中氧化能力最强的（臭氧＞二氧化氯＞氯＞一氯胺），其氧化能力是氯的 2 倍，杀菌能力是氯的数百倍，能够氧化分解水中的有机物，氧化去除无机还原物质，极迅速地杀灭水中的细菌、藻类、病原体等。但水中臭氧分解速度快，无法维持管网中有一定量的剩余消毒剂水平，故通常在臭氧消毒后的水中投加少量的氯系消毒剂，这也是臭氧极少作为唯一消毒剂使用的原因。此外，臭氧处理会产生醛类及溴酸盐等有毒副产物，但总体而言，臭氧消毒副产物的危害明显低于氯消毒副产物所造成的危害，因此臭氧仍是一种比较理想的氧化消毒剂。当前，臭氧作为氧化剂以氧化去除水中有机污染物的应用更为广泛。

4.5.3 臭氧的制备方法

臭氧在水体中溶解度较小且稳定性差，因此不易保存，需现场用空气或纯氧通过臭氧发生器高压放电制备。臭氧发生器是臭氧生产系统的核心设备。如果以空气作气源，臭氧生产系统应包括空气净化和干燥装置以及鼓风机或空气压缩机等，所产生的臭氧化空气中臭氧含量一般在 2%～3%（质量分数）；如果以纯氧作为气源，臭氧生产系统应包括纯氧制取设备，所生产的是纯氧/臭氧混合气体，其中臭氧含量约达 6%（质量分数）。由臭氧发生器出来的臭氧化空气（或纯氧）进入接触池与待处理水充分混合。为获得最大传质效率，臭氧化空气（或纯氧）应通过微孔扩散器形成微小气泡均匀分散于水中。臭氧发生器装置复杂，设备投资昂贵，占地面积大，成本为氯消毒的 2～8 倍。

4.6 紫外线消毒

4.6.1 紫外线的消毒原理

紫外线消毒技术建立在现代防疫学、医学和光动力学的基础上，利用特殊设计的高效率、高强度和长寿命的 UVC（280～200nm）波段紫外线照射流水，将水中各种细菌、病毒、寄生虫、水藻以及其他病原体直接杀死，达到消毒的目的。

经试验，紫外线杀菌的有效波长范围可分为四个不同的波段：UVA（400～315nm）、UVB（315～280nm）、UVC（280～200nm）和真空紫外线（200～100nm）。就杀菌速度而言，UVC 处于微生物吸收峰范围之内，可在 1s 之内通过破坏微生物的 DNA 结构杀死病毒和细菌，而 UVA 和 UVB 由于处于微生物吸收峰范围之外，杀菌速度很慢，往往需要数小时才能起到杀菌作用，在实际工程的数秒钟水力停留（照射）时间内，该部分实际上属于无效紫外部分。真空紫外线穿透能力极弱，灯管和套管需要采用极高透光率的石英，一般不用于杀菌消毒。因此，给排水工程中所说的紫外线消毒实际上就是指 UVC 消毒。

4.6.2　紫外线的消毒装置及其管理

紫外线消毒装置是利用表面抛光的铝制反射罩将紫外线辐射到无压水流中，其结构包括灯管、漏磁变压器和反射罩。国产紫外线用低压汞灯灯管常见的有 15W、20W、30W 等。GD30 型低压汞灯的主要参数列于表 4-2，灯管必须与符合要求的漏磁变压器配套使用。变压器技术参数与灯管相同，频率为 50Hz。反射罩一般采用铝制材料，要求反射率高、内壁光滑且耐腐蚀。

表 4-2　GD30 型低压汞灯的主要参数

灯管型号	输入功率 /W	电源电压 /V	工作电压 /V	工作电流 /mA	使用寿命 /h	灯管	
						全长/nm	有效弧长/nm
GD30	30	220	500	36	3000	160	600

紫外线消毒所需接触时间短，杀菌效率高，它不向水中增加任何物质，没有副作用，这是它优于氯化消毒的地方。此外，紫外线消毒运行费用较低，只需定期更换紫外灯和清洗套管，可实现无人值守。但是这种消毒方法的杀菌作用无法持续，每支灯管处理水量有限，且每周需用酒精棉球擦拭灯管，并定期更换，紫外灯光源强度小、使用寿命短，成本也较贵。

现在我国有一些给水量较小的体育馆、医院等室内给水、小规模工业用水，已使用紫外线低压汞灯消毒。但给水量较大的采用紫外线高压汞灯消毒的尚少，还处于试验、试用阶段。

思考题

1. 比较氯、二氧化氯、氯胺、次氯酸钠等氯系消毒剂的优缺点。
2. 图示折点加氯的原理。
3. 简述氯胺消毒的原理。
4. 论述氯系消毒方法与臭氧、紫外线消毒方法的关系。

参考文献

[1] 严煦世，高乃云. 给水工程[M]. 北京：中国建筑工业出版社，2020.
[2] 李圭白，张杰，等. 水质工程学[M]. 北京：中国建筑工业出版社，2005.
[3] 雷仲存，钱凯，刘念华. 工业水处理原理及应用[M]. 北京：化学工业出版社，2003.
[4] 鲁文清. 饮用水消毒副产物与健康[M]. 武汉：湖北科学技术出版社，2020.

第5章
脱　盐

由于天然水或工业用水中含有各种盐类溶解产生的阳离子和阴离子，例如 Ca^{2+}、Mg^{2+}、Na^+、K^+ 等阳离子以及 HCO_3^-、SO_4^{2-}、Cl^- 等阴离子，水中各种阳离子摩尔浓度的总和（以正电荷计）应等于各种阴离子摩尔浓度的总和（以负电荷计），所以水体通常呈电中性。水的硬度是指水中 Ca^{2+}、Mg^{2+} 等离子的含量，而降低 Ca^{2+}、Mg^{2+} 等离子含量的过程就是水的软化处理。水中全部阳离子和阴离子含量的总和被称为水的含盐量，降低水的含盐量就是水的脱盐（除盐）处理。水的软化处理属于除盐处理的一种类型，软化过程常使用的阳离子交换法等方法，也适用于除盐处理。与软化处理相比，除盐处理的方法更多、对象更广，例如离子交换法、膜分离法和蒸馏法等。

5.1　水的软化

硬度是水质的一项重要指标。水的硬度是由水中的一些多价阳离子形成的，硬度的大小取决于水中多价阳离子的浓度，离子浓度愈高，则水的硬度愈大。生产用水对硬度指标有一定的要求，若水中硬度高，会在电加热盘管外壁和锅炉对流管内壁产生水垢，降低热效率，增大能耗。因此，对于低压锅炉，一般要进行水的软化处理；对于中压、高压锅炉，则要求进行水的软化与脱盐处理。

5.1.1　软化概述

5.1.1.1　硬度的概念

水中的硬度包括 Ca^{2+}、Mg^{2+}、Fe^{2+}、Mn^{2+}、Sr^{2+}、Fe^{3+}、Al^{3+} 等易形成难溶盐类的金属阳离子。在天然水中，主要是 Ca^{2+} 和 Mg^{2+}，其他致硬离子含量很少。所以，通常把水中钙、镁离子的总含量称为水的总硬度 H_t。硬度又可分为碳酸盐硬度 H_c 和非碳酸盐硬度 H_n（$H_n = H_t - H_c$），碳酸盐硬度在煮沸时易沉淀析出，亦称为暂时硬度，而非碳酸盐煮沸时不易沉淀析出，亦称为永久硬度。

5.1.1.2　硬水分类

国际上硬水（以 $CaCO_3$ 计）的分类标准为：硬度为 0~50mg/L 为软水，硬度为 50~100mg/L 为中等软水，硬度为 100~150mg/L 为微硬水，硬度为 150~200mg/L 为中等硬水，硬度大于 200mg/L 为硬水。

5.1.1.3 硬水中的化合物组成

就整个水体而言，阳离子的电荷总数与阴离子的电荷总数是相等的，水体保持电中性。人们无法明确指出这些离子在水中结合成哪些化合物，若将水加热蒸发，便会按一定规律先后结合成某些化合物从水中沉淀析出。通常，钙、镁的重碳酸盐转化成难溶的 $CaCO_3$ 和 $Mg(OH)_2$ 首先沉淀析出，其次是钙、镁的硫酸盐，而钠盐最后析出，在水处理中，往往根据这一现象把有关的离子假想结合在一起，写成化合物的形式。表 5-1 表示的是以当量离子作为基本单元时，水中阳离子的摩尔浓度和阴离子的摩尔浓度的关系。

表 5-1 水中离子的假想组合

$c\left(\frac{1}{2}Ca^{2+}\right)=2.4$		$c\left(\frac{1}{2}Mg^{2+}\right)=1.2$		$c(Na^+,K^+)=1.2$
碳酸盐硬度	非碳酸盐硬度			
$c(HCO_3^-)=1.2$	$c\left(\frac{1}{2}SO_4^{2-}\right)=1.8$		$c(Cl^-)=1.8$	
$c\left[\frac{1}{2}Ca(HCO_3)_2\right]=1.2$	$c\left(\frac{1}{2}CaSO_4\right)=1.2$	$c\left(\frac{1}{2}MgSO_4\right)=0.6$	$c\left(\frac{1}{2}MgCl_2\right)=0.6$	$c(NaCl)=1.2$

注：1. c 表示物质的浓度，mmol/L；

2. 括号内表示该物质的基本计算单元。

表 5-1 清晰地表明水中阳离子与阴离子的总量相等，也表明水中离子的假想组合情况以及化合物含量的大小。

5.1.1.4 硬水的软化方法

目前水的软化处理主要有下面两种方法：一是药剂软化法或沉淀软化法，该方法基于溶度积原理，加入化学药剂，使水中钙、镁离子生成难溶化合物沉淀析出；二是离子交换软化法，该方法基于离子交换原理，使水中钙、镁离子与交换剂中的阳离子（Na^+ 或 H^+）发生置换反应，从而去除硬度。

5.1.2 水的药剂软化法

不同物质在水中的溶解能力是不同的，常以溶解度表示，溶解度的大小取决于溶质本身的性质，温度和压力变化对溶解度的大小也有影响。在水中不易溶解的物质称为难溶化合物。难溶化合物的溶解过程也是一个可逆过程，以 $CaCO_3$ 为例：

$$CaCO_3 \underset{}{\overset{溶解}{\rightleftharpoons}} Ca^{2+} + CO_3^{2-}$$
$$（固体）\qquad\qquad （溶液）$$

当达到平衡时，根据溶度积表达式：

$$K_{CaCO_3} = [Ca^{2+}][CO_3^{2-}]$$

在一定温度下，K_{CaCO_3} 为一常数，称为溶度积常数或溶度积。水中常见的难溶钙镁化合物的溶度积见表 5-2。

表 5-2 某些难溶钙镁化合物的溶度积（25℃）

化合物	$CaCO_3$	$CaSO_4$	$Ca(OH)_2$	$MgCO_3$	$Mg(OH)_2$
溶度积	4.8×10^{-9}	6.1×10^{-5}	3.1×10^{-5}	1.0×10^{-5}	5.0×10^{-12}

水的药剂软化工艺工程，就是根据溶度积原理，将一定量的药剂如石灰、苏打等投入原水中，使之与钙、镁离子反应生成沉淀物 $CaCO_3$、$Mg(OH)_2$，从而去除水中钙、镁离子。

常见钙盐、镁盐的溶解度见表 5-3。

表 5-3 常见钙盐、镁盐的溶解度

名称	分子式	溶解度（以 $CaCO_3$ 计）/(mg/L)		名称	分子式	溶解度（以 $CaCO_3$ 计）/(mg/L)	
		0℃	100℃			0℃	100℃
重碳酸钙	$Ca(HCO_3)_2$	1620	分解	重碳酸镁	$Mg(HCO_3)_2$	37100	分解
碳酸钙	$CaCO_3$	15	13	碳酸镁	$MgCO_3$	101	75
氯化钙	$CaCl_2$	336000	554000	氯化镁	$MgCl_2$	362000	443000
硫酸钙	$CaSO_4$	1290	1250	硫酸镁	$MgSO_4$	170000	356000

5.1.2.1 冷石灰法

冷石灰法可在室温下操作，其反应为：

$$CO_2 + Ca(OH)_2 \Longrightarrow CaCO_3 \downarrow + H_2O$$
$$Ca(HCO_3)_2 + Ca(OH)_2 \Longrightarrow 2CaCO_3 \downarrow + 2H_2O$$
$$Mg(HCO_3)_2 + 2Ca(OH)_2 \Longrightarrow Mg(OH)_2 \downarrow + 2CaCO_3 \downarrow + 2H_2O$$

这种方法可将钙硬度降低至 35～50mg/L，如图 5-1 所示。

当水中存在非碳酸盐硬度，如 $CaCl_2$、$CaSO_4$、$MgCl_2$ 和 $MgSO_4$ 等时，只用冷石灰处理软化效果不好。水中非碳酸盐硬度大于 70mg/L 时，钙浓度将随镁浓度的降低而增加。Mg^{2+} 形成的非碳酸盐硬度虽然可以反应，但生成 $Mg(OH)_2$ 的同时又产生了等摩尔的非碳酸盐钙硬度。例如，冷石灰处理水中含 110mg/L 钙，95mg/L 镁和 110mg/L 碱度，钙可以降低至 35mg/L，镁可以降至 70mg/L。

为了降低镁的浓度，例如 $MgCl_2$、$MgSO_4$ 的浓度，可以使用铝酸钠，反应如下：

$$NaAlO_2 + 2H_2O \Longrightarrow Al(OH)_3 + NaOH$$
$$MgSO_4 + 2NaOH \Longrightarrow Mg(OH)_2 \downarrow + Na_2SO_4$$
$$MgCl_2 + 2NaOH \Longrightarrow Mg(OH)_2 \downarrow + 2NaCl$$

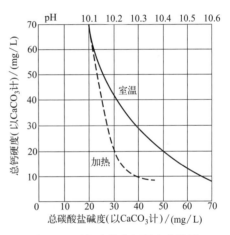

图 5-1 石灰法软化钙硬度的降低

5.1.2.2 石灰-苏打法

石灰-苏打法是软化最古老的方法之一。这一方法利用 $Ca(OH)_2$ 和苏打灰（Na_2CO_3）除去水中重碳酸钙、镁等。化学反应如下：

$$CaO + H_2O \Longrightarrow Ca(OH)_2$$
$$CO_2 + Ca(OH)_2 \Longrightarrow CaCO_3 \downarrow + H_2O$$
$$Ca(HCO_3)_2 + Ca(OH)_2 \Longrightarrow 2CaCO_3 \downarrow + 2H_2O$$
$$Mg(HCO_3)_2 + 2Ca(OH)_2 \Longrightarrow Mg(OH)_2 \downarrow + 2CaCO_3 \downarrow + 2H_2O$$
$$2NaHCO_3 + Ca(OH)_2 \Longrightarrow CaCO_3 \downarrow + Na_2CO_3 + 2H_2O$$
$$CaSO_4 + Na_2CO_3 \Longrightarrow CaCO_3 \downarrow + Na_2SO_4$$

以上反应表明：由于通常水中含有的碳酸盐多于非碳酸盐，因此，要求使用的石灰多于苏打灰，而如果含有非碳酸盐硬度高，则可使用的苏打灰多于石灰。因 Na_2CO_3 比石灰贵，故软化含硫酸盐的水的费用将高于软化含碳酸盐的水的费用，依反应可知除去重碳酸镁的费用也将高于除去重碳酸钙的费用。由于 $CaCO_3$ 和 $Mg(OH)_2$ 的溶解度很小，因此完全消除水中的钙和镁离子是不可能的。理论上，在这一过程中可软化的硬度为 25mg/L（以 $CaCO_3$ 计），但实际上硬度将降到 50～60mg/L。

5.1.2.3 热石灰法

这一过程一般在 49～60℃ 的条件下进行，因为温度的提高可以加快反应速率。这种方法较多用于锅炉水的处理。热石灰法一般在下述情况下应用。

① 用于节约能源的废热回收，如锅炉的排污或低压废蒸汽的利用，或回收热量。

② 用于当使用阴离子交换树脂，在最高操作温度下有限制时制备去除矿物质的原水。这时可以降低除盐器的设备投资和操作费用。

③ 可应用于冷却水排污系统。即冷却塔的排污少，可以用石灰和苏打灰（Na_2CO_3）处理，降低钙和镁的浓度。为了将处理后的排污水安全地用于冷却系统，并有效管理循环冷却水中的硅含量，可以采用这一方法进行调整与控制。

单纯石灰软化法主要是去除水中的碳酸盐硬度，降低水的碱度。但过量投加石灰，反而会增加水的硬度。若石灰软化与混凝处理同时进行，可产生共同沉淀效果，常用的混凝剂为铁盐。经石灰处理后，水的剩余碳酸盐硬度可降低到 0.25～0.5mmol/L，剩余碱度约 0.8～1.2mmol/L，硅化合物可去除 30%～35%，有机物可去除 25%，铁残留量约 0.1mg/L。石灰-苏打软化法则可同时去除水中碳酸盐硬度和非碳酸盐硬度。石灰用以去除碳酸盐硬度，苏打用以去除非碳酸盐硬度。软化水的剩余硬度可降低到 0.15～0.2mmol/L，该法适用于硬度大于碱度的水。

5.1.3 离子交换基本原则

5.1.3.1 离子交换平衡

（1）离子交换的过程。离子交换是一个离子交换反应过程，这个反应过程不是发生在均相溶液中的，而是在固态的树脂和溶液接触的界面之间，并且这个反应过程是可逆的。在离子交换过程中树脂结构本身不发生变化，而是溶液中的离子扩散到树脂分子网中，在那里发生交换反应，被交换下来的离子以同样途径扩散到溶液中。以钠型树脂除钙为例，离子扩散过程一般分为 5 个步骤，如图 5-2 所示。

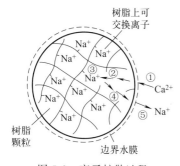

图 5-2 离子扩散过程

① 溶液中 Ca^{2+} 向树脂表面迁移，并通过树脂表面的边界水膜。

② Ca^{2+} 在树脂孔道内运动，到达交换位置。

③ Ca^{2+} 与树脂上的 Na^+ 进行交换反应。

④ 交换下来的 Na^+ 由树脂孔道向外迁移。

⑤ Na^+ 通过树脂表面边界水膜进入溶液。

（2）离子交换选择系数。离子交换反应通式为：

$$nR^-A^+ + B^{n+} \Longleftrightarrow R_n^-B^{n+} + nA^+ \tag{5-1}$$

这里 R^- 是交换树脂上的阴离子基团，A^+ 和 B^{n+} 是溶液中的阳离子，离子交换达到平衡时有：

$$K_{A^+}^{B^{n+}} = \frac{(R_n^-B^{n+})_r (A^+)_s^n}{(R^-A^+)_r^n (B^{n+})_s} \tag{5-2}$$

式中，$(R_n^- B^{n+})_r$ 为树脂中 B^{n+} 的活度；$(R^- A^+)_r$ 为树脂中 A^+ 的活度；$(B^{n+})_s$ 为溶液中 B^{n+} 的活度；$(A^+)_s$ 为溶液中 A^+ 的活度。

若用浓度关系代替活度关系，则式（5-2）可变换为：

$$K_{A^+}^{B^{n+}} = \frac{[R_n^- B^{n+}]_r [A^+]_s^n}{[R^- A^+]_r^n [B^{n+}]_s} \tag{5-3}$$

式中，$[R_n^- B^{n+}]_r$、$[R^- A^+]_r$ 为平衡时树脂中 B^{n+}、A^+ 的浓度，mol/L；$[B^{n+}]_r$、$[A^+]$ 为平衡时水中 B^{n+}、A^+ 的浓度，mol/L。

当一价离子对一价离子进行交换时：

$$K_{A^+}^{B^+} = \frac{[R^- B^+]_r [A^+]_s}{[R^- A^+]_r^n [B^+]_s} \tag{5-4}$$

当一价离子对二价离子进行交换时：

$$K_{A^+}^{B^{2+}} = \frac{[R_2^- B^{2+}]_r [A^+]_s^2}{[R^- A^+]_r^2 [B^{2+}]_s} \tag{5-5}$$

系数 $K_{A^+}^{B^{n+}}$ 并非常数，它依赖于离子交换剂的性质及溶液中离子的种类和浓度，还与交换树脂对溶液中不同离子具有的不同交换选择性质有关。$K_{A^+}^{B^{n+}}$ 是用来判断交换反应方向和交换程度的一个重要参数，由于其大小能相对反映树脂对不同离子的结合能力，所以把 $K_{A^+}^{B^{n+}}$ 称为离子选择系数。

（3）离子的选择性。同一树脂对不同的离子选择性也不同，表 5-4 给出了阳离子树脂对不同离子的离子选择系数，$K_{A^+}^{B^{n+}}$ 可根据表 5-4 计算。

表 5-4　阳离子树脂对不同阳离子的离子选择系数

离子	交联度/%			离子	交联度/%		
	4	8	12		4	8	12
氢	1.0	1.0	1.0	铁	2.4	2.5	2.7
锂	0.9	0.85	0.81	锌	2.6	2.7	2.8
钠	1.3	1.5	1.7	钴	2.65	2.8	2.9
铵	1.6	1.95	2.3	铜	2.7	2.9	3.1
钾	1.75	2.5	3.05	镉	2.8	2.95	3.3
铷	1.9	2.6	3.1	镍	2.85	3.0	3.1
铯	2.0	2.7	4.2	钙	3.4	3.9	4.6
铜	3.2	5.3	9.5	锶	3.85	4.95	6.25
银	6.0	6.6	12.0	汞	5.1	6.2	9.7
锰	2.2	2.35	2.5	铅	5.4	6.5	10.1
镁	2.4	2.5	2.6	钡	6.15	8.7	11.6

表 5-4 中所给的选择系数 K 值是以对 H^+ 的离子选择系数为 1 作为基准，要计算任意离子的离子选择系数可用式（5-6）、式（5-7）计算。

对一价离子：

$$K_{A^+}^{B^+} = \frac{K_{H^+}^{B^+}}{K_{H^+}^{A^+}} \tag{5-6}$$

对二价离子：

$$K_{A^+}^{B^{2+}} = \frac{K_{H^+}^{B^{2+}}}{(K_{H^+}^{A^+})^2} \tag{5-7}$$

式（5-7）推导如下。由离子交换反应式

$$2R^-H^+ + B^{2+} \Longleftrightarrow R_2^-B^{2+} + 2H^+ \tag{5-8}$$

得

$$K_{H^+}^{B^{2+}} = \frac{[R_2^-B^{2+}][H^+]^2}{[R^-H^+]^2[B^{2+}]} \tag{5-9}$$

由离子交换反应式

$$R^-H^+ + A^+ \Longleftrightarrow R^-A^+ + H^+ \tag{5-10}$$

得

$$K_{H^+}^{A^+} = \frac{[R^-A^+][H^+]}{[R^-H^+][A^+]} \tag{5-11}$$

由离子交换反应式

$$2R^-A^+ + B^{2+} \Longleftrightarrow R_2^-B^{2+} + 2A^+ \tag{5-12}$$

得

$$K_{A^+}^{B^{2+}} = \frac{[R_2^-B^{2+}][A^+]^2}{[R^-A^+]^2[B^{2+}]} \tag{5-13}$$

因此有：

$$K_{A^+}^{B^{2+}} = \frac{K_{H^+}^{B^{2+}}}{(K_{H^+}^{A^+})^2} \tag{5-14}$$

根据离子选择系数，便可知道树脂对离子的相对亲和能力。

阴离子树脂对阴离子选择系数的计算与阳离子树脂相同，表5-5给出了阴离子树脂对不同阴离子的离子选择系数。

表 5-5　阴离子树脂对不同阴离子的离子选择系数

离子	Ⅰ型树脂	Ⅱ型树脂	离子	Ⅰ型树脂	Ⅱ型树脂
氢氧根	1	1	溴化物	50	6
苯磺酸根	500	75	溴酸根	27	3
水杨酸根	450	65	亚硝酸根	24	3
柠檬酸根	220	23	氯化物	22	2.3
碘化物	175	17	重碳酸根	6.0	1.2
（苯）酚盐	110	27	碘酸根	5.5	0.5
硫酸氢根	85	15	甲酸根	4.6	0.5
氯酸根	74	12	乙酸根	3.2	0.5
硝酸根	65	8	氟化物	1.6	0.3

注：1. 表中数据对 OH^- 而言，若求 $K_{A^-}^{B^-}$ 可以从表中查得 $K_{OH^-}^{A^-}$ 和 $K_{OH^-}^{B^-}$，代入公式 $K_{A^-}^{B^-} = K_{OH^-}^{B^-} / K_{OH^-}^{A^-}$ 计算。

2. 表中Ⅰ型树脂的反应基团为 $-CH_2N\oplus(CH_3)_3$。

3. 表中Ⅱ型树脂的反应基团为 $-CH_2N\oplus(CH_3)_2C_2H_4OH$。

一般的树脂对离子亲和能力的大小有以下规律。

① 化合价高的离子的亲和能力大于低价离子。例如：$Fe^{3+} > Mg^{2+} > Na^+$，$PO_4^{3-} > SO_4^{2-} > NO_3^-$。这种亲和力随着溶液中总离子浓度的减小而增加。

② 同价离子交换反应的程度随水合离子半径的减小和原子序数的增加而增加。例如：$Ca^{2+} > Mg^{2+} > Be^{2+}$，$K^+ > Na^+ > Li^+$。

③ 溶液中离子浓度高时，交换反应不遵循以上规律，常与之相反。这也是树脂再生的基础。

树脂的交联度和水合离子间的关系也会影响交换反应的进行程度。若交联度大，大的水合离子难以通过树脂通道进入树脂内部。在水处理中，选用对某种离子高亲和力的树脂去除该离子可提高交换速率，充分利用交换容量。但再生时则需要较高的再生液浓度。

若将选择系数表达式（5-3）中的各浓度用树脂和溶液相中离子浓度的分率表示，对于两种一价离子之间的交换反应，有：

$$R^-A^+ + B^+ \rightleftharpoons R^-B^+ + A^+ \tag{5-15}$$

则其选择系数表示为：

$$K_{A^+}^{B^+} = \frac{y}{1-y} \times \frac{1-x}{x} \tag{5-16}$$

式中，$K_{A^+}^{B^+}$ 为 A 型树脂对 B^+ 的选择性系数；y 为平衡时树脂相中 B^+ 的分率；x 为平衡时溶液相中 B^+ 的分率。

$$y = \frac{[R^-B^+]_r}{[R^-B^+]_r + [R^-A^+]_r}$$

$$x = \frac{[B^+]_s}{[A^+]_s + [B^+]_s}$$

从式（5-16）可知，当离子交换平衡时，y 愈小，即 B^+ 在树脂中浓度愈小，表明离子交换树脂对 B^+ 的选择性就愈小；x 愈小，即 B^+ 在液相中浓度愈小，表明对 B^+ 的选择性就愈大。

对不等价离子之间的交换反应，例如二价离子对一价离子的交换：

$$2R^-A^+ + B^{2+} \rightleftharpoons R_2^-B^{2+} + 2A^+ \tag{5-17}$$

则其选择系数可表示为：

$$K_{A^+}^{B^{2+}} = \frac{c}{E_v} \times \frac{y}{(1-y)^2} \times \frac{(1-x)^2}{x} \tag{5-18}$$

式中，E_v 为树脂的全交换容量，mol/L；c 为液相中两种离子的总浓度，mol/L。

从式（5-18）可知，不等价离子交换平衡时，其选择系数还与树脂全交换容量 E_v 和液相中两种交换离子的总浓度 c 有关。

5.1.3.2　离子交换速度

离子交换过程受到离子浓度和树脂对各种离子亲和力的影响外，同时还受到离子扩散过程的影响，后者归结为有关离子交换与时间的关系，即离子交换速度问题。

离子扩散过程一般可分为 5 个步骤（见图 5-2）。在步骤③中，Ca^{2+} 与 Na^+ 的交换属于离子之间的化学反应，其反应速度非常快，可瞬间完成。通常离子交换速度为上述两种扩散过程（即膜扩散和孔道扩散）中的一种所控制。若离子的膜扩散速度大于孔道扩散速度，则后者控制着离子交换的速度。反之，若离子的膜扩散速度小于孔道扩散速度，则前者控制着离子交换的速度。离子交换反应是由膜扩散过程控制还是由孔道扩散过程控制，要视溶液浓度、流速或搅拌速率、树脂粒径、交联度等因素而定。

（1）溶液浓度。浓度梯度是扩散的推动力，溶液浓度的大小是影响扩散过程的重要因素。当水中离子浓度在 0.1mol/L 以上时，离子的膜扩散速度很快，此时，孔道扩散过程成为控制步骤，通常树脂再生过程即属于这种情况。当水中离子浓度在 0.003mol/L 以下时，离子的膜扩散速度变得很慢，在此情况下，离子交换速度受膜扩散过程所控制，水的离子交换软化过程即属于这种情况。

（2）流速或搅拌速率。膜扩散过程与流速或搅拌速率有关，这是由于边界水膜的厚度反比于流速或搅拌速率。而孔道扩散过程基本上不受流速或搅拌速率变化的影响。

（3）树脂粒径。对于膜扩散过程，离子交换速度与颗粒粒径成反比，而对于孔道扩散过程，离子交换速度则与颗粒粒径的二次方成反比。

（4）交联度。对于孔道扩散而言交联度对离子交换速度的影响比膜扩散更为显著。

5.1.3.3　离子交换过程

现以离子交换柱中装填钠型树脂为例，讲解离子交换过程。在离子交换柱中，从上而下

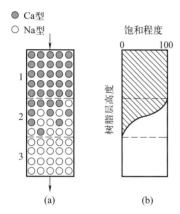

图 5-3　树脂饱和程度示意

通以含有一定浓度 Ca^{2+} 的硬水。交换反应进行一段时间后，停止运行，逐层取出树脂样品并测定其吸着的 Ca^{2+} 含量以及饱和程度。在图 5-3（a）中，黑点表示钙型树脂，白点表示钠型树脂，1 段表示树脂已全部被 Ca^{2+} 所饱和，2 段表示正在进行离子交换反应的部分，其饱和程度顺着流向逐渐减小（每层白点与黑点的比例只是形象地表示该薄层中树脂的饱和度和程度），3 段表示树脂尚未进行交换的区段。如把整个树脂层各点饱和程度连成曲线，即得图 5-3（b）所示的饱和程度曲线。

试验证明，树脂层离子交换过程可分为两个阶段（见图 5-4）第一阶段即刚开始交换反应的不长一段时间内，树脂饱和程度曲线形状不断变化，随即形成一定形式的曲线，称之为交换带形成阶段。第二阶段是已定型的交换带沿着水流方向以一定速度向前推移的过程。此时，每股进水的钙、镁离子与某一定厚度的交换树脂进行交换反应，因此，所谓交换带也就是指在那一时刻正在进行交换反应的软化工作层。这个软化工作层并非在一段时间内固定不动，而是随着时间的推移而缓慢地向下推移，交换带厚度可理解为处于动态的软化工作层的厚度。

当交换带下端到达树脂层底部，硬度也就开始泄漏。此时，整个树脂层可分成两部分：树脂交换容量得到充分利用的部分称为饱和层，树脂交换容量只是部分利用的部分称为保护层。可见，交换带厚度相当于此时的保护层厚度。在水的离子交换软化的情况下，交换带厚度主要与进水流速及进水总硬度有关。

图 5-5 为一组软化试验所得出的树脂层内饱和程度曲线的推移过程。交换柱按逆流再生固定床方式进行操作，即再生方向与软化方向相反。交换柱装填强酸树脂，用食盐溶液再生。

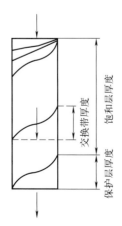

图 5-4　树脂层离子交换过程示意

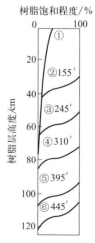

图 5-5　树脂层离子交换软化过程示意

树脂层高度为 123cm，原水硬度 $c(1/2Ca^{2+})=6.15mmol/L$，流速为 43.5m/h，运行时间为 6.5h，曲线上的数字表示取样时间，以 min 计。曲线①表示再生、清洗后，整个树脂层剩余硬度的情况。曲线②、③、④、⑤分别表示软化过程开始后 155min、245min、310min、395min，树脂层内树脂饱和程度的变化情况，亦即交换带不断推移的过程。曲线⑥表示运行历时 445min，硬度开始泄漏时，树脂层里树脂饱和程度的全貌。经测定，交换带厚度等于 20cm。

5.1.4　阳离子交换软化方法与系统

按原水水质特点和对软化水质的不同要求，可采用不同的软化方法。常用的阳离子交换软化法有 RNa 交换软化法、RH 交换软化法和 RH-RNa 交换软化法等。

5.1.4.1　RNa 交换软化法

RNa 软化法是最简单、最常用的软化方法，反应如下：

$$2RNa+\left.{Ca \atop Mg}\right\}(HCO_3)_2 \Longrightarrow R_2\left\{{Ca \atop Mg}\right.+2NaHCO_3$$

$$4RNa+\left.{Ca \atop Mg}\right\}{SO_4 \atop Cl_2} \Longrightarrow \left\{{R_2Ca \atop R_2Mg}\right.+\left\{{2NaCl \atop Na_2SO_4}\right.$$

该方法将水体中的二价钙离子（Ca^{2+}）和二价镁离子（Mg^{2+}）与适当的化学试剂反应，进而转化为对应的钠盐形式（如氯化钠 NaCl、硫酸钠 Na_2SO_4 等），这些转化后的钠盐由于其较大的溶解度特性，能够在水中稳定存在而不易析出沉淀，达到软化目的。RNa 软化的特点如下。

① 水中每一个 Ca^{2+} 或 Mg^{2+} 都换成两个 Na^+，即 40mg 的 Ca^{2+} 或 24.3mg 的 Mg^{2+} 换成 46mg 的 Na^+。软化水中除了残余的 Ca^{2+} 和 Mg^{2+} 外，均为 Na^+，阳离子的总质量发生了变化，残渣质量增大，出水含盐量升高。

② 由于阴离子成分未变化，软化后水的碱度不变。RNa 经软化后变成 R_2Ca、R_2Mg 型，需用 8%～10% 的 NaCl 水溶液将其再生为 RNa。

$$R_2\left\{{Ca \atop Mg}\right.+2NaCl \Longrightarrow 2RNa+\left.{Ca \atop Mg}\right\}Cl_2$$

在锅炉给水中，有时不仅要求软化，还要求降低碱度，否则 $NaHCO_3$ 在加热时会发生如下反应：

$$2NaHCO_3 \xrightarrow{\triangle} Na_2CO_3+H_2O+CO_2\uparrow$$

$$Na_2CO_3+H_2O \xrightarrow{\triangle} 2NaOH+CO_2\uparrow$$

其中，CO_2 会引起金属腐蚀，NaOH 会引起金属的苛性脆化，危害锅炉。所以，若既要除去硬度，又要降低碱度，应采用 RH 树脂。

5.1.4.2　RH 交换软化法

RH 树脂的软化反应如下：

$$2RH+\left.{Ca \atop Mg}\right\}(HCO_3)_2 \Longrightarrow R_2\left\{{Ca \atop Mg}\right.+2H_2CO_3 \longrightarrow H_2O+CO_2\uparrow$$

$$RH+NaHCO_3 \Longrightarrow RNa+H_2CO_3 \longrightarrow CO_2\uparrow+H_2O$$

$$2RH + \left.\begin{matrix} Ca \\ Mg \end{matrix}\right\} \begin{matrix} SO_4 \\ Cl_2 \end{matrix} \Longleftrightarrow R_2 \left\{\begin{matrix} Ca \\ Mg \end{matrix}\right. + \left\{\begin{matrix} H_2SO_4 \\ 2HCl \end{matrix}\right.$$

$$RH + NaCl \Longleftrightarrow RNa + HCl$$

从上述反应可看出，树脂 RH 经交换后变成 R_2Ca、R_2Mg 或 RNa。树脂可用 HCl 再生，也可用 H_2SO_4 再生；$CaCl_2$、$MgCl_2$ 溶解度较大，可随水流排出。

$$\left.\begin{matrix} R_2Ca \\ R_2Mg \\ RNa \end{matrix}\right\} + HCl \Longleftrightarrow 2RH + \left\{\begin{matrix} CaCl_2 \\ MgCl_2 \\ NaCl \end{matrix}\right.$$

$$R_2 \left\{\begin{matrix} Ca \\ Mg \end{matrix}\right. + H_2SO_4 \Longleftrightarrow 2RH + \left\{\begin{matrix} CaSO_4 \\ MgSO_4 \end{matrix}\right.$$

常用的再生剂是盐酸和硫酸，硫酸价格低，但再生时会产生溶解度较低的 $CaSO_4$ 堵塞树脂的交联孔隙，使再生不安全。若采用变浓度分步再生法，即先用低浓度、高流速硫酸再生液进行再生，将再生初期产生的大量钙排走，然后逐步增加浓度，提高树脂再生度，可取得较好的再生效果。目前国外常使用硫酸作再生剂。

RH 交换的特点：水中的每一个 Ca^{2+}、Mg^{2+} 交换两个 H^+；Na^+ 也参与交换，一个 Na^+ 交换一个 H^+，交换后 H^+ 与水中原有的阴离子结合形成酸。当碳酸盐硬度 H_c 产生的 H_2CO_3 被分解去除后，相当于去除了水中的 H_c 硬度，所以经 RH 软化后的水实际上是稀酸溶液，其酸度与原水中 SO_4^{2-}、Cl^- 浓度之和相当。

图 5-6 反映了 RH 交换出水水质变化的过程。RH 对离子的选择顺序为 $Ca^{2+} > Mg^{2+} > Na^+ > H^+$，因此出水中离子泄漏的顺序应为 H^+、Na^+、Mg^{2+}、Ca^{2+}。曲线共分为四段。

第一段（$0a$ 段），Na^+ 泄漏之前，出水阳离子只有 H^+，强酸酸度保持定值，并与水中 $\left(\dfrac{1}{2}SO_4^{2-} + Cl^-\right)$ 的浓度相等。

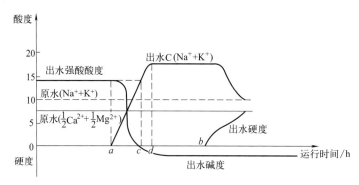

图 5-6　RH 交换出水水质变化的过程

$$c(H^+) = c\left(HCO_3^- + \frac{1}{2}SO_4^{2-} + Cl^-\right)$$

$$H^+ + HCO_3^- \Longleftrightarrow H_2CO_3 \Longleftrightarrow H_2O + CO_2$$

$$H^+ + Cl^- \Longleftrightarrow HCl$$

$$2H^+ + SO_4^{2-} \Longleftrightarrow H_2SO_4$$

第二段（ad 段），从 Na^+ 泄漏到 Na^+ 浓度达到最高值。从 a 点开始，Na^+ 泄漏，出水中阳离子为 Na^+ 与 H^+。$c(H^+ + Na^+) = c\left(HCO_3^- + \frac{1}{2}SO_4^{2-} + Cl^-\right)$ 且不变，随着出水中 Na^+ 含量的上升，H^+ 含量下降，即酸度下降。到达 c 点时，$c(Na^+)$ 泄漏量与原水中 $c\left(\frac{1}{2}SO_4^{2-} + Cl^-\right)$ 相等，出水中 H^+ 只能满足 $H^+ + HCO_3^- \longrightarrow H_2O + CO_2$ 的反应，无 HCl、H_2SO_4，只有 $NaCl$、Na_2SO_4，此时酸度为 0。随着交换继续进行，其出水呈碱性，Na^+ 越来越多。在 d 点时，出水 Na^+ 含量达到最高，出水中 $c(Na^+) = c\left(HCO_3^- + \frac{1}{2}SO_4^{2-} + Cl^-\right)$，树脂已全部转为 RNa。

第三段（db 段），在该段时间内，出水碱度与 Na^+ 含量保持不变。

第四段（b 点后段）b 点，Ca^{2+}、Mg^{2+} 开始泄漏。随着出水 Ca^{2+}、Mg^{2+} 含量增加，Na^+（K^+）减少，直到树脂全部失效。

综合 RH 交换的全过程，得到如下规律：当同时存在几种离子的原水进行 RH 交换时，所交换吸附的阳离子可互相反复地进行交换，且选择性差别越大，交换中互相排斥和交替越充分；交换过程中，最先出现在出水中的离子，是交换能力最小的离子，即从树脂中被排出的阳离子的顺序与交换时的顺序相反；交换能力相近的离子（Ca^{2+}、Mg^{2+}），其泄漏的时间相同或相近，但在出水中浓度的比例不一定和原水相同，且选择性小的离子所占比例较大。

5.1.4.3 RH-RNa 并联离子交换系统

RH-RNa 并联离子交换系统把原水分成两部分，分别用 RH、RNa 交换柱进行软化，出水进行瞬间混合。利用 RNa 软化水中的 HCO_3^- 碱度中和 RH 产生的酸，并使出水保留一定的碱性，产生的 H_2CO_3 的量相当于 RNa 软化水量中的碱度总量。

设 RNa 的软化水量为 Q_{Na}，RH 的软化水量为 Q_H，则总水量 Q（m^3/h）为：

$$Q = Q_{Na} + Q_H \tag{5-19}$$

其流量分配与原水水质及处理要求有关。通常 RH 运行到以 Na^+ 泄漏为准，其出水呈酸性。则流量分配为

$$Q_H \times c\left(\frac{1}{2}SO_4^{2-} + Cl^-\right) = (Q - Q_H) \times c(HCO_3^-) - QA_r \tag{5-20}$$

式中，$c\left(\frac{1}{2}SO_4^{2-} + Cl^-\right)$ 为原水酸度，mmol/L；$c(HCO_3^-)$ 为原水碱度，mmol/L；A_r 为混合后软化水的剩余碱度，$A_r \approx 0.5$ mmol/L。

由此得：

$$Q_H = \frac{c(HCO_3^-) - A_r}{c\left(\frac{1}{2}SO_4^{2-} + Cl^-\right) + c(HCO_3^-)} \times Q = \frac{c(HCO_3^-) - A_r}{c(\sum A)} \times Q$$

$$Q_{Na} = \frac{c\left(\frac{1}{2}SO_4^{2-} + Cl^-\right) + A_r}{c(\sum A)} \times Q$$

式中，$c(\sum A)$ 为原水总阴离子浓度，mmol/L。

若 RH 运行到 Ca^{2+}、Mg^{2+} 泄漏，从运行曲线可知，运行前期所交换的 Na^+ 到后期几乎全部被置换出来。从整个运行过程看，周期出水平均 Na^+ 含量等于原水的 Na^+ 含量。可知，在 $H_t > H_c$ 的情况下，RH 交换柱后期出水平均酸度在数值上与原水 H_n 相当。据此，可算出当 RH 运行以 Ca^{2+}、Mg^{2+} 泄漏为准时，RH-RNa 并联的流量分配为：

$$Q'_H = \frac{c(\text{HCO}_3^-) - A_r}{H_n + c(\text{HCO}_3^-)} \times Q \rightarrow \supset Q_H \tag{5-21}$$

但是 RH-RNa 出水一般采用瞬间混合方式，混合水立即进入脱气塔。要使任一时刻不出现酸性水，RH 应以 Na^+ 泄漏为宜；若以 Ca^{2+}、Mg^{2+} 泄漏为准，则混合水初期仍为酸性，后期为碱性，这不仅需要设计较大的调节池，且酸性水对管道、水泵和水池等都有腐蚀作用，不能保证安全。

5.1.4.4 RH-RNa 串联离子交换系统

RH-RNa 串联离子交换系统适用于原水硬度较高的场合。部分原水 Q_H 流经 RH 交换器，出水与另一部分原水混合，进入脱气塔，再由泵抽入 RNa 交换器进一步软化。RH 软化的出水呈酸性，与原水混合产生下列反应，使原水中 H_c 转化成 H_n：

$$2\text{HCl}(\text{H}_2\text{SO}_4) + \text{Ca}(\text{HCO}_3)_2 \rightleftharpoons \text{CaCl}_2(\text{CaSO}_4) + \text{H}_2\text{CO}_3$$

RNa 主要去除 H_n：

$$2\text{RNa} + \text{CaCl}_2(\text{CaSO}_4) \rightleftharpoons \text{R}_2\text{Ca} + \text{NaCl}(\text{Na}_2\text{SO}_4)$$

脱气塔中残留的 HCO_3^- 与 Na^+ 结合生成 NaHCO_3，其出水呈微碱性。流量分配 Q_H、$Q_{原}$ 与 RH-RNa 并联是一样的，取决于原水水质及处理要求，只是此时 RNa 处理的是全部的水量。因为部分原水与 RH 出水混合后，硬度有所降低（$H_t \times Q_{原}/Q_{总}$），再经过 RNa 交换，这样既能减轻 RNa 的负荷，又能提高软化水的质量。

比较 RH-RNa 的串联与并联系统，前者只是部分水量经过 RNa 交换柱，设备系统紧凑，投资节省；而后者全部水量经过 RNa 交换柱，系统运行安全可靠，出水水质有保证，特别对高硬度原水。但是，脱气塔一定要在 RNa 交换柱之前，否则会重新产生碱度。

$$\text{RNa} + \text{H}_2\text{CO}_3 \rightleftharpoons \text{RH} + \text{NaHCO}_3$$

经过 RH、RNa 交换处理，蒸发残渣可降低 1/3～1/2，能满足低压锅炉对水质的要求。

离子交换软化水中蒸发残渣的变化情况如下。在蒸发过程中，HCO_3^- 进行下列反应：

$$2\text{HCO}_3^- \rightleftharpoons \text{CO}_3^{2-} + \text{CO}_2 \uparrow + \text{H}_2\text{O}$$

CO_2 逸出，残渣中只剩 CO_3^{2-}，即 2mol HCO_3^- 只生成 1mol CO_3^{2-}，其质量比为 $\dfrac{60}{2 \times 61} = 0.49$。在计算时，应将 HCO_3^- 的质量乘以 0.49 换算成 CO_3^{2-} 的质量。

5.1.4.5 RCl-RNa 交换软化

此系统先用 RCl 去除水中的 HCO_3^-，再用 RNa 去除水中的硬度。RCl 反应如下：

$$2\text{RCl} + \left.\begin{array}{l}\text{Ca}\\\text{Mg}\\\text{Na}_2\end{array}\right\}(\text{HCO}_3)_2 \rightleftharpoons 2\text{RHCO}_3 + \left.\begin{array}{l}\text{Ca}\\\text{Mg}\\\text{Na}_2\end{array}\right\}\text{Cl}_2$$

$$2\text{RCl} + \left.\begin{array}{l}\text{Ca}\\\text{Mg}\\\text{Na}_2\end{array}\right\}\text{SO}_4 \rightleftharpoons \text{R}_2\text{SO}_4 + \left.\begin{array}{l}\text{Ca}\\\text{Mg}\\\text{Na}_2\end{array}\right\}\text{Cl}_2$$

水中几乎全部阴离子都变成 Cl^-，故去除了 HCO_3^-。再用 RNa 去除水中的硬度。RNa、RCl 失效后，都用 NaCl 再生。RCl 再生反应如下：

$$\text{R}_2\left\{\begin{array}{l}(\text{HCO}_3)_2\\\text{SO}_4\end{array}\right. + 2\text{NaCl} \rightleftharpoons 2\text{RCl} + \left\{\begin{array}{l}2\text{NaHCO}_3\\\text{Na}_2\text{SO}_4\end{array}\right.$$

RCl-RNa 脱碱软化系统的特点是：没有除盐作用，软化水中 Cl^- 含量增加，其增值为原水中 SO_4^{2-} 与 HCO_3^- 量之和；脱碱过程中不产生 CO_2，系统不需脱气塔；再生剂仅为食盐。

RCl-RNa 系统适用于 HCO_3^- 含量高、总含盐量低的原水，原水 HCO_3^- 占阴离子总量一半以上为宜。该系统可两台交换器串联运行，也可在一台交换器内以 RCl-RNa 组成双层床来体现，其中 $V_{RCl} : V_{RNa} \approx 3 : 1$。

5.2 水的除盐与咸水淡化

5.2.1 概述

5.2.1.1 水的纯度概念

在工业上，水的纯度常以水中含盐量或水的电阻率来衡量。水的含盐量越高，导电性能越强，电阻率越小。当水温为 25℃时，断面面积为 $1cm^2$，长 1cm 体积的水，所测得的电阻称为水的电阻率，单位为 $\Omega \cdot cm$。理论上，25℃时纯水的电阻率为 $18.3 \times 10^6 \Omega \cdot cm$。电导率即为电阻率的倒数。纯水的电导率数值很小，其常用单位为 $\mu S/cm$（微西门子/厘米）。

根据各工业部门对水质的不同要求，水的纯度可分为下列四种。

（1）淡化水。一般指将含盐量超过 1000mg/L 的海水、苦咸水经过局部除盐处理后，变成为生活及生产用的淡水，即含盐量小于 500mg/L 的淡水。

（2）脱盐水及普通蒸馏水。水中的强电解质（Ca^{2+}、Mg^{2+}、SO_4^{2-}、Cl^-、Na^+ 等）基本去除，得到剩余含盐量为 $1\sim5mg/L$。25℃时，脱盐水的电阻率为 $0.1\sim1.0M\Omega \cdot cm$。

（3）纯水也称去离子水。水中强电解质基本去除，弱电解质（$HCO_3^-/HSiO_3^-$）也大部分被去除。剩余含盐量为 $1.0\sim0.1mg/L$。25℃时，纯水的电阻率为 $1.0\sim10M\Omega \cdot cm$。

（4）高纯水（超纯水）。水中导电介质几乎全部去除，同时水中胶体微粒、微生物、水中溶解气体及有机物等都去除到最低程度。在使用前还需进行终端处理以确保水的高纯度。剩余含盐量小于 0.1mg/L。25℃时，超纯水的电阻率大于 $10M\Omega \cdot cm$。

5.2.1.2 海水（苦咸水）淡化与水的除盐方法

海水（苦咸水）淡化的主要方法有蒸馏法、反渗透法、电渗析法等。各种海水淡化方法所需能量如表 5-6 所示。表 5-6 表明，多级闪蒸仍是当前海水淡化的主要方法，其次是反渗透和电渗析，后两种方法属于膜分离技术。由于反渗透法在分离过程中，没有相态的变化，无需加热，能量消耗少，设备比较简单，因此，在苦咸水淡化中已占据优势，并在各个领域得到广泛应用。离子交换法主要用于淡水除盐。该法可与电渗析或反渗透法联合使用。这种联合系统可用于水的深度除盐处理。离子交换法制取纯水的纯度如表 5-7 所示。

表 5-6 各种海水淡化方法所需能量

淡化方法	所需能量/(kW·h/m³)	淡化方法	所需能量/(kW·h/m³)
理论耗能量	0.7	电渗析法	18~22
反渗透法	3.5~4.7	多级闪蒸法	62.8
冷冻法	9.3		

表 5-7 离子交换法制取纯水的纯度（25℃）

除盐方法	水的电阻率/(MΩ·cm)	除盐方法	水的电阻率/(MΩ·cm)
纯水理论值	18.3	离子交换复床-混合床	10 以上
离子交换复床	0.1~1.0	普通蒸馏器	0.1
离子交换混合床	5.0		

5.2.1.3 进水预处理

进水预处理是水的淡化与除盐系统的一个重要组成部分，是保证处理装置安全运行的必要条件。预处理包括去除悬浮物、有机物、胶体物质、微生物、细菌以及某些有害物质（如铁、锰等）。有关膜分离装置和离子交换器对进水水质指标的要求如表5-8所列。

表5-8　离子交换装置对进水水质指标的要求

指标	电渗析	离子交换	反渗透	
			卷式膜	中空纤维膜
浊度/度	1～3	逆流再生＜2	＜0.5	＜0.3
色度/度	—	＜5	清	清
污染指数 FI 值	—	—	3～5	＜3
pH 值	—	—	4～7	4～11
水温/℃	5～40	＜40	15～35	15～35
化学需氧量/(mg/L)	＜3	＜2～3	＜1.5	＜1.5
游离氯/(mg/L)	＜0.1	＜0.1	0.2～1.0	0
总铁/(mg/L)	＜0.3	＜0.3	＜0.05	＜0.05
锰/(mg/L)	＜0.1	—	—	—

表5-8中污染指数FI值表示在规定压力和时间的条件下，滤膜通过一定水量的阻塞率。例如，用有效直径为42.7mm的微孔滤膜，在0.2MPa下测定最初滤过500mL水所需时间t_1，然后历时15min通水后，再测定滤过500mL水所需时间t_2，按式（5-22）计算其FI值：

$$FI = \left(1 - \frac{t_1}{t_2}\right) \times \frac{100}{15} \tag{5-22}$$

水中杂质对离子交换膜和离子交换树脂的危害表现在以下方面。

（1）悬浮物和胶体物质容易黏附在膜面上或堵塞树脂微孔道，使脱盐效率降低。

（2）微生物、细菌容易在膜和树脂表面生长繁殖，降低设备性能。

（3）水中无机离子主要是高价离子（如铁、锰等），能与膜和树脂牢固结合，并使之中毒，从而降低其工作性能；钙、镁离子在某些情况下能在膜面上结垢沉淀，在反渗透法中应采取pH值控制措施。

（4）水中游离氯能对膜进行氧化，使树脂降解，因而对其含量有严格要求。

预处理系统的选择应根据原水水质以及脱盐装置所要求的进水水质指标而定。最简单的预处理系统由机械过滤和微孔过滤组成。对于地面水源，一般应采取混凝、沉淀、过滤、消毒等措施，若原水中有机物含量较高，还需增加活性炭吸附。膜分离装置前均应有微孔过滤作为保护性措施。

5.2.2 阴离子交换树脂的结构和特性

离子交换法除盐和淡化处理包含阳离子交换和阴离子交换，在前面水的软化部分已介绍了阳离子交换的原理和设计，此处将不再赘述。作为补充，本部分重点阐述阴离子交换树脂的结构和特性。

5.2.2.1 阴离子交换树脂的结构

阴离子交换树脂分强碱型（包括Ⅰ型、Ⅱ型）和弱碱型。可通过对聚苯乙烯母体树脂进行氯甲基化处理，构成阴树脂中间体，再进行胺化反应，制得相应的强、弱碱阴离子交换树脂。碱性强弱与所用胺化剂有关。交换基团分别为—$CH_2N(CH_3)_3^+Cl^-$和—CH_2—$NH(CH_3)_2^+Cl^-$，

交换离子均为 Cl^-，表示为 RCl，转换成 OH 型，交换基团变成$—CH_2N(CH_3)_3^+OH^-$ 和 $—CH_2NH(CH_3)_2^+OH^-$，表示为 ROH。

弱碱阴离子交换树脂按其碱性从小到大顺序分为伯胺、仲胺和叔胺。强碱则为季铵型，这是比照 NH_4OH 的结构得出的。NH_4OH 的一个 H 被树脂骨架 R 所置换，其余三个 H 依次被 CH_3 一类基团所置换，则得伯胺、仲胺、叔胺和季铵型阴离子树脂，碱性递增。此外，用二甲基乙醇基胺 $[(CH_3)_2NC_2H_4OH]$ 胺化形成的为强碱Ⅱ型。

5.2.2.2 阴离子交换树脂的特性

（1）强碱树脂。Ⅰ型强碱树脂的碱性最强，与水中一切阴离子的亲和力、置换效率最高，且耐热性高（50～60℃），氧化稳定性好，除硅能力强。但由于选择性高，再生困难，再生剂用量高。Ⅱ型强碱树脂的碱性比Ⅰ型稍弱，耐热性较低（<40℃），不能在氧化条件下使用。除硅能力较弱，当进水中 SiO_2 量大于 25% 总阴离子时，或出水对硅有严格要求时不能使用。但其交换容量比Ⅰ型高 30%～50%，水中 Cl^- 含量对工作交换容量 q_{op} 无影响。强碱树脂的选择性顺序一般为

$$SO_4^{2-}>NO_3^->Cl^->F^->HCO_3^->HSiO_3^-$$

可以看出，SO_4^{2-} 的选择性比 Cl^- 大得多，故 SO_4^{2-} 能置换已被吸附的 Cl^-，Cl^- 又能置换被吸附的弱酸阴离子。

（2）弱碱树脂。与强碱树脂相比，弱碱树脂有如下特性。

① 弱碱树脂只能与水中的强酸阴离子（SO_4^{2-}、Cl^-）起交换作用，不能吸收弱酸阴离子，且因 OH^- 离解能力弱，交换速度慢，在碱性介质中，$R\equiv NHOH$ 几乎不离解，故对 OH^- 选择性最高，易于再生；同时，若 pH 值升高，OH^- 离解受到抑制，故要求 pH 值为 0～9。

② 弱碱树脂（特别是大孔型）能吸收水中的高分子有机酸（腐殖酸和富里酸等），故除有机物能力强，可保护强碱树脂。

③ 提高弱碱树脂的 q_{op}（1000～1500mmol/L），再生度增大，再生剂比耗降低（$n=1.1$），可用 NaOH、Na_2CO_3、NH_4OH 甚至强碱的再生废液进行再生。

④ 弱碱树脂再生效率高，但与弱酸树脂不同，必须彻底再生，否则在交换过程中，强酸离子会释放出来，恶化水质，最好在未完全失效前进行再生。

影响阴离子交换树脂 q_{op} 的因素包括：ROH 的 q_{op} 和再生剂用量、工作周期、原水中 SO_4^{2-} 与 Cl^- 的比值、SiO_2 与总阴离子比值、允许阴离子泄漏浓度、原水总含盐量等。原水中 SO_4^{2-} 与 Cl^- 的比值增大、再生剂用量增多或再生剂温度升高，都会提高阴离子交换树脂的 q_{op}。

5.2.2.3 强碱阴树脂的工艺特性

ROH 和强酸 RH 组合，去除水中盐类。原水经 RH 交换，变成 HCl、H_2SO_4、H_2CO_3、H_2SiO_3，再经过 ROH 交换，得到如下产物：

$$ROH+HCl\Longrightarrow RCl+H_2O \qquad (5-23)$$

$$ROH+H_2SO_4\Longrightarrow RHSO_4+H_2O \qquad (5-24)$$

$$2ROH+H_2SO_4\Longrightarrow R_2SO_4+2H_2O \qquad (5-25)$$

$$2ROH+H_2CO_3\Longrightarrow R_2CO_3+2H_2O \qquad (5-26)$$

$$ROH+H_2CO_3\Longrightarrow RHCO_3+H_2O \qquad (5-27)$$

$$ROH + H_2SiO_3 \Longrightarrow RHSiO_3 + H_2O \qquad (5\text{-}28)$$

(1) 式（5-24）和式（5-25）反应同时进行。当树脂主要是 ROH 时，式（5-26）占优势；当水中 H_2SO_4 浓度大于 ROH 中的 OH^- 浓度时，式（5-25）占优势；当树脂全部转为 R_2SO_4 时，再进入交换其中的 H_2SO_4 又将树脂重新转为 $RHSO_4$ 型。

$$R_2SO_4 + H_2SO_4 \Longrightarrow 2RHSO_4$$

(2) 式（5-27）和式（5-28）代表 ROH 吸收 CO_2 的反应。ROH 先转化成 R_2CO_3，再生成 $RHCO_3$，在一般中性及微碱性的水中最后几乎都是 $RHCO_3$。因此，当 RH 有 Na^+ 泄漏时，ROH 出水中存在微量 NaOH，为微碱性。

(3) 原水中最难去除的是硅酸。硅酸常和 SO_4^{2-}、Cl^-、CO_3^{2-} 混合在一起，当 ROH 开始交换时，都可被去除。但因 ROH 对 H_2SiO_3 选择性最小，随着交换的进行，出水中的 H_2SiO_3 含量渐增，已被吸附的 H_2SiO_3 也因交替被置换出来。此外，阳床漏 Na^+ 也影响除硅。因此，要求尽可能减少 RH 的 Na^+ 泄漏量。

(4) 再生条件要求高。ROH 失效后，只能用 NaOH 再生，其剂量为理论量的 350%，即比耗 $n = 3.5$，用量为 $64\sim96\text{kg}$（NaOH）$/\text{m}^3$（R）。用前要预热到 49℃（防止胶体硅的产生）。再生液流速应缓慢，约为 2 个床体积/h（时间 $>1\text{h}$）。

(5) 清洗。图 5-7 所示为 ROH 再生完毕，从正洗开始的整个运行过程中出水水质变化

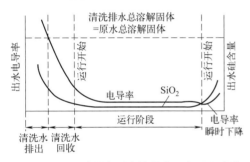

图 5-7　强碱阴离子交换器的运行过程曲线

情况。正洗水用 RH 出水，先正洗到出水的总溶解固体 TDS 等于进水 TDS 为止，将水排出；再将正洗水回收送到 RH 内，至 ROH 正洗出水合格投入运行为止。

(6) ROH 失效终点控制。因原水经 RH、ROH 处理后，水中离子很少，故可用电导仪、SiO_2 测定仪或 pH 值控制。当 ROH 先失效时，在运行阶段，出水电导率及 SiO_2 含量稳定，到达运行终点时，在电导率上升前，H_2SiO_3 已开始泄漏，此时电导率瞬间下降。因为原出水中存在微量的 NaOH，H_2SiO_3 泄漏中和了 NaOH 生成 $NaHSiO_3$、Na_2SiO_3，其电导率小于 NaOH，电导率下降，而后离子数增多，电导率上升。若 ROH 运行以 H_2SiO_3 泄漏为失效控制点，则电导率瞬时下降可作为周期终点的信号。正常运行时，微量 NaOH 泄漏，出水呈酸性。因此，pH 值也可判断失效终点。当 RH 先失效时，阴离子交换床出水由于 RH 泄漏 Na^+ 增多，pH 值升高，电导率升高，硅酸泄漏增大。

5.2.2.4　弱碱阴树脂的交换特性

(1) 弱碱阴树脂只能与强酸起交换反应，反应形式也有所不同：

$$RNH_3OH + HCl \Longrightarrow RNH_3Cl + H_2O \qquad (5\text{-}29)$$
$$2RNH_3OH + H_2SO_4 \Longrightarrow (RNH_3)_2SO_4 + H_2O \qquad (5\text{-}30)$$

弱碱树脂与弱酸和中性盐不反应，故常放在强酸 RH 之后。

(2) 任何一种比弱碱树脂碱性强的碱都可对树脂再生，交换、再生都不可逆，是酸碱反应，再生剂利用率高：

$$RNH_3Cl + NaOH \Longrightarrow RNH_2 + NaCl + H_2O$$
$$(RNH_3)_2SO_4 + 2NaOH \Longrightarrow 2RNH_2 + Na_2SO_4 + 2H_2O \qquad (5\text{-}31)$$

$$RNH_3Cl+NH_4OH \Longrightarrow ROH+NH_4Cl \tag{5-32}$$

$$RNH_3Cl+Na_2CO_3+H_2O \Longrightarrow ROH+NaHCO_3+NaCl \tag{5-33}$$

（3）放置在 RH 后的弱碱阴离子交换器的出水曲线如图 5-8 所示。出水中含 H_2SiO_3、Na^+（RH 泄漏）、少量 CO_2，三者构成水的电导率。正常出水呈弱碱性（$NaHSiO_3$、$NaHCO_3$）。当 Cl^- 开始泄漏时，出水呈酸性。因酸的导电性比碱强，故电导率升高，达到周期终点。

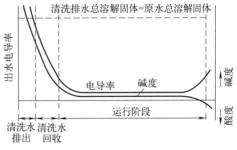

图 5-8 弱碱阴离子交换器的运行过程曲线

（4）清洗。清洗过程与强碱树脂交换剂的清洗相同，分两步进行。弱碱树脂再生程度越高，出水水质越好。若再生不完全，留在树脂中的 HCl，在下一个交换过程中会慢慢水解而流出，但只要 RH 出水泄漏少，弱碱出水水质仍可达到要求。

（5）转型体积变化较大，从 ROH 转化成 RCl 体积约膨胀 30%。

5.2.3 离子交换除盐方法与系统

5.2.3.1 复床式离子交换除盐系统

（1）系统的组成。利用阴、阳树脂的交换特性，可组成下列最基本的系统。

① 强酸-脱气-强碱系统。可去除阴、阳离子，当原水含盐量小于 500mg/L 时，出水电阻率在 $0.1\text{M}\Omega\cdot\text{cm}$ 以上，SiO_2 浓度小于 0.1mg/L，$pH=8\sim9.5$。

② 强酸-脱气-弱碱系统。可去除阳离子、强酸离子，出水电阻率为 $5\times10^4\Omega\cdot\text{cm}$。当再生剂为碳酸钠时，可做适当调整，将除碳器置于弱碱阴床之后，充分除去 CO_2。该系统适用于对出水 SiO_2 含量无要求的场所。

③ 强酸-脱气-弱碱-强碱系统。出水水质同强酸-脱气-强碱系统，运行费用低，适用于 SO_4^{2-}、Cl^- 含量高，有机物多，要求除硅的场合。再生时采用串联方式，可节省再生剂用量，强碱再生效果好，废液碱度低。

（2）将阴床置于阳床后的原因。上述三个系统的共同点是阴床都设在阳床后，其原因如下。

① 阴床在酸性介质中易于交换。反离子少，对除硅尤其如此。若进水先进阴床，SiO_3^{2-} 以盐的形式存在，则 ROH 对 Na_2SiO_3 吸附力就会比对 H_2SiO_3 差得多。

② 原水先经 ROH，Ca^{2+}、Mg^{2+} 会在阴树脂颗粒间形成 $CaCO_3$、$Mg(OH)_2$ 等难溶盐类沉淀物，使 ROH 的 q_{op} 降低：

$$2ROH+\begin{cases}Ca(HCO_3)_2\\Mg(HCO_3)_2\end{cases} \longrightarrow R_2CO_3+CaCO_3\downarrow+2H_2O \tag{5-34}$$

$$2ROH+MgCl_2 \longrightarrow 2RCl+Mg(OH)_2\downarrow \tag{5-35}$$

③ 原水先经 ROH，本应由脱气塔去除的 H_2CO_3 将由 ROH 承担，影响 ROH 交换容量的利用率，增大了阴树脂再生剂的消耗量。

④ 强酸 RH 的抗有机污染能力比强碱 ROH 强。RH 在前面起过滤作用，可保护 ROH 不受有机污染。

5.2.3.2 混合床离子交换器

（1）混合床的净水原理及其特点。将阴、阳树脂按一定比例混合组成交换器的树脂层，即成为混合床离子交换器，简称混合床或混床。由于阴、阳树脂紧密接触，混床可看成是无数微型的复床除盐系统串联而成。原水通过混床交换时，水中阳离子和阳树脂、阴离子和阴树脂可以相应地同时进行离子交换反应。以强酸、强碱组成的混床为例：

$$RH + ROH + NaCl \longrightarrow RNa + RCl + H_2O$$

可以看出，影响 RH 交换反应的 H^+ 和影响 ROH 交换的 OH^- 结合生成水，有利于离子交换反应向右进行。据测定，8% 交联度的 RSO_3H 对 Na^+ 的 $K_阳 = 1.5 \sim 2.5$，8% 交联度的 ROH 对 Cl^- 的 $K_阴 = 1.5 \sim 2.5$；22℃时，水的电离常数 $K_{H_2O} = 1 \times 10^{-14}$。分别取 $K_阳$、$K_阴$ 为 2，则反应平衡常数为

$$
\begin{aligned}
K &= \frac{[RNa] \times [RCl] \times [H_2O]}{[RH] \times [ROH] \times [Na^+] \times [Cl^-]} \times \frac{[H^+]}{[H^+]} \times \frac{[OH^-]}{[OH^-]} \\
&= \frac{[RNa] \times [H^+]}{[RH] \times [Na^+]} \times \frac{[RCl] \times [OH^-]}{[ROH] \times [Cl^-]} \times \frac{[H_2O]}{[H^+] \times [OH^-]} \\
&= K_阳 K_阴 \frac{1}{K_{H_2O}} = 2 \times 2 \times \frac{1}{10^{-14}}
\end{aligned}
$$

① 混床的优点。与复床比较，由 RH、ROH 组成的混床具有出水纯度高、水质稳定、间断运行影响小和失效终点明显等优点。

a. 出水水质纯度高。混床中，水中离子几乎全部被去除，出水含盐量小于 0.1mg/L，见表 5-9，是生产纯水的标准方法。

表 5-9　混床与复床的出水水质比较

指标	混　床	复　床
出水电导率/(μS/cm)	0.20～0.05	10～1
电阻率(MΩ·cm)	>5	0.1～0.5
剩余硅酸(以 SiO_2 计)/(mg/L)	0.02～0.10	0.1～0.5(<0.1)
pH 值(25℃)	6.0±0.2	8～9.5

b. 水质稳定，工作周期较长。开始运行时有 2～3min 出水的电导率较高，然后电导率急剧降到 <0.5μS/cm。这是因为床内残留的微量酸、碱和盐很快被 RH、ROH 吸收。快速正洗是混床的特点，总再生时间少，工作周期长，原水水质变化和再生剂比耗对出水纯度影响小。

c. 间断运行对出水水质影响小。当混床或复床再投入运行时，由于交换的逆反应，空气、交换器器体及管道对水质的污染，出水水质都会下降。混床容易恢复到原有状态，只需将其中的水量换出即可，而复床需要的时间常常大于 10min，出水水质才能达到要求。

d. 交换终点明显。混床在 RH、ROH 中任何一种容量耗尽前，其出水电导率都稳定在低值。任何一种树脂失效，电导率都会很快上升、pH 值发生变化，这有利于控制失效点，实现自动化。

② 混床的缺点

a. 由于再生的原因，树脂层工作交换容量的利用率低，再生剂利用率低。

b. 再生时 RH、ROH 很难彻底分层，特别当 RH 混杂在 ROH 层内时，RH 在 NaOH 再生 ROH 时，转为 RNa，造成运行后 Na^+ 泄漏，形成交叉污染。

c. 混床对有机物污染很敏感，使出水水质变差，正洗时间延长，q_{op} 降低。

为克服交叉污染所引起的 Na^+ 泄漏，近几年开发了三层混床新技术。在普通混床中另

装填一种厚度约 $10\sim15$cm 的惰性树脂，其密度介于阴、阳树脂之间；其颗粒大小也能保证在反洗时将阴阳树脂分开，故它的出水水质比普通混床好，出水 Na^+ 浓度小于 $0.1\mu g/L$。

（2）混床的装置及再生方式。混床内上部进水，中间排水，底部配水；树脂层上接碱管，下接酸管与压缩空气管。混床中阴树脂的体积为阳树脂的 2 倍。再生中主要利用 RH、ROH 湿真密度的差异。混床的再生方式有体内再生（含酸碱分别与酸碱同时再生）和体外再生。下面以体内分别再生为例说明混床再生操作步骤，见图 5-9。

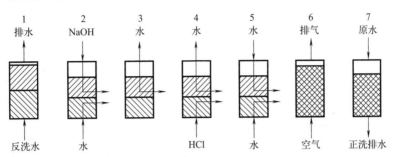

图 5-9　混床体内酸、碱分别再生示意

① 反洗分层。反洗流速约 10m/h，洗到阴、阳树脂明显分层，阴树脂在上（密度 $1.06\sim1.11$g/mL），膨胀 73%；阳树脂在下（密度 $1.23\sim1.27$g/mL），膨胀约 32%；惰性树脂在中间。约 $15\sim30$min 后，反洗结束，放水，使树脂落下来。

② ROH 再生。4%NaOH 以 5m/h 的流速从上部经过 ROH 层，废液由中间排出。再生时，应从下部进少量的水，防止 NaOH 下渗。

③ 洗 ROH。用一级除盐水以 $12\sim15$m/h 的流速从上部进入正洗到出水碱度小于 0.5mmol/L。混床前的复床出水，碱度＝0.1mmol/L，硬度＝$0.01\sim0.15$mmol/L。

④ RH 再生。用 3%$\sim$4%HCl（或 1.5%H_2SO_4）由下向上流过 RH，由中间排出，同时 ROH 仍进少量的水正洗，防止 HCl 进入 ROH 层区。

⑤ 洗 RH。进酸完毕后，用脱盐水以 $12\sim15$m/h 的流速上、下同时正洗，到出水酸度为 0.5mmol/L 左右。继续上下同时进水正洗树脂，至出水碱度小于 0.1mmol/L，硬度小于 0.01mmol/L。

⑥ 混合。排水到树脂层上 $10\sim20$cm 处，通入压缩空气均匀搅拌 $2\sim3$min，使整个树脂层迅速稳定下沉，防止重新分层。

⑦ 最后正洗。以 $15\sim20$m/h 的流速，正洗到出水电阻率大于 0.5MΩ·cm，即可投入运行。

体内再生还可采用同步再生法，即以相同的流速从上、下同时进酸、碱，废液由中间排出，然后上、下同时清洗。

（3）影响混床运行的因素

① 再生剂用量增多，q_{op} 升高，但出水水质无明显提高。

② RH、ROH 体积比按等量浓度原则来选，它们恰好同时失效。

$$q_{阳op}V_{阳}＝q_{阴op}V_{阴}$$

理论上，$q_{阳op}\approx(2.5\sim3.5)q_{阴op}$，即 $V_{阴}＝(2.5\sim3.5)V_{阳}$。实际上，$V_{阴}＝2V_{阳}$，保证 Na^+ 泄漏量小。

③ 强碱树脂的有机污染。在离子交换中，树脂的污染现象比较广泛，污染指污物很难从树脂上再生或清除下来，表现为树脂的 q_{op} 下降，清洗水量增加。强碱树脂的有机污染大

致有三种：树脂表面被水中的悬浮固体或交换过程中的产物（如 $CaSO_4$）所覆盖；同树脂亲和力很强的离子交换后不能再生恢复树脂原型（Fe^{2+} 与 RNa 交换）；有机物进入阴树脂内，因机械作用卡在树脂内。

混床中强碱阴树脂的有机污染最能反映其复杂性。ROH 受有机污染后出现正洗水量增加、q_{op} 降低、出水水质变差等情况。图 5-10 中 A、B、C 曲线代表三种水质的交换结果。曲线 A 为原水中不含有机物时，其出水电导率 $<0.1\mu S/cm$；曲线 B 为树脂受到一定程度污染；曲线 C 为已受到污染的旧混合床出水情况。容易看出，当电导率要求小于 $1\mu S/cm$ 时，CC' 长度代表混床在水质 C 情况下的 q_{op}，与全交换容量相比减少了 21%。当要求出水电导率小于 $0.5\mu S/cm$ 时，水质 C 的情况，树脂将完全丧失 q_{op}，这样的混床将无法生产合格水。在出水电导率要求 $<0.5\mu S/cm$ 的情况下，水质 B 即无法使用。从图 5-10 还可看出，污染越严重，正洗水量也越大。

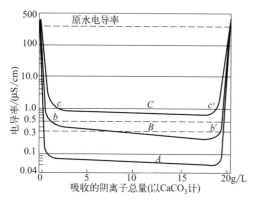

图 5-10 混床中强碱阴树脂的有机污染

生产树脂的反应过程是很复杂的，树脂内部的交联程度不均匀，就存在缠结得很密的部位。当那些大分子腐殖酸或富里酸等有机阴离子进入树脂，通过这些缠结得很密的部位时，必然会被卡住。随着时间的延长，所累积的有机物越来越多，相缠在一起。这些部位的交换性能发生变化，有机物把原有的阴离子交换基遮住，这些部位的 OH^- 已不能进行阴离子交换反应；此外，当树脂内部卡住了有机酸时，相当于在树脂骨架上引入了—COOH，使这些卡住了有机弱酸的部位在交换过程当中，实际起了阳离子交换树脂的作用。用 NaOH 再生时，发生交换反应：

$$RCOOH+NaOH \rightleftharpoons RCOONa+H_2O$$

在正洗及除盐过程中，发生水解反应：

$$RCOONa+H_2O \rightleftharpoons RCOOH+NaOH$$

加入 NaOH，增加了出水的电导率，必须先洗去 Na^+ 后，水质才能合格，这就是正洗水量大大增加的原因。由于正洗水量增加，正洗水中的阴离子与阴树脂又进行了交换，必然降低阴树脂的 q_{op}。严重时，q_{op} 丧失 50%～60% 或更多，或使出水水质不合格。

防止树脂有机污染的最好办法是减少水中的污染物，去除水中有机物的方法各异，一般原则如下。

原则一：水中主要为悬浮、胶体有机物时，经混凝、澄清、过滤、消毒处理可除去 60%～80% 腐殖酸类物质。剩下 20%～40% 胶态或溶解状态的有机物对纯水系统仍有害，需进一步净化。

原则二：对剩下的 20%～40% 的有机物，尤其是粒度为 1～2nm 的有机物需采用精密过滤、吸附或氯型有机物清除器予以去除。

原则三：残留的溶解性有机物和极少量胶体有机物，可在除盐系统中用超滤、反渗透或抗污染树脂予以去除。

树脂污染后可进行复苏处理。可先用 NaOH 再生 $[24\sim32kg/m^3(R)]$，再用 NaCl 溶液清洗树脂层 $[105\sim128kg/m^3(R)]$，NaCl 溶液流出时变为棕黑色，直到溶液颜色变淡为止。或用 10％NaCl＋1％NaOH 混合液，加热并保持水温为 40℃，用 1.5 倍树脂层的体积，把阴树脂浸泡 24h。污染严重时还可用氧化剂处理，如用 10％NaCl 和 0.5％NaClO 混合液浸泡 12～24h。

（4）高纯水的制备与终端处理。复床与混合床串联和二级混合床串联是目前制取纯水或者高纯水的有效方法。如强酸-脱气-强碱-混床系统，出水电阻率达 10MΩ·cm，硅含量 0.02mg/L；强酸-弱碱-混床-混床系统的出水水质电阻率可达 10MΩ·cm 以上，硅含量 0.005mg/L。但电子工业对高纯水的要求越来越高，要求去除全部电解质、微粒及有机物。用于生产半导体、集成电路的高纯水，在使用之前，必须进行终端处理（如紫外线杀菌、精制混床和超滤等），处理完后立即使用，不经输送与储存。

5.2.3.3 双层床离子交换器

在逆流再生床内，按一定的比例装填强、弱两种同性离子交换树脂所构成的交换器为双层床离子交换器。强弱树脂密度、粒径不同，密度小、颗粒细的弱型树脂在上部，密度大而颗粒粗的强型树脂在下部，交换柱内形成上下两层。

阳双层床、阴双层床组合成复床除盐系统。运行时，水自上而下，先经弱型树脂，再经强型树脂；逆流再生，再生液从下而上，先经强型树脂、后经弱型树脂，充分利用再生剂，强型树脂再生废液对弱型树脂仍有 80％～100％的再生效率。

（1）双层床的优点。减少了交换器数量，简化了系统，降低了设备投资与占地面积；利用弱型树脂 q_{op} 高及易再生的特点，提高双层床交换能力，特别是强碱树脂增强了硅的交换容量；强型树脂的再生水平高，节省再生剂；排除的废酸碱液浓度低，减轻了环境污染；保护强碱树脂，弱碱树脂对有机物有良好的吸收和解析能力。

（2）阳离子交换双层床。选用弱酸 111♯，配强酸 001×11 树脂，两种树脂的密度差≥0.09g/mL，分层效果好。弱酸树脂主要用于去除 H_c，强酸去除其余阳离子。按照物料平衡关系，得出强、弱树脂的体积比为：

$$V_w q_{wop} = H_c - 0.3 V_s q_{sop} = c(\sum K) - H_c + 0.3$$

$$\frac{V_w}{V_s} = \frac{q_{sop}(H_c - 0.3)}{q_{wop}[c(\sum K) - H_c + 0.3]} \tag{5-36}$$

式中，0.3 为弱酸树脂泄漏 H_c 平均值，mol/L；$\sum K$ 为原水阳离子含量总和，mol/L；V_s、V_w 为强、弱型树脂体积，m^3；q_{sop}、q_{wop} 为强、弱型树脂工作交换容量，mol/L；H_c 为原水的碳酸盐硬度，mol/L。

阳双层床适用于硬度/碱度接近或略大于 1 而 Na^+ 含量不高的水质的处理。两种树脂的体积比一般应通过试验确定，上式只作估算参考，一般为 1.5。阳双层床再生剂均用 HCl，用量为：

$$G_{HCl} = \frac{36.5(V_s q_{sop} \times 1.0 + V_w q_{wop} \times 1.1)}{(V_s + V_w) \times 1000} \tag{5-37}$$

式中，36.5 为 HCl 的相对分子质量；G_{HCl} 为阳双层床再生剂用量，kg/m^3；1.0 为强型再生剂比耗；1.1 为弱型再生剂比耗。

（3）阴离子交换双层床。阴离子交换床由弱碱 301 和强碱 201×7 组成。再生时的湿真密度分别是 1.04g/mL 和 1.09g/mL。在较高的反洗流速下，树脂层的膨胀率达 80％，然后稳定一段时间即可分层。弱碱树脂主要去除水中强酸阴离子（SO_4^{2-}、Cl^-），强碱去除弱酸阴离子（SiO_3^{2-}、CO_3^{2-}）。两种树脂的体积比为：

$$\frac{V_w'}{V_s'} = \frac{q_{sop}'(SO_4^{2-}+Cl^-)}{q_{wop}'(SiO_3^{2-}+CO_3^{2-})} \tag{5-38}$$

式中，V_s'，V_w' 为强、弱阴树脂体积，m^3；q_{sop}'，q_{wop}' 为强、弱阴树脂的 q_{op}（mol/L），取 $q_{wop} : q_{sop} = 2 : 1$，则：

$$\frac{V_w'}{V_s'} = \frac{c(SO_4^{2-}+Cl^-)}{2c(SiO_3^{2-}+CO_3^{2-})} \tag{5-39}$$

算出体积比后应进行校核：强碱树脂层高≥80cm；当总高>1.6m 时，据原水水质，弱碱树脂层高可超过总高的 50%，但不少于 30%。

阴双层床再生剂 NaOH 用量（kg/m³）为：

$$G_{NaOH} = \frac{40(V_s'q_{sop}'\times 1.0 + V_w'q_{wop}'\times 1.1)}{(V_s'+V_w')\times 1000} \tag{5-40}$$

阴双层床运行时，下层强碱树脂吸着了大量硅酸和碳酸，逆流再生时，会集中地把它们置换出来，这些废碱液中含有大量中性盐（Na_2SiO_3、Na_2CO_3），进入上层弱碱树脂时，中性盐将发生水解，使再生液 pH 值降低：

$$R-NH_3Cl+NaOH \longrightarrow R-NH_3OH+NaCl \tag{5-41}$$

$$2R-NH_3Cl+Na_2SiO_3+2H_2O \longrightarrow 2R-NH_3OH+2NaCl+H_2SiO_3 \tag{5-42}$$

$$2R-NH_3Cl+Na_2CO_3+2H_2O \longrightarrow 2R-NH_3OH+2NaCl+H_2CO_3 \tag{5-43}$$

废液中的 NaOH 与吸附在树脂上的强酸阴离子起交换反应，形成中性盐。废液中的 Na_2SiO_3、Na_2CO_3 因水解产生的 NaOH 也参加交换，产生等量的胶体氧化硅和碳酸。当 pH 值为 5.5 时，SiO_2 从溶液中析出，积聚在弱碱树脂中，并使硅酸的聚合作用加强。进水的 SiO_3^{2-} 与（碱度+CO_2）的比值愈高，愈易生成胶体硅，恶化水质，从而增大清洗水耗，增大再生难度。为此，阴双层床再生时可采取下列措施。

① 失效后应立即再生。长时间放置，强碱树脂上的硅酸发生聚合，为再生带来困难，并影响下一周期的出水水质。

② 再生过程中，不仅应对碱液加热，还应该使交换器内的温度维持在约 40℃，这对避免产生胶体硅以及降低出水硅含量很重要。

③ 分步再生。先用含量 1% 的碱液以较快的流速逆流通过树脂层，再生出较少量的硅酸使弱碱树脂得到初步再生并使弱碱树脂呈碱性；然后用 3%~4% 的 NaOH 溶液以较慢的流速再生，避免再生液 pH 值降低而引起胶体 SiO_2 析出。或采用含量 2% 的 NaOH 以先快后慢的流速进行再生。碱液与树脂的接触时间约 1h。

5.2.4 膜分离法除盐

膜分离法是以外界能量差为推动力，利用特殊的薄膜对溶液中的双组分或多组分进行选择性透过，从而实现分离、分级、提纯或富集的方法的统称，其作用原理见图 5-11。膜是指在一种流体相内或是在两种流体相之间有一层薄的凝聚相，它把流体相分隔为互不相通的两部分，并能使这两部分之间产生传质作用。膜有两个特点：膜有两个界面，这两个界面分别与两侧的流体相接触；膜传质有选择性，它可以使流体相中的一种或几种物质透过，而不允许其他物质透过。

膜分离的特点包括：分离过程不发生相变，因此能量转化的效率高，例如在现行的各种海水淡化方法中反渗透法能耗最低；分离过程在常温下进行，因而特别适于对热敏性物料

（如果汁、酶、药物等）的分离、分级和浓缩；分离效率高；装置简单，操作方便，控制、维修容易；膜的成本较高，膜分离法投资较高；有些膜对酸或碱的耐受能力较差；膜分离过程在产生合格水的同时会产生一部分需要进一步处理的浓水。

膜分离技术的关键在于半透膜的物化性能，实际应用中对半透膜的性能要求包括：选择透过性强；处理通量大；化学稳定性好，耐温、耐酸、碱及微生物腐蚀；机械强度高，耐压性能好；结构质地均匀，性能衰减小，使用寿命长；原材料充足，易制造，成本低廉。

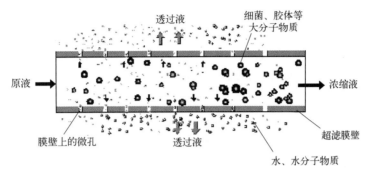

图 5-11　膜分离原理示意

透过膜的物质可以是溶剂，也可以是其中的一种或几种溶质。溶剂透过膜的过程称为渗透，溶质透过膜的过程称为渗析。常用的除盐膜分离法主要有电渗析、超滤和反渗透。

5.2.4.1　电渗析

电渗析是在直流电场作用下，以电位差为推动力，利用离子交换膜的选择透过性（即理论上，阳膜只允许阳离子通过，阴膜只允许阴离子通过），使水中阴阳离子做定向迁移，从而实现溶液的浓缩、淡化、精制和提纯的膜法水处理过程。它具有耗能少、寿命长、装置设计与系统应用灵活、经济性好、操作维修方便等特点，因而应用广泛。

（1）电渗析的原理。如图 5-12 所示，电渗析过程是使用带可电离的活性基团膜从水溶液中去除离子的过程。在阴极和阳极之间交替安置一系列阳离子交换膜（阳膜）和阴离子交换膜（阴膜），并用特制的隔板将这两种膜隔开，隔板内有水流通道。当离子原料液（如氯化钠溶液）通过两张膜之间的腔室时，如果不施加直流电，则溶液不会发生任何变化；但当施加直流电时，带正电的 Na^+ 会向阴极迁移，带负电的 Cl^- 会向阳极迁移。阴离子不能通过带负电的膜，阳离子不能通过带正电的膜，这意味着，在每隔一个腔室中，离子浓度会提高，而在与之相邻的腔室中，离子浓度会下

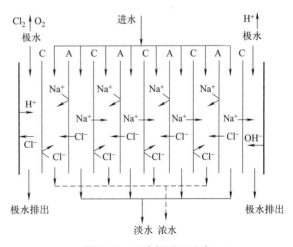

图 5-12　电渗析原理示意

注：A 为阴膜，C 为阳膜

降，从而形成交替排列的稀溶液（淡化水）和浓溶液（浓盐水）。与此同时，在电极和溶液的界面上，通过氧化还原反应，发生电子与离子之间的转换，即电极反应：

阴极：

$$2H_2O+2e^- \longrightarrow H_2\uparrow+2OH^-$$

阳极：

$$2Cl^- \longrightarrow Cl_2\uparrow+2e^-$$

$$H_2O \longrightarrow 0.5O_2\uparrow+2H^++2e^-$$

所以，在阴极不断排出氢气，在阳极则不断有氧气或氯气放出。此时，阴极室溶液呈碱性，当水中有 Ca^{2+}、Mg^{2+}、HCO_3^- 等离子时，会生成 $CaCO_3$ 和 $Mg(OH)_2$ 水垢，集结在阴极上，阳极室则呈酸性，对电极造成强烈的腐蚀。在电渗析过程中，电能的消耗主要用来克服电流通过溶液、膜时所受到的阻力以及进行电极反应。

（2）电渗析的主要设备

① 电渗析器。电渗析器主要由电渗析器本体和辅助设备两部分组成，如图 5-13 所示。本体可分为膜堆、极区、紧固装置三部分，包括压板、电极托板、电极、板框、阴膜、阳膜、浓水隔板、淡水隔板等部件；辅助设备指整流器、水泵、转子流量计等。

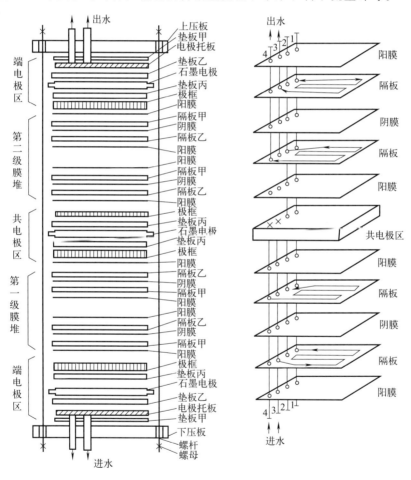

图 5-13　电渗析器的组成示意

② 膜堆。一对阴、阳极膜和一对浓、淡水隔板交替排列，组成最基本的脱盐单元，称为膜对。电极（包括共电极）之间由若干组膜对堆叠在一起，即为膜堆。

隔板放在阴阳膜之间，起着分隔和支撑阴阳膜的作用，并形成水流通道，构成浓、淡室。隔板上有进出水孔、配水槽和集水槽、流水道及过水道。隔板常和隔网配合黏结在一起使用，隔板材料常用聚氯乙烯、聚丙烯、合成橡胶等。常用隔网有鱼鳞网、编织网、冲膜式网等。隔网起着搅拌作用，以提高液流的湍流程度。

隔板流水道分为回路式和无回路式两种。回路式隔板流程长、流速高、电流效率高、一次除盐效果好，适用于流量较小而除盐率要求较高的场合。无回路式隔板流程短、流速低，要求隔网搅动作用强，水流分布均匀，适用于流量较大的除盐系统。

③ 极区。电渗析器两端的电极区直接直流电源，还设有原水进口，淡水、浓水出口以及极室水的通道。极区由电极、极框、电极托板、橡胶垫板等组成。极框较浓、淡水隔板厚，内通极水，放置在电极与阳膜之间，以防止膜贴到电极上，保证极室水流通畅，及时排除电极反应产物。电极应具有良好的化学与电化学稳定性、导电性、力学性能等。常用电极材料有石墨、铅、不锈钢等。

④ 紧固装置。用来把整个极区与膜堆均匀夹紧，使电渗析器在压力下运行时不致漏水。压板由槽钢加强的钢板制成，紧固时四周用螺杆锁紧或用压机锁紧。

（3）电渗析器的组装。电渗析器的组装有串联、并联和串联-并联相结合几种方式，常用"级"和"段"来说明。一对电极之间的膜堆称为一级，具有同向水流的并联膜堆称为一段。增加段数相当于增加脱盐流程，亦即提高脱盐效率。增加膜对数则可提高水处理量。一台电渗析器的组装方式有一级一段、多级一段、一级多段和多级多段等，如图 5-14 所示。

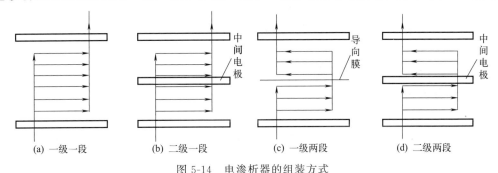

图 5-14　电渗析器的组装方式

一级一段是电渗析器的基本组装方式。可采用多台并联来增加产水量，亦可采用多台串联以提高除盐率。为了降低一级一段组装方式的操作电压，在膜堆中增设电极（共电极），即成为二级一段组装方式。对于小水量，可采用一级多段组装方式。

（4）离子交换膜。离子交换膜是电渗析器的重要组成部分，它是一种具有选择透过性的高分子片状薄膜。按膜选择透过性能，主要分为阳膜与阴膜；按膜体结构可分为异相膜、均相膜和半均相膜三种。膜性能的优劣决定电渗析器的性能。实用的离子交换膜应满足以下的要求：膜具有较高的选择透过性，一般要求迁移数在 0.9 以上；膜的导电性能好，电阻率低；具有较好的化学稳定性和较高的机械强度；水的电渗透量和离子的反扩散要低。

离子交换膜的选择性透过机理和离子在膜中的迁移机理包括膜的孔隙作用、静电作用和外力下的定向扩散作用等。

① 孔隙作用。膜具有孔隙结构。图 5-15 所示为磺酸型阳膜的孔隙结构，它是贯穿膜体内部的弯曲通道。这些孔隙作为离子通过膜的门户和通道，使被选择吸附的离子得以从膜的一侧转移到另一侧，这种作用称为孔隙作用。脱盐用的离子交换膜孔径多在几个埃至 20Å（1Å ＝ 0.1nm）。像作为固体吸附剂的分子筛那样，因其本身具有

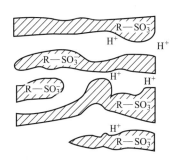

图 5-15　磺酸型阳膜的孔隙结构

均一的微孔结构，能将大小不同的分子加以分离。所以，膜的孔隙作用又称"分筛效应"。孔隙作用的强弱主要取决于孔隙度的大小和均匀程度。

② 静电作用。在膜的化学结构中，膜体内分布着带电荷的固定离子交换基，如图 5-15 所示。因此，膜内构成强烈的电场，阳膜产生负电场，阴膜产生正电场。根据静电效应原理，膜与带电离子将发生静电作用。作用的结果为，阳膜只能选择吸附阳离子，阴膜只能选择吸附阴离子。它们分别排斥与各自电场性质相同的同名离子。对于双性膜，它们同时存在正、负电场，对阴、阳离子的选择透过能力取决于正负电场之间强度的大小。

③ 扩散作用。膜对溶液中的离子具有的传质迁移能力，通常称为扩散作用，或称溶解扩散作用。扩散作用依赖于膜内活性离子交换基和孔隙的存在，而离子的定向迁移是外加电场推动的结果。孔穴形成无数迂回曲折的通道，在通道口和内壁上分布有活性离子交换基，对进入膜相的溶液离子继续进行鉴别选择。这种吸附-解吸-迁移的方式，类似接力赛，交替地一个传一个，直至把离子从膜的一端输送到另一端，这就是膜对溶解离子定向扩散作用的过程。

（5）极化

① 极化现象。在利用离子交换膜进行电渗析的过程中，电流的传导是靠水中的阴阳离子的迁移来完成的，当电流增大到一定数值时，若再提高电流，由于离子扩散不及时，在膜界面处将引起水的离解，H^+ 和 OH^- 分别透过阳膜和阴膜来传递电流，这种膜界面现象称为极化。此时的电流密度称为极限电流密度。极化发生后阳膜淡室的一侧富集着过量的 OH^-，阳膜浓室的一侧富集着过量的 H^+；而在阴膜淡室的一侧富集着过量的 H^+，阴膜浓室的一侧富集着过量的 OH^-。

② 极化现象的危害性

a. 引起膜的结垢。极化的结果是使淡水室中的水电离成 H^+ 和 OH^-，OH^- 穿过阴膜进入浓室，使阴膜表层带碱性，pH 值上升。由于阳离子在阴膜浓室一侧膜面上富集，所以在阴膜面上易产生 $Mg(OH)_2$ 和 $CaCO_3$ 等沉淀物，结垢后会减小膜的渗透面积，增加水流阻力，增加电阻与电耗，影响设备的正常运行。结垢的反应式为：

$$Mg^{2+} + 2OH^- \longrightarrow Mg(OH)_2$$
$$Ca^{2+} + OH^- + HCO_3^- \longrightarrow CaCO_3 + H_2O$$

b. 极化。极化时，部分电能消耗在水的电离以及 H^+ 和 OH^- 的迁移上，使电流效率下降。极化和沉淀又使膜堆电阻增加。

c. 沉淀、结垢的影响。使膜的交换容量和选择透过性下降，也改变了膜的物理结构，使膜发脆易裂，机械强度下降，膜电阻增加，使用寿命缩短。

③ 防止极化和结垢的措施

a. 极限电流法。将电渗析器的操作电流控制在极限电流以下，以避免极化现象产生，抑制沉淀生成。但这种措施无法消除阴极沉淀现象。

b. 倒换电极法。如图 5-16 所示，定时倒换电极，使浓、淡室，阴、阳极室随之相应倒换。倒换电极后，阴极室变为阳极室，水就呈酸性，可

图 5-16 倒换电极前后结垢情况示意
C—阳膜；A—阴膜

溶解原有沉淀，部分沉淀从电极表面脱落，随极水排出。原浓水室表面上的离子，当倒换电极后就反向迁移，可使沉淀部分消解。阴膜表面两侧的水垢，溶解与沉淀相互交替，处于不稳定状态，有利于减缓水垢的生成。但频繁倒换会影响淡水产量。

c. 定期酸性法。电渗析在运行一段时间后，总会有少量的沉淀物生成，积累到一定程度时，用倒换电极法也不能有效地去除，此时可用酸洗的方法去除沉淀。一般采用浓度为 1.0%～1.5% 的盐酸溶液在电渗析器内循环清洗以消除水垢，酸洗周期视实际情况从每周一次到每月一次。

（6）电流效率及极限电流密度

① 电流效率。电渗析器用于水的淡化时，一个淡室（相当于一对膜）实际去除的盐量 m_1(g) 为：

$$m_1 = q(c_1 - c_2)tM_B/1000 \tag{5-44}$$

式中，q 为一个淡室的出水量，L/s；c_1，c_2 分别表示进出水含盐量，mmol/L；t 为通电时间，s；M_B 为物质的摩尔质量，g/mol。

依据法拉第定律，应析出的盐量 m（g）为：

$$m = \frac{ItM_B}{F} \tag{5-45}$$

式中，I 为电流，A；F 为法拉第常数，$F = 96500$C/mol。

电渗析器电流效率等于一个淡室实际去除的盐量与应析出的盐量之比。即：

$$\eta = \frac{m_1}{m} = \frac{q(c_1 - c_2)F}{1000I} \times 100\% \tag{5-46}$$

电流效率与膜对数无关，电压随膜对增加而增大，电流则保持不变。

② 极限电流密度的概念。电流密度（i）为每单位面积膜通过的电流。在电渗析运行时，膜界面现象的产生，使工作电流密度受到一定的限制。

③ 极限电流密度公式。如图 5-17 所示，以阳膜淡水一侧为例，膜表面存在一层界面层（滞流层），其厚度为 δ，当电流密度为 i，阳离子在阳膜内的迁移数为 $\bar{t}_+$，则其迁移量为 $\frac{i}{F}\bar{t}_+$，即单位时间单位面积所迁移的物质的量。阳离子在溶液中的迁移数为 t_+，其迁移量为 $\frac{i}{F}t_+$。由于 $\frac{i}{F}\bar{t}_+ > \frac{i}{F}t_+$，

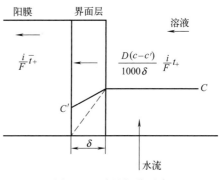

图 5-17 浓差极化示意

造成膜表面处阳离子亏空，使界面两侧出现浓度差，产生离子扩散的推动力。

此时，离子迁移的亏空量由离子扩散的补充量来补偿。根据菲克定律，扩散物的通量可表示为：

$$\phi = \frac{D(c - c')}{1000\delta} \tag{5-47}$$

式中，ϕ 为单位时间单位面积所通过的物质的量，mol/(cm²·s)；D 为膜扩散系数，cm²/s；c，c' 分别表示界面层两侧溶液的摩尔浓度，mol/L；δ 为界面厚度，cm。

当处于稳定状态时，离子的迁移与扩散之间存在着如下的平衡关系：

$$\frac{i}{F}(\bar{t}_+ - t_+) = D \times \frac{c - c'}{1000\delta} \tag{5-48}$$

式中，i 为电流密度，mA/cm^2。若逐渐增大电流密度 i，则膜表面的离子浓度 c' 必将逐渐降低，当 i 达到某一数值时，$c' \to 0$。如若再稍稍提高 i 值，由于离子扩散不及时，在膜界面处引起水的电离，H^+ 和 OH^- 分别透过阳膜和阴膜来传递电流，产生极化现象。此时的电流密度称为极限电流密度 i_{lim}。

从式（5-48）得出 $c' = 0$ 时：

$$i_{lim} = \frac{FD}{\bar{t}_+ - t_+} \times \frac{c}{1000\delta} \tag{5-49}$$

试验表明，δ 值主要与水流速度或雷诺数 Re 有关，可用式（5-50）表示：

$$\delta = k/v^n \tag{5-50}$$

式中，$n = 0.3 \sim 0.9$。n 越接近 1，则说明隔网造成水流紊乱的效果较好。系数 k 与隔板厚度等因素有关，将 δ 代入式（5-49）得：

$$i_{lim} = \frac{FD}{1000(\bar{t}_+ - t_+)k} c v^n \tag{5-51}$$

在水沿隔板水道流动过程中，水的含盐浓度逐渐降低。其变化规律为沿流向呈指数关系，所以式中 c 应采用对数平均值。即：

$$c = \frac{c_1 - c_2}{2.3 \lg(c_1/c_2)} \tag{5-52}$$

这样极限电流密度与流速、浓度之间的关系最后可写成：

$$i_{lim} = kcv^n \tag{5-53}$$

式中，i_{lim} 为极限电流密度，mA/cm^2；v 为淡水隔板流水道中的水流速度，cm/s；c 为淡室中水的对数平均浓度，$mmol/L$。

$K = FD/[1000(\bar{t}_+ - t_+)k]$，称为水力特性系数，主要与膜的性能、隔板厚度、隔网形式、水的离子组成、水温等因素有关。式（5-53）称为极限电流密度公式，在给定条件下，式中 k 值和 n 值可通过试验确定。

从式（5-53）可以看出：在同一电渗析器中，当水质一定时，极限电流密度与 v^n 成正比；当速度一定时，极限电流密度随进水含盐量的变化而变化；当电渗析器为多段串联而各段膜对数相同时，各段出水的对数平均浓度逐段减少，极限电流密度亦依次相应降低。

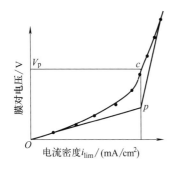

图 5-18　极限电流密度的确定

④ 极限电流密度的测定。极限电流密度的测定，通常采用电压-电流法，其测定步骤如下。

a. 当进水浓度稳定时，固定浓、淡水和极水的流量与进口压力。

b. 逐次提高操作电压（每次提高 10V 左右），待工作稳定后，测定与其相应的电流值。

c. 以电压对电流作图，并从两端绘出一条斜率不同的直线，如图 5-18 所示，其交点的电流密度即为极限电流密度。从图中看出，电压-电流关系以较大的斜率直线上升，这是由于极化、沉淀的产生，引起膜堆电阻增加所致。这样，对每一流速 v 值，可得出相应的 i_{lim} 值以及淡室中水的对数平均浓度 c 值。再利用图解法即可确定 K 值和 n 值。即：

$$\lg \frac{i_{lim}}{c} = \lg K + n \lg v$$

5.2.4.2　超滤

超滤用于截留水中胶体大小的颗粒，而水和低分子量溶质则允许透过膜。超滤膜的平均孔径介于反渗透膜与微孔滤膜之间，截留分子量为 $10^3 \sim 10^6$。超滤与反渗透的工作方式属于同一形式，即在进水流动过程中，部分水透过膜，而大部分水沿膜面平行流动的同时，将膜面上的截留物质带走。微孔过滤是将全部进水挤压滤过，因而膜微孔容易堵塞。超滤虽无脱盐性能，但对于去除水中的细菌、病毒、胶体、大分子等微粒相当有效，而且与反渗透相比，操作压力低、设备简单，因此超滤技术用于纯水终端处理是较为理想的处理方法。此外，超滤亦广泛应用于医药工业、食品工业及工业废水处理等各个领域。

（1）超滤膜的结构及操作方式。超滤膜多为不对称结构，由一层极薄（常小于 $1\mu m$）具有一定尺寸孔径的表皮层和一层较厚（常为 $125\mu m$ 左右）、具有海绵状或指状结构的多孔层组成，前者起分离作用，后者起支撑作用。超滤膜的截留性能主要与膜的孔径结构及分布有关，也与膜材料及其表面性质相关。有磺化聚砜、聚砜、聚偏氟乙烯、纤维素类、聚丙烯腈、聚酰胺、聚醚砜等有机材质的超滤膜，也有用氧化铝、氧化锆制得的陶瓷超滤膜。超滤膜有以下三种基本操作方式。

① 重过滤操作。重过滤主要用于大分子和小分子的分离。图 5-19 所示为连续式重过滤操作示意，料液中含有不同相对分子质量的溶质，通过不断地加入纯水以补充滤出液的体积，小分子组分逐渐地被滤出液带走，从而达到提纯大分子组分的目的。重过滤操作设备简单、能耗低，可克服高浓度料液渗透速率低的缺点，去除渗透组分，但浓差极化和膜污染严重。

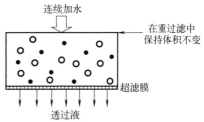

图 5-19　连续式重过滤操作示意

② 间歇操作。超滤膜的间歇错流操作主要是用泵将料液从储罐送入超滤膜装置，通过它后再回到储罐中。随着溶剂不断滤出，储罐中料液的液面下降，溶液浓度升高。间歇错流具有操作简单、浓缩速度快、所需膜面积小等优点，但截留液循环时耗能较大。间歇操作在实验室或小型处理工程中常用。

③ 连续式操作。如图 5-20 所示，连续式操作多采用单级或多级错流过滤方式，常用于大规模生产。这种形式有利于提高效率，除最后一级在高浓度下操作渗透速率较低处，其他级操作的浓度不高，渗透速率较高。

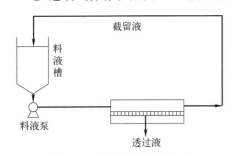

图 5-20　多级错流过滤方式

（2）浓差极化与膜污染。对于压力推动的膜过滤，无论是超滤、微滤，还是反渗透，操作中都存在浓差极化现象。在操作过程中，由于膜的选择透过性，被截留组分在膜料液侧表面都会积累形成浓度边界层，其浓度大大高于料液的主体浓度，在膜表面与主体料液之间浓度差的作用下，将导致溶质从膜表面向主体料液的反向扩散，这种现象称为浓差极化，如图 5-21 所示。浓差极化使得膜面处浓度 c_i 增加，加大了渗透压，在一定压差 Δp 下使溶剂的透过速率下降，同时 c_i 的增加又使溶质的透过率提高，使截留率下降。由于进行超滤的溶液主要含有大分子，其在水中的扩散系数极小，导致超滤的浓差极化现象较为严重。

膜污染是指料液中的某些组分在膜表面或膜孔中沉积导致膜透过速率下降的现象。膜污染主要发生在超滤与微滤过程中。组分在膜表面沉积形成的污染层将产生额外的阻力,该阻力可能远大于膜本身的阻力而成为过滤的主要阻力;组分在膜孔中的沉积,将造成膜孔减小甚至堵塞,实际上减小了膜的有效面积。

图 5-22 反映了超滤过程中压力差 Δp 与透过速率 J 之间的关系。

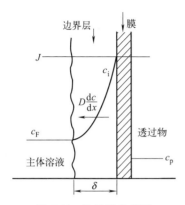

图 5-21　浓差极化模型
c_F—主体溶液浓度;c_i—膜面浓度;c_p—透过物浓度;
c—物质的浓度;x—空间位置坐标;
D—溶质扩散系数;J—通量;δ—极化层厚度

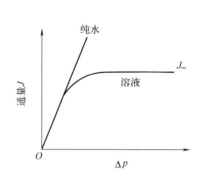

图 5-22　超滤通量与操作压力差的关系

由图 5-22 可知,对于纯水的超滤,其水通量与压力差成正比;而对于溶液的超滤,由于浓差极化与膜污染的影响,超滤通量随压差的变化关系为一条曲线,当压差为一定值时,提高压力只能增大边界层阻力,不能增大通量,从而存在极限通量 J_∞。

由此可见,浓差极化与膜污染均使膜透过速率下降,影响操作过程,应设法减轻浓差极化与膜污染。主要途径有:对原料液进行预处理,除去料液中的大颗粒,提高料液的流速或在组件中加内插件以提高湍动程度,减薄边界层厚度;选择适当的操作压力;对膜的表面进行改进;定期对膜进行反冲和清洗。

(3) 超滤的操作参数。正确地掌握和执行操作参数对超滤系统的长期、安全和稳定运行极为重要。一般操作参数包括流速、压力、压力降、浓水排放量、回收比和温度等。

① 流速。流速是指供给水在膜表面上流动的线速度,是超滤系统中一项重要的操作参数。流速太快,不但会产生过大的压力降,造成水的浪费,还会加速超滤膜分离性能的衰退。反之,如果流速过慢,容易产生浓差极化现象,影响透水性能,使透水质量下降。通常依据试验来确定最佳流速。不同构型的超滤组件要求流速不一样。即便是相同构型的组件,处理不同的料液,要求的流速也可能相差甚远。例如浓缩电泳漆的流速约等于处理水的 8~10 倍。供给水量的多少,决定了流速的快慢,实际运行中可按产品说明书标定的数值操作。

② 操作压力及压力降

a. 操作压力。处理工作压力是泛指在超滤处理溶液通常所使用的工作压力,约为 0.1~0.7MPa。分离不同相对分子质量的物质,要选用相应截留分子量的超滤膜,操作压力也有所不同。需要截留物质的相对分子质量越小,选择膜的截留分子量也小,所需要的工作压力就比较高。在允许工作压力范围内,压力越高,膜的透水量就越大。但压力又不能过高,以防产生膜被压密的现象。

b. 压力降。组件进出口间的压力差称为压力降,也称为压力损失。它与供水量、流速及浓水排放量密切相关。供水量与浓缩水排放量大,流速快,则压力降也就越大。压力降大，说明处于下游的膜未达到所需要的工作压力，直接影响到组件的透水能力。因此，在实际应用中，尽量控制过大的压力降。随着运转时间的延长，污垢的累积增加了水流的阻力，使得压力降增大，当压力降值高出初始值 0.05MPa 时，应当进行清洗，疏通水路。

③ 回收比和浓水排放量。回收比是指透过水量与供给水量的比率，浓水排放量是指未透过膜而排出的水量。在超滤系统中，回收比与浓水排放量是一对相互制约的因素。因为供给水量等于浓水与透过水量之和，如果浓水排放量大，回收比就小。反之，如果回收比大，浓水排放量就小。在使用过程中，根据超滤组件的构型及进料液的组成和状态（主要指浑浊度），通过调节组件进口阀及浓液出口阀门，选择适当的透过液量与浓水量比例。

④ 工作温度。生产厂家所给出组件的性能数据绝大多数是在 25℃ 条件下测定的。超滤膜的透水能力随着温度的升高而增大，在工程设计中应考虑供给水的实际温度，实际温度低于或者高于 25℃ 时，应当乘以温度系数。在允许操作温度范围内，温度系数约为 0.0215℃$^{-1}$，即温度每升高 1℃，透水量相应地增加 2.15%。

虽然透水量随温度的升高而增加，但操作温度不能过高。温度太高将会导致膜被压密，反而影响透水量。通常应控制超滤装置工作温度（25±9）℃为宜。无调温条件时，一般也不应超过（25±10）℃（特殊用途膜除外）。

5.2.4.3 反渗透法

（1）渗透与反渗透。能够让溶液中一种或几种组分通过而其他组分不能通过的选择性膜称为半透膜。可用选择性透过溶剂水的半透膜将纯水和咸水隔开，开始时两边液面等高，即两边等压、等温，水分子将从纯水一侧通过膜向咸水一侧自发流动，结果使咸水一侧的液面上升，直至达到某一高度，这一现象叫渗透，如图 5-23（a）所示。

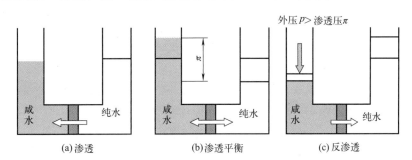

图 5-23　渗透与反渗透现象

渗透的自发过程可由热力学原理解释，即

$$\mu = \mu^0 + RT\ln x \tag{5-54}$$

式中，μ 为在指定的温度压力下咸水的化学位；μ^0 为在指定的温度压力下纯水的化学位；x 为咸水的摩尔分数；R 为摩尔气体常数，$R = 8.314$J/(mol·K)；T 为热力学温度，K。

由于 $x<1$，$\ln x$ 为负值，故 $\mu^0>\mu$，即纯水的化学位高于咸水的化学位，所以水分子便向化学位低的一侧渗透。可见，水的化学位的大小决定了质量的传递方向。

当两边的化学位相等时，渗透即达到动态平衡状态，水不再流入咸水一侧，这时半透膜两侧存在着一定的水位差或压力差，此即为在指定温度下的溶液（咸水）渗透压 π。渗透压是溶液的一个性质，与膜无关。渗透压可由修正的范托夫方程式进行计算：

$$\pi = icRT \tag{5-55}$$

式中，π 为溶液渗透压，Pa；c 为溶液浓度，mol/m^3；i 为校正系数，对于海水，$i \approx$ 1.8；R 为摩尔气体常数，$R = 8.314 J/(mol \cdot K)$；$T$ 为热力学温度，K。

如图 5-23（c）所示，当在咸水一侧施加的压力 P 大于该溶液的自然渗透压 π 时，可迫使水反向渗透，此时，在高于渗透压的压力作用下，咸水中水的化学位升高并超过纯水的化学位，水分子从咸水一侧反向地通过膜透过到纯水一侧，称为反渗透。可见，发生反渗透的必要条件是选择性透过溶剂的膜，膜两边的静压差必须大于其渗透压差。在实际的反渗透中膜两边的静压差还要克服透过膜的阻力。因此，在实际应用中需要的压力比理论值大得多。海水淡化就是基于半透膜反渗透原理。

（2）反渗透原理。目前反渗透膜的透过机理尚未有公认的解释，主要有溶解-扩散模型和优先吸附-毛细孔流动模型，其中以优先吸附-毛细孔流动模型多见，如图 5-24 所示。该理论以吉布斯吸附式为依据，认为膜表面优先吸附水分子而排斥盐分，因而在固-液界面上形成厚度为 $5 \times 10^{-10} \sim 10 \times 10^{-10}$ m（1～2个水分子）的纯水层。在压力作用下，纯水层中的水分子便不断通过毛细管流过反渗透膜，形成脱盐过程。当毛细管孔径为纯水层的两倍时，可达到最大的纯水通过量，此时对应的毛细管孔径，称为膜的临界孔径。当毛细管孔径大于临界孔径时，透水性增大，但盐分容易从孔隙中透过，导致脱盐率下降。反之，若毛细管孔径小于临界孔径时，脱盐率增大，而透水性下降。因此，在制膜时应获得最大数量的临界孔。

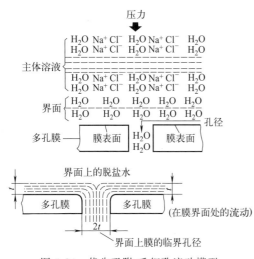

图 5-24　优先吸附-毛细孔流动模型

（3）反渗透装置。反渗透装置有板框式、管式、卷式和中空纤维式四种类型，其中广泛应用的是卷式和中空纤维反渗透器。表 5-10 列出了各种形式反渗透器的性能比较。

表 5-10　各种形式反渗透器的性能比较

类型	膜装填密度 /(m^2/m^3)	操作压力 /MPa	透水率 /$[m^3/(m^2 \cdot d)]$	单位体积透水量 /$[m^3/(m^3 \cdot d)]$
板框式	492	5.5	1.02	501
管式(外径 1.27cm)	328	5.5	1.02	334
卷式	656	5.5	1.02	668
中空纤维式	9180	2.8	0.073	668

注：原水含 NaCl 5000mg/L，脱盐率 92%～96%。

（4）反渗透工艺流程。反渗透的工艺流程一般由预处理、膜分离和后处理三部分组成。预处理是保证反渗透膜长期工作的关键。预处理旨在防止进料水对膜的破坏，除去水中的悬浮物及胶体，阻止水中过量的溶解盐沉淀结垢，防止微生物滋长。预处理通常有混凝沉淀、过滤、吸附、氧化、消毒等。对于不同的水源，不同的膜组件应根据具体情况采用合适的预处理方法。

预处理的方法确定以后，反渗透系统布置是工艺设计的关键，在规定的设计参数条件下，必须满足设计流量和水质要求。布置不合理，有可能造成某一组件的水通量很大，而另一组件的水通量很小，水通量大的膜污染速度加快，清洗频繁，造成损失，影响膜的寿命。

如图 5-25 所示,反渗透布置系统有单程式、循环式、多段式等。在单程式系统中,原水一次经过反渗透器处理,水的回收率(淡化水流量与进水流量的比值)不高,工业上应用较少。循环式系统是让一部分浓水回流重新处理,因此产水量增大,但淡水水质有所降低。多段式系统是将第一级浓缩液作为第二级的原料液,第二级的浓缩液再作为下一级的原料液,浓缩液逐渐减少,这样可充分提高水的回收率,增大脱盐率,它用于产水量大的场合。另外,为了保证液体有一定的流速,控制浓差极化,膜组件数目应逐渐减少。

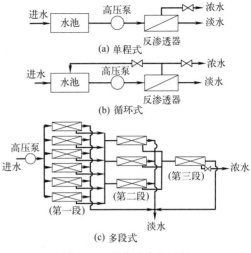

图 5-25 反渗透布置系统

根据生产的需要,后处理一般包括离子交换除盐树脂和紫外线消毒。在城市给水工程中应用还需要附加调节 pH 值、脱气与消毒。

(5)反渗透膜的分类。反渗透膜分类有许多方法,根据膜的材料,反渗透膜主要分为醋酸纤维类(CA)膜和芳香族聚酰胺膜两大类,主要用于水的淡化除盐。CA 膜具有成膜性能良好、价廉、耐游离氯、不易污染和不结垢等优点,但是适用 pH 值范围窄(4.0~6.5),不抗压,易水解,性能衰减快。芳香族聚酰胺膜具有脱盐率高、通量大、适用 pH 值范围广(4~11)与耐生物降解等优点,但易受氯氧化,抗结垢和抗污染等性能差。按膜的结构特点又可分为不对称膜和复合反渗透膜等。不对称膜的表皮层致密,皮下层呈梯度疏松;通用的复合膜大多是用聚砜多孔支撑膜制成的,表层为致密的芳香族聚酰胺薄层。按膜的使用场合和用途又分为低压膜、超低压膜、苦咸水淡化用膜、海水淡化用膜等多种。表 5-11 所示为 CA 膜与聚酰胺复合膜的比较。

表 5-11　CA 膜与聚酰胺复合膜的比较

CA 膜	聚酰胺复合膜
不可避免地会发生水解,脱盐率会下降	化学稳定性好,不会发生水解,脱盐率基本不变
脱盐率 95%,逐年递减	脱盐率高,>98%
易受微生物侵袭	生物稳定性好,不受微生物侵袭
只能在 pH 值 4~7 范围内运行	可在 pH 值 3~11 范围内运行
在运行中膜会被压紧,因而产水量会不断下降	膜不会被压紧,因而产水量不变
膜透水速度较小,要求工作压力高,耗电量也较高	膜透水速度高,故工作压力低,耗电量也较低
膜使用寿命一般为 3 年	一般使用 5 年以上,性能基本不变
价格较便宜	抗氯性较差,价格较高

(6)反渗透膜的污染与清洗

① 膜污染是由于膜表面上形成了滤饼、凝胶及结垢等附着层或膜孔堵塞等外部因素导致了膜性能变化,具体表现为膜的产水量明显减少。

由于膜表面形成了附着层而引起的膜污染被称为浓差极化。液体膜分离过程中,随着透过膜的溶剂水到达膜表面的溶质,由于受到膜的截留而积累,使得膜表面溶质浓度逐步高于料液主体溶质浓度。膜表面溶质浓度与料液主体溶质浓度之差形成了从膜表面向料液主体的溶质扩散传递。大概在溶质的扩散传递通量与透过膜的溶剂(水)到达膜表面的溶质主体流动通量相等时,反渗透过程进行到了不随时间而变化的定常状态。

造成膜污染的另一个重要原因是膜孔堵塞。悬浮物或水溶性大分子在膜孔中受到空间位阻，蛋白质等水溶性大分子在膜孔中的表面吸附，以及难溶性物质在膜孔中的析出等都可能使膜孔堵塞。当溶质是水溶性的大分子时，其扩散系数很小，造成从膜表面向料液主体的扩散通量很小，因此膜表面的溶质浓度显著增高，形成不可流动的凝胶层。当溶质是难溶性物质时，膜表面的溶质浓度迅速增高并超过其溶解度从而在膜表面上结垢。此外，膜表面的附着层可能是水溶性高分子的吸附层和料液中悬浮物在膜表面上堆积起来的滤饼层。

原水中的盐在水透过膜后变成过饱和状态，在膜上析出，也可能造成膜污染。膜污染的一般特征如表 5-12 所列。

表 5-12　膜污染的一般特征

污染原因	一般特征		
	盐透过率	组件的压损	产水量
钙沉淀物	增加速度快≥2 倍	增加速度快≥2 倍	急速降低 20%～25%
胶体物质	增加 10%～25%	增加 10%～25%	稍微减少<10%
混合胶体	缓慢增加≥2 倍	缓慢增加≥2 倍	缓慢减少≥50%
细菌	增加速度快 2～4 倍	缓慢增加≥2 倍	缓慢减少≥50%
金属氧化物	增加速度快≥2 倍	增加速度快≥2 倍	减少≥50%

② 膜清洗。在膜分离技术应用中，尽管选择了较合适的膜和适宜的操作条件，但在长期运行中，膜的透水量随运行时间增长而下降是必然的，即产生膜污染。因此，必须采取一定的清洗方法，去除膜面或膜孔内的污染物，恢复透水量，延长膜的寿命。

预处理是指在原水膜滤前向其中加入一种或几种药剂，去除一些与膜相互作用的物质，从而提高过滤通量。如进行预絮凝、预过滤或改变溶液 pH 值等。对原水进行有效的预处理，满足膜组件进水的水质要求，可以减小膜表面的污染，提高渗透通量和膜的截留性能。预处理越完善，清洗间隔越长；预处理越简单，清洗频率越高。在废水处理中，往往先在原水中加入氢氧化钙、明矾或高分子电解质以改变悬浮颗粒的特性来改变渗透通量，其原理是产生蓬松的无黏聚性的絮状物来显著降低膜的污染；在处理含重金属离子废水时，可预先加入碱性物质调节溶液的 pH 值或加入硫化物等，使重金属离子形成氢氧化物沉淀或难溶性的硫化物等去除。

a. 膜清洗的要素。膜清洗时应考虑其物化特性及污染物的特性。

膜的物化特性系指膜的耐酸性、耐碱性、耐温性、耐氧化性和耐化学试剂特性。它们对选择化学清洗剂的类型、浓度、清洗液温度等极为重要。一般来讲，各生产厂家对其产品的化学特性均给出了简单说明，当要使用超出说明书中规定的化学清洗剂时，一定要慎重，先做小试验检测，看是否可能给膜带来危害。

污染物的特性系指污染物在不同 pH 值溶液中，不同种类的盐及不同浓度的溶液中，不同温度下的溶解性、荷电性、可氧化性及可酶解性等。应有的放矢地选择合适的化学清洗剂，以获得最佳清洗效果。

b. 清洗方法。膜清洗方法通常分为物理方法与化学方法。物理方法一般是指用高速水流冲洗，海绵球机械擦洗和反洗等，简单易行。对于中孔纤维膜，可以采用反洗方法，效果很好。抽吸清洗方法与反洗方法有一定的相似性，但在某些情况下，抽吸清洗效果更好一点。另外，电场过滤、脉冲电泳清洗、脉冲电解清洗及电渗析反洗、超声波清洗研究也十分活跃，效果很好。

化学清洗通常是用化学清洗剂，如稀碱、稀酸、酶、表面活性剂、络合剂和氧化剂等清洗。对于不同种类的膜，选择化学清洗剂时要慎重，以防止化学清洗剂对膜的损害。选用酸类清洗剂，可以溶解除去矿物质及 DNA，而采用 NaOH 水溶液可有效地脱除蛋白质污染；对于蛋白质污染严重的膜，用含 0.5％胃蛋白酶的 NaOH 溶液清洗 30min 可有效地恢复透水量。对于糖等，温水浸泡清洗即可基本恢复初始透水率。

c. 膜清洗效果的表征。通常用纯水透水量恢复系数 r 来表达，可按式（5-56）计算：

$$r = \frac{J_Q}{J_0} \times 100 \qquad (5\text{-}56)$$

式中，J_Q 为清洗后膜的纯水透过通量；J_0 为清洗前膜的纯水透过通量。

5.2.5 蒸馏法除盐

至今海水与苦咸水淡化方法已经出现了数十种，主要包括蒸馏法还有上述提到的离子交换法、反渗透与超滤、电渗析法等。目前工业上采用的主要有以下几种，即为多级闪蒸（MSF）、多效蒸发（ME 或 MED）、压汽蒸馏（VC）和反渗透（RO）。适于水电联产的大型蒸馏装置，可供选择的技术主要是多级闪蒸、低温多效蒸发（LT-MED）。

5.2.5.1 多级闪蒸

多级闪蒸是针对多效蒸发结垢较严重的缺点发展起来的，具有设备简单可靠、防垢性能好、易于大型化、操作弹性大以及可利用低位热能和废热等优点，因此一经问世就很快得到了实用和发展。多级闪蒸法不仅用于海水淡化，而且已广泛用于火力发电厂、石油化工厂的锅炉供水，工业废水和矿井苦咸水的处理与回收，以及印染工业、造纸工业废碱液的回收等。

（1）多级闪蒸的原理及过程。多级闪蒸是多级闪急蒸馏法的简称，又称多级闪发或多级闪急蒸发（馏）。多级闪蒸的原理及过程如下。将原料海水加热到一定温度后引入闪蒸室，由于该闪蒸室中的压力控制在低于热盐水温度所对应的饱和蒸汽压的条件下，故热盐水进入闪蒸室后即成为过热水而急速地部分汽化，从而使热盐水自身的温度降低，所产生的蒸汽冷凝后即为所需的淡水。多级闪蒸就是以此原理为基础，使热盐水依次流经若干个压力逐渐降低的闪蒸室，逐级蒸发降温，同时盐水也逐级增浓，直到其温度接近（但高于）天然海水温度。

在以下叙述中，当海水处于天然状态，或未经工艺处理时，称为"海水"，而一旦进入工艺流程或经过工艺处理则被称为"盐水"。

多级闪蒸装置及其流程如图 5-26 所示。主要设备有盐水加热器、多级闪蒸装置热回收

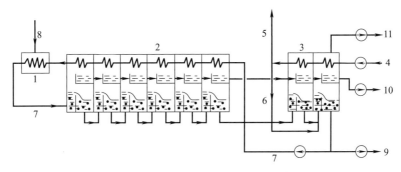

图 5-26　多级闪蒸装置及其流程示意

1—加热器；2—热回收段；3—排热段；4—海水；5—排冷却水；6—进料水；
7—循环盐水；8—加热蒸汽；9—排浓盐水；10—蒸馏水；11—抽真空

段、排热段、海水前处理装置、排不凝气装置真空系统、盐水循环泵和进出水泵等。

经过混凝澄清预处理和液氯处理的海水，首先进入排热段作为冷却水。离开排热段后的大部分冷却海水又排回海中。按工艺要求从冷却海水中分出的一部分作为原料海水（补给海水），经前处理后，从排热段末级蒸发室或于盐水循环泵前进入闪蒸系统。

为了有效地利用热量，节省经过预处理的原料海水，提高闪蒸室中的盐水流量，故在实际生产中都是根据物料平衡将末级的浓盐水一部分排放，另一部分与补给海水混合后作为循环盐水打回热回收段。循环盐水回收闪蒸淡水蒸气的热量后，再经过加热器加热，在这里盐水达到工艺要求的最高温度。加热后的循环盐水进入热回收段第一级的蒸发室，然后通过各级级间的节流孔依次流过各个闪蒸室，完成多级闪蒸，浓缩后的末级盐水再次循环。

从各级蒸发室中闪蒸出的蒸汽，分别通过各级的汽水分离器，进入冷凝室的管间凝结成淡水。各级淡水分别从受液盘，经淡水通路，随着压力降低的方向流到末级抽出。海水前处理包括海水清洁处理和防垢、防腐措施等。

（2）多级闪蒸的过程参数及其相互关系

① 蒸发系数和浓缩比。多级闪蒸过程参数说明和温度变化如图 5-27 所示。

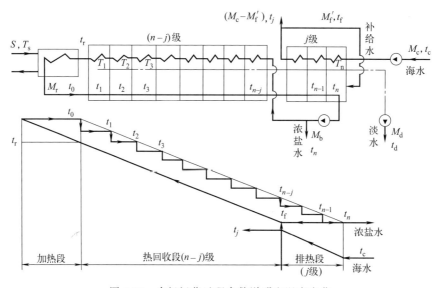

图 5-27　多级闪蒸过程参数说明和温度变化

盐水在较小的温差范围内闪蒸时，可将其比热容、潜热和盐水量视为常数。按照图 5-27 所示的参数关系，可知：

$$D = R(t_i - t_{i+1})\frac{S}{L} \tag{5-57}$$

式中，D 为闪蒸所得淡水量，kg/h；S 为盐水比热容，kJ/(kg·℃)；L 为水的汽化潜热，kJ/kg；R 为盐水流量（盐水循环量），kg/h；t_i 为第 i 级闪蒸前的盐水温度，℃；t_{i+1} 为第 i 级闪蒸后的盐水温度，℃。

由于 L 和 S 都是常数，因而淡水蒸出量取决于盐水量 R 和温度差 $t_i - t_{i+1}$。实际生产中，为了提高淡水产量，都尽可能地加大总的蒸发温差，并提高一定设备条件下的盐水流量。将式（5-57）加以改写，便得：

$$Z = \frac{D}{R} = \frac{S(t_i - t_{i+1})}{L} \tag{5-58}$$

式中，Z 为淡水产量与盐水流量之比，定义为"蒸发系数"或"蒸发分数"。

这个概念是根据温差值很小的假定得出的。对于一个实际装置，虽然说的蒸发温度达到 50～90℃，但因盐水循环量比淡水产量大得多，且盐水增浓倍数不大，故式（5-58）所定义的蒸发系数仍然适用。

浓缩比是闪蒸装置末级盐水浓度与补给海水浓度之比。当原料水为海水时，由于结垢因素的限制，末级盐水的浓缩比一般都不超过 2.0。需要说明的是，浓缩比不超过 2.0 是对标准海水浓度而言，而标准海水浓度定为 3.4483%（质量分数），即排盐浓度接近 70000mg/LTDS。对于某些河口海湾，海水浓度常年低于标准海水值，如以该处海水浓度为基准设计浓缩比，自然可以适当提高，但要谨慎；反之，对于某些内陆海湾，海水浓度可能高于标准值，以该海域浓度为基准计算时，末级盐水的浓缩比常需低于 2.0。

如原料水为不同盐度的河水或苦咸水，则浓缩比自然还可以提高，但都要根据具体的水质条件，以防垢安全为限，一般都不能接近上述 70000mg/L 的排盐浓度。

② 热量平衡。全装置的热量平衡方程如下。

a. 输入热量为：

加热器净输入的热量（即加热蒸汽总的潜热值）H；

冷却海水带入的热量 CS_ct_c（不计补给海水的补充加热，视 $t_j \approx t_f$）。

b. 输出热量为：

冷却海水排出的热量 $(C-F)S_ct_f$；

淡水带出的热量 DS_dt_d。

c. 浓盐水带出的热量为 BS_bt_n。

略去散热损失，则得：

$$H+CS_ct_c=(C-F)S_ct_f+DS_dt_d+BS_bt_n$$

$$H=(C-F)S_ct_f+DS_dt_d+BS_bt_n-CS_ct_c \qquad (5-59)$$

另一方面，热量 H 是从加热器输入的，因而有：

$$H=RS_r(t_0-t_r) \qquad (5-60)$$

式中，S 为比热容；B 为浓盐水流量；C 为冷却水流量；F 为补充水流量；R 为循环盐水流量；下角标 r 为循环盐水；下角标 c 为冷却海水；下角标 d 为产品淡水；下角标 f 为补给水；下角标 j 为排热级排出的冷却水；下角标 b 为浓盐水；下角标 n 为级数。其他符号见图 5-27。在实际计算中，t_0 为盐水的最高温度（又称"顶温"），这是设计时预先给定的，而循环盐水经预热以后的温度 t_r 和循环盐水流量 R 在以下推导中将会给出，盐水比热容 S_r 可从手册中查到。故通过式（5-60）即可求得全装置的耗热量。

③ 级间温差和蒸发量。假设共有 n 级，各级盐水的级间温差相等，则从加热器出口温度 t_0 到末级盐水温度 t_n 之间，存在着如下关系：

$$t_0-t_1=t_1-t_2=\cdots=t_{n-1}-t_n=\frac{t_0-t_n}{n} \qquad (5-61)$$

对气相来说，显然亦有：

$$t_1'-t_2'=t_2'-t_3'=\cdots=t_{n-1}'-t_n'=\frac{t_0-t_n}{n} \qquad (5-62)$$

式中，t' 为蒸汽温度。由此可推得从第一级到第 n 级的总蒸发量为：

$$D=R[1-(1-Z)^n] \qquad (5-63)$$

$$Z = \frac{S_r(t_0 - t_n)}{nL} \tag{5-64}$$

式中，Z 为第一级的蒸发系数。

改写式（5-63）得：

$$\frac{D}{R} = 1 - (1 - Z)^n \tag{5-65}$$

总蒸发系数为：

$$\beta = 1 - \left[1 - \frac{S_r(t_0 - t_n)}{nL}\right]^n \tag{5-66}$$

因而：

$$D = R\left[1 - (1 - Z)^n\right] = R\beta \tag{5-67}$$

式（5-67）以简洁的形式表示了多级闪蒸装置产量与循环量和级数等之间的关系。这一关系对于设计和估算都是很有用处的。当产量要求的 D 已知，级数 n 选定后，则可通过式（5-61）、式（5-66）和式（5-67）等关系求出盐水循环量 R，或者反过来求算产量 D。

④ 蒸发比（造水比）。习惯上所说蒸发比（造水比）是指蒸发装置总蒸发量（淡水总产量）与加热器所消耗的饱和水蒸气量之比。但这需要通过试验或模拟来估算，而不是直接通过公式计算得出。技术上是用热量表示，即蒸发比 r 为：

$$r = \frac{DL}{H} \tag{5-68}$$

如果不计散热损失，在热回收段中，冷凝器管中循环盐水每级所升高的温度应等于该级蒸发室盐水所降低的温度。即与盐水级间温差相等，在数值上同样等于 $(t_0 - t_n)/n$，于是便有：

$$t_r = t_n + (n - j) \times \frac{t_0 - t_n}{n} \tag{5-69}$$

将式（5-69）代入式（5-60）可得：

$$H = RS_r(t_0 - t_n) \times \frac{j}{n} \tag{5-70}$$

从式（5-70）可以看出，当级数和盐水循环量已定时，排热级数目将直接关系到多级闪蒸装置的热利用率。排热级多，消耗的热量多，热利用率低。另外可以证明当级间温差相等时有：

$$r = \frac{n}{j} \tag{5-71}$$

式（5-71）的结果表明：在多级闪蒸中，如果不计热损失，且当级间温差相等时，蒸发比 r 约等于总级数与排热段级数之比，而不像多效蒸发那样蒸发比只依赖于总的级数。这对设计时初定级数和造水比很有用处。

⑤ 传热面积。传热面积的计算主要包括三个部分：加热器、热回收段和排热段。具体计算过程可参见有关文献。

（3）多级闪蒸器。多级闪蒸器是全套装置的核心设备。从图 5-26 可知，闪蒸器的基本结构分上、下两部分。下部为闪蒸室，上部为冷凝室。循环盐水通过节流孔闪蒸出的蒸汽，经除沫器后进入上部冷凝室的管间凝结为淡水。图 5-28 为多级闪蒸装置示意，其上部冷凝管束为 14 个，即 14 级。

图 5-29 所示为闪蒸室结构（其中一级），可以看出级与级之间有几个连接通道。

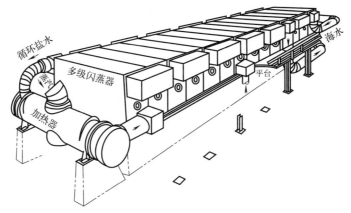

图 5-28　多级闪蒸装置示意

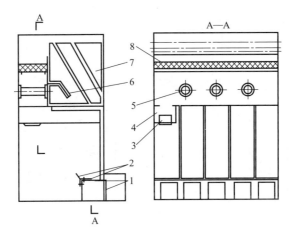

图 5-29　闪蒸室结构（其中一级）

1—盐水节流孔；2—调节板；3—淡水节流孔；4—淡水箱；5—抽汽内管；
6—挡汽板；7—冷凝器管束；8—汽水分离器

循环盐水通过盐水节流孔 1 和调节板 2 所设置的阻力从高温级向低温级流动。节流孔的阻力是通过计算而设立的，但实际运行之初往往需要人工调整孔的开度，使级间阻力正好足以形成级间的液封，同时又能使盐水正常流过。淡水也是通过淡水节流孔 3 按盐水节流孔的工作方式进行级间连接的。冷凝器管束 7，其壳程发生蒸汽冷凝，而管程为循环盐水回收冷凝潜热，级间以 S 形流动。通常在一级中循环盐水只为一程，但有时也设计成多程。程数增加流速增加，传热系数增大，但循环泵的动力消耗大，这是需要做优化选择的。惰性气体是通过抽汽内管 5 连接的。上升的闪蒸蒸汽穿过汽水分离器 8 进入冷凝器管束 7，大部分蒸汽冷凝。惰性气体携带的少量蒸汽经过挡汽板 6 之后，进一步凝结。惰性气体则经抽汽内管进入下一级，并依次往下传递。

5.2.5.2　多效蒸发淡化

（1）多效蒸发淡化原理。多效蒸发是由单效蒸发组成的系统，即将前一个蒸发器蒸发出来的二次蒸汽引入下一蒸发器作为加热蒸汽并在下一蒸发器中冷凝为蒸馏水，如此依次进行。每一个蒸发器及其过程称为一效。这样就可形成双效、三效和多效等。至于原料水则可以有多种方式进入系统，有逆流、平流（分别进入各效）、并流（从第一效蒸发器进入）和逆流预热并流进料等。在大型脱盐装置中多用后一种进料方式，其他进料方式多在化工蒸发中采用。多效蒸发过程在海水淡化和大中型热电厂锅炉供水方面都有采用。

图 5-30 为现代用以进行海水脱盐的竖管降膜多效蒸发流程。各效的压力、温度从左到右依次降低。从冷凝器后分流出来的原料海水经过预处理后，由泵 G_1 依次送入预热器 E_n、E_{n-1}、…、E_3、E_2、E_1 进行预热，然后进入第一效蒸发器 D_1 的顶部，并按要求分配到传热管的内壁，管外为加热蒸汽。蒸发出来的蒸汽同下降的盐水在分离室中实现汽液分离，二次蒸汽经过除沫器后引至下一效加热。剩下的盐水因两效间的压差作用而流入下一效蒸发器 D_2。从第二效蒸发器起各效都有盐水循环泵 G_7、G_8、…、G_{n+4}、G_{n+5}，将盐水分别打到蒸发器顶部进行分布和蒸发。如此进行直到末效 D_n。各效所生成的蒸馏水也沿压力、温度降低的方向流经各效管间，同时回收其热量，直到最后的冷凝器 K，形成产品淡水抽出。最后的浓盐水从末端 D_n 的底部排出。

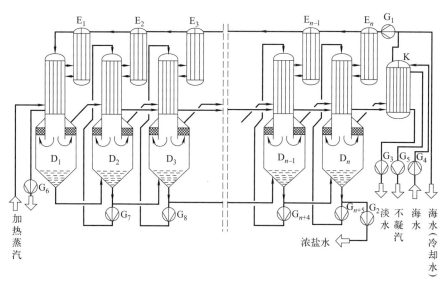

图 5-30 竖管降膜多效蒸发流程
D—蒸发器；E—预热器；G—泵；K—冷凝器

多效蒸发与单效蒸发相比，热能得以重复利用，造水比几乎按效数成倍增加，但单产设备费亦随效数的增加而逐渐升高，故不能一味地增加效数。

（2）多效蒸发的分类。多效蒸发按工艺流程分类主要有三种，即顺流、逆流和平流。

① 顺流。顺流是指料液和加热蒸汽都是按第一效到第二效到第三效的次序前进。其特点是：由于多效的真空度依次增大，也即绝对压力依次降低，故料液在各效之间的输送不必用泵，而是靠两邻效之间的压差自然流动到后面各效；由于温度也是依次降低，故料液从前一效通往后一效时就有过热现象，就会发生闪蒸，这样也可以产生一些蒸汽，即产生一些淡水；对于浓度大、黏度也大的物料而言，后几效的传热系数就比较低，而且由于浓度大，沸点就高，各效不容易维持较大的温度差，不利于传热。但对海水淡化而言，问题不大，因为前后浓度都不高。

② 逆流。逆流是指进料流动的路线和加热蒸汽的流向相反。原料从真空度最高的末一效进入系统，逐步向前面各效流动，浓度也越来越高。由于前面各效的压力比较高，所以两邻效之间要用泵输送。又因为前面各效的温度越来越高，所以料液往前面一效送入时，不仅设有闪蒸，而且要经过一段预热过程，才能达到沸腾。可见和顺流的优缺点恰好相反，对于浓度高、黏度大的物料，用逆流比较合适，因为最后的一次蒸发是在温度最高的第一效，所以虽然

浓度大，黏度还是可以降低一些，可以维持比较高的传热系数，这在化工生产上采用较多。

③ 平流。平流是指各效都单独平行加料，不过加热蒸汽除第一效外，其余各效皆用的是二次蒸汽。适用于容易结晶的物料，如制盐，一经加热蒸发，很快达到过饱和状态，结晶析出，所以没有必要从一效将母液再转移到另一效。

如果在水处理过程中主要目的是获取淡水，就不需用逆流和平流，而且逆流和平流没有顺流的热效率高。

（3）多效蒸发设备的分类。多效蒸发设备的种类繁多，不同的物料、不同的浓度，可选用不同的蒸发器。按蒸发管的排列方向可以分为竖管蒸发器（VTE）和水平管蒸发器（HTE）。按蒸发物料流动的类型可以分为强制对流蒸发器和膜式蒸发器，在膜式蒸发器中当液体经过分布装置之后就变成了自由流动。膜式蒸发器按流动方向又可分为升膜式和降膜式蒸发器。在降膜蒸发器中可以分为竖管降膜和水平管降膜蒸发器。按各效组合的方向可以分为水平组合的蒸发器和塔式蒸发器。竖管和水平管蒸发器都可以组合成塔式蒸发器。

组成多效蒸发系统的蒸发器有多种形式，常用的有以下三种。

① 浸没管式蒸发器（ST）。该种蒸发器是加热管被盐水浸没的一大类蒸发设备。广义的浸没管以及蒸发器又有多种样式，有直管、蛇管、U形管以及竖管、横管等。盐水在蒸发器中的流动方式有自然对流循环和强制循环两类。这种蒸发器出现较早、操作方便，但结垢严重、盐水静液柱高、温差损失大，故效数不宜太多，一般在 6 效以下。近年来将强制循环蒸发器用于海水淡化，效数达到 10 效。图 5-31 为一个 10 效系统的强制循环蒸发器，系统的产水能力达到 15000m³/d，每个蒸发器的传热面积为 1600m²，前后各效分离器直径达到 5～8m，其他形式的浸没管蒸发器广泛用于化工蒸发，一些电厂和舰船的脱盐与淡化亦有采用。但总体来说，这种类型的淡化装置目前采用得不多，原因之一是防垢除垢难度较大，就会使系统和操作复杂化；另一原因是传热系数不高，设备显得庞大。

② 竖管蒸发器（VTE）。这里是指管内降膜蒸发器。其原理如图 5-32 所示。这种蒸发器具有两个基本优点。优点之一是因管内为膜状汽化，传热壁两侧都有相变，故传热系数高，且消除了盐水的静液柱所造成的温差损失，系

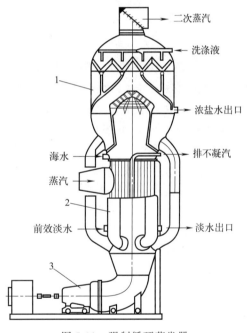

图 5-31　强制循环蒸发器
1—雾沫分离器；2—加热室；3—循环泵

统的造水比较高，目前一般设计的效数为 11～13 效，造水比可达 9～10。优点之二是盐水一次流过系统，原料水用量少，处理费用低，输水动力省，因而操作费用较低。但此种蒸发器的结垢问题仍然不可忽视，特别是当液体分配不均或者水量不足时，在管的内壁可能形成干区，结垢的危险性增大。因此在防垢和清垢方面有较高的要求。一般来说，在这类蒸发系统中晶种法不宜采用，主要靠化学法防垢加上温度、浓度的合理设计。

图 5-32 为竖管降膜蒸发器。蒸发器的顶部为盐水分布器，即将底部送上来的盐水均匀

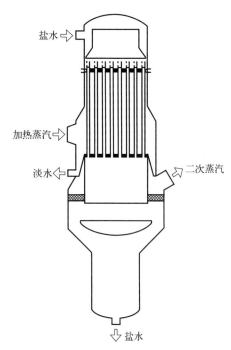

图 5-32　竖管降膜蒸发器

地分布到每根管内，并形成液膜沿各管的内壁流下而实现薄膜蒸发。蒸发器的下部则是气水分离室。

③ 水平管蒸发器（HTE）。该种蒸发器是循环盐水通过喷淋装置在横管束的管外形成液膜，加热蒸汽（或前效二次蒸汽）在管内凝结。它具有与竖管降膜式相同的优缺点，但设备高度远比竖管降膜式的小，装置紧凑，所有各效的管束、喷淋管和汽水分离器都装在一个筒体中，因而热损失小，能耗低。近年来发展起来的铝合金管水平管蒸发器在许多国家引起重视。由于温度低，结垢和腐蚀都大大减轻，保证了较高的传热系数；此外汽相阻力小，又消除了静液水头损失，传热温差可以很小，尤其适于使用低位热能。有的设计中，第一效的蒸发温度仅为 $55\sim75℃$，因此与电厂低压透平的抽汽连接是十分有利的。目前的单机装置规模达到 $20000m^3/d$。每立方米淡水的总耗能量可与反渗透竞争，而水质优于反渗透。近年来，在海水淡化方面，横管降膜式或低温多效式的发展形势比竖管式更好。水平管蒸发器的原理见图 5-33。

图 5-34 所示为一种水平管降膜式低温多效蒸发装置，是由美国和以色列共同开发的。图示装置为七效，分两组循环。前六效为热回收效，最后一效为排热效。从排热效出来的冷却海水大部分排走，小部分作为进料回到第四、五、六效在管外进行降膜蒸发，经过这三效浓缩过的盐水再打入第一、二、三效继续蒸发，最后的浓盐水经浓盐水泵排出。蒸馏水则是从第一效开始依次流经各效由淡水泵送出。电厂汽轮机抽出的 $70℃$ 左右的低压蒸汽进入第一效管程作为热源，并在管内冷凝后送回电厂的热力系统。这是当前蒸馏法中最节能的一种，尤其适用于中、小规模的蒸馏淡化工程。

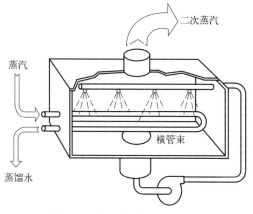

图 5-33　水平管蒸发器的原理

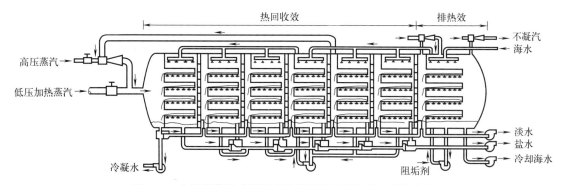

图 5-34　水平管降膜式低温多效蒸发装置的流程和结构管理

5.3 工程实例

① 基本概况：某地下水，设计水温 12℃，利用反渗透系统除盐，产水水质达到《生活饮用水卫生标准》（GB 5749—2022）。

② 原水水质如下。TDS：2062mg/L。硫酸盐：756mg/L。氯化物：457mg/L。总硬度：947mg/L。

③ 产水水量及水质如下。反渗透额定产水水量 40m³/h（12℃），反渗透系统回收率5%（注：在其他条件不变的情况下，温度每降低 1℃，产水量减少约 3%）。产水水质达到《生活饮用水卫生标准》（GB 5749—2022）。

④ 反渗透除盐工艺流程如图 5-35 所示。

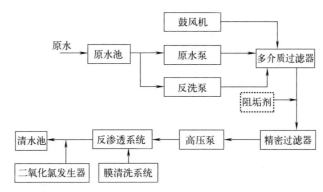

图 5-35 某地下水反渗透除盐工艺流程

思考题

1. 离子交换的过程可分哪五个步骤？试绘图加以说明。
2. 在一级复床除盐系统中如何从水质变化情况来判断强碱阴床和强酸阳床即将失效？
3. 试通过各阶段水质变化做出 H-Na 并联离子交换脱碱软化法示意。
4. 离子交换除盐方法与系统有哪些？
5. 微滤、超滤和纳滤截留分子量分别是多少？

参考文献

[1] 谢水波，姜应和. 水质工程学：上册[M]. 北京：机械工业出版社，2010.
[2] 陆柱，等. 水处理技术[M]. 2 版. 上海：华东理工大学出版社，2006.
[3] 李圭白，张杰. 水质工程学[M]. 北京：中国建筑工业出版社，2005.

第6章
水的冷却及循环冷却水处理

工业生产过程往往会产生大量热量，使生产设备或产品（气体或液体）温度升高，必须及时冷却，以免影响正常生产和产品质量。水的化学稳定性好，不易分解；比热容较大［定压比热容为 4.2kJ/(kg·℃)］，是吸收和传递热量的良好介质；水的来源、输送、分配较为简易且运行处理费用较低。因此，水常作为工业生产中的冷却介质。工业用水大部分是冷却用水，用水量一般占工业用水的 70%～80%，其中又以石油、化工和钢铁冶金工业用水量占比最大。由于冷却水主要是温度的变化，水质变化不大，若采取适当的措施降温提质处理后重复使用，则可形成循环利用系统，提高水的利用率。随着节约用水的要求提高，工业企业已基本采用循环冷却水系统。

冷却水在循环系统中不断循环使用，由于水的温度升高、水流速度的变化和少量水在冷却塔中蒸发损失，会导致各种无机离子和有机物质浓缩形成盐垢。此外，室外冷却塔和冷水池遭受阳光照射、风吹雨淋及灰尘杂物的影响，以及设备结构和材料等多种因素的综合作用，还有严重的沉积物附着、设备腐蚀和微生物的大量滋生，这些都会导致循环冷却水系统经常山现结垢、污垢、腐蚀和淤塞问题。循环冷却水处理即通过水质处理的措施和方案，使上述问题得到解决或改善。本章重点阐述循环冷却水系统及其阻垢防腐过程。

6.1 循环冷却水

6.1.1 冷却水系统

工业循环冷却水系统通常分为直流冷却水系统和循环冷却水系统。

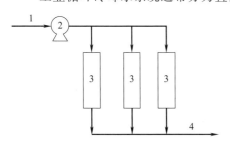

图 6-1　直流冷却水系统示意

1—冷却水；2—冷却水泵；3—冷却
工艺介质的换热器；4—热水

6.1.1.1 直流冷却水系统

图 6-1 为直流冷却水系统示意。在直流冷却水系统中，冷却水仅仅通过换热设备一次即被排放，所以直流水又称为一次利用水。直流冷却水系统用水量很大，而排出水的温度上升幅度很小，水中各种矿物质和离子含量基本上保持不变。直流冷却水系统不需要其他冷却水构筑物，因此投资少、操作简便，但是冷却水的操作费用大，且不符合节约水资源的要求，目前较少采用。许多原有直流冷却水系统已逐步改建为循环冷却水系统。

6.1.1.2 循环冷却水系统

为了重复利用吸热后的水以节约水资源和能源并保护环境，工业用水常采用循环冷却水系统。循环冷却水系统是以水作为冷却介质，并循环运行的一种给水系统，由换热设备、冷却设备、处理设施、水泵、管道及其他相关设施组成。循环冷却水系统又分封闭式和敞开式两种。

（1）封闭式循环冷却水系统。图 6-2 为封闭式循环冷却水系统示意。在封闭式循环冷却水系统中，冷却水所吸收的热量一般借空气进行冷却，在水的循环过程中除渗漏外并无其他水量损失，也无排污所引起的环境污染问题，系统中含盐量及所加药剂几乎保持不变，故水质处理较单纯，主要用于发电机转子和定子的冷却。

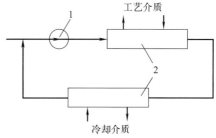

图 6-2　封闭式循环冷却水系统示意
1—水泵；2—换热器

（2）敞开式循环冷却水系统。循环冷却水与被冷却介质接触换热且循环冷却水与大气直接接触散热的系统称为敞开式循环冷却水系统。在敞开式循环冷却水系统中，冷却水经循环水泵送入凝汽器进行热交换，被加热的冷却水经冷却塔冷却后，流入冷却塔底部水池，再由循环水泵送入凝汽器循环使用。这种系统与直流冷却水系统相比，补充的新鲜水仅为直流用水量的 2%～5%，可节约大量冷却水，同时排污水量也相应减少，因而得到广泛运用。

敞开式循环冷却水系统中冷却水与被冷却介质直接接触的系统称为直冷开式系统；冷却水与被冷却介质间接传热的循环冷却水系统为间冷开式系统。

6.1.2　循环冷却水水质特点

敞开式循环冷却水系统是工业领域最为常用的循环冷却水系统，本部分内容以敞开式循环冷却水的水质变化规律为主要内容进行讲解。敞开式循环冷却水的水质特点和水中二氧化碳的散失、溶解氧含量的增加、水温的变化、冷却水的浓缩作用、杂质污染与微生物滋生等方面关系密切，下面分别进行阐述。

6.1.2.1　二氧化碳散失

天然水中均含有一定数量的钙镁重碳酸盐（钙镁硬度）和游离 CO_2，碳酸钙、重碳酸钙、游离 CO_2 在水中存在下列平衡关系：

$$Ca^{2+} + 2HCO_3^- \rightleftharpoons CaCO_3\downarrow + CO_2\uparrow + H_2O$$

空气中 CO_2 含量仅为 0.03%～0.1%。水在冷却塔中与空气接触时，水中原有 CO_2 逸入大气，破坏了上述平衡，使平衡向右移动，重碳酸盐受热分解，加之水的蒸发，使循环水中溶解性碳酸盐浓缩。因此，水中钙、镁的重碳酸盐转化为碳酸盐，因碳酸盐的溶解度远小于重碳酸盐，使得循环水较新鲜水更易结垢。此外，由于 CO_2 的损失和碱度的增加，冷却水的 pH 值总是高于补充水的 pH 值。

6.1.2.2　溶解氧含量增加

敞开式循环冷却水系统中循环水与空气充分接触，水中的溶解氧接近平衡浓度。当溶解氧含量近饱和的水流经换热设备后，由于水温的升高，氧的溶解度下降，因此在局部溶解氧达到过饱和。

循环冷却水的溶解氧含量与冷却水系统的金属腐蚀密切相关。氧对金属的腐蚀有两个相反的作用：一个是参加阴极反应，加速腐蚀；另一个是在金属表面形成氧化膜，抑制腐蚀。一般规律是低溶解氧浓度主要表现为阴极极化过程，加速金属腐蚀，且随着溶解氧浓度的增加，腐蚀速度也增加，但溶解氧浓度达到临界点值时，继续增加溶解氧浓度，腐蚀速度反而下降。溶解氧的临界点值与水的pH值有关，当水的pH值为7时，溶解氧的临界点值为20mg/L。

6.1.2.3　水温的变化

循环冷却水在换热设备中是升温过程。水温升高时，除了降低钙、镁盐类的溶解度及部分CO_2逸出外，还提高了平衡CO_2的需要量。即使原水中的CO_2没有损失，但当水温升高后，由于平衡CO_2需要量升高，也会使水失去稳定性而易于结垢。反之，循环水在冷却构筑物中是降温过程。当水温降低时，水中平衡CO_2需要量也降低，如果平衡CO_2需要量低于水中的CO_2含量，则此时水中CO_2具有腐蚀性。

因此在冷却水流程中，所产生的温度差比较大的循环冷却水系统有可能同时产生腐蚀和结垢，即在换热设备的冷水进口端（低水温区）产生腐蚀，而在热水出口端（高水温区）结垢。

6.1.2.4　循环冷却水的浓缩作用

循环冷却水在循环过程中会产生4种水量损失，即蒸发损失、风吹损失、渗漏损失和排污损失（图6-3），可用式（6-1）表示：

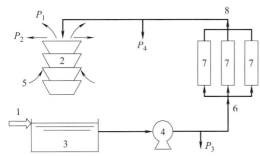

图6-3　敞开式循环冷却水系统
1—补充水；2—冷却塔；3—集水池；4—循环水泵；5—空气；6—冷却水；7—换热器；8—热水
P_1—蒸发损失；P_2—风吹损失；
P_3—渗漏损失；P_4—排污损失

$$P = P_1 + P_2 + P_3 + P_4 \tag{6-1}$$

式中，P_1、P_2、P_3、P_4及P分别为蒸发损失、风吹损失、渗漏损失、排污损失及总损失，均以循环水流量的百分数计。

循环冷却水在蒸发时，水分损失了，但盐分仍留在水中。

风吹、渗漏与排污所带走的盐量为：

$$SP = S(P_2 + P_3 + P_4) \tag{6-2}$$

式中，S为循环水含盐量。

补充水带进系统盐量为：

$$S_B P = S_B(P_1 + P_2 + P_3 + P_4) \tag{6-3}$$

式中，S_B为补充水含盐量。当系统刚投入运行时，系统中的水质为新鲜补充水水质，即$S = S_1 = S_B$，因此可写成：

$$S_B(P_1 + P_2 + P_3 + P_4) > S_1(P_2 + P_3 + P_4) \tag{6-4}$$

式中，S_1为刚投入运行时，循环冷却水中的含盐量。

初期进入系统的盐量大于从系统排出的盐量。随着系统的运行，循环冷却水中盐量逐渐提高，引起浓缩作用。当S由初期的S_1增加到某一数值S_2时，从系统排出的盐量即接近于进入系统的盐量，此时达到浓缩平衡，即：

$$S_B(P_1 + P_2 + P_3 + P_4) \approx S_2(P_2 + P_3 + P_4) \tag{6-5}$$

这时由于进、出盐量基本达到平衡，可以保持循环水中含盐量为某一稳定值，如以S_P表示，则$S = S_2 = S_P$，继续运行，其值不再升高。

$$S_B(P_1+P_2+P_3+P_4)=S_P(P_2+P_3+P_4) \tag{6-6}$$

令 S_P 与补充水 S_B 之比为 K，即：

$$K=\frac{S_P}{S_B}=\frac{P_1+P_2+P_3+P_4}{P_2+P_3+P_4}=\frac{P}{P-P_1} \tag{6-7}$$

或

$$K=1+\frac{P_1}{P_2+P_3+P_4}=1+\frac{P_1}{P-P_1} \tag{6-8}$$

由式（6-8）可见，由于蒸发水量损失 P_1 的存在，K 值永远大于 1，即循环冷却水中含盐量 S 总是大于补充新鲜水的含盐量 S_B。比值 K 称为浓缩倍数。达到平衡时为：

$$S=S_P=KS_B=\left(1+\frac{P_1}{P_2+P_3+P_4}\right)S_B \tag{6-9}$$

浓缩倍数的含义是循环冷却水中的含盐量或某种离子的浓度与新鲜补充水中的含盐量或某种离子浓度的比值。根据《工业循环冷却水处理设计规范》（GB/T 50050—2017）的规定，间冷开式系统的设计浓缩倍数不宜小于 5.0，且不应小于 3.0；直冷开式系统的设计浓缩倍数不应小于 3.0。

由于水的蒸发浓缩，水中含盐浓度增加，一方面增加了水的导电性，使循环冷却系统腐蚀过程加快，另一方面使某些盐类由于超过饱和浓度而沉积出来，使循环冷却系统结垢。

6.1.2.5 杂质污染与微生物滋生

循环冷却水中的污染物来源是多方面的，具体包括以下几个方面：①大气中的多种杂质（如尘埃、悬浮固体及溶解气体 SO_2、H_2S 和 NH_3 等）会通过冷却塔敞开部分不断进入冷却系统中；②冷却塔风机漏油，塔体、填料、水池及其他结构材料的腐蚀、剥落物会进入冷却水中；③在冷却水处理过程中加入药剂后会产生沉淀物；④系统内微生物繁殖及其分泌物形成的黏性污垢等。以上各种杂质中，由微生物繁殖所形成的黏性污物称为黏垢；由无机盐因其浓度超过饱和浓度而沉积出来的称结垢；由颗粒细小的泥砂、尘土、不溶性盐类的泥状物、胶状氢氧化物、杂物碎屑、腐蚀产物、油污等所形成的称为污垢。黏垢、污垢和结垢统称沉积物。

由上可知，在敞开式循环冷却水系统中，冷却水与空气接触复氧、散失 CO_2，同时吸附空气中的飞尘、颗粒物、微生物等，导致冷却水水质恶化，造成设备腐蚀、结垢等问题。总之，循环冷却水水质变化受到系统运行条件、设备结构和材料等多种因素的综合影响，明晰水质变化规律有助于解决工业循环冷却水处理面临的三个问题：腐蚀控制、沉积物控制和微生物控制。

6.1.3 循环冷却水水质要求

与其他工业用水一样，为保证工业生产的稳定，延长设备运行寿命，进入循环冷却水系统的水需满足基本水质要求。通常将循环冷却水水质的腐蚀和沉积物控制要求作为基本水质指标，主要控制性的水质参数有浊度、pH 值、总铁、Cl^- 浓度、NH_3-N、石油类物质含量和 COD 等。不同工业循环冷却水系统对水质的要求不尽相同，根据《工业循环冷却水处理设计规范》（GB/T 50050—2017）的规定，以下分别阐述不同循环冷却水系统对水质的基本要求。

6.1.3.1 封闭式循环冷却水系统的水质要求

封闭式系统中被冷却的工艺介质或设备对污垢热阻值有较高的要求，因此进水一般均采用除盐水或者软化水，水质应根据冷却对象的要求确定。电力系统目前一般采用除盐水，并通过离子交换、加碱等方法调节 pH 值；钢铁行业采用软水或除盐水。

6.1.3.2　直冷开式循环冷却水系统的水质要求

直冷开式循环冷却水系统的水质应根据具体工艺要求并结合补充水水质、设备运行工况条件及药剂处理配方等因素综合确定，主要的控制参数是 pH 值（25℃）、悬浮物浓度、碳酸盐硬度（以 $CaCO_3$ 计）等。由于不同直冷开式循环冷却水系统工艺设备对水质的要求差别较大（如引进不同国家设备制造商的工艺设备要求不同），其水质要求可参照《工业循环冷却水处理设计规范》（GB/T 50050—2017）的规定并根据实际工艺进行考虑。

6.1.3.3　间冷开式循环冷却水系统的水质指标

间冷开式循环冷却水系统的水质应根据补充水水质及换热设备的结构形式、材质、工况条件、污垢热阻值、腐蚀速率、被换热介质性质并结合水处理药剂配方等因素综合确定，主要的控制参数为浊度、钙硬度＋全碱度（以 $CaCO_3$ 计）、SO_4^{2-} 含量、NH_3-N、石油类物质含量和 COD_{Cr} 等。其中浊度对循环冷却水系统换热设备的污垢热阻和腐蚀速率影响很大，所以要求越低越好，循环冷却水的浊度应控制在 10NTU 以下。另外，作为腐蚀速率控制的重要指标，总 Fe 浓度需要控制在合理的范围。据资料介绍，水中有 2.0mg/L 的 Fe^{2+} 存在时，会使碳钢换热器年腐蚀速率增加 6～7 倍，且局部腐蚀加剧。

6.2　循环冷却水系统的沉积物及其控制

循环冷却水在运行中形成的黏垢、污垢和结垢等沉积物对循环冷却水系统运行危害很大。沉积物层不仅降低了设备的换热效率（1mm 的沉积物厚大约会带来 8% 的能源损失，沉积层越厚，换热效率越低，能源消耗越人），还使水系统管道的阻力增大，直接造成动力的浪费。此外，在对循环冷却水进行加药处理时，循环冷却水处理药剂反应生成化学反应产物，还会使水中增加新的沉淀物质。因此，循环冷却水处理要解决的第一个问题就是循环冷却水系统中的沉积物。

6.2.1　循环冷却水结垢现象及其趋势判断

6.2.1.1　水垢类型的鉴别

观察水垢在酸溶液中溶解的残渣和灼烧时的气味，可初步判断水垢类型。通过酸溶法观察水垢溶解和反应情况，以此初步定性地判断其主要成分，见表 6-1。例如溶解之后的残渣如果为白色，可能是硅酸盐类水垢，如果呈黑褐色则是腐蚀产物。

表 6-1　酸溶法初步鉴定水垢类型

水垢的主要成分	颜色	加酸后的现象
碳酸钙垢（$CaCO_3$>60%）	白色	加 5%HCl 后,大部分可溶解,并产生大量气泡,$CaCO_3$ 含量越高,气泡越多
硫酸钙垢（$CaSO_4$>40%）	黄白色或白色	加 HCl 后溶解很少,气泡很少,加 10%氯化钡后,溶液浑浊,生成大量白色沉淀
磷酸钙垢	白色	加 HCl 后溶解很少,气泡很少,加 10%钼酸铵后,产生黄色沉淀,再加入氨水后沉淀物溶解

水垢的主要成分	颜色	加酸后的现象
硅酸盐垢(SiO_2>20%)	灰白色	加 HCl 后不溶,加热后部分溶解,有透明沉积物产生
氧化铁垢 (铁氧化物>80%)	棕褐色	加 HCl 后可缓慢溶解,溶液呈黄绿色,加硝酸可快速溶解,溶液呈黄色

碳酸盐水垢易溶于稀酸,常见的无机酸和有机酸均可将其溶解,且溶解时将产生大量 CO_2 气泡,这是其主要特征。通常,在常温 5% 以下的稀盐酸溶液中,碳酸盐水垢可全部溶解。碳酸盐水垢的另一特点是在 850~900℃ 灼烧时,由于 CO_2 和化合水分解,水垢质量损失近 40% 且变得松散,并可溶于水中,使水溶液呈碱性。

6.2.1.2 水垢析出趋势的判断

循环冷却水的结垢和腐蚀涉及因素较多,准确判断水的结垢倾向应根据各种试验结果。在循环冷却水中,结垢成分除了 $CaCO_3$ 外,由于盐分浓缩,还会引起 $CaSO_4$ 及 $MgSiO_2$ 结垢。此外,还有以下影响因素:①循环冷却水中悬浮固体及有机物浓度高,对结垢有影响;②换热器提高了水温的影响;③水处理药剂(特别是控制结垢药剂)的影响,例如采用磷酸盐处理时,会产生 $Ca_3(PO_4)_2$ 结垢。

由于这些复杂因素的存在,不能仅按水质稳定概念来解决循环冷却水的结垢和腐蚀问题,也不能仅按溶度积理论得出接近循环冷却水实际的通用的结垢控制指标值。但为了对循环冷却水结垢趋势有一个初步估计或对结垢情况进行分析,上述理论仍可运用。参照循环冷却水的一般运行经验,可得出相应的结垢控制指标,见表 6-2。

表 6-2 循环水结垢控制指标

结垢	控制参数	控制指标
$CaCO_3$	pH_s	$pH_0 < pH_s + (0.5 \sim 2.5)$
$CaSO_4$	溶解度	$[Ca^{2+}] \times [SO_4^{2-}] < 500000$
$Ca_3(PO_4)_2$	pH_p	$pH_0 < pH_p + 1.5$
$MgSiO_2$	溶解度	$[Mg^{2+}] \times [SiO_2] < 3500$

表 6-2 中,pH_0 和 pH_s 分别为循环水的实际 pH 值和循环水为 $CaCO_3$ 所平衡时的 pH 值;pH_p 为 $Ca_3(PO_4)_2$ 溶解饱和时的 pH 值。按平衡理论,$pH_0 > pH_s$ 时即有结垢倾向。实际上,这是一般给水处理中水质稳定控制指标之一——饱和指数 LSI(Langelier Saturation Index)的一种修正。饱和指数用式(6-10)表示:

$$LSI = pH_0 - pH_s \tag{6-10}$$

当 LSI>0 时,$CaCO_3$ 处于过饱和状态,有结垢倾向;LSI<0 时,$CaCO_3$ 未饱和,CO_2 过量,水有腐蚀倾向;LSI=0 时,水质稳定。

判别水的稳定性,还有其他多种水质稳定指数,如 Ryznar 稳定指数、临界 pH 值结垢指数、Puckorius 结垢指数等,在此不详细介绍。对循环冷却水而言,按 $pH_0 > pH_s + (0.5 \sim 2.5)$ 才定为有结垢倾向,其中(0.5~2.5)即为考虑到上述各种影响因素对结垢影响而作的修正。在理论上,$pH_0 > pH_p$ 即有结垢倾向,同上理由,指标定为 $pH_0 > pH_p + 0.5$ 才有结垢倾向。参照溶度积定的 $CaSO_4$ 和 $MgSiO_2$ 指数也是按上述原因制定的。

6.2.2 水垢控制

6.2.2.1 水垢的来源

天然水中溶解有各种盐类,如重碳酸盐、碳酸盐、硫酸盐、氯化物、硅酸盐等,其中以溶解的重碳酸盐最多,也最不稳定,容易分解生成碳酸盐,如重碳酸钙、重碳酸镁。因此,如果使用重碳酸盐含量较多的水作为冷却水，当它通过换热器传热表面时，会受热分解：

$$Ca(HCO_3)_2 \Longleftrightarrow 2CaCO_3 + H_2O + CO_2$$

冷却水通过冷却塔相当于一个曝气过程，溶解在水中的 CO_2 会逸出，因此，水的 pH 值会升高。此时，重碳酸盐在碱性条件下也会发生如下反应：

$$Ca(HCO_3)_2 + 2OH^- \Longleftrightarrow CaCO_3 + H_2O + CO_3^{2-}$$

$$Ca(HCO_3)_2 + OH^- \Longleftrightarrow CaCO_3 + H_2O + HCO_3^-$$

当水中溶有大量的氯化钙时，还会产生下列置换反应：

$$CaCl_2 + CO_3^{2-} \Longleftrightarrow CaCO_3 + 2Cl^-$$

如水中溶有适量的磷酸盐时，磷酸根将与钙离子生成磷酸钙，其反应为：

$$2PO_4^{3-} + 3Ca^{2+} \Longleftrightarrow Ca_3(PO_4)_2$$

上述一系列反应中生成的碳酸钙和磷酸钙均属微溶性盐，它们的溶解度比氯化钙和重碳酸钙要小得多。在 20℃时，氯化钙的溶解度是 37700mg/L；在 0℃时，重碳酸钙的溶解度是 2630mg/L，而碳酸钙的溶解度只有 20mg/L，磷酸钙的溶解度仅为 0.1mg/L。此外，它们的溶解度与一般的盐类不同，不是随着温度的升高而升高，而是随着温度的升高而降低。因此，在换热器的传热表面上，这些微溶性盐很容易达到过饱和状态，而从水中结晶析出。当水流速度比较小或传热面比较粗糙时，这些结晶沉淀物就容易沉积在传热表面上。

此外，水中溶解的硫酸钙、硅酸钙、硅酸镁等，当其阴、阳离子浓度的乘积超过其本身溶度积时，也会生成沉淀，沉积在传热表面上。这类沉积物通常称为水垢，因为这些水垢由无机盐组成，故又称为无机垢；又因为这些水垢结晶致密，比较坚硬，故又称为硬垢。其通常牢固附着在换热器传热表面上，不易被水冲洗掉。

6.2.2.2　水垢的控制

通常冷却水中无过量的 PO_4^{3-} 或 SiO_2，则磷酸钙和硅酸盐垢是不容易生成的。如前面所讨论的，循环冷却水系统中最易生成的水垢是碳酸钙垢，因此在谈到水垢控制时，主要是指如何防止碳酸盐水垢的析出。控制水垢析出的方法大致有以下几类。

（1）从冷却水中除去成垢的 Ca^{2+}。水中 Ca^{2+} 是形成碳酸钙垢的主要原因，如能从中除去，使水软化，则碳酸钙就无法结晶析出，即难以形成碳酸钙垢。从水中除去 Ca^{2+} 的方法主要有两种，即离子交换树脂法和石灰软化法。

离子交换数值法是让水通过离子交换树脂，将 Ca^{2+}、Mg^{2+} 从水中置换出来并结合在树脂上，达到从水中去除的 Ca^{2+}、Mg^{2+} 目的。有关离子交换的基本原理，本书已在第 5 章做专门的论述，这里不再赘述。用离子交换法软化补充水，成本较高。因此，只有在补充水量小的循环冷却水系统中采用。

石灰软化法是在补充水未进入循环冷却水系统之前，在预处理时就投加适当的石灰，让水中碳酸氢钙与石灰在澄清池中预先反应，生成碳酸钙沉淀析出，从而去除水中的 Ca^{2+}。投加石灰所耗的成本低，尤其适用于原水钙含量高而补水量又较大的循环冷却水系统。但投加石灰时，灰尘较大，劳动条件差。

（2）加酸或通 CO_2 气体，降低 pH 值，稳定重碳酸盐。采用酸化法将碳酸盐硬度转变成溶解度较高的非碳酸盐硬度也是控制结垢的方法之一。化学反应如下：

$$Ca(HCO_3)_2 + H_2SO_4 \longrightarrow CaSO_4 + 2CO_2\uparrow + 2H_2O$$

$$Mg(HCO_3)_2 + 2HCl \longrightarrow MgCl_2 + 2CO_2 \uparrow + 2H_2O$$

加酸以后，碳酸盐硬度降至 H'_B，非碳酸盐硬度升高。要求经加酸处理后满足下列条件：

$$KH'_B \leqslant H' \tag{6-11}$$

式中，H'_B 为酸化后的补充水碳酸盐硬度；H' 为循环水的碳酸盐硬度。

酸化法适用于补充水的碳酸盐硬度较大时。如果用硫酸时，要使加酸后生成的硫酸钙浓度小于相应水温时的溶解度。运行时应控制 pH 值大于 7.0，一般为 7.2~7.8。加酸后，SO_4^{2-} 浓度如过大，例如达 400~2000mg/L 时，沟道、水池应注意防腐。如用盐酸时，应注意氯离子对设备的腐蚀性。为了保证处理效果，投酸量应严格控制，并经常监测碳酸盐硬度、pH 值、水温、酸浓度等。

有些化肥厂生产过程中常有多余的 CO_2 气体，而有些化工厂的烟道气中也含有一定的 CO_2；如果将 CO_2 或烟道气通入水中，则可稳定水中的重碳酸盐。但冷却水通过冷却塔时 CO_2 易从水中逸出，因而在冷却塔中析出碳酸钙，堵塞冷却塔中填料之间的孔隙。根据近年来实践的经验，只要在凉水塔中适当注意补充一些气体，并控制好冷却水的 pH 值，就可减少或消除钙垢转移的危害。结合对碳排放的控制，此法对化肥厂或化工厂、电厂等仍具有较大的推广价值。

（3）投加阻垢剂。在水中投加阻垢剂是循环冷却水水质处理的主要方法之一。阻垢剂是指具有能分散水中的难溶性无机盐，阻止或干扰难溶性无机盐类在金属表面的沉淀、结垢功能，并维持金属设备有良好传热效果的一类药剂。以往阻垢剂多半是天然成分的物质，如单宁、木质素等经过适当加工后的产品。后来曾广泛采用聚磷酸盐。近年来多采用人工合成的多种阻垢剂，如有机磷酸盐、聚丙烯酸盐等。

① 聚磷酸盐。在循环冷却水中所采用的聚磷酸盐有六偏磷酸钠和三聚磷酸钠，它们既有阻垢作用，又有缓蚀作用，这里只讨论阻垢作用。聚磷酸盐能与水中的金属离子起络合反应。由于聚磷酸盐捕捉溶解于水中的金属离子，产生可溶性络合盐，使金属离子的结垢作用受到抑制，不易结成坚硬的结垢，从而提高了水中允许的极限碳酸盐硬度。

聚磷酸盐产生络盐的能力与其中所具有的磷原子总数成正比。磷原子数目愈多，捕捉金属离子的能力愈大，而与其链长无关，所生成的络盐的离解度也与链长无关。聚合磷酸盐对二价碱金属离子 Ca^{2+}、Mg^{2+} 等的螯合能力比对一价碱金属 Na^+、K^+ 等强得多，从而在水质稳定处理中有实用意义。聚磷酸钠和高分子量的阳离子结合，往往产生沉淀物。在循环冷却水中，当用季铵盐作灭活剂时，由于在水中产生了高分子量的阳离子，会与聚磷酸钠反应产生沉淀而使之失效。

磷酸盐还是一种分散剂，具有表面活性，可以吸附在碳酸钙微小晶坯的表面上，使碳酸盐以微小的晶坯的形式存在于水中，从而防止产生结垢。聚磷酸盐还可以和已沉淀在管壁上的胶体结合，或者和附在管壁上的 Ca^{2+} 和 Fe^{2+} 等形成络合或螯合离子，然后借布朗运动或紊流的作用，把管壁上的水垢物质分散到水中。正磷酸钠也有在固体表面上的强吸附作用，可以作为分散剂来使用，但必须控制产生磷酸钙沉淀。

聚磷酸盐在水溶液中会由于水解作用而产生正磷酸盐，这样不仅降低了聚磷酸盐的效果，而且加剧了正磷酸盐的结垢。聚磷酸盐的水解速度受很多因素影响：水在工艺冷却设备中的升温过程中得到了聚磷酸盐水解所需的热能；H^+ 对水解起催化作用，pH 值高则水解慢，在 pH 值为 9~10 时基本稳定；水中有铁及铝的氢氧化物溶胶时，水解加快；有微生物存在时也大大加速水解的速度；如水中有可被络合的阳离子，大多数情况下可加快水解速度；最后，聚磷酸盐本身的浓度越高，水解速度也越大。从这些影响因素可以看出，在一般水质及水温不高的情况下，聚磷酸盐的水解速度很慢，但在水温超过 30℃ 以后，特别是在一些催化因素的作用下，聚磷酸钠会在数小时甚至在几分钟内发生很显著的水解变化。在实际应用中，往往考虑聚磷酸盐投量的一半可水解为正磷酸盐，以此控制磷酸钙的沉淀和聚磷酸盐的投量。

② 有机磷酸盐（膦酸盐）。膦酸盐阻垢剂主要有膦酸盐和双膦酸盐。它们的阻垢作用在于其吸附作用和分散作用。有的膦酸盐提高了结垢物质微粒表面的电荷密度，使这些微粒的排斥力增大，降低微粒的结晶速度，使结晶体结构畸变而失去形成桥键的作用，从而不致形成硬实的结垢。

这些膦酸盐化合物中，目前使用比较广泛的为乙二胺四亚甲基膦酸盐，简称 EDTMP。双膦酸盐中最具有代表性的为羟基亚乙基二膦酸盐，简称 HEDP。与膦酸盐的特性很相似，同样能起螯合剂、分散剂以及缓蚀剂的作用。其阻垢机理是：膦酸盐能与冷却水中的钙、镁离子等螯合，形成单环或双环螯合离子，分散于水中。其在水中生成的长链容易吸附在微小的碳酸钙晶粒上，并与晶粒上的 CO_3^{2-} 发生置换反应，妨碍碳酸钙晶粒进一步长大。同时它对碳酸钙晶体的生长有抑制和干扰作用，使晶体在生长过程中被扭曲，把水垢变成疏松、分散的软垢，分散在水中。膦阻垢剂不仅能与水中的钙、镁等金属离子形成络合物，而且还能和已形成的 $CaCO_3$ 晶体中的 Ca^{2+} 进行表面螯合。这不仅使已形成的碳酸钙失去作为晶核的作用，同时使碳酸钙的晶体结构发生畸变，产生一定的内应力，使碳酸钙的晶体不能继续生长。上述膦化合物在水处理中的用量都属于低限处理范围，且都较聚磷酸盐稳定。即使在高温条件下，也不易水解为正磷酸盐，这就大大减少了磷酸钙的沉淀数量。膦酸盐不但有显著的阻垢作用，而且有一定的缓蚀效果，故可用作复合抑制剂的重要成分。当循环水中有强氧化剂如氯时，膦酸盐多少会受到影响而转化为正磷酸盐和某些胺化合物。

③ 聚羧酸类阻垢剂。目前采用较广泛的是聚丙烯酸钠。它是一种比较有效的阴离子型分散剂，可增大 $Ca_3(PO_4)_2$ 的溶解度和防止铁的氧化物结垢等。另一方面，聚丙烯酸钠能使组成硬度的盐类形成絮状物而被冷却水带走。这类阻垢剂还有聚丙烯酸的衍生物如聚甲基丙烯酸和聚丙烯酰胺等，均可阻碍沉积物形成。这种聚合物中的羟基或酰胺基具有分散能力。

以上三类阻垢剂在实用中常组成复合剂。例如，由膦酸盐、聚羧酸类阻垢剂、碳钢缓蚀剂及铜缓蚀剂复配而成的复合阻垢剂，对水中的碳酸钙、硫酸钙、磷酸钙等均有很好的螯合分散作用，并且对碳钢、铜具有良好的缓蚀效果。

6.2.3 污垢控制

污垢成分比较复杂，一般是由颗粒细小的泥沙、尘土、不溶性盐类的泥状物、胶状氢氧化物、杂物碎屑、腐蚀产物、油污，特别是菌藻的尸体及其黏性分泌物等组成。由于污垢的质地松散稀软，所以它们在传热表面上黏附不牢，容易清洗，有时只需用水冲洗即可除去。但在运行中，污垢和水垢一样，也会影响换热器的传热效率。油类污染物可采用表面活性剂控制；悬浮物（包括有机和无机物）可用絮凝沉淀或过滤方法去除。

降低补充水浊度是污垢控制的重要措施。天然水体因泥沙、腐蚀生物以及各种悬浮物和胶体等存在导致水体的浊度增加，使用前必须进行预处理。循环水处理中悬浮物浓度不宜大于 20mg/L，当换热器的形式为板式或者翅片管式和螺旋板式时，不宜大于 10mg/L。

即使在水质处理上面做得非常好，进水的浊度也控制得比较好，循环水中的浊度仍可能继续增加，从而加重污垢的形成。设旁滤池是防止悬浮物在循环冷却水中积累的有效方法。循环冷却水的一部分连续经过旁滤池过滤后返回循环系统。旁滤池的设置方式之一是与工艺冷却装置并联，也可和工艺冷却装置串联。旁滤池的流量，由循环冷却水系统中悬浮物量的动平衡关系决定，或按循环冷却水系统中总水量经过规定时间全部过滤一次来计算。一般来说，旁滤池过滤流量占循环冷却水流量的 $1\%\sim5\%$，即可保持水中悬浮物浓度在最低限度，并可控制污物的沉积。旁滤池的构造与常用的滤池相同，为了简化流程，可采用压力滤罐。

6.2.3.1 污垢热阻值

污垢热阻值是表征换热设备传热面上因污垢而导致传热效率下降程度的数值，单位为 $m^2\cdot K/W$，污垢热阻为传热系数的倒数。此处"污垢"热阻并非单指污垢一项，这只是一个习惯用语。

热交换器的污垢热阻在不同时刻由于垢层不同而有不同的污垢热阻值。一般在某一时刻测得的称为即时污垢热阻，此值为经 t 小时后的传热系数的倒数和开始时（热交换器表面未沉积垢物时）的传热系数的倒数之差：

$$R_t = \frac{1}{K_t} - \frac{1}{K_0} = \frac{1}{\psi_t K_0} - \frac{1}{K_0} = \frac{1}{K_0}\left(\frac{1}{\psi_t} - 1\right) \tag{6-12}$$

式中，R_t 为即时污垢热阻，$m^2\cdot h\cdot \text{℃}/kJ$；$K_0$ 为开始时，传热表面清洁时所测得的总传热系数，$kJ/(m^2\cdot h\cdot \text{℃})$；$K_t$ 为循环水在传热面经 t 时间后所测得的总传热系数，$kJ/(m^2\cdot h\cdot \text{℃})$；$\psi_t$ 为积垢后传热效率降低的百分数。

以上污垢热阻 R_t 是在积垢 t 时间后的污垢热阻，不同时间 t 有不同的 R_t 值，应作出 R_t 对时间 t 的变化曲线，推算出年污垢热阻作为控制指标。应用式（6-12）计算污垢热阻值后，需进行单位换算，污垢热阻值的法定计量单位为 $m^2\cdot K/W$，$1m^2\cdot h\cdot \text{℃}/kcal = 0.86m^2\cdot K/W$。

6.2.3.2 污垢的控制方法

污垢的控制主要从以下几个方面来考虑。

（1）补充水水质的控制。补充水中的浊度是循环冷却水系统中污垢的主要来源，用于循环冷却水系统的补充水一定要经过净化预处理，各地市政供水都能满足补充水水质的浊度指标值。用水单位自制的工业清水要求出水悬浮物浓度小于 5mg/L 时才能用作补充水，为了保证补充水的质量，可对工业清水实行过滤，一般都能取得很好的效果。有的地方水源水质的硬度和碱度非常高，进行适度的软化后用作补充水是一项很实用的方法，凡用于锅炉给水的软化方法都适用于该补充水的预处理。经验表明，把部分除盐水或软化水或锅炉凝结水作补充水能降低和减轻循环冷却水的结垢运行障碍。旁流除盐和软化也曾用于循环冷却水的结垢控制，实践证明比对补充水进行除盐或软化更经济和有效。

（2）排污量的控制。冷却水在冷却塔中会被脱出 CO_2，引起碳酸盐含量增加，理论上各种水质都有其极限碳酸盐硬度，超过这个值碳酸钙就会从水中析出，因此，防垢的一种方法就是控制排污量使得循环水中碳酸盐硬度始终小于此极限值。下面介绍排污量的估算方法。

为了使循环水中碳酸盐硬度始终小于此极限值，它的浓缩倍数的极限为：

$$K = \frac{H'_{T}}{H_{T \cdot BU}} \tag{6-13}$$

式中，H'_{T} 为循环水的碳酸盐硬度；$H_{T \cdot BU}$ 为补充水的碳酸盐硬度。由式（6-13），最小排污率可按式（6-14）计算：

$$P_4 = \frac{P_1}{K-1} - (P_2 - P_3) \tag{6-14}$$

式中，P_1、P_2、P_3、P_4 分别为蒸发损失、风吹损失、渗漏损失和排污损失，%。

用排污法解决结垢问题，无疑是一种最简单的措施。如果排污量不大，水源水量足以补充此损失量，而且在经济上也是合适的，则此法是可取的，否则应采用其他措施。

（3）投加阻垢剂、分散剂。投加少量的药剂就能控制垢在金属壁面上沉积析出，这类药剂不仅有阻止垢在金属表面形成和长厚的阻垢作用，而且还有保持水中固体颗粒处于微小粒径状态的分散作用，所以称为阻垢剂和分散剂，有时也统称阻垢分散剂。常用的阻垢分散剂有以下几种。

① 含有羧基和羟基的天然高分子物质。这些物质主要是单宁酸、淀粉和木质素经过改性加工后的混合物，它们的阻垢效果不如膦酸盐和聚合电解质，但如果在加工过程中把它们提纯或进行合理复配后，阻垢效果可大幅度提高。这些物质往往含有其他一些官能团，因此还能起到一定的分散、缓蚀和抑制微生物生长的作用。

a．单宁酸。单宁酸是一种浅黄色或浅棕色有光泽的无定形粉末，有刺激性气味，见光或暴露于空气中颜色变深，溶于水、醇和丙酮，难溶于苯、醚和氯仿。单宁是从落叶松、栗树、含羞草等植物中提取的，其中相对分子质量在 2000 以上的有较好的阻垢作用。单宁酸在 20 世纪 50～60 年代得到过一些应用，后来由于膦酸盐和聚合电解质的广泛应用，它逐渐被人们忽视，近年来由于对环境保护的重视，又重新对单宁酸进行改性研究，通过氧化或磺化处理和聚合体现了其可作絮凝剂、缓蚀剂、锈层转化剂、阻垢剂、分散剂、除氧剂和灭活剂等多重功能的作用。

b．淀粉。淀粉水解后不但能得到多羟基的高分子化合物，而且极大地改善了水的溶解性能。淀粉分子中存在着大量的羟基，能与水中的钙镁高价金属离子或由它们组成的盐或氧化物的粒子发生作用，阻碍它们向金属表面沉积或把这些粒子稳定悬浮在水中，起到阻垢和分散作用。淀粉作为水处理剂的应用关键在于氧化水解的转化程度，否则残余的淀粉不但可成为循环冷却水系统中污泥的来源，还有可能促进微生物的繁衍。淀粉与一定的试剂反应后可得到季铵盐结构的阳离子絮凝剂，它除了有良好的絮凝作用外，还能用作灭活剂。氧化淀粉（OS，Oxidized starch）的工业产品的外观为黄棕色透明液体，活性组分≥30%，20℃时密度为（1.10 ± 0.02）g/cm^3。药剂溶液的 pH 值为 6.5～7.5。氧化淀粉无毒、无害，排放到大环境里能自动降解，对环境无污染。氧化淀粉是阴离子的高分子聚电解质，它的分子链上带有羧基、羟基、酚基等多种活性基团，它能与水中的钙、铁等离子发生螯合、絮凝、分散作用。在水垢的生成过程中，它被吸附在结晶表面，使水垢不能正常生长而发生晶格畸变，从而有效阻止无机盐类在换热器金属表面上沉积，并能分散氧化铁垢和污泥，防止不溶性物质在金属表面的沉积。动态阻垢试验表明它的阻垢性能优于常用的阻垢剂。

c．木质素。木质素是存在于植物组织中的一种无定形的芳香族高分子化合物，有很强的活性，它能水解苯环上带有的羟基、羧基、醛基和酯基等。经磺化后得到的木质素磺酸盐在水中溶解度大、分散性能好，是水处理剂配方中的重要组分，能螯合金属氧化物和无机盐颗粒，分散稳定高价金属离子，本身也具有一定的缓蚀性能。

② 无机阻垢剂。无机阻垢剂以直链状的聚合磷酸盐为代表，它们在水中离解成的阴离子能与钙、镁离子或其盐的粒子形成螯合环，或它们能吸附在微小的碳酸钙晶体颗粒上，阻止难溶盐晶体的长大。三聚磷酸钠、六偏磷酸钠等只有在 $1\sim2mg/L$ 低剂量投加时才较好地显示出它们的阻垢性能。当水中有较高浓度的硬度和碱度时，磷酸盐的阻垢效果有限，一般不单独使用。

③ 有机高分子阻垢分散剂。这类阻垢分散剂有葡萄糖酸盐、芳香族羧酸、多环芳香羧酸、烷基磺基琥珀酸盐等。它们分子上带有的羟基和羧基能体现出很好的阻垢效果，还能起到很理想的分散作用，同时还能增强水中缓蚀剂的缓蚀能力。

④ 膦酸盐阻垢剂。膦酸盐不仅有很好的缓蚀性能，而且还显示出优异的阻垢效果，膦酸盐有亚甲基含氮类型、含氨基类型、不含氮的类型等，常用的膦酸盐有氨基三亚甲基膦酸盐（ATMP）、乙二胺四亚甲基膦酸盐（EDTMP）、二乙烯三胺五亚甲基膦酸盐（DEPT-MP）、羟基亚乙基二膦酸盐（HEDP），还有含硫、硅、羧基等其他基团的用作水处理剂的膦酸盐。它们能与高价金属离子形成立体的多元环等产生络合增溶效应、溶限效应和协同效应。在每升水中投加几毫克的膦酸盐，可以使水中保持有很高的极限碳酸硬度。膦酸盐比聚合磷酸盐有高得多的热稳定性和化学稳定性，但是有氮碳结构的膦酸盐在水中遇到氧化性较强的物质时也会容易发生水解，降低或丧失其缓蚀阻垢性能。多元膦酸酯虽然以磷氧键形式存在，化学稳定性比磷碳键差，但在阻硫酸钙垢和对含油冷却水的水质控制方面有独特的效果。

⑤ 聚合羧酸类阻垢剂。羧酸或带有其他支链、基团的这类物质单体一般在低分子量聚合时有较好的水溶性和极佳的阻垢分散性能，它们在水中投加量很低时就有极佳的阻垢性能，随系统排污水进入环境水体时浓度很低，加上它们具有较好的生物降解性，因此使用这类药剂对环境质量的影响很小。这类阻垢剂按它们分子结构中的基团特性可以分成含游离羧基的阴离子聚合物、含酰胺基的非离子型聚合物和含季铵盐结构的阳离子聚合物，使用最广泛的是阴离子型的聚羧酸类化合物有聚丙烯酸盐、聚甲基丙烯酸盐、水解聚马来酸酐等。这类阻垢剂的聚合度或相对分子质量与它们在循环冷却水中的溶解性、阻垢效果以及与其他药剂的配伍性能都有着密切的关系。

⑥ 共聚物类阻垢剂。随着循环冷却水系统在碱性 pH 值范围内运行，除了要阻止像碳酸钙这样的难溶解无机盐沉积以外，还要有效地分散磷酸盐垢、锌盐垢、金属氧化物、泥沙微粒等水系统存在的固态物质，因此目前使用的共聚物阻垢分散剂品种繁多，不但能满足特定水质和特殊工艺的需要，还能稳定锌盐、铝酸盐、钨酸盐等无机水处理剂，由此推动了复配系列水处理剂的研发。各种复合水处理剂的配制几乎不可缺少共聚物分散剂。阻垢分散共聚物一般由含羧酸类的单体与含有磺酸、酰胺、羟基、醚等的不同单体共聚得到水溶性共聚物或其盐类物质。常用的有丙烯酸/丙烯酸羟乙（丙）酯共聚物（AA/HPA）、丙烯酸/磺酸共聚物（AA/SA）、丙烯酸/丙烯酰胺共聚物（AA/NA），还有 N-羟烷基不饱和酰胺/不饱和酰基化合物、甲基丙烯酸/丙烯醚共聚物、马来酸/烯丙醇共聚物、马来酸酐/乙酸烯丙酯共聚物。近年来三元及三元以上的共聚物也正在不断投入实际使用，其中有马来酸/N-乙烯基吡咯烷酮/甲基丙烯酰胺共聚物、丙烯酸/丙烯酸羟丙酯/丙烯酸多烷氧酯共聚物等，它们有极强的阻垢分散力或对某种污垢有特殊的分散性能，例如有专门分散硅垢的分散剂等。

这些药剂是由分子或离子状态的药剂与水中固体颗粒之间发生作用。选择阻垢分散剂时应该考虑如下方面：水质条件的适应性，水中存在多种的成垢组分或某种成垢组分有特别高的含量时，都具有很好的阻垢效果；化学稳定性好，当水温或金属壁温较高，水中存在着氧化性或还原性很强的物质时，阻垢效果和分散作用仍不会有明显的变化；与水中同时存在的缓蚀剂、灭活剂有很优良的配伍性能（即作为一个水处理配方使用时不但自身的功效不降低，而且也不影响其他药剂的作用功效，能产生药剂间的协同效应是最好的选择）；药剂能为环境所接受，不仅要求药剂本身无毒或低毒，使用时水中浓度在环境排放标准范围内，而且认可可持续发展的目标，要求药剂能容易被生物降解；药剂在使用时操作简易、价格低廉、运输无危险、储存安全；有较长的有效期等。

（4）涂料表面处理。金属表面经涂料表面处理后与水接触的界面很光滑，与水垢的结合力减弱，催生水垢晶核的可能性也大大下降。有的涂料中还可以加入结合阻垢基团的添加剂，这样促使水垢无法在金属传热表面生成。不少运行经验证实，实施涂料表面处理后，阻垢效果很明显。

（5）物理处理技术。物理阻垢技术一般适用于产生碳酸盐垢为主的水质，当水中污垢成分主要是硅酸盐时不宜使用。物理阻垢技术最大的特点是不会产生像化学品那样的环境污染问题。

① 电子除垢仪。电子除垢仪是利用电子线路产生的高频电磁振荡，在固定的两极之间形成一定强度的高频电磁场，冷却水在吸收高频电磁场能后，水分子作为偶极子被不断反复极化而产生扭曲、变形、反转、振动，形成活性很高的单分子状态的水，从而增强水分子之间的偶极矩，促进了水对成垢物质及其组分的作用，改变了冷却水中沉积物质的存在形态和相关离子的物理性能及水分子与其他离子的结合状态，使 $CaCO_3$ 晶体等沉积物析出的时间延长，并以细小的无定形的颗粒析出，最终达到阻止水垢生成的目的。电子除垢仪在硬度和碱度中等的水中使用较合适，对于硬度和碱度很高的水，有试验表明其效果有所下降，要控制系统的热流密度不要很高，同时要避免阳极发射极表面的保护膜遭受磨损和黏附污物。电子除垢仪已经有了不少的使用实例，它的运行费用很低，操作使用管理方便，最大的优点在于不会对环境造成污染，尤其适合中小规模的循环冷却水系统。有资料表明，电子除垢仪与某些水处理剂结合使用，既极大地改善了使用的效果，又可以大幅度地降低水处理剂的投加量。

② 磁化处理技术。磁化处理技术是指将用锶铁氧体和钕铁硼等组成的强磁材料制作成的内磁、外磁和可调节的磁处理器串接在进水管上，保持水流以 1.5m/s 以上的流速通过磁处理器的 N 极、S 极之间的空隙，让水在垂直方向上切割磁力线，促使水分子的活化。因此，不应两台或三台水泵合用一台磁化器，以防止单台水泵使用时水流速度达不到 1.5m/s 而影响处理效果。使用的磁化器磁通量密度应大于 100MT，而且阻垢效果随磁通量密度的增大而提高，可将两台磁化器串接起来使用。有报道说，磁化效果随水流通过磁场次数的增加而增加，在采用低磁场强度的磁化器时可适当降低水的流速，采用高磁场强度的磁化器时可适当提高水的流速。磁化水的阻垢机理之一是经过磁化后的水可改变 $CaCO_3$ 的晶体形态，$CaCO_3$ 在未经磁化的水中易生成方解石，而在经过磁化的水中易生成文石，文石晶体可在冷却水的主体中析出成污泥，而不在金属壁面上生成水垢。

对污垢与黏垢的控制，上面提到的排污、旁路处理等方法同样适用，同时污垢的控制应该从源头着手，如冷却塔周围要有洁净的空气，不能存在燃料煤等固体粉尘露天堆场、荒芜的大片宅地、车间尾气废料残液排放口、三废处置处理场等，杜绝工艺介质向冷却水系统的泄漏。由于这类污染物中的淤泥等与微生物、金属腐蚀等有关，所以，控制金属腐蚀和微生物生长也是其控制的主要内容。

6.3 循环冷却水系统中金属的腐蚀及其控制

冷却水处理要解决的第二个问题就是金属设备的腐蚀，腐蚀会使冷却水系统使用寿命缩短，维修量增加，甚至威胁到安全生产。

从化学热力学的理论可知，常用的金属，如碳钢、铜及铜合金和不锈钢在冷却水中是不稳定的。这些金属表面并不是均匀的，与冷却水接触时，金属表面会形成许多微小的腐蚀电池（微电池）。此外，循环水冷却过程中，冷却水与大气充分接触，冷却水中的溶解氧会增加，水中溶解氧增高后将促进与之接触的金属管材、设备等的腐蚀。同时冷却水盐类浓缩也使冷却水导电性增强，腐蚀速度加快。此外，水中溶解的气体 O_2、H_2S、SO_2 等会助长水的腐蚀性。

6.3.1 循环冷却水中常见的金属腐蚀类型

工业循环冷却水系统正常运行过程中及停机清洗过程中，金属常会发生不同形态的腐蚀。根据金属腐蚀的理论和实际观察，以下简要介绍冷却水系统中常见的金属腐蚀类型。

6.3.1.1 均匀腐蚀

均匀腐蚀又称为全面腐蚀或普遍腐蚀，其一般特点是腐蚀过程在金属的全部暴露表面上均匀地进行，在腐蚀的过程中金属逐渐变薄，最后被破坏。

对碳钢而言，均匀腐蚀主要发生在低 pH 值环境下。循环冷却水系统中碳钢换热器用盐酸、硝酸、硫酸等无机酸进行化学清洗时，如若没有在酸中加入适当的缓蚀剂，则碳钢表面将发生显著的均匀腐蚀。此外，在加酸调节 pH 值的循环冷却水系统中，若加酸过多，冷却水的 pH 值过分降低时，冷却设备也将发生明显的均匀腐蚀。

6.3.1.2 电偶腐蚀

电偶腐蚀又称为双金属腐蚀或接触腐蚀。两种不同的金属浸在具有导电性的水溶液中，两种金属之间通常存在着电位差，而这两种金属通过其他方式接触时会形成腐蚀电池。

在循环冷却水系统中电偶腐蚀多发生在换热器中黄铜换热管和碳钢管板或钢制水室之间。腐蚀顺序是按紧随的标准电极电位排列的，在此腐蚀过程中，被加速腐蚀的是较厚的钢制钢管板或钢制水室，而不是铜管。又如，黄铜零件与纯铜管在与热水的接触中也会发生电偶腐蚀，在黄铜腐蚀中将产生脱锌现象。

6.3.1.3 缝隙腐蚀

浸泡在腐蚀性介质中的金属表面，当其处在缝隙或其他的隐蔽区域内时，常会发生强烈的局部腐蚀，这种腐蚀常常和孔穴、垫片底面、搭接缝、表面沉积物、金属的腐蚀产物以及螺帽、铆钉帽下缝隙内积存的少量静止溶液有关。因此，这种腐蚀形态被称为缝隙腐蚀，有时也被称为沉积（物下）腐蚀、垫片腐蚀等。

缝隙腐蚀产生需要两个条件：一是有危害性阴离子（如 Cl^-）存在；二是要有供滞留的缝隙。一条缝隙要成为腐蚀的部位，缝隙要宽到足能使液体进入，但又要窄到能保留一个滞留区。一般认为宽度在 0.025mm 以下就会导致缝隙腐蚀，宽度在 0.3mm 以上时很少发生缝隙腐蚀。

循环冷却水系统中，如果对杀菌处理不力，或对污泥软垢等沉积物控制不力，就易产生缝隙腐蚀。此外，循环冷却水系统中螺帽机垫片下缝隙内碳钢表面发生的腐蚀，也是缝隙腐蚀的实例。

6.3.1.4 孔蚀

孔蚀又称为点蚀或坑蚀，其主要特征是在金属表面上产生某些呈孔状、点状的局部腐蚀。蚀孔有大有小，多数情况下为小孔。通常，孔蚀表面直径等于或小于其深度，多在几十微米。蚀孔分散或密集分布在金属表面上，且孔口多数被腐蚀产物覆盖，少数呈开放式。

孔蚀是循环冷却水系统中最常见的，又是破坏性和隐患性最大的腐蚀形态之一。冷却水中多数孔蚀与水中卤素离子有关，尤其是 Cl^-、Br^-。天然水用作冷却水水源时，不同程度地含有卤素离子，又加之水中有溶解氧，使金属极易发生孔蚀。此外，温度对孔蚀影响较大，升高温度会破坏金属表面的钝化膜，加速了金属的孔蚀。

6.3.1.5 选择性腐蚀

选择性腐蚀会在合金的某些特定部分有选择地进行，或者说，从一种固体金属中有选择性地去除某种元素或一相。其中电位较负的金属或相发生优先溶解而被破坏。

循环冷却水系统中最常见的选择性腐蚀发生在凝汽器中黄铜管的脱锌处。脱锌处的黄铜由黄色变为铜红色，导致结构疏松，强度丧失。其次是铜铝合金的脱铝和铸铁的石墨化作用。在会产生脱锌的严重腐蚀性环境中，或用于关键部件时，人们常使用铜镍合金。

6.3.1.6 磨损腐蚀

磨损腐蚀又称为磨蚀或浸蚀，是由高流速的机械冲刷与水中腐蚀性物质共同造成的。含有溶解性固体和悬浮固体较多的水在湍流时，常因水流破坏金属钝化膜而使金属受到严重的磨损腐蚀。

在循环冷却水系统中，水泵的叶轮、换热器管束的入口处或弯管、折流板处容易发生磨损腐蚀。腐蚀部位呈槽、沟、波纹或山谷形，且常显示有方向性，这是磨损腐蚀的主要外表特征。

循环冷却水系统中还可能发生晶间腐蚀、应力腐蚀、氧浓差腐蚀和微生物腐蚀等。这些腐蚀不同程度地破坏了金属表面的稳定性，降低了循环冷却水系统运行的安全性。

6.3.2 循环冷却水系统金属腐蚀的影响因素

影响循环冷却水系统金属腐蚀的因素很多，主要可分为两类：一是金属本身材质和内部组织结构；二是外部环境和运行条件。其中外部环境的影响又可分为化学因素（如 pH 值、离子浓度等）、物理因素（如电偶、水温、流速等）及微生物因素。

6.3.2.1 水质的影响（化学因素）

如前面所讨论，金属受腐蚀的情况与水质密切相关。不同类型的冷却水水源和循环冷却水系统运行条件下，水中所含的阴阳离子、溶解性气体、沉积物类型和悬浮物都不相同，pH 值、硬度、电导率也有很大差异。

冷却水的 pH 值对于金属腐蚀速度的影响往往取决于金属的氧化物在水中的溶解度对 pH 值的依赖关系。因为金属的耐蚀性能与其表面的氧化膜性能密切相关。水中不同阴离子在促进金属腐蚀速率方面呈现出 $NO_3^- < CH_3COO^- < SO_4^{2-} < Cl^- < ClO_4^-$ 的趋势。冷却水中的卤素离子能破坏金属表面钝化膜，提高金属腐蚀过程的速度，引起金属的局部腐蚀。而水中铬酸根、亚硝酸根、钼酸根、硅酸根和磷酸根等阴离子则对碳钢有缓蚀作用。水中的钙

镁硬度过高时，将生成多种垢，若不均匀沉积在金属表面则易引起垢下腐蚀。

水中溶解性气体也是显著影响金属腐蚀的重要因素，如溶解氧、二氧化碳对系统的影响已在本章其他部分论述。氨、硫化氢、二氧化硫和氯气也会不同程度地增加水的腐蚀性。而悬浮固体容易在换热器表面形成疏松的沉积物，引发垢下腐蚀，当水流流速过高时，悬浮物也会对硬度较低的金属产生磨损腐蚀。

6.3.2.2 运行条件的影响（物理因素）

循环冷却水系统运行中对金属的腐蚀的主要影响因素是水流流速和水温。流速与氧的扩散速率有关，而氧的扩散速率又与金属腐蚀速率相关。流速的增加将使金属表面水层变薄有利于氧的扩散，导致腐蚀加剧。一般来说，水流流速在 $0.6 \sim 1.0 \mathrm{m/s}$ 时，腐蚀速率较慢。但水流速度的选择还需考虑到传热的要求，流速过低会使传热效率降低和出现沉积。因此，循环冷却水系统中水在管程换热器的流速应不低于 $0.9 \mathrm{m/s}$，水在壳程换热器的流速不得小于 $0.3 \mathrm{m/s}$。

通常，金属的腐蚀速率随温度升高而加快。温度升高，冷却水中物质的扩散速率加大，而电极反应的过电位和黏度减小。尽管水中溶解氧浓度随温度升高而降低，但由于扩散速率快，导致氧的去极化作用更易发生。而过电位的降低又使金属的阳极溶解过程加速，进一步加剧了金属腐蚀。

6.3.3 腐蚀控制

循环冷却水系统中金属设备腐蚀控制与防护方法主要有以下几种：正确选用金属材料，合理设计设备结构；采用新型耐蚀材料；提高冷却水运行的 pH 值；采用冷却水防腐涂料覆盖；电化学保护和添加缓蚀剂。这些腐蚀控制方法各有其优缺点和适用范围，应从防护效果、施工难易以及经济效益等多方面综合考虑。敞开式循环冷却水系统中常采用加缓蚀剂作为控制金属腐蚀的措施，以下重点阐述。

缓蚀剂是一类用于腐蚀介质中抑制金属腐蚀的添加剂，也称为腐蚀抑制剂。对于一定的金属腐蚀体系，只要加入少量的缓蚀剂，就可以有效地阻止和减缓该类金属的腐蚀。缓蚀剂所形成的膜有氧化物膜、沉淀膜和吸附膜三种类型（图 6-4）。金属的腐蚀大多是金属表面发生原电池反应的结果，若要减缓金属腐蚀，则要减缓金属表面的电化学反应速度。根据缓蚀剂对电化学腐蚀的控制部位分类，分为阳极型缓蚀剂、阴极型缓蚀剂和混合型缓蚀剂。在阳极形成保护膜的缓蚀剂称为阳极缓蚀剂；在阴极形成保护膜的称为阴极缓蚀剂，同时抑制阳极和阴极反应的为混合缓蚀剂。几种主要缓蚀剂介绍如下。

图 6-4　缓蚀剂形成的三种类型的膜

6.3.3.1 氧化膜型缓蚀剂

氧化膜型缓蚀剂直接或间接与金属反应生成金属的氧化物或氢氧化物，在金属表面形成保护膜，所形成的防蚀膜薄而致密，与基体金属的黏附性强，结合紧密，能阻碍溶解氧扩散，使腐蚀反应速度降低。

铬酸盐是常见的氧化膜型缓蚀剂，可将碳钢表面氧化成 Fe_2O_3，并与 Cr_2O_3 一起形成一层极薄的氧化膜，牢固地结合在碳钢上，起到预防腐蚀的作用。亚硝酸盐也是重要的氧化膜型缓蚀剂，其借助于水中溶解氧在金属表面形成氧化膜而成为阳极型缓蚀剂，具有代表性的是亚硝酸钠和亚硝酸铵。铬酸盐和亚硝酸盐都是强氧化剂，无需水中溶解氧的帮助即能与金属反应，在金属表面阳极区形成一层致密的氧化膜。但其在含有氧化剂的水中使用时，防腐效果会减弱，因此不能与氧化性灭活剂如氯等同时使用。同时，亚硝酸盐缓蚀剂在长期使用后，因系统内硝化细菌繁殖，氧化亚硝酸盐变为硝酸盐，防腐效果降低。其他常见的氧化膜型缓蚀剂还有钼酸盐、钨酸盐、钒酸盐、正磷酸盐、硼酸盐等。

氧化膜型缓蚀剂可以通过浸涂、喷涂、浸渍等方法应用于金属表面。在使用氧化膜型缓蚀剂时，需要注意选择适当的浓度、温度和处理时间，以确保获得最佳的缓蚀效果。例如，氯离子、高温及高速水流都会破坏氧化膜。此外，还应注意对处理后的金属表面进行合适的后续处理，例如涂覆防腐漆、涂层等，以增强防腐蚀性能的持久性。

6.3.3.2 沉淀膜型缓蚀剂

沉淀膜型缓蚀剂能和溶液中某些物质反应形成一层难溶的沉淀物或络合物，沉积在金属的表面阻止腐蚀进行。沉淀膜较厚，但是呈多孔型，与金属的结合较差。锌的碳酸盐、磷酸盐和氢氧化物以及钙的碳酸盐和磷酸盐是最常见的沉淀膜型缓蚀剂。以锌盐为例，它在阴极部位产生 $Zn(OH)_2$ 沉淀，起保护膜的作用。锌盐与其他缓蚀剂复合使用可起增效作用，在有正磷酸盐存在时，则有 $Zn_3(PO_4)_2$ 或 $Fe_3(PO_4)_2$ 沉淀出来并紧紧黏附于金属表面，缓蚀效果更好。在实际应用中，由于钙离子、碳酸根和氢氧根在水中是天然地存在的，一般只需向水中加入可溶性锌盐（如硝酸锌、硫酸锌或氯化锌，提供锌离子）或可溶性磷酸盐（如正磷酸钠或可水解为正磷酸钠的聚合磷酸钠，提供磷酸根）。聚磷酸盐是沉淀膜型缓蚀剂中最典型的一类，目前应用较多的有三聚磷酸钠（$Na_5P_3O_{10}$）。

6.3.3.3 吸附膜型缓蚀剂

吸附膜型缓蚀剂多为有机缓蚀剂，其具有极性基团，可被金属的表面电荷吸附，在整个阳极和阴极区域形成一层单分子膜，从而阻止或减缓相应的电化学反应。含氮、含硫或含羟基、具有表面活性的有机缓蚀剂，其分子中通常同时具有亲水基和亲油基。这类有机缓蚀剂能以亲水基（例如氨基）吸附于金属表面上，形成一层致密的憎水膜，保护金属表面不受水腐蚀。

吸附膜型缓蚀剂并不使腐蚀金属表面上形成三维的新相，而只是形成一层连续的或不连续的原子或分子吸附层，因此，吸附膜型缓蚀剂也称为界面型缓蚀剂。

根据吸附机理不同，吸附膜型缓蚀剂可进一步分为物理吸附型和化学吸附型两类。化学吸附时粒子需与吸附中心相结合，而物理吸附则没有这种限制，可吸附在表面的任何位置上，因此物理吸附的遮盖率要比化学吸附的遮盖率大。物理吸附与化学吸附可以相伴发生。

6.3.3.4 复方缓蚀阻垢剂

在循环冷却水处理中，很少单用一种药剂来控制腐蚀或阻垢，一般总是用两种以上药剂配合使用，即所谓复方缓蚀阻垢剂。缓蚀协同效应是指缓蚀作用因两种或多种缓蚀剂复配使用而得到加强的现象，而且这种效果并不是简单的加和，而是相互促进的结果，即"1＋1≥2"效应。如高温条件下烷基苯并咪唑和乙烯硫脲对低碳钢具有良好的协同作用。有时也将协同组合中主要起缓蚀作用的物质称为缓蚀剂主体，将与缓蚀剂主体配合使用而能大幅度提高缓蚀效率的物质称为协同剂或者增效剂等。但是，当几种缓蚀剂复配后有可能导致缓蚀效率反而降低，该类现象称为缓蚀剂的拮抗效应。

综上所述，缓蚀剂的缓蚀机理在于成膜，因此迅速在金属表面上形成一层密而实的膜是缓蚀成功与否之关键。为了迅速，水中缓蚀剂的浓度应该足够高，等膜形成后，再降至只对膜的破损起修补作用的浓度；为了密实，金属表面应十分清洁，为此，成膜前对金属表面进行化学清洗除油、除污和除垢是必不可少的步骤。此外，使用缓蚀剂控制金属腐蚀也存在一些缺点，如敞开式循环冷却水系统运行时，需要不断排放掉含盐量高的浓缩水，不断补充含盐量低的补充水和缓蚀剂，因处理水量较大，使缓蚀剂用量和费用较大。常用的几种缓蚀剂，如铬酸盐、聚磷酸盐和锌盐等，对环境都有不同程度的不良影响。

6.3.4 预膜

换热器是循环冷却水系统的核心设备，为防止换热器受循环冷却水损害，应在换热器管壁上已预先形成完整的保护膜的基础上，再进行运行过程中的腐蚀、沉积物和微生物控制。预膜是在冷却水中投加预膜剂，在带热负荷或冷态运行的状态下迅速使水冷设备和管网金属表面生成一层保护膜。预膜形成后，在运行过程中，只是维持或修补已形成的保护膜。

循环冷却水系统的预膜处理应在系统第一次投产运行之前、在每次系统修理之后、在系统发生特低 pH 值之后、在新换热器或管束投入运行之前、在任何机械清洗或酸洗之后以及在运行过程中某种意外原因有可能引起保护膜损坏等场景下开展。

预膜前应对循环冷却水系统进行清洗，解除垢、锈、生物污垢等障碍，在系统中形成清洁、活化的金属表面，通常采用化学清洗。循环冷却水系统清洗中所使用的化学清洗剂有很多种，需要结合所清除的污垢成分来选用。大体说来，以黏垢为主的污垢应选以灭活剂为主的清垢剂；以泥垢为主的污垢应选以混凝剂或分散剂为主的清垢剂；以结垢为主的垢物应选以螯合剂、渗透剂、分散剂为主的清垢剂等；以腐蚀产物为主的垢物，也是采用渗透剂、分散剂等类表面活性剂。

影响预膜的因素包括预膜剂投加量、钙离子含量、金属离子成分及含量、pH 值、水的流速、水温与浊度等。预膜的好坏往往决定了缓蚀效果的好坏。预膜一般要在尽可能短的时间如几小时之内完成。预膜剂可以采用循环冷却水正常运行下的缓蚀剂配方，但以远大于正常运行时的浓度来进行，也可以用专门的预膜剂配方。

6.4 循环冷却水系统中的微生物及其控制

敞开式循环冷却水系统与大气相通，空气中的微生物可进入系统。虽然在正常情况下水中的营养物质含量很低，但由于水的蒸发浓缩，导致冷却水中营养物含量较新鲜水更高，加之水温在 30~40℃，pH 值接近中性，为微生物生长繁殖提供了较为适宜的场所。微生物可引起黏垢，黏垢形成后又可促使微生物的大量繁殖。黏垢会使换热器传热效率降低并增加水头损失，而且微生物又与腐蚀有关，因此微生物的控制对于控制循环冷却水系统非常重要。微生物控制不佳可能导致冷却效率下降，设备腐蚀，严重时甚至引发生产事故。因此，冷却水处理中要解决的第三个问题是循环冷却水系统中微生物的控制。

6.4.1 循环冷却水系统中的微生物

6.4.1.1 循环冷却水系统中微生物的分类

不同的冷却水水质和运行条件下，微生物的种类和数量也不相同。例如钢铁冶金的冷却水中含铁量较高，易滋生铁细菌；化肥厂的冷却水中含氨较多，易滋生各种参与脱氮的微生物。循环冷却水系统中的微生物大体可分为藻类、细菌和真菌三大类。

（1）藻类。藻类细胞内含有叶绿素，是光能自养微生物，以细胞分裂或产生孢子的方式繁殖。循环冷却水系统具备藻类繁殖的三个基本条件——空气、阳光和水。循环在冷却水系统中藻类不断大量繁殖和脱落后形成了黏泥，堵塞管道、降低传热效率，危害很大。同时，藻类死亡腐化之后将恶化水质，并为细菌等微生物提供养料，进一步恶化水质。通常认为藻类不会直接引起金属腐蚀，但其形成的黏泥覆盖在金属表面易形成差异腐蚀电池，进而引发沉积物下腐蚀。

（2）细菌。循环冷却水中的细菌有多种，按需氧情况分为好氧、厌氧和兼性细菌。冷却塔内的温度、营养物质也使细菌得以生长，细菌代谢会产生黏液，会导致黏垢的生成，而这类物质与水中的悬浮物黏合起来，会附着在金属表面。这类沉积物覆盖在金属表面，降低了传热效率，并阻碍了缓蚀剂、阻垢剂的作用。此外，冷却水中还存在直接引起金属腐蚀的细菌，主要有铁沉积细菌、产硫化物细菌和产酸细菌等。

（3）真菌。循环冷却水系统中的真菌主要包括霉菌和酵母两类。真菌大量繁殖时可以形成棉团状，附着于金属表面和管道上，降低传热效率，甚至引起管道堵塞。真菌还可参与氨化、硝化和反硝化作用，引起电化学腐蚀和化学腐蚀。

上述微生物在循环冷却水系统中大量繁殖，就会形成生物污垢，此垢会隔断化学药剂与金属的接触，使化学处理效果不能很好地发挥，同时会带来换热设备的垢下腐蚀，所以必须对生物生长繁殖加以有效控制。敞开式循环冷却水系统中引起生物污垢的微生物的种类和特点见表 6-3。

表 6-3 敞开式循环冷却水系统中引起生物污垢的微生物的种类和特点

微生物种类		特　点
藻类	蓝藻类	细胞内含叶绿素，利用光能进行碳酸同化作用，在冷却塔和凉水池等接触光的场所最常见
	绿藻类	
	硅藻类	
细菌类	菌胶团状细菌	块状琼脂，细菌分散其中，在有机污染的水中最常见
	丝状细菌	称为水棉，在有机污染物的水中呈棉絮状集聚
	铁细菌	氧化水中的亚铁离子，使高铁化合物沉积在细胞周围
	硫细菌	水中常见，体内含硫黄颗粒，使水中的硫化氢、硫代硫酸盐、硫黄等氧化
	硝化细菌	将氨氧化成亚硝酸细菌和使亚硝酸氧化成硝酸的细菌，在循环冷却水系统有氨的地方繁殖
	硫酸盐还原菌	使硫酸盐还原，生成硫化氢的厌氧细菌
真菌类	藻菌类	在菌丝中没有隔膜，全部菌丝成为一个细胞
	绿菌类	在菌丝中没有隔膜

6.4.1.2 循环冷却水系统中微生物造成的主要问题

（1）微生物滋生与黏泥附着。循环冷却水中的营养物质为微生物提供了生存条件，导致黏泥附着在换热器表面，影响换热效率。一些丝状微生物如藻类和真菌更容易在换热器表面形成生物膜，进一步加剧了这一问题。

（2）腐蚀。某些微生物，如铁细菌和硫酸盐还原菌，可能在冷却水中产生腐蚀性物质，如铁锈和硫化氢，对循环冷却水系统中的管道和设备造成损害。

（3）水质恶化。微生物在新陈代谢过程中会产生有机物，如生物酶和氨基酸，这些物质可能使冷却水变得浑浊，并可能影响冷却效果。

6.4.2 循环冷却水系统中微生物的控制

由于微生物对循环冷却水系统的危害相当严重，因此必须对其进行有效控制。要全部杀灭系统中的所有微生物是不可能的，通常只是将水中微生物控制在较低数量，并限制其活动，把微生物造成的危害减小到可以接受的程度。《工业循环冷却水处理设计规范》（GB/T 50050—2017）规定间冷开式系统的微生物控制指标宜符合下列规定：异养菌总数不宜大于 $1 \times 10^5 CFU/mL$；生物黏泥量不宜大于 $3mL/m^3$。

为防止从补充水中渗入营养源和悬浮物，可采用预处理，如过滤处理、凝聚沉淀处理等。为防止从工艺方面渗入营养源（装置泄漏），可以使用管子和管板密封焊接及管板涂层等方法。为了进行生物污垢的处理，需掌握冷却水系统总体的情况，应采用选用不同作用机理的药剂，实施部分过滤处理等综合措施。生物污垢的产生和处理措施见图 6-5。

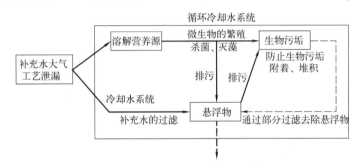

图 6-5　生物污垢的产生和处理措施

生物污垢处理药剂按功能分为：杀菌、灭藻，抑制微生物增殖，防止附着和剥离。因生物污垢处理药剂在作用机理上各有特点，所以在实施生物污垢处理时，应充分掌握现场的污垢故障状况，再选定药剂。这里主要讲解杀灭微生物及抑制微生物繁殖的化学药剂处理法。

6.4.2.1 杀菌、灭藻处理

短时间内杀死附着或悬浮在循环冷却水系统中的微生物，是减少系统内微生物附着潜力的方法。具有杀菌效果的药剂有氯剂、溴剂和有机氯硫类药剂等。一般认为，这些药剂的作用机理是，它们与构成微生物蛋白质的要素，即半胱氨酸的 SH 基的反应性强，使以 SH 基为活性点的酶钝化，并用其氧化能力破坏微生物的细胞膜，杀死微生物。

一般采用价廉、有效的氯气进行杀菌处理。可是因为氯对金属有腐蚀作用，需要把冷却水中的余氯浓度控制在 $1mg/L$（以 Cl_2 计）以下。氯剂有强氧化性，其缺点是，只在污垢表面起作用而被消耗掉，不能渗透到污垢的深处。因此，一般在严重发生生物污垢的系统中，要同时采用氯剂处理和与氯处理作用机理不同的药剂处理。

6.4.2.2 抑制微生物增殖的处理

抑制循环冷却水系统中微生物的增殖，是降低生物污垢生长速度的措施。所使用药剂的作用机理差不多同灭活剂一样，但是使用方法不同。即在处理过程中，需要连续地或长时间地维持杀死微生物的原始浓度。具备这种效能的药剂是有机氮硫类药剂和胺类药剂。

6.4.2.3 防止附着处理

微生物在固体表面的附着与微生物分泌的黏质物有关。防止附着处理,就是用药剂作用于黏质物,使之变性,得以使微生物的附着性下降。对微生物有这种防止附着效果的药剂有季铵盐类药剂和溴类药剂等。

6.4.2.4 剥离处理

剥离处理是将循环冷却水系统中附着的生物污垢,用药剂剥离去除。具有剥离效果的药剂,有氯气、过氧化物和胺类药剂等。这些药剂的作用机理是通过药剂使黏质物变性,使生物污垢的附着力下降,以及由于药剂与生物污垢反应,产生微小的气泡,以物理方法使生物污垢剥离。因此,投加药剂后增加流速,可以提高剥离效果。如前所述,如果增加防止生物污垢附着的药剂的浓度,往往也显示出剥离效果。

以上处理方法中都不可避免地需要使用生物污垢的处理药剂。这些药剂也是控制微生物生长的主要方法之一。优良的冷却水灭活剂应具备以下条件:可杀死或抑制冷却水中所有的微生物,具有广谱性;不易与冷却水中其他杂质反应;不会引起材料腐蚀;能快速降解为无毒性的物质;经济性好。

6.4.3 循环冷却水中的灭活剂及其作用

用于循环冷却水中的灭活剂可以分为氧化型灭活剂、非氧化型灭活剂及表面活性剂灭活剂等,分述如下。

6.4.3.1 氧化型灭活剂

目前循环冷却水系统中采用的氧化型灭活剂,主要为液氯、二氧化氯及次氯酸钙、次氯酸钠等。这些化合物普遍具有杀菌灭藻速度快、灭活广谱性高、处理费用低、环境污染相对较小、微生物不易产生抗药性的优点。

(1) 氯。氯是冷却水处理中常用的灭活剂。氯是一种强氧化剂,能穿透细胞壁,与细胞质反应,它对所有活的有机体都具有毒性,氯除本身具有强氧化性外,还可以在水中离解为次氯酸和盐酸,但当 pH 值升高时,次氯酸会转化为次氯酸根离子,会使杀菌能力降低。以氯为主的微生物控制中,pH 值在 6.5~7.5 范围最佳,pH<6.5 时,虽能提高氯的杀菌效果,但金属的腐蚀速度将增加。为杀死换热器中的微生物,系统中要保持一定量的余氯。在各种具体条件下,适宜的余氯量应通过试验确定。以下是一些冷却水加氯处理的经验参数。

在直流冷却水处理中,以 0.5~2h 为一个加氯处理周期,在这个周期内保持余氯量为 0.3~0.8mg/L。在循环冷却水的处理中,余氯在热回水中的浓度,每天至少保持 0.5~1.0mg/L 的自由性余氯 1h。这些只是大致的情况,具体的投药量只能在具体生产条件下找出来,而污染严重的水,投药量必然要增加。

(2) 次氯酸盐。循环冷却水系统中常用的次氯酸盐有次氯酸钠、次氯酸钙和漂白粉。一般在冷却水用量较小的情况下,可以用次氯酸盐作为灭活剂,这样可以避免为了防止氯气泄漏而采取许多安全措施。近年来,次氯酸盐也常用来处理和剥离设备或管道中的黏垢,因此次氯酸盐也是一种黏垢剥离剂。

次氯酸盐在循环冷却水系统中能生成次氯酸和次氯酸根离子,它们的生成量是冷却水pH 值的函数,pH 值降低,次氯酸的生成量增加,次氯酸根生成量减少;pH 值升高,情况相反。次氯酸盐的杀菌效能和氯相似,使用中 pH 值也是重要的控制参数。

(3) 二氧化氯。用于冷却水杀菌时,二氧化氯与氯相比,有以下特点:二氧化氯的杀菌能力比氯强，且可杀死孢子和病毒；二氧化氯的杀菌性能与水的 pH 值无很大关系，在 pH 值为 6～10 范围内都有效；二氧化氯不与氨和大多数胺起反应，故即使水中有这些物质存在，也能保证它的杀菌能力；二氧化氯无论是液体还是气体都不稳定，运输时容易发生爆炸事故，因此，二氧化氯必须在现场制备和使用。

（4）臭氧。臭氧的化学性质活泼，具有强氧化性。它溶于水时可以杀死水中的微生物，其杀菌能力强，速度快，近年来研究发现其还有阻垢和缓蚀作用。虽然如此，因制造臭氧的耗电量大，成本高，所以至今在循环冷却水系统中还没有广泛应用。

（5）溴及溴化物。以溴及溴化物代替氯主要是为适应碱性冷却水处理的需要，在碱性或高 pH 值时，氯的杀菌能力降低。目前可供冷却水处理的溴化物灭活剂有卤化海因、活性溴化物等。

氧化型灭活剂具体的性能和应用会因不同的化合物和环境条件而有所差异。如，氯在冷却塔中易损失，不能起持续的杀菌作用，可用氯与非氧化型灭活剂联合使用。另外，氧化型灭活剂受到水中的有机物和还原性物质的影响较大，当水中有较多有机物、硫化氢、亚铁离子等还原性物质时，这些物质的氧化过程会消耗部分氧化剂，导致杀菌效果降低。因此，在选择这些灭活剂时，应充分考虑其优点和可能存在的不足，以确保达到最佳的杀菌效果。

6.4.3.2 非氧化型灭活剂

非氧化型灭活剂是水处理过程中常用的一类化学药剂，它们通过干扰微生物的代谢、繁殖过程来达到杀灭或抑制微生物的目的。这些灭活剂的优点在于对环境的破坏较小，使用方便，但其缺点是往往无法杀灭所有类型的微生物，且长期使用容易产生抗药性。

常见的非氧化型灭活剂包括季铵盐类、含氯酚类、有机酸类、有机硫化物类和酮类等。非氧化型灭活剂具有不同的特点和应用范围，例如季铵盐类灭活剂具有广谱、高效的杀菌性能，同时对环境友好，适用于各种水处理场合；含氯酚类灭活剂则具有较高的毒性和杀菌效果，适用于一些特定场合。

氯酚灭活剂，特别是五氯酚钠（C_6Cl_5ONa）广泛地应用于工业冷却水处理。此外三氯酚钠等也使用。氯酚灭活剂的使用量一般都比较高，约为数十毫克每升。利用不同药剂对不同菌种杀菌效率不同的特点，可以把数种氯酚化合物组成复方灭活剂，发挥增效作用，从而可降低灭活剂的用量。常用氯酚和铜盐混合控制藻类，间歇投药，可以得到满意的效果。

在使用非氧化型灭活剂时，需要考虑以下应用条件：①水质条件，不同种类的灭活剂对水质的要求不同，如季铵盐类和含氯酚类灭活剂适用于中性或碱性水质，而有机酸和酮类灭活剂则适用于酸性水质；②水温条件，非氧化型灭活剂的效果往往受到水温的影响，一般来说，高温可以提高杀菌效果，但同时可能对水生生物产生不良影响；③水中有机物和悬浮物的含量，水中有机物和悬浮物的含量往往会影响非氧化型灭活剂的效果，因此在使用过程中需要控制水中有机物和悬浮物的含量。

6.4.3.3 表面活性剂灭活剂

表面活性剂灭活剂是通过干扰和破坏微生物的细胞膜和细胞壁，从而影响微生物的呼吸、代谢和渗透等生命活动，最终达到杀灭或抑制微生物繁殖的目的。表面活性剂灭活剂主要分为阴离子、阳离子和两性离子三大类。阴离子表面活性剂以脂肪酸盐为主，具有较高的表面活性，能够破坏微生物的细胞膜，使细胞内的物质泄漏，最终导致微生物死亡。阳离子表面活性剂以季铵盐类为主，具有广谱、高效的杀菌性能，同时还有杀病毒的作用。两性离子表面活性剂则具有较好的亲水性和亲油性，对各类微生物均有良好的抑制作用。

表面活性剂灭活剂主要以季铵盐类化合物为代表。常用的是烷基三甲基氯化铵（ATM）、二甲基苄基烷基氯化铵（DBA）及十二烷基二甲基苄基氯化铵（DBL）。季铵盐带正电荷，而构成生物性黏泥的细菌、真菌及藻类通常带负电荷，因此可被微生物选择性吸附，并聚积在微生物的体表上，改变细胞膜的物理化学性质，使细胞活动异常；季铵盐类化合物中油基（疏水基）能溶解微生物体表的脂肪壁，从而杀死微生物。此外，部分季铵化合物可透过细胞壁进入菌体内，与构成菌体的蛋白质反应，使微生物代谢异常，从而灭活微生物。

一般表面活性剂灭活剂浓度应控制在 $0.1\% \sim 1\%$，过低杀菌效果不明显，过高则可能对环境产生负面影响；其次，pH 值宜在 $5 \sim 9$ 范围内，过低或过高均会影响杀菌效果。同时，温度也是影响杀菌效果的重要因素，一般应控制在 $40 \sim 60℃$。此外，还要注意避免与其他化学物质产生反应，以免影响杀菌效果。

季铵盐的杀菌能力不及氯系等氧化型灭活剂，季铵盐类灭活剂的缺点是使用剂量比较高，常引起发泡现象，但发泡能使被吸着在构件表面的生物性黏泥剥离下来，随水流经旁滤池除去。

作为表面活性剂的季铵盐，由于具有渗透性质，所以往往和其他灭活剂同时使用，以加强效果。表面活性剂灭活剂与其他化学物质之间的反应主要有两种。一种是协同作用，即表面活性剂与其他消毒剂或抗生素联合使用时，可以产生协同作用，提高杀菌效果。另一种是拮抗作用，即表面活性剂与某些化学物质混合使用时，会相互抑制或抵消对方的杀菌作用。因此，在使用过程中需要注意避免拮抗作用的发生。

灭活剂可以连续、间歇或瞬时投加。连续加药是按循环冷却水流量或循环冷却水系统中保持一定浓度的要求，连续投加药剂，但不一定每日 24h 加药。瞬时投药即在尽可能短的时间里，将需要的药剂量一次投入水中，产生很高的药剂浓度，往往得到良好的杀菌效果。介于瞬时投药和连续投药之间的是间歇投药，由于连续投药的耗药量大，而且运行操作的工作量大，采用较少。为了防止微生物逐渐适应灭活剂而产生抗药性，应该选用几种药剂，轮换使用。在可能条件下，用两种或两种以上药剂配合使用，可达到药剂间相互增效的作用。

6.5 典型冷却构筑物和设备

6.5.1 冷却构筑物类型

冷却构筑物形式很多，大体分以下三大类：水面冷却池、喷水冷却池、冷却塔。在这三类冷却构筑物中，冷却塔形式最多，构造也最复杂。

6.5.1.1 水面冷却池

水面冷却是利用水体的自然水面，向大气中传质、传热进行冷却的一种方式。

水体水面一般分为两种。

① 水面面积有限的水体，包括水深小于 3m 的浅水冷却池（池塘、浅水库、浅湖泊等）和水深大于 4m 的深水冷却池（深水库、湖泊等）。浅水冷却池内，水流以平面流为主，仅在局部地区产生微弱的温差异重流或完全不产生异重流。深水冷却池内有明显和稳定的温差异重流。

② 水面面积很大的水体或水面面积相对于冷却水量很大的水体，包括河道、大型湖泊、

海湾等。

冷却池水流分布见图 6-6。在冷却池中，高温水（水温 t_1）由排水口排入湖内，再缓慢流向下游取水口（水温 t_2）的过程中，由于水面和空气接触，借自然对流蒸发作用使水冷却。冷却池中水流可分为三个区：由排水口径直流向取水口的水流区称为主流区；在一定范围内做回旋运动的水流区称为回流区；不流动的部分称为死水区。冷却效果以主流区最佳，死水区最差。因此，扩大主流区、减小回流区、消灭死水区可以提高冷却效果。

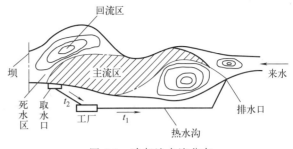

图 6-6　冷却池水流分布

在深水冷却池中，由于热水与湖水的温度差，在湖内主流区形成良好的温差异重流，使热水上浮湖面形成高温区，冷水则沉于湖的底部，形成低温区。两层之间的相对流动，有利于热水的表面散热冷却。一般湖水越深、水流速度越小，则冷、热水分层越好，越有利于热水在水面上充分扩散；取、排水口在平面、断面的布置及其形式和尺寸对降低取水温度至关重要。排水口出流高程与湖内自由水面越接近，越有利于散热。一般应尽量避免排出的热水与冷水产生强烈的掺混并延长热水由排水口流入取水口的行程历时，应根据实测地形进行模型试验，以决定是否设置导流构筑物（导流堤、挡热墙、潜水堰等）或疏浚设施。

在水面冷却池中，水面的综合散热系数是蒸发、对流和水面辐射三种水面散热系数的综合，是计算水面冷却能力的基本参数，指在单位时间内，水面温度变化 1℃ 时，水体通过单位表面散失的热量变化量，以 $W/(m^2 \cdot ℃)$ 表示。此值应通过试验确定。在近似估算水面冷却池表面积时可参考水力负荷为 $0.01 \sim 0.1 m^3/(m^2 \cdot h)$ 求定所需表面积。

6.5.1.2　喷水冷却池

喷水冷却池是利用喷嘴喷水进行冷却的敞开式水池，在池上布置配水管系统，管上装有喷嘴。压力水经喷嘴（喷嘴前压力 49～69kPa）向上喷出，喷散成均匀散开的小水滴，使水和空气的接触面积增大；同时使小水滴在以高速（流速 6～12m/s）向上喷射而后又降落的过程中，有足够的时间与周围空气接触，改善了蒸发与传导的散热条件。影响喷水池冷却效果的因素是：喷嘴形式和布置方式、水压、风速、风向、气象条件等。

如图 6-7 所示，喷水池由两部分组成：一部分是配水管及喷水嘴，配水管间距为 3～3.5m，同一支管上喷嘴间距为 1.5～2.2m；另一部分是集水池和溢流井，池中水深 1～1.5m，保护高 0.3～1.5m。估算面积时水力负荷为 $0.7 \sim 1.2 m^3/(m^2 \cdot h)$。

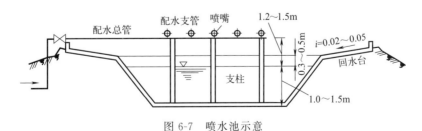

图 6-7　喷水池示意

6.5.1.3　冷却塔

冷却塔是一种常见的冷却设备，被广泛应用于各种循环冷却水系统中。它的主要作用是通过将热水和冷空气进行充分混合，从而将热水中的热量传递给空气，达到降低水温的目的。

冷却塔利用了热传递的原理，将热水和冷空气进行强制对流，使两者在塔内充分混合。在这个过程中，热水中的热量会通过蒸发、传导和辐射等方式传递给空气，使得水温和空气温度逐渐接近。最终，热水降温，而空气则被加热。

根据水流流动方式的不同，冷却塔可分为逆流式冷却塔和横流式冷却塔两种。逆流式冷却塔的水流方向与空气流动方向相反，横流式冷却塔的水流方向与空气流动方向垂直。按循环供水系统中的循环水与空气是否直接接触，冷却塔分湿式（敞开式）、干式（密闭式）和干湿式（混合式）三种。其中形式最多的是湿式冷却塔。

湿式冷却塔是指热水和空气直接接触、传热和传质同时进行的敞开式循环冷却系统，其冷却极限为空气的湿球温度。干式冷却塔［图 6-8 (a)］是指水和空气不直接接触，冷却介质为空气，而空气冷却是在空气冷却器中实现的。以空气的对流方式带走热量，故只单纯传热，其冷却极限为空气的干球温度。干湿式冷却塔是热水和空气进行干式冷却后再进行湿式冷却的构筑物［图 6-8 (b)］。

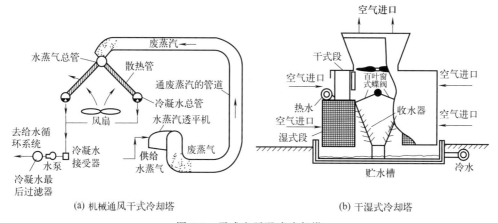

图 6-8 干式和干湿式冷却塔

湿式冷却塔的工作原理是：在冷却塔内，热水从上向下喷散成水滴或水膜，空气由下而上或以水平方向在塔内流动，在流动过程中，水与空气间进行传热和传质，水温随之下降。湿式冷却塔的分类及示意见图 6-9。其中喷流式冷却塔是热水在文丘里管的一端通过喷嘴喷入冷却塔内时，便把大量冷空气吸入塔内得到很好的混合，就能直接进行蒸发散热，这一设计体现了应用冷却原理的新深度，无风机噪声，处理量每小时几吨到几百吨。

6.5.2 冷却塔的工艺构造

冷却塔通常由塔体、填料、布水装置、通风装置和配水装置等组成。塔体是冷却塔的主体结构，用于支撑和固定其他组件；填料是放置在塔体内的静止介质，用于增加水与空气的接触面积，提高热交换效率；布水装置将热水均匀地分配到填料中，以实现与空气的充分混合；通风装置包括风机和风筒等，用于将空气吸入冷却塔，并使其强制对流，以提高热交换效率；配水装置是将降温后的水均匀地分配到填料上，使其能够充分地与空气进行热交换。以下对冷却塔的主要构件进行介绍。

6.5.2.1 抽风式逆流冷却塔的组成及作用

抽风式逆流冷却塔的工艺构造见图 6-10。热水经进水管 10 流入塔内，先流进配水管系

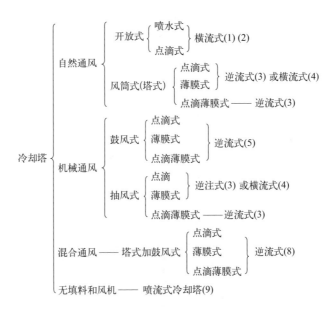

(a) 湿式冷却塔分类

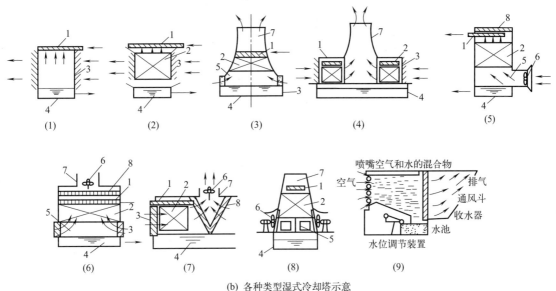

(b) 各种类型湿式冷却塔示意

图 6-9 湿式冷却塔的分类及示意

1—配水系统；2—淋水填料；3—百叶窗；4—集水池；5—空气分配区；6—风机；7—风筒；8—除水器

1，再经支管上的喷嘴均匀地喷洒到下部的淋水填料 2 上，水在这里以水滴或水膜的形式向下运动。冷空气从下部经进风口 5 进入塔内，热水与冷空气在淋水填料中逆流条件下进行传热和传质过程以降低水温，吸收了热量的湿热空气则由风机 6 经风筒 7 抽出塔外，随气流挟带的一些小水滴经除水器 8 分离后回流到塔内，冷水便流入下部集水池 4 中。所以，塔的主要装置有：热水分配装置（配水系统、淋水填料），通风和空气分配装置（风机、风筒、进风口）以及其他装置（集水池、除水器、塔体等）。

抽风式横流冷却塔的热水从上部经配水系统洒下，冷空气由侧面经进风百叶窗水平流入塔内，水和空气的流动方向互相垂直，在淋水填料中进行传热和传质过程，冷水流到下部集水池中，而湿热空气经除水器流到中部空间，再由顶部风机抽出塔外。

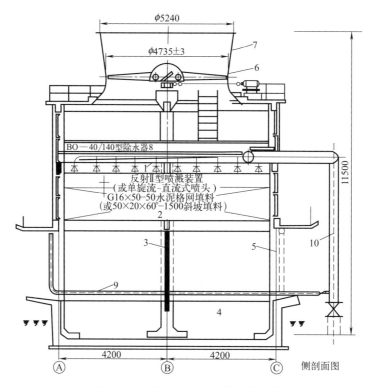

图 6-10　抽风式逆流冷却塔工艺构造

1—配水管系；2—淋水填料；3—挡风塘；4—集水池；5—进风口；
6—风机；7—风筒；8—除水器；9—化冰管；10—进水管

6.5.2.2　配水系统

配水系统的作用是将热水均匀地分配到冷却塔的整个淋水面积上。如分配不均，会使淋水装置内部水流分布不均，从而在水流密集部分通风阻力增大，空气流量减少，热负荷集中，冷效降低；而在水量过少的部位，大量空气未充分利用而逸出塔外，降低了冷却塔的运行经济指标。对配水系统的基本要求是：在一定的水量变化范围内（80%～110%）保证配水均匀且形成微细水滴，系统本身水流阻力和通风阻力较小，并便于维修管理。

在循环水系统中应尽量利用换热器出水的剩余水压，以满足配水系统的压力要求。配水系统可分为管式、槽式和池（盘）式三种。

（1）固定管式配水系统。固定管式配水系统由配水干管、支管及支管上接出短管安装喷嘴组成。配水均匀的关键是喷嘴的形式和布置。喷嘴应具有喷水角度大、水滴细小、布水面均匀、供水压力低、不易堵塞等要求。

常用喷嘴分为两类。一类是离心式，是在水压的作用下，使水流在喷嘴内形成强烈的旋转而后喷出水花。冷却塔常用的是单（或双）旋流直流式喷嘴。另一类是冲击式喷嘴，是利用水头的作用冲击溅水盘，将水溅散成细小水滴。当前，喷嘴形式较多，且不断有新的形式出现。

管式配水系统可布置成树枝状或环状（图 6-11），应根据冷却塔的结构形式进行合理的选择，需注意：①布置喷头时，尽可能使配水均匀，以减少壁流；②既要节约管件，又要有利于管道中的水力条件；③有利于施工安装及维护，力求清理方便。配水干管流速 1～1.5m/s，喷头间距 0.65～1.1m，配水管起始断面的流速一般不大于 1～1.5m/s，配水系统

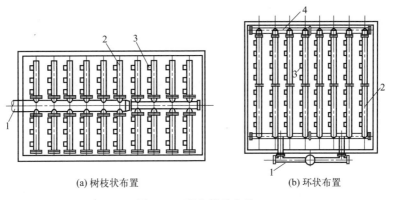

(a) 树枝状布置   (b) 环状布置

图 6-11　配水管系布置

1—配水干管；2—配水支管；3—喷嘴；4—环形管

水流总阻力不宜大于 0.5m。

（2）旋转管式配水系统。旋转管式配水系统由旋转布水器，给水管、旋转体和配水管组成。在圆形逆流式冷却塔中多选择采用旋转布水的方式，在布水管上开多个出水孔，通过压力使水从塔中心上升至布水管，然后从布水管喷洒至淋水填料上（图 6-12）。旋转体用以承受布水器的全部重量，并使布水器转动。在旋转体四周沿辐射方向等距离接出若干根配水管，水流通过配水管上的小孔（圆孔、条缝、扁形喷嘴等）喷出，推动配水管在与出水相反的方向上旋转，从而将热水均匀洒在淋水填料上。配水管转速一般为 10～25r/min，孔径大小及间距视流量及工况条件而定，进水管压力一般为 20～50kPa。转速过低，对配水的均匀性有影响，而转速过高，水滴会四周飞溅造成壁流，影响冷却效果。配水水管用法兰固定相接，并通过轴承与旋转体相连，有密封止水设施。一般小塔配水管根数为 4～6 根，大塔配水管根数为 6～12 根，为偶数组合。该系统由于是转动的，所以对于每单位面积的淋水填料是间歇配水，更有利于热量的交换、空气的对流、气流阻力的减小及配水效果的提高。

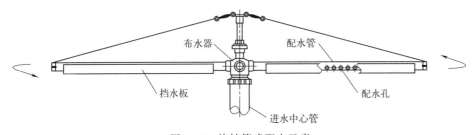

图 6-12　旋转管式配水示意

为了使整个冷却塔断面上获得均匀的配水，旋转管上的配水孔一般可以不等间距布置，且越接近旋转管末端，孔间距越小，也可以使用不同宽度的斜长条形喷水口。同时，为了防止漂水，可在出水孔上方安装设置挡水板。总之，旋转布水器的转速和孔口设计应使整个填料断面上能形成均匀连续的配水。

（3）槽（池）式配水系统。槽（池）式配水系统分环形槽和支状槽两种。一般由主水槽、配水支槽、喷嘴及溅水碟组成。配水槽在中小型冷却塔内一般不进行详细的水力计算，通常是先确定水槽断面及验算流速。主水槽流速宜采用 0.8～1.2m/s，配水槽流速宜采用 0.5～0.8m/s，在正常水力负荷下工作水槽内的水位高度不应小于 120mm。主水槽与配水槽的连接应使其水位处于同一标高。配水槽的宽度不应小于 120～150mm，高度不应大于 350mm。配水槽的水力坡降不应超过水深的 10%～15%，水槽底部装设喷嘴，当管嘴直径相同并且在整个淋水面积上均匀分布时，管嘴的距离在小型冷却塔中采用 0.5～0.7m，在大型冷却塔中采用 0.8～1.0m。槽式配水系统主要用于水质较差或供水余压较低的系统。该系统维护管理方便，缺点是槽断面大，通风阻力增大，槽内易沉积污物。

6.5.2.3 淋水填料

淋水填料的作用是将配水系统溅落的水滴，经多次溅散成微细小水滴或水膜，增大水和空气的接触面积，延长接触时间，从而保证空气和水的良好热、质交换作用。水的冷却过程主要是在淋水填料中进行，所以是冷却塔的关键部位。

淋水填料按照其中水被淋洒成的冷却表面形式，可分为点滴式、薄膜式、点滴薄膜式三种类型。无论哪种形式，都应满足下列基本要求：①具有较高的冷却能力，即水和空气的接触表面积较大、接触时间较长；②亲水性强，容易被水湿润和附着；③通风阻力小以节省动力；④材料易得而又加工方便的结构形式；⑤价廉、施工维修方便；⑥质轻、耐久。

（1）点滴式淋水填料。点滴式淋水填料主要依靠水在填料上溅落过程中形成的小水滴进行散热。以横断面为三角形的板条为例，热水在这种淋水填料中，主要依靠三部分的表面积散热：水在环绕板条流动时，在板条周围形成的水膜表面散热；在每层板条下部形成的大水滴表面散热；大水滴掉到下层板条上被溅散成许多细小水滴的表面散热 [图 6-13 (a)]。以上三种散热方式中，以水滴散热为主，约占总散热量 65%～70%（其中大水滴散热只占 10% 左右），水膜散热占 25%～30%，故称为点滴式。因此，设法增多小水滴以扩大散热面，是提高点滴式淋水装置冷效的主要途径。常见的点滴式淋水填料有横剖面形式按一定间距倾斜排列的矩形铅丝网水泥板条、塑料十字形，塑料 M 形、T 形、L 形，石棉水泥角形、水泥弧形板等 [图 6-13 (b)]。

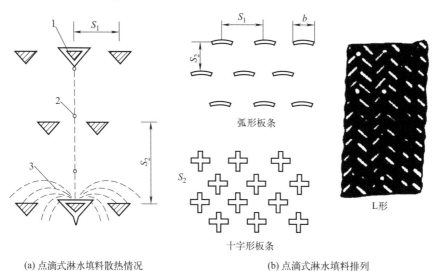

(a) 点滴式淋水填料散热情况   (b) 点滴式淋水填料排列

弧形板条

十字形板条

L 形

图 6-13　点滴式淋水填料

1—水膜；2—大水滴；3—小水滴；S_1—填料中心水平距离；S_2—填料中心垂直距离

（2）薄膜式淋水填料。薄膜式淋水填料的特点是利用间隔很小的格网，或凹凸倾斜交错板，或弯曲波纹板所组成的多层空心体，使水沿着其表面自上而下形成薄膜状的缓慢水流，有些沿水流方向还有阶梯形横向微细印痕，从而具有较大的接触面积和较长的接触时间。

冷空气经多层空心体间的空隙自下向上（或从侧面）流动与水膜接触，吸收水所散发的热量。

在薄膜式淋水填料中，热水以水膜状态流动，增加了水与空气的接触表面积，从而提高了热交换能力。薄膜式淋水填料的散热过程由三个部分组成（图6-14）：水膜表面散热，约占70%；格网间隙中的水滴表面散热，约占20%；水由上层流到下层溅散成水滴散热，约占10%。因此，增加水膜表面积是提高这种填料冷效的主要途径。

影响薄膜式淋水填料散热效果的主要因素是膜板的规格和布置方式。减小膜板厚度可相对增加单位体积的水膜面积，同时减轻结构重量，降低造价，但往往受加工条件和材料强度的限制。同时，如水质处理不好，在填料片上会大量结垢，从而堵塞填料

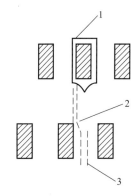

图6-14　薄膜式淋水填料散热情况
1—水膜；2—上层落到下层水滴；3—板隙水滴

料孔隙，恶化了冷却效果，严重时可能造成填料塌落。格网孔径越小，则单位面积淋水填料的表面积越大，散热效果越好，但往往引起填料阻力增大，阻碍了气、水的进入与热量交换。因此，理想的填料应该是厚度薄、材质轻，且能满足结构强度要求；孔隙较小，比表面积大，但阻力又不大。薄膜式淋水填料可分为平膜板式、波形膜板式、网格形膜板式、凸凹形膜板式等。

（3）点滴薄膜式淋水填料。点滴薄膜式淋水填料主要依靠水在填料上溅落过程中形成的小水滴进行散热。水滴散热约占65%～70%，水膜散热约占25%～30%。常见的点滴薄膜式淋水填料包括：横剖面形式按一定间距倾斜排列的矩形铅丝格网水泥板条、十字形塑料、M形塑料、T形塑料等。

① 水泥格网板淋水填料。水泥格网板由水泥砂浆加铁丝制成，其作用是将水多次溅散成水滴或形成水膜，以增加水和空气的热交换强度。水的冷却过程主要是在淋水装置中进行的，因此，保证水泥格网板淋水装置的质量是提高冷却塔热效率的关键。水泥格网板一般采用铝模、塑料模或蜡模等几种加工方法制作。格网板一般为有边框的，其尺寸为1365mm×465mm×50mm或1230mm×490mm×50mm两种，具体尺寸根据设计要求进行制作。

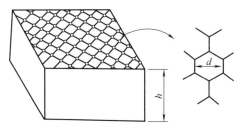

图6-15　蜂窝淋水填料
h—填料高度；d—蜂窝孔眼大小

② 蜂窝淋水填料。蜂窝淋水填料有纸质蜂窝、塑料蜂窝和玻璃钢蜂窝三种。纸质蜂窝是用浸渍绝缘纸制成的六角形管状蜂窝体（图6-15）。蜂窝孔眼大小以正六边形内切圆直径 d 表示，多层连续叠放于支架上，交错排列。该填料呈管状，适用于逆流塔。

6.5.2.4　各种淋水填料的比较与选择

淋水填料是冷却塔的核心，影响填料选择的因素是多方面的，需要综合考虑冷却塔塔型、热力特性、冷却任务、冷却水水质、通风条件、填料的热力阻力特性、填料的支撑方式、填料的造价等诸多因素。

① 根据冷却水水质选择。当水中有可能泄漏原料油等，或水中有纤维，或冷却水的悬浮物浓度大于 100mg/L 时，宜选择点滴式填料；当没有泄漏且水质控制较好或冷却水的悬浮物浓度小于 50mg/L 时，宜选用薄膜式填料；而当场地受限且水中有可能泄漏原料油类污染物或冷却水的悬浮物浓度介于 50～100mg/L 时，宜选用点滴薄膜混装式填料。

② 根据冷却塔塔型选择。逆流式冷却塔的填料常布置在塔进风口上方，采用薄膜式或点滴薄膜式可使塔总高度降低，降低造价，一般工程设计优先采用；而横流式冷却塔的填料高度与塔进风口高度相同，有利于采用高度大的点滴式填料，当然，点滴薄膜式或薄膜式填料对高度不是制约条件，亦可应用。但填料深度（径深）对塔的总体尺寸有直接影响，故填料应与塔体高度配套进行比较，一般而言，淋水填料的装填高度和径深的比值为 2.0～2.5。

③ 根据进塔水温选择。不同材质的填料有其不同的适用温度。有研究资料表明，改性聚氯乙烯（PVC-M）在进塔水温不大于 45℃ 时使用效果最佳，而氯化聚氯乙烯（PVC-C）的亲水性要差于改性聚氯乙烯（PVC），散热性能不如前者，聚丙烯（PP）在低温环境时抗老化能力差、易燃；当进塔水温超过 45℃ 时，氯化聚氯乙烯及聚丙烯填料的耐温性能明显好于改性聚氯乙烯，宜优先采用；而当进塔水温超过 60℃ 时，聚丙烯因耐温性能更高，使用效果更佳；当进塔水温超过 70℃ 时，上述的三种塑料已不再适用，应考虑铝合金等其他的耐高温材料。

④ 根据风机特性选择。填料的热力特性与阻力特性应结合风机特性进行综合评判，选择在相同设计条件下的冷却能力最大者。因为填料的热力性能好，往往阻力也高，在自然塔中，填料阻力由塔的抽力进行平衡，而抽力与填料的进出空气密度差成正比。一般来讲，热力性能高的填料，采用的气水比相对较低，而空气密度差则较大，有提高抽力的作用。在抽风式机械通风冷却塔中，抽力由风机的风压提供，而风机的实际工作风压与空气密度成正比，使用气水比相对较低的填料时，塔出口空气密度相对较低，存在降低风压的作用，其作用与前者正好相反。在一些实例计算比较中可看到，在自然塔中，某些热力性能排序较好的填料用于机械通风冷却塔时，会发生次序颠倒的现象，故选择填料时应与风机特性一起进行综合评判。

⑤ 根据填料布置方式选择。大型冷却塔填料安装方式采用吊装时，应充分考虑填料发生晃动的情况。填料的组装形式应稳定、便于施工和日常维护。此外，当填料块直接简支在支撑小梁上时，支撑梁宜采用宽度小、通风阻力小的结构，梁中距应与填料块简支以最优尺寸相配合。当采用支撑型格板时，格板简支设计跨度与支撑梁的跨度应一致，格板的耐腐蚀性能应与填料相适应，同时应考虑格板对通风阻力的影响。

总之，对于淋水填料，在充分考虑了各方面条件后，宜选择热力与阻力性能好、刚度好、耐腐蚀、抗老化、具有阻燃性能的填料，并符合下列规定：逆流式冷却塔宜采用薄膜式或点滴薄膜式填料；横流式冷却塔宜对薄膜式、点滴薄膜式、点滴式填料与塔体高度等因素匹配比较后确定，淋水填料的装填高度和进深的比值宜为 2.0～2.5。

6.5.2.5 通风及空气分配装置

（1）风机。在风筒式自然通风冷却塔中，稳定的空气流量由高大的风筒所产生的抽力形成。机械通风冷却塔中则由轴流式风机供给空气。风机启动后，在风机下部形成负压，冷空气便从下部进风口进入塔内。轴流式风机的特点是风量大、风压小、能正反转，并可通过调整叶片数或叶片角改变风量或风压，提高片数或角度可增加风量、风压，但功率增大，效率下降。用于蒸发冷却设备和工业冷却塔的风机位于冷却塔中（离心风机）的进气口或者位于上方出气口（轴流风机）。安装在下方的风机输送空气流过冷却塔，安装在上方的轴流风机则通过抽吸空气制造负压，促使外部新鲜空气流入冷却塔。

风机一般由叶轮、传动装置和电机三部分组成。叶轮由叶片和轮毂组成。轮毂的作用是固定叶片和传递动力。轮毂直径一般为叶片直径的 30%～40%，由钢板制成。叶片可由高强度环氧玻璃钠模压而成，也可用铝合金或其他轻质金属制成。叶片应具有强度高、质量轻、耐腐蚀、装卸方便等优点。叶片数 4～8 片，安装角度 2°～22°，叶轮转速 127～240r/min。叶片顶端和风筒壁之间的间隙应小于叶片长的 1%。传动装置包括减速齿轮箱、传动轴和联轴器三部分。联轴器由优质钢（或不锈钢）法兰制造，两个半联轴器之间用 8～10 个柱销连接；传动轴由优质钢管制作。

冷却塔的格数较多且布置集中时，风机宜集中控制。各台风机应有可切断电源的转换开关及就地控制风机启、停的操作设施。风机的减速器应配有油温检测和报警装置，当采用稀油润滑时应配有油位指示装置。

（2）风筒。风筒的作用是创造良好的空气动力条件，减少通风阻力，并将排出冷却塔的湿热空气送往高空从而减少湿热空气回流。机械通风冷却塔的通风筒又称风筒。风筒式自然通风冷却塔的通风筒起通风和将湿热空气送往高空的作用。

通风筒包括进风收缩段、进风口和上部扩散筒。为了保证进风平缓和消除风筒出口的涡流区，风筒进风口宜做成流线形的喇叭口。扩散筒高度不宜小于风机半径，风筒下口直径大于上口直径。机械通风冷却塔采用强制通风，故一般风筒较低；而自然通风冷却塔的通风筒起抽风和送湿热空气的作用，故筒体较高。风筒喉部风机叶片水平轴线以下的吸入段应采用流线形，吸入段高度宜大于 1.2m 并且不小于风筒喉部直径的 15%。当采用圆锥台形风筒扩散段时，风筒喉部风机叶片水平轴线以上的扩散段（筒）高度宜等于风机半径，扩散段（筒）的中心角宜为 10°～15°。

（3）空气分配装置。在逆流塔中，空气分配装置包括进风口和导风装置；在横流塔中仅指进风口，需确定其形式、尺寸和进风方式。

逆流塔的进风口指填料以下到集水池水面以上的空间。如进风口面积较大，则进口空气的流速小，不仅塔内空气分布均匀，而且气流阻力也小，但增加了塔体高度，提高了造价；反之，如进风面积较小，则风速分布不均，进风口涡流区大，影响冷却效果。抽风逆流塔的进风口面积与淋水面积之比不小于 0.5，当小于 0.5 时宜设导风装置（图 6-16）以减少进口涡流，当塔的平面为矩形时，进风口宜设在矩形的长边。风筒式塔进风口面积与淋水面积的比值不小于 0.4。横流式冷却塔的进风口高度等于整个淋水装置的高度，淋水填料高度和径深比：机械通风冷却塔宜为 2～2.5；自然塔，当淋水面积>1000m² 时宜为 1～1.5，面积 <1000m² 时宜为 1.5～2.0。

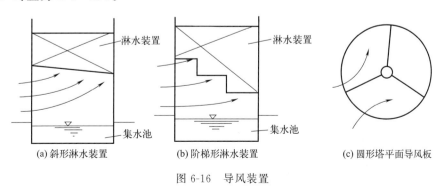

(a) 斜形淋水装置　　　　(b) 阶梯形淋水装置　　　　(c) 圆形塔平面导风板

图 6-16　导风装置

单个机械通风冷却塔采用四面进风的进风口；多塔单排并列布置时，采用两面进风，进风口应与夏季主导风向平行；多塔双排布置时，每排的长与宽之比不宜大于5∶1，宜采用单面进风，中间隔墙起挡风墙作用，进风口应面向夏季主导风向。为了防止水滴溅出，改善气流条件，在横流塔、小型逆流塔进风口四周往往设置向塔内倾斜与水平成45°的百叶窗。

6.5.2.6 其他装置

（1）收水器。从冷却塔排出的湿热空气中，带有一些水分，其中一部分是混合于空气中的水蒸气，不能用机械方法分离；另一部分是随气流带出的雾状小水滴，通常可用收水器来分离回收，以减少水量损失，同时改善塔周围环境。收水器应做到收水效率高、通风阻力小、经济耐用、便于安装。通过除水器的风速应当小些，为此，应尽量选用薄壁材料，如塑料或玻璃钢，以增大通风面积，减小风速。

收水器材质可采用聚氯乙烯塑料、玻璃钢等，其理化性能应与填料具有同等水平，玻璃钢收水器的氧指数不应低于28%。收水器的收水效果与收水器片的波形、片距、片高有关。机械通风冷却塔漂滴损失高于自然通风冷却塔，对收水器的收水效果要求更高。因此，机械通风冷却塔应采用高效收水器，收水器宜以实际测试漂滴损失水率作为选择依据，收水器的漂滴损失水率宜小于0.001%。

收水器布置断面积宜与填料区接近，当收水器构造形状能使出风方向偏转时，应将收水器分区布置，使出收水器的空气向风机（风筒）进口方向汇集。逆流式冷却塔收水器宜直接敷设在配水管上，当配水管上方有适宜的横梁可利用时，亦可布置在梁的空间内或梁上。横流式冷却塔进风口（填料）高度大，填料内风速分布上、中、下相差很大，填料后采用不同阻力值的收水器，可以使上、中、下风速差值减少，接近均匀配风，是目前较为有效和经济的做法。

（2）集水池。集水池起储存和调节水量作用，有时还可作为循环水泵的吸水井。集水池的容积应当满足循环水处理药剂在循环冷却水系统内的停留时间的要求。循环冷却水系统的容积约为循环冷却水小时流量值的1/5～1/3。集水池的深度不宜大于2m。

对于小型冷却塔，集水池平面尺寸宜与塔体填料区平面尺寸一致，应在进风口侧池顶外加回水檐，回水檐伸出尺寸宜为1.0～1.5m。对于大、中型冷却塔，宜将集水池加宽至进风口外1.5～2.0m，不再设回水檐，北方寒冷地区宜加宽至2.0～2.5m。

为了拦阻杂物，在出水管前设置格栅，池中还应设补充水管。集水池应有溢流、排空、排泥设施，池底宜有一定坡度坡向排污坑沟，坡度宜为0.3%；集水池池顶宜高出地面0.5m以上；集水池有效水深宜根据循环水泵布置形式、水泵的必需汽蚀余量、循环冷却水系统所需调节容积及冰冻深度等确定，水池有效水深宜为1.2～2.3m，水池最高水位以上保护高度不宜小于0.3m。

（3）冷却塔塔体。塔体主要起封闭和围护作用。主体结构和淋水填料的支架（柱、梁、框架）在大、中型塔中用钢筋混凝土或防腐钢结构，塔体外围用混凝土大型砌块或玻璃钢轻型装配结构。小塔全用玻璃钢。塔体形状在平面上有正方形、矩形、圆形、双曲线形等。

冷却塔的大、中、小型界限宜根据冷却水量进行划分：大型冷却塔的单格冷却水量不小于3000m³/h；中型冷却塔的单格冷却水量小于3000m³/h且不小于1000m³/h；小型冷却塔的单格冷却水量小于1000m³/h。

冷却塔塔体结构的布置应满足：塔内承重梁、柱布置应与气流顺畅的要求相一致，靠近进风口的梁宜平行于气流方向布置；风机风筒进口梁宜为十字形或辐射形布置；风机承台宜直接布置在塔中心主柱顶上；塔体结构的材质应根据水质情况选择。

思考题

1. 若需直流式冷却水系统改造为敞开式的循环水冷系统，需要增加哪些设备？
2. 简述循环冷却塔的水质要求。
3. 简述冷却塔的主要构造与功能。
4. 简述常见预膜剂的种类及其特点。

参考文献

[1] 刘智安，赵巨东，刘建国. 工业循环冷却水处理[M]. 北京：中国轻工业出版社，2017.
[2] 邵青. 水处理及循环再利用技术[M]. 北京：化学工业出版社，2004.
[3] 彭党聪. 水污染控制工程[M]. 3版. 北京：冶金工业出版社，2010.

第7章
其他工业给水处理方法

7.1 地下水除铁、除锰

铁和锰是地壳的主要元素之一，广泛存在于自然界中，其原子序数分别为 26、25，化学性质相近，可共同参与自然界中的各类环境化学过程。水中的铁以 +2 价或 +3 价氧化态存在，锰以 +2、+3、+4、+6 或 +7 价氧化态存在。地表水中含有溶解氧，铁、锰主要以不溶解的 $Fe(OH)_3$ 和 MnO_2 状态存在，所以铁、锰含量不高。而地下水、湖泊和蓄水库的深层水，由于缺少溶解氧并且呈弱酸性，当地下水流过土壤、矿物质、岩石时，由于物理、化学作用导致 +3 价铁和 +4 价锰还原成为溶解性的 +2 价铁和 +2 价锰，因而铁、锰含量较高，必须加以处理。我国 1/3 城镇用水为地下水，含铁、含锰地下水覆盖人口超过 3 亿人，因此，地下水除铁和除锰是城镇和工业供水常遇到的问题。

水中含铁量高于 1mg/L 时具有铁腥味，若作为造纸、纺织、印染、化工和皮革精制等生产用水时，会降低产品质量。含铁量高的水还可使家庭用具如洗面盆和浴缸发生锈斑，洗涤衣物会出现黄色或棕黄色斑渍。含锰量高的水所发生的问题和含铁量高的情况相类似，例如使水有色、臭、味，损害纺织、造纸、酿造、食品等工业产品的质量，家用器具会污染成棕色或黑色，洗涤衣物会有微黑色或浅灰色斑渍等。

铁质沉淀物 Fe_2O_3 会滋长铁细菌，阻塞管道，大量沉积于管道中会产生"黄水"。锰在管道中沉积，产生"黑水"。如第 6 章所述，铁、锰在工业循环冷却水中是生成水垢的成分之一。在工业循环冷却水中，铁、锰附着于加热管壁上，降低管壁传热系数，甚至堵塞冷却水管，同时，铁、锰细菌不断滋生还会加速金属管道腐蚀。

7.1.1 地下水中铁、锰的存在形式与水质标准

地下水中铁的存在形态主要为溶解态。由于 Fe^{3+} 在 $pH>5$ 的水中溶解度极小，加之地层的过滤作用，因此地下水中主要为 Fe^{2+}，并且多以 Fe^{2+} 的重碳酸盐 $[Fe(HCO_3)_2]$ 或水合离子 $FeOH^+ \sim Fe(OH)_3^-$ 的形式存在。

当水中有溶解氧时，水中的 Fe^{2+} 易于氧化为 Fe^{3+}：

$$4Fe^{2+} + O_2 + 2H_2O \Longrightarrow 4Fe^{3+} + 4OH^- \tag{7-1}$$

$$4Fe^{2+} + O_2 + 2H_2O \Longrightarrow 4Fe(OH)_3 \downarrow + 8H^+ \tag{7-2}$$

氧化生成的 Fe^{3+} 由于溶解度极小，多以 $Fe(OH)_3$ 形式析出。所以，含铁地下水中不含

溶解氧是 Fe^{2+} 能稳定存在的必要条件。此外，Fe^{2+} 或 Fe^{3+} 形成的络合物也是地下水中常见的含铁物质，铁可以和硅酸盐、硫酸盐、腐殖酸、富里酸等相络合而成无机或有机络合铁。我国地下水的含铁量多在 $5\sim15mg/L$，较少超过 $30mg/L$。

水中的锰有从 +2 价到 +7 价的各种价态，但除了 +2 价和 +4 价锰之外，其他价态的锰在中性的天然水中一般不稳定，一般不存在；+4 价锰在天然水中溶解度甚低，地下水中锰的普遍存在形式是重碳酸亚锰 $[Mn(CO_3)_2]$、硫酸亚锰（$MnSO_4\cdot4H_2O$）或胶态的有机锰。我国地下水的含锰量多在 $0.5\sim2.0mg/L$。

铁和锰可共存于地下水中，但含铁量往往高于含锰量。世界卫生组织在饮用水国际标准中规定水中铁的含量应小于 $0.3mg/L$，锰的含量应小于 $0.05mg/L$。我国《生活饮用水卫生标准》（GB 5749—2022）规定饮用水中铁和锰的允许含量分别为 $0.3mg/L$ 和 $0.1mg/L$。不同的工业用水对铁锰含量也有特定的标准，有的生产部门甚至要求其为痕量或零。常见工业用水铁、锰的含量标准如表 7-1 所示。

表 7-1 常见工业用水铁、锰的含量标准　　　　　　　　单位：mg/L

序号	工业类别	铁	锰	铁＋锰	序号	工业类别	铁	锰	铁＋锰
1	面包	0.20	0.20	0.20	14	制革	0.20	0.20	0.20
2	啤酒	0.10	0.10	0.10	15	染色	0.25	0.25	0.25
3	罐头	0.20	0.20	0.20	16	洗毛	1.00	1.00	1.00
4	清凉饮料	0.20	0.20	0.20	17	织布	0.20	0.20	0.20
5	糖果	0.20	0.20	0.20	18	纤维制品漂白	0.05	0.05	1.00
6	食品	0.20	0.20	0.30	19	冷却用水	0.30	0.30	0.30
7	制糖	0.10	—	—	20	空调用水			
8	制冰	0.20	0.20	0.20	21	胶片制造			
9	洗衣	0.20	0.20	0.20	22	感光材料制造	0.05	0.03	0.05
10	树脂合成	0.02	0.03	0.05	23	造纸	—	—	—
11	纸浆	0.05	0.03	0.02	24	人造丝生产	—	—	—
12	油田油层注水	0.5	0.5	0.5	25	透明塑料	0.02	0.02	0.02
13	锅炉用水	0.30	0.30	0.30	26	汽车工业用水	0.2	0.2	0.2

7.1.2　典型地下水除铁、除锰技术

水体中过量的铁、锰对人们的生活和生产均会造成不利影响，人们很早就认识到铁、锰超标的问题，并采取了相对应的措施。1868 年，荷兰建成第一座大型除铁装置；1874 年，德国建成第一座处理水中铁、锰的设施；1893 年，美国建立了除铁、除锰水厂。我国除铁、除锰技术发展稍晚于发达国家，20 世纪 60 年代初，我国成功试验了天然锰砂接触氧化除铁工艺；70～80 年代，我国确立了接触氧化除铁理论，并开发、应用、推广了接触氧化除锰工艺；90 年代，我国提出了生物除铁、除锰理论。

目前地下水中除铁、除锰的技术主要是通过物理化学途径或生物途径将离子态污染物转化成固态形式，进而对其进行分离去除。其中，物理化学途径主要包括氧化、过滤和吸附技术，生物途径主要通过微生物的氧化作用和吸附共沉实现铁、锰的去除。

7.1.2.1　自然氧化法

自然氧化法包括曝气、氧化反应、沉淀、过滤等一系列流程。含铁地下水经曝气与空气充分接触，使氧气溶于水中，同时散去水中的 CO_2，提高 pH 值。利用溶解氧将 +2 价铁、+2 价锰分别氧化为 +3 价铁和 +4 价锰，最终以 $Fe(OH)_3$ 和 MnO_2 颗粒形式析出，此时

地下水变为黄褐色的浑水，经过沉淀、过滤等固液分离净化工序去除 $Fe(OH)_3$ 和 MnO_2 颗粒，从而达到除铁除锰的目的。而要提高除锰的自然氧化速度，pH 值需提高到 9.5 以上时才有效，在实际应用中为了提高 pH 值，需向地下水中投加碱（如石灰、纯碱）以确保除锰的效率。

由式（7-2）可知，每氧化 1mg/L 的 Fe^{2+}，理论上需氧 $2\times16/(4\times55.8)=0.14mg/L$，同时产生的 H^+。但是每产生 1mol/L 的 H^+ 会消耗 1mol/L 的碱度，所以每氧化 1mg/L 的 Fe^{2+} 会降低 1.8mg/L 碱度（以 $CaCO_3$ 计）。如水的碱度不足，则在氧化反应过程中，H^+ 浓度增加，pH 值降低，氧化速率就会受到影响而变慢。此外，采用自然氧化法时水中的其他杂质也会消耗氧，所以实际所需的溶解氧量应比理论值高，因此除铁所需溶解氧的浓度需按式（7-3）计算：

$$[O_2]=0.14\alpha[Fe^{2+}] \tag{7-3}$$

式中，α 为过剩溶氧系数，指水中实际所需溶解氧的浓度与理论值的比值，一般取值 3～5。

氧化生成的 Fe^{3+} 经水解后先产生 $Fe(OH)_3$ 胶体，然后逐渐凝聚成絮状沉淀物，可用普通砂滤池除去。曝气自然氧化除铁的工艺流程如图 7-1 所示。

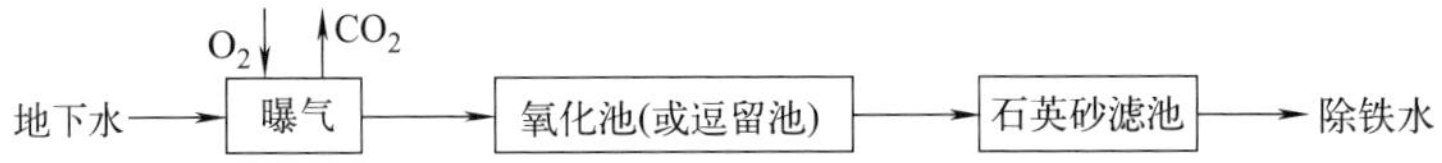

图 7-1　曝气自然氧化除铁的工艺流程

采用曝气法除铁、锰时，不同的处理工艺要求不同的曝气方法。要求只需向水中溶氧时，由于溶氧过程比较迅速，所以可采用比较简易和尺寸较小的曝气装置，如跌水、压缩空气曝气器、射流泵等。在向水中溶氧的过程中，还要求去除一部分 CO_2 以提高水的 pH 值时，由于散除 CO_2 的量较大，且进行的速率较慢，需要较长时间进行充分曝气，所以常采用比较大型的曝气设备，如自然通风曝气塔、机械曝气塔、喷淋曝气、表面曝气等。

跌水曝气一般采用 1～3 级跌水，每次跌水高度为 0.5～1.0m，堰口流量为 20～50m^3/（m^2·h）。其特点是曝气效果好、运行可靠、构造简单，适用于对曝气要求不高的重力式滤池。射流曝气是应用水射器利用高压水流吸入空气，高压水一般为压力滤池的出水回流，经过水射器将空气带入。曝气塔是一种重力式曝气装置，适用于含铁量不高于 10mg/L 时。曝气塔中填以多层板条或 1～3 层厚度为 0.3～0.4m 的焦炭或矿渣填料层，填料层的上下净距在 0.6m 以上，以便空气流通。含铁、锰的水从位于塔顶部的穿孔管喷淋而下，成为水滴或水膜通过填料层，由于空气和水的接触时间长，所以效果好。焦炭或矿渣填料常因铁质、锰质沉淀堵塞而需更换，因此在含铁量较高时，以采用板条式填料较佳。曝气塔的水力负荷为 5～15m^3/（m^2·h）。

曝气后的水在氧化反应池中一般停留 1h 左右。在氧化反应池中，水中 Fe^{2+} 除了被充分氧化成 Fe^{3+} 外，Fe^{3+} 的水解产物 $Fe(OH)_3$ 还能部分地沉淀下来，从而减轻后续滤池的负荷。曝气自然氧化法除铁、除锰一般能将水中的铁锰量降至 0.3mg/L 以下。

自然氧化法尽管操作简单，但处理工艺流程复杂。为达到去除效率需投加大量碱，而且处理后水需酸化降低 pH 值后才能正常使用，进一步提高了管理难度及运行成本。另外，自然氧化法除铁、锰的反应过程中，氧化和沉淀两过程要求的水力停留时间较长，减缓了处理速度，限制了该方法在工程实践中的运用。

7.1.2.2　接触氧化法

接触氧化法去除铁、锰是利用活性滤膜的自催化氧化接触过滤，加速氧化水中 Fe^{2+} 和

Mn^{2+} 后将其去除，起催化作用的是滤料表面的铁质、锰质活性氧化膜。20 世纪 60 年代，在我国试验成功天然锰砂接触氧化除铁工艺，这是将催化技术用于地下水除铁、除锰的一种新工艺。

含铁、含锰地下水曝气后经过天然锰砂滤层过滤，经长期运行后，水中 Fe^{2+}、Mn^{2+} 的氧化反应能迅速地在滤层中完成，并同时将铁、锰截留于滤层中，从而一次完成全部除铁、除锰过程。因此，采用天然锰砂接触氧化除铁、除锰不要求在过滤除铁、除锰以前进行氧化反应，不需要设置反应沉淀构筑物，使处理系统大为简化。

（1）除铁的方法如下。天然锰砂接触氧化除铁工艺一般由曝气溶氧和锰砂过滤组成。因为天然锰砂能在水的 pH 值不低于 6.0 的条件下顺利地进行除铁，而我国绝大多数含铁地下水的 pH 值都大于 6.0，所以曝气的目的主要是为了向水中溶氧，而不要求散除水中的 CO_2 以提高水的 pH 值，这可使曝气装置大大简化。曝气后的含铁地下水，经天然锰砂滤池过滤除铁，从而完成除铁过程。在天然锰砂除铁系统中，水的总停留时间只有 $5 \sim 30min$，处理设备投资大为降低。

研究发现，旧天然锰砂的接触氧化活性比新天然锰砂强，且旧天然锰砂若反冲洗过度，催化活性会大大降低，表明锰砂表面覆盖的铁质滤膜具有催化作用，称为铁质活性滤膜。过去人们一直认为二氧化锰（MnO_2）是催化剂，铁质活性滤膜催化作用的发现，表明催化剂是铁质化合物，而不是锰质化合物，天然锰砂对铁质活性滤膜只起载体作用，这是对经典理论的修正。铁质活性滤膜的化学组成经测定为无定型结构，由特殊构造的相互联结的球状三价铁氢氧化物分子构成。新生成的铁质滤膜十分细微，具有巨大的表面积，有最强的催化活性；随着时间的延长，滤膜逐渐脱水老化，催化活性也随之降低，最终变成在滤料上的附着物。因此，滤料表面的铁质活性滤膜的催化作用只有在连续的除铁过程中才能实现。对于新滤料，滤料表面尚无活性滤膜物质，所以新滤料也没有接触氧化除铁能力，只能依靠滤料自身的吸附能力去除少量铁质，出水水质较差。滤池工作一段时间后，滤料表面活性滤膜物质积累数量逐渐增多，滤层的接触氧化除铁能力逐渐增强，出水水质也逐渐变好。当活性滤膜物质积累到足够数量，出水含铁量降低到要求值以下时，表明滤层已经成熟。新滤料投产到滤层成熟，称为滤层的成熟期。一般滤层的成熟期为数日至十数日不等。因此，也可采用石英砂、无烟煤等廉价材料代替天然锰砂作接触氧化滤料，这类新滤料对水中 Fe^{2+} 具有吸附去除能力，吸附容量因滤料品种不同而异。一般而言，石英砂、无烟煤吸附容量很小，而天然锰砂的吸附容量大，投产初期的除铁水水质较好。

铁质活性滤膜首先以离子交换方式吸附水中的 Fe^{2+}：

$$Fe(OH)_3 \cdot 2H_2O + Fe^{2+} \Longrightarrow Fe(OH)_2(OFe) \cdot 2H_2O^+ + H^+ \qquad (7\text{-}4)$$

当水中有溶解氧时，被吸附的 Fe^{2+} 在铁质活性滤膜的催化下迅速地氧化并水解，从而使催化剂得到再生：

$$Fe(OH)_2(OFe) \cdot 2H_2O^+ + 0.25O_2 + 2.5H_2O \Longrightarrow 2Fe(OH)_3 \cdot 2H_2O + H^+ \qquad (7\text{-}5)$$

反应生成物又作为催化剂参与反应，因此，铁质活性滤膜接触氧化除铁是一个自催化过程。在曝气接触氧化除铁除锰工艺中，曝气的目的主要是向水中充氧，但为保证除铁过程的顺利进行，过剩溶氧系数 α 应不小于 2。

（2）除锰的方法如下。锰质活性滤膜接触氧化 Mn^{2+} 的过程分为两步，包括吸附过程和氧化过程，其反应如下：

$$MnO_2 \cdot xH_2O + Mn^{2+} \longrightarrow MnO_2 \cdot MnO \cdot (x-1)H_2O + 2H^+ \qquad (7\text{-}6)$$

$$MnO_2 \cdot MnO \cdot (x-1)H_2O + \frac{1}{2}O_2 \longrightarrow 2MnO_2 \cdot xMnO \qquad (7\text{-}7)$$

锰质活性滤膜可在中性 pH 值条件下，使 Mn^{2+} 的氧化速度较无催化剂时的自然氧化显著加快，实现锰的吸附、自循环氧化过程。

铁的氧化还原电位比锰要低，Fe^{2+} 对高价锰便成为还原剂，因此 Fe^{2+} 能阻碍 Mn^{2+} 的氧化，只有在水中 Fe^{2+} 含量很低时，Mn^{2+} 才能被氧化。因此，在地下水铁、锰共存时，应先除铁后除锰。曝气接触氧化法除铁、除锰工艺流程如图 7-2 所示。

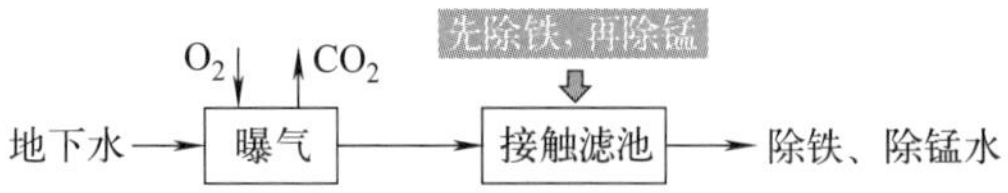

图 7-2　曝气接触氧化法除铁、除锰工艺流程

接触氧化法是对自然氧化法的一大改进，简化了自然氧化法的工艺流程，提高了除铁、除锰的效果和稳定性，但除铁效果较好、除锰效果较差，除锰机理有待于进一步发展与完善，尤其是当水中有铁锰的络合物时。地下水中铁、锰共存时，在铁、锰含量都比较低（原水铁含量<2mg/L，锰含量<1.5mg/L）的情况下，单级接触氧化除铁、除锰工艺可以同时去除铁、锰；当原水铁、锰含量较高时（铁含量>10mg/L，锰含量>3mg/L），需要采用两级接触氧化才能完成铁锰的去除。

7.1.2.3　催化氧化法

在锰砂表面生成自催化氧化的铁质、锰质活性滤膜有效解决了自然氧化法除铁、除锰流程复杂的问题，但仍存在滤层中铁、锰氧化速率较慢，活性滤膜成熟周期较长，低温环境不利于滤池启动等问题。近年来，学者们对接触氧化技术进行延伸，探索采用预投加强氧化剂（高锰酸钾、次氯酸钠、高氯酸钾等）加速复合铁、锰质活性滤膜的生成，缩短除铁除锰砂滤系统的启动周期。

采用砂滤系统处理含铁锰地下水的研究中发现，通过在进水中（30~60d 左右）持续投加高锰酸钾等强氧化剂，可在石英砂滤料表面形成一层具有低结晶度和微细晶粒的多孔结构的活性铁锰复合氧化膜，氧化膜是主要成分为 $CaCO_3$、$FeOOH$、Fe_3O_4、Mn_3O_4 和 MnO_2 等，加速了砂滤系统的启动和滤膜的成熟。铁、锰质复合活性滤膜培养成熟后可不再投加强氧化剂，对水中铁锰具有持续的催化氧化作用，使出水铁锰含量显著降低。

投加化学药剂催化氧化水中除铁、除锰的机理主要包括化学氧化和吸附等。投加的高锰酸钾在中性条件下快速与铁、锰反应，迅速将 +2 价铁、+2 价锰氧化成为 +3 价铁和 MnO_2 絮体，并通过砂滤层截留分离下来。此外，原位生成的 MnO_2 颗粒物具有较强的吸附性能，可吸附铁、锰离子。

采用投加高锰酸钾为氧化剂的快速砂滤系统除锰的主要机理包括：氧化剂与溶解态锰迅速反应生成固相锰［见式（7-8）］；残余的溶解态锰迅速被生成的固相锰吸附；被吸附的溶解态锰逐渐被氧化并转化为复合锰质活性滤膜［见式（7-9）］。

$$MnO_2 \cdot xH_2O + Mn^{2+} \longrightarrow MnO_2 \cdot MnO \cdot (x-1)H_2O + 2H^+ \text{（快速氧化）} \quad (7\text{-}8)$$

$$MnO_2 \cdot MnO \cdot (x-1)H_2O + 0.5O_2 \longrightarrow 2MnO \cdot xH_2O \text{（复合锰质活性滤膜催化）} \quad (7\text{-}9)$$

在化学氧化作用下快速生成的复合锰质活性滤膜是催化氧化 Mn^{2+} 的核心，强吸附效能的复合锰质活性滤膜主要是无定型具有多孔结构的 $\delta\text{-}MnO_2$（水钠锰矿），稳定运行后期活性滤膜会逐渐老化，其非晶型结构转变为晶型结构。当氧化剂为次氯酸钠时，复合锰质活性滤膜的形成不仅有利于增大对 Mn^{2+} 的吸附,还能促进 Mn^{2+} 向高价态的 +4 价锰转化。

氧化剂的投加对滤料除锰性能的提升及加速滤柱的启动有着显著的影响。然而,氧化剂的投加量往往是根据化学计量法或经验法确定的,不精确的药剂投加不仅易导致处理效果变差,也极易造成药剂残余。此外,水中其他易于氧化的物质也会消耗部分高锰酸钾。研究和实际工程运行经验表明,投加少量或适量高锰酸钾等氧化剂可以在一定程度上加速砂滤系统的启动,而投加足量的高锰酸钾反而不利于滤料的成熟。此外,不同氧化剂形成的复合铁、锰质活性滤膜过程和成熟周期存在差异,导致铁、锰的去除效能不同。

7.1.2.4 生物法

生物除铁、除锰技术是近年来提出的以"生物固锰除锰机理"为核心的除铁、锰工程应用的新理论和新技术。工程实践中在采用接触氧化法和催化氧化法去除铁、锰的滤池中往往可以检测出大量的活性微生物,因此,微生物在除铁、除锰滤池的作用被广泛研究与应用。

我国早在 20 世纪 90 年代率先开展了地下水生物法除铁、锰新技术的理论及应用研究,国外一些学者也相继从不同角度对生物法进行了研究,取得了一些有价值的成果。2002 年我国首座在生物固锰除锰理论指导下建立的大型的除铁、除锰水厂(沈阳市开发区水厂)投入运行,该工程出水水质稳定,铁、锰都得到了深度去除,具有良好的处理效果。由于应用了生物技术,基建费用投资节省了 3000 万元,年运行费用节省 20%。

生物除铁、除锰理论的基本观点是:除锰滤池中铁、锰的去除主要是滤层中铁细菌、锰细菌发挥生物作用的结果,而不是通过铁质(锰质)活性滤膜的化学催化作用去除的。生物除锰理论认为,在 pH 值中性的地下水中,溶解态 +2 价锰不能通过化学氧化去除,只有在生物除铁、除锰滤层中,以 Mn^{2+} 氧化菌为主的生物群系增殖到大于 10^6 个/mL(湿砂)时,在除锰菌体外酶的催化作用下,才能将 +2 价锰氧化成 +4 价锰并被截留于滤层中或黏附到滤料表面而去除。含铁地下水经曝气后送入滤池后,滤层中的铁细菌氧化水中的 Fe^{2+},并进行繁殖。因此,滤池除铁、除锰的效率,随着滤层中铁细菌的增多而提高,一般当滤层中铁、锰氧化菌细菌数达到约 10^6 个/mL 时,滤层便具有了良好的除铁、除锰能力,即滤层已经成熟。滤层的成熟期一般为数十日。用石英砂做滤料,滤层的成熟期很长,有的长达数月。采用国产的马山锰砂、乐平锰砂和湘潭锰砂(其主要成分为 Mn_3O_4),可使滤层的成熟期显著缩短。用成熟的除铁、除锰滤池中的铁泥对新滤池接种,可以加快滤层的成熟速度。除锰滤池中微生物不断繁殖并附着在滤料表面,同时被氧化的 MnO_2 也沉积在滤料表面,与微生物形成一层具有除锰活性的"黑膜"。

采用单极滤池除铁、除锰时,在同一滤层中铁主要截留在上层滤料内,当地下水中铁、锰含量不高时,可在同一滤层上层除铁下层除锰,不致因锰的泄漏而影响水质。但如含铁、锰量大,则除铁层的范围增大,剩余的滤层不能完全截留水中的锰,因而部分锰泄漏,滤后水不符合水质标准。此外,由于在标准状态下,水中 +2 价铁的氧化还原电位(-0.44V)比 +2 价锰(-1.182V)低得多,+2 价铁对高价锰(+3 价或 +4 价)有还原作用,从而阻碍 +2 价锰的氧化。因此,在单级滤层中除铁、除锰应是 +2 价铁先被大量氧化除去,当水中 +2 价铁浓度降至足够低程度时,+2 价锰才有可能开始被氧化除去,即滤层上部为除铁带,下部为除锰带。为了防止锰的泄漏,可在除铁、除锰的流程中建造两个滤池,前面是除铁滤池,后面是除锰滤池。也有的设计在压力除铁、除锰滤池中将滤层做成两层,上层用以除铁,下层用以除锰,如图 7-3 所示。显然,原水含铁量越高,锰的泄漏时间将越早,因此缩短了过滤周期,所以铁对除锰的干扰是除铁、除锰时必须注意的问题。

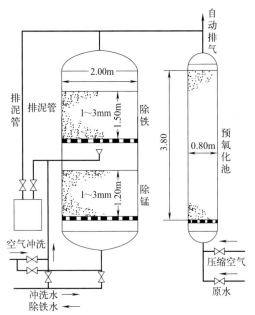

图 7-3 除铁、除锰双层滤池

然而，在生物除铁锰过程中，Fe^{2+} 是维系生物滤层中微生物群系平衡不可缺少的重要因素。Fe^{2+} 虽然很容易被溶解氧氧化，但在生物滤层中有大量锰氧化菌存在时，铁参与了锰氧化菌的代谢，所以 Fe^{2+}、Mn^{2+} 可以在同一生物滤层中同时被去除。若只含锰不含铁的原水长期进入生物滤层，就会破坏生物群系的平衡，滤层的除锰活性也就随之削弱而最终丧失。在实际应用中，弱曝气生物接触过滤被推荐为生物除铁、除锰水厂的标准工艺。该工艺简洁，采用简单的一级曝气和一级过滤，节省了二级曝气和二级滤池，并获得同时去除铁、锰的良好效果。

我国研究者推荐的生物法除铁、除锰工艺如图 7-4 所示。该工艺系统适用于地下水同时含有 +2 价铁和 +2 价锰的情况，因为水中的 +2 价铁对于除锰细菌的代谢是不可缺少的。

对地下水进行弱曝气，可控制水中溶解氧不过高，一般为理论值的 1.5 倍。此外，弱曝气可控制曝气后水的 pH 值不过高，以免 +2 价铁氧化为 +3 价铁，对生物除锰不利。

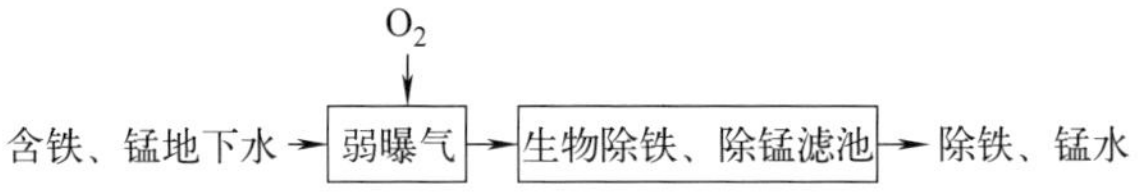

截至目前，国内采用预弱曝气的生物除铁、除锰滤池总规模已达 50 万吨每天。但由于各实际地下水铁锰含量差异较大，所以采用上述生物除铁、除锰工艺的规模不大，原水含铁量最高为 8mg/L，含锰量最高为 2～3mg/L，pH 值最低为 6.9，水温最低为 8℃。该工艺适用的含铁量、含锰量或铁、锰含量比的限值以及 pH 值和水温低至多少，有待积累更多的工程实践经验。综上，生物法除铁、除锰适用于处理低铁、低锰浓度的原水，当原水中铁含量较高时，铁会优先被去除并干扰锰的去除，因此需要设置多级过滤，增加了工艺的复杂性及工艺成本。

$$\text{含铁、锰地下水} \xrightarrow{O_2} \boxed{\text{弱曝气}} \rightarrow \boxed{\text{生物除铁、除锰滤池}} \rightarrow \text{除铁、锰水}$$

图 7-4 生物法除铁、除锰工艺

当水中含铁、锰量高时或者为了结合整个水处理工艺的要求，可投加一定量的强氧化剂以去除铁、锰，通常采用的强氧化剂有氯气、高锰酸钾、臭氧等。例如，高锰酸钾能将水中 +2 价锰迅速氧化为 +4 价锰，除锰十分有效，但药剂费用较大，故只在必要时才采用。此外高锰酸钾投加量需要精准、严格地控制，若投加量过低会导致出水中有残余锰，难以满足饮用水《生活饮用水卫生标准》（GB 5749—2022）；若投加量过高则会导致出水中含有过量的高锰酸，使得出水呈红色，引发二次锰污染。

7.2 除氧

溶解氧是造成锅炉腐蚀的重要因素。试验证实，锅炉腐蚀速度与水中溶解氧的浓度成正比。氧可与绝大多数金属直接化合，形成沉淀或稳定的化合物。在锅炉给水系统中，这些化合物会沉积或附着在锅炉管壁和受热面上，形成难溶而传热不良的沉积物，严重时，甚至会发生管道爆炸事故。因此，给水系统中的氧应当迅速得到清除。为保证锅炉安全运行，对锅炉给水进行有效的除氧是非常重要的。国家标准《工业锅炉水质》(GB/T 1576—2018)，对锅炉水氧含量提出了严格要求，要求额定蒸发量大于或等于 10t/h 的锅炉都必须除氧。在锅炉房设置适用的除氧设施，除去锅炉给水中的溶解氧，是保护热力系统设备经济运行的必不可少的手段。防止锅炉氧腐蚀最有效的方法就是加强锅炉给水的除氧，使给水中的含氧量达到水质标准的要求。

7.2.1 水中气体的溶解特性

氧气是很活泼的气体，它能与很多非金属和绝大多数金属（金、银、铂等少数金属除外）直接化合。当其与非金属或金属化合以后，往往形成稳定的氧化物或生成沉淀，故实际上起腐蚀作用的都是水中的溶解氧。

水中往往溶解有氧、氨、二氧化碳等气体，因此有必要研究这类气体，特别是应该掌握氧在水中溶解的特性及除氧的根本途径。

各种气体在不同压力和温度下，其在水中的饱和含量也都不相同。空气中氧较多，水与空气接触后，其含氧量很容易达到饱和或接近饱和，因此工业企业锅炉房一般不分析生水、软水或除氧前给水的含氧量，而按该压力及温度下水的饱和含氧量作为除氧前水的含氧量。很显然，以饱和含氧量来代替水的含氧量，其数值比实际情况偏高，因为水与空气接触，其含氧量不一定就真正达到饱和，尤其是混有大量高温回水的给水，由于回水中含氧量较低，故这种给水的含氧量都未达到饱和。

根据亨利定律，气体在液体中的溶解度决定于液体温度及液面上这种气体的分压力。分压力是指在液面上的空间中，如果没有其他气体或蒸汽，仅有这一种气体单独存在时的压力。液体温度越高，其蕴藏的气体溶解度就越小；液面上空间中某种气体的分压力越小，这种气体在液体中的溶解度也就越小，有利于从液体中脱出该种气体。

7.2.2 除氧方法概述

由氧在水中溶解的特性及亨利定律和道尔顿定律可知，水中除氧可以考虑以下几个方面：①将水加热，减小水中氧的溶解度，使氧气逸出；②将水面上方空间的氧气分子完全排除，或将其转变成其他气体（如 CO_2），使水面上方氧分压趋于零，水中的氧气可持续逸出，使得水中氧的溶解度趋于零；③采用金属或其他药剂消耗水中溶解氧，这种使氧与金属或其他药剂化合的方法，可采用纯化学的氧化方法、电化学的方法，也可采用树脂除氧的方法。

除氧过程中氧的析出可分为两个阶段：初始除氧阶段，水中气体以小气泡的形式从水中逸出，此时水中气体的含量较多，其分压力大于水面以上气体的分压力，气体会以气泡的形式克服水的黏滞力和表面张力析出，此过程可去除 80%～90%的气体；深度除氧阶段，经过初级除氧的给水中仍含有少量气体，这部分气体的不平衡压差很小，气体离析的能力较弱，为达到深度除氧的目的，可适当增加水的表面积，缩短气体析出路径，强化水中气体的析出。

工业锅炉常用除氧方法如图 7-5 所示。

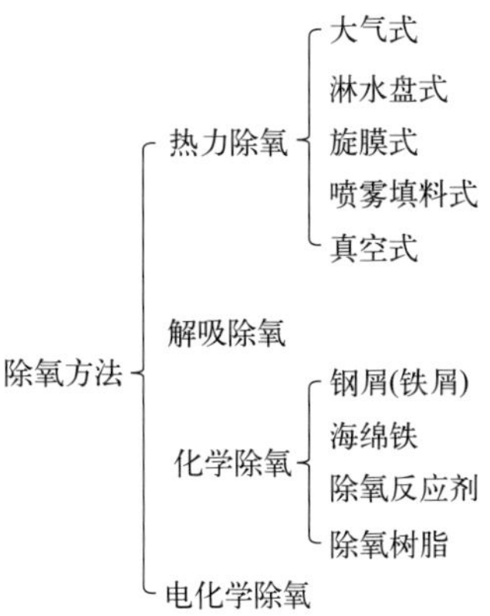

图 7-5　工业锅炉常用除氧方法

7.2.3 热力除氧

热力除氧就是将水加热至沸点，水中氧气因溶解度减小而逸出，再将水面上产生的氧气排除，降低氧分压，使水中氧气不断逸出，从而保证给水含氧量达到给水质量标准的要求。

7.2.3.1 大气式热力除氧

工业企业锅炉房常采用大气式热力除氧，除氧器内保持比大气压力稍高的压力（一般为 $0.02 \sim 0.025\text{MPa}$），此压力下饱和温度为 $104 \sim 105℃$。其之所以采取 0.02MPa 压力，而不采用大气压力，是为了便于逸出的气体能够向除氧器外排出。除大气式外还有真空式（除氧器内保持 $0.0075 \sim 0.05\text{MPa}$ 绝对压力）及压力式（除氧器内保持 $0.5 \sim 1.5\text{MPa}$ 绝对压力）热力除氧方式。

为了保证良好的除氧效果，热力除氧器在构造上应符合下列基本要求。

（1）水应能加热至相应于除氧器内压力的沸点。如不能加热至沸点，则气体不能充分逸出，而达不到良好的除氧效果。例如当加热温度低于沸点 $1℃$ 时，大气式热力除氧器除氧后的水，其残留氧已超过 0.1mg/L 的水质标准（《工业锅炉水质》，GB/T 1576—2018）。

（2）水要成水膜或喷散至足够细度，并在整个除氧头截面上均匀分布，使汽水分界面积达到最大。因为虽然从理论上说，只要水达到沸点，气体的溶解度就为零，但是实际上在加热至沸点的水中，气泡停止放出后，仍遗留有一些溶解气体，这些气体要完全除去，就需要很长的时间。汽水分界面越大，这些遗留的气体放出就越快；水在除氧头截面上分布均匀，就可以防止局部除氧效果不良。除氧器不同，其扩大汽水分界面、提高除氧的措施与构造也不相同。这部分构造的设计是关系除氧效果的关键。

（3）除氧头应有足够的截面积，使蒸汽有自由通路，以避免头部发生水击。

（4）应使不凝结的气体由除氧头充分排出，否则，增加蒸汽中氧气的分压力，则水中残留氧气浓度增加，影响除氧效果。除氧头向外排汽的量，一般取为蒸汽流量的 $5\% \sim 10\%$。

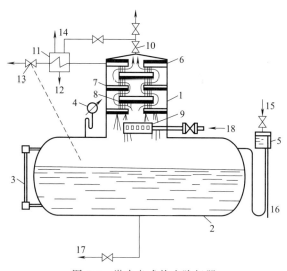

图 7-6 淋水盘式热力除氧器

1—除气塔；2—储水箱；3—水位表；4—压力表；5—安全水封（用以防止除气塔中压力过高或过低）；6—配水盘；7,8—多孔淋水板（孔径 $5 \sim 7\text{mm}$）；9—加热蒸汽分配器；10—排汽阀；11—排汽冷却器；12—至疏水箱；13—给水自动调节器（浮子式）；14—排汽至大气；15—充水口；16—溢流管；17—至给水泵；18—加热蒸汽

对于采取热力除氧的锅炉，在装新锅炉时，将大气热力除氧器装在地面，而将除氧后的高温软化水输送管道经过软水箱，使其与软水箱中的水进行热交换，而后流至锅炉给水泵，经省煤器进入锅炉。这样的改进首先可以减少锅炉房的振动和噪声，改善锅炉房的工作环境，还降低了锅炉房的工程造价。其次，通过在软水箱中的热交换，软水箱中的水温提高了，热量没有浪费，同时也相当于降低了除氧器进水温度，除氧器将进水加热到饱和温度的时间也缩短了，有利于达到预期的除氧效果。

7.2.3.2 淋水盘式热力除氧

淋水盘式热力除氧器在工业锅炉房最为常见，如图 7-6 所示。在除氧头中设有若干层筛状多孔板。水经过配水盘和多孔板，分散成许多股细小水流，层层下淋。加热蒸汽从除氧头下部引入，穿过淋水层向上流动。汽水接触时就发生了水的加热和除氧过程。水中析出的氧和其他气体随余汽经上部的排汽阀排走。除氧后的水流入下部储水箱中，除氧头外壳的外面有水封安全装置。这种除氧器对负荷和温度的适应性较差，有的在储水箱中加入再沸腾装置来提高除氧效果。

7.2.3.3 旋膜热力除氧

旋膜热力除氧器一种新型除氧装置，能除去热力系统给水中的溶解氧及其他气体，防止热力设备的腐蚀，是保证电厂和工业锅炉安全运行的重要设备。旋膜填料式热力除氧器除氧头结构如图 7-7 所示。除氧头主要由起膜器、淋水箅子和波网状填料层组成。起膜器用一定长度的无缝钢管制成，在钢管的上下两端沿切线方向钻有若干个下倾的孔，用隔板将起膜器分隔成水室和汽室。运行时，欲除氧的水经水室沿切线方向进入起膜器，水在管内沿管壁旋转流下，在管的出口端形成喇叭口状的水膜，称为水裙；汽室的蒸汽从起膜器的下端进入管内，在水膜的中空处旋转上升，与从除氧头下部进来的蒸汽汇合排出除氧器外。水裙落入淋水箅子和填料层，又与下部进入的蒸汽进行热交换，最后落入水箱中。

旋膜填料式热力除氧器中水流过挡板时，不仅进一步延续和扩展水的表面积，而且使水流分布均匀。水最后下落经填料层，不但增大了汽水接触面积，而且顶部夹层有让水集热的作用，以防水温突然变化，提高了氧的去除率。填料可蓄热，以便于水加热及增大汽水界面，但铝制填料易发生腐蚀，对进水的水温有比较高的要求。

7.2.3.4 喷雾填料式热力除氧

喷雾填料式热力除氧器中水先进入除氧头上部，通过喷嘴喷成雾状，与上进汽管的蒸汽混合加热并初步除氧。经过初步除氧的水往下流动时和填料层相接触，使水在填料表面成水膜状态，与填料下部进入的蒸汽接触再次除氧。再次除氧后合格的水进入储水箱。图 7-8 为喷雾填料式热力除氧器的除氧头结构示意。

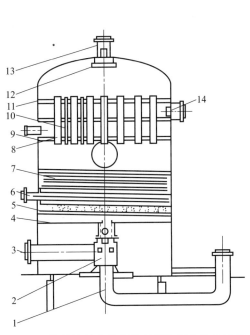

图 7-7　旋膜填料式热力除氧器除氧头结构示意
1,3—蒸汽进口管；2—蒸汽喷汽口；4—支承板；
5—填料；6—疏水进口管；7—淋水箅子；
8—起膜器管；9—汽室下挡板；10—连通管；
11—水室上挡板；12—挡水板；
13—排汽管；14—进水管

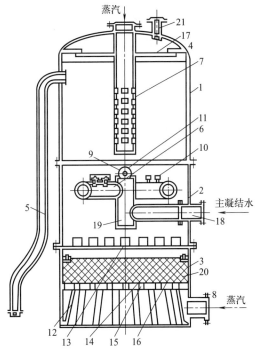

图 7-8　喷雾填料式热力除氧器除氧头结构示意
1—上壳体；2—中壳体；3—下壳体；4—椭圆形封头；
5—接安全阀的管；6—环形配水管；7—上进汽管；
8—下进汽管；9—高压加热器疏水进口管；10,11—喷嘴；
12—进汽管；13—淋水盘；14—上滤板；15—填料下支架；
16—滤网；17—挡水板；18—进水管；
19—中心管段；20—Ω形填料；21—排汽管

喷雾除氧大约可使 90％溶解气体变为小气泡逸出，但雾状小水滴中的溶解气体不容易扩散到水滴表面，所以除氧不彻底，一般出水氧含量为 $50\sim100\mu g/L$。喷雾除氧之后，再经过填料层除氧则效果更好，出水氧含量可达到 $7\mu g/L$ 以下。常用的填料有 Ω 形、圆环形和蜂窝式等多种。填料要求用不腐蚀和不污染水质的材料制成，经验证明 Ω 形不锈钢填料效果最好。

喷雾填料式热力除氧器的除氧效果好，当负荷在大范围变化及进水温度从常温至 80℃变化时，均能适应，结构简单，维修方便；其体积小；汽水混合速度快，不易产生水击，是应用较多的除氧器。

7.2.3.5 真空除氧

真空除氧的原理与大气式热力除氧相同，也是利用水在沸腾状态时，气体的溶解度接近零的原理，除去水中所溶解的氧、二氧化碳等气体。不过除氧器不是保持略高于大气的压力，而是抽成真空。由于压力低，其相应的饱和温度也很低。由于给水（或补给水）要求温度低，可以不用蒸汽加热而用热水加热，并且热水锅炉房无蒸汽源时也可采用。

从水的饱和温度特性可知，在真空状态下低温水也能沸腾，真空除氧就是利用这一特性达到除去气体（包括氧气）的目的。真空除氧方法一般在 $30\sim60℃$ 温度下进行。可实现水面低温状态下除氧（在 60℃或常温），对热力锅炉和负荷波动大而热力除氧效果不佳的蒸汽锅炉，均可用真空除氧而获得满意的除氧效果。

真空除氧器的构造与大气式热力除氧器相同，采用热力喷雾式（喷雾填料式）者较多；在系统上只是多一套喷射器抽真空的设备，但整个系统的严密性要求较高。在大气式热力除氧中，待除氧水是在除氧头内由蒸汽加热，水温不会高于除氧器内压力下的饱和温度，而真空除氧是在除氧器体外经热交换器加热，其水温的控制不受除氧器内真空度的影响。真空除氧一般要求进水温度比除氧器内真空对应的饱和温度高 $3\sim5℃$，除氧水箱中不需设再沸腾管，水储存在水箱仍有继续除氧的作用，因此，常称为三级除氧的除氧器。

真空除氧系统设备多，附属设备增加，前期投资大，运行费用较高；要保证真空除氧效果，必须保持整个系统的严密性和真空度，对系统设备的要求较高；由于热负荷经常波动，很难保证系统的气密性，对运行管理水平要求比较高；仍然消耗较多的热量对给水进行加热真空除氧。

7.2.3.6 热力除氧的特点

综上，热力除氧较其他除氧方法效果稳定可靠，不仅能除氧，而且能除二氧化碳、氮气、硫化氢等。除氧后的水中不增加含盐量，也不增加其他气体的溶解量，操作控制相对容易，而且运行稳定可靠，是目前应用最多的一种方法。但在实际应用中还存在着一些问题：①经热力除氧以后的软水水温较高，轻易达到锅炉给水泵的汽化温度，致使给水在输送过程中轻易被汽化；而且当热负荷变动频繁，治理跟不上，除氧水温＜104℃时，使除氧效果不好；②热力除氧方法要求设备高位布置，增加了基建投资，设计、安装、操作都不方便，一般要求除氧器高位配置，在使用过程中会产生很大的噪声和振动，带来不便；③对于小型快装锅炉和要求低温除氧的场合，热力除氧有一定的局限性，对于纯热水锅炉房也不能采用。

7.2.4 解吸除氧

解吸除氧是利用物理-化学相结合原理将水中溶解氧脱除的方式。基于亨利定律，将不含氧的气体与要除氧的给水强烈混合接触时，根据液面上氧气分压力为零（或近于零）时液体中氧气的溶解度降低的原理，给水中氧就大量扩散到无氧的气体中，从而使给水中含氧量降低。除过氧的水从解吸器出水口流出，扩散出来的氧气从解吸器顶部经气、水分离器进入加热反应器，被加热到300℃左右与反应剂反应成脱氧气体，在喷射器的引射作用下，进入下一个循环。整个除氧过程是连续进行的。除过氧的水残余含氧量≤0.1mg/L，除氧效率可达99%以上。

图7-9为解吸除氧系统示意。由于设备结构简单，所以在设计和安装方面没有特别严格的要求，具有以下技术特点：待除氧的水不需要加热预处理，常温时即可进行除氧；低位布置，采用无给水箱式的部分余水回流系统，占地面积更小，系统简单，便于安装，节省设备和基建投资；除氧效率高（达99%），除氧后水中溶解氧含量可降至0.01~0.1mg/L；负荷适应性好，自动化程度高，一按电钮即可启、停，正常运转时可实行无人值守；运行费用与其他方式相比较低。

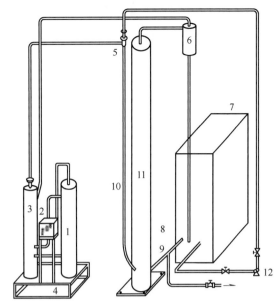

图7-9 解吸除氧系统示意

1—加热反应器；2—控制柜；3—换热器；4—支架；
5—引射器；6—气水分离器；7—水箱；
8—出水管（回水管）；9—取样口；
10—混合管；11—解析器；12—除氧水泵

解吸除氧法适用于热水锅炉和小型蒸汽锅炉。但是，解吸除氧只能除氧，而不能除其他气体，且除氧后水中CO_2含量增加，pH值降低0.2~0.3；若水箱水面密封不好，常使除氧后的水与空气接触，发生吸氧现象。

7.2.5 化学除氧

7.2.5.1 钢屑（铁屑）除氧

钢屑（铁屑）除氧就是使水经过钢屑（铁屑）过滤器，钢屑（铁屑）被氧化，从而将水中的溶解氧除去：

$$3Fe + 2O_2 \longrightarrow Fe_3O_4 \tag{7-10}$$

钢屑（铁屑）除氧器一般采用独立式和附设式两种。钢屑的材料可以用0号~6号碳素钢，钢屑厚度一般用0.5~1mm，长度为8~12mm。要采用切削下不久的钢屑，不能用放在潮湿空气中很久的钢屑。在装入之前，应先用3%~5%的碱溶液洗去附着在钢屑表面的油污，再用热水冲去碱溶液，然后用2%~3%的硫酸溶液处理20~30min，再用热水冲洗，使钢屑表面容易与氧起作用。钢屑装入除氧器后要压紧。

钢屑（铁屑）除氧的影响因素主要有水温、接触时间、钢屑的压紧程度等。钢屑（铁屑）除氧的反应速率，当水温为80~90℃时，是20~30℃时的15~21倍。一般希望水温高于70℃。水温越高，反应所需的接触时间越短；钢屑（铁屑）压得越紧，与氧接触越好，除氧效果也越好，但水流阻力就越大，阻力一般为2~20kPa。

钢屑（铁屑）除氧在实用中存在以下问题：①钢屑（铁屑）压得很紧，当全部氧化后需要更换时，压紧而已锈蚀的钢屑（铁屑），很难拉出，工作量很大；②要求水温高于 70℃，待除氧的水要加温，造成工艺的复杂化；③钢屑表面氧化后要用酸清洗，压实的钢屑（铁屑）很难清洗完全，造成运行后期除氧效果下降。

7.2.5.2 海绵铁除氧

海绵铁除氧属于化学除氧，它采用专门生产的活性海绵铁来去除水中的溶解氧。海绵铁是在回转炉、竖炉或其他形式的反应器内，由铁矿石（或氧化铁球团）低温还原所得的低碳多孔状产物。经粉碎、磁选、压制成块，作为冶炼的金属炉料。这种铁保留了失氧时形成的大量微气孔，在显微镜下观察形似海绵，故名海绵铁。

海绵铁的主要成分是铁，其疏松多孔的内部结构，可提供较大的比表面积。含有氧气的水进入海绵铁除氧器，穿过海绵铁滤料层，可使水中的溶解氧与铁发生迅速的氧化反应，从而把水中的氧去除掉，其反应方程式为：

$$2Fe + O_2 + 2H_2O \Longrightarrow 2Fe(OH)_2 \tag{7-11}$$

$$Fe^{2+} + 2H_2O \Longrightarrow Fe(OH)_2 + 2H^+ \tag{7-12}$$

$$4Fe(OH)_2 + O_2 + 2H_2O \Longrightarrow 4Fe(OH)_3 \tag{7-13}$$

反应产物 $Fe(OH)_2$、$Fe(OH)_3$ 为不易溶于水的絮状沉淀，当随着水流经其余的海绵铁颗粒时被拦截下来，只要用一定强度的反洗水流就可以冲洗干净。海绵铁除氧效果十分理想，出水含氧量降到 0.05mg/L 以下，处理每立方米水仅消耗 25g 左右，根据处理水量与水质的不同，一般 3～6 个月补充一次即可。

经过除氧后的中增加了少量的 Fe^{2+}，一般为 0.2～0.5mg/L，对于热水锅炉来说仍符合国家规定的水质标准，但对于蒸汽锅炉或对给水 Fe^{2+} 有严格要求的给水除氧来说，可以加装除铁装置，去除水中的 Fe^{2+}。

然而，不经过软化的水易使海绵铁滤料除氧剂表面发生钝化，使其氧化反应速度减慢，进而影响除氧效果，故应先软化再除氧；处理后会增加水中 Fe^{2+} 的含量，对于蒸汽锅炉或对给水 Fe^{2+} 有严格要求的给水除氧来说，必须加装除铁装置。

7.2.5.3 除氧反应剂除氧

常用的除氧反应剂有亚硫酸钠、联氨和单宁系物质。此外，亚硫酸氢钠、气体二氧化硫、亚硫酸、氢氧化亚铁等也可以用以除氧。

(1) 亚硫酸钠除氧的原理及影响因素如下。投加亚硫酸钠是中小型锅炉常用的一种除氧方法。亚硫酸钠是一种较强的还原剂，与水中的氧反应生成硫酸钠，去除水中氧气，但含盐量增加，反应式如下：

$$2Na_2SO_3 + O_2 \Longrightarrow 2Na_2SO_4 \tag{7-14}$$

与其他加药一样，加药剂量必须略有过量。按理论计算，除去 1mg/L 的氧，需要 8mg/L 的亚硫酸钠，考虑药剂纯度，一般使用约 10mg/L。工业亚硫酸钠（$Na_2SO_3 \cdot 7H_2O$）含 7 个分子结晶水，也就是去除 1mg/L 的氧理论上需要 16mg/L 的工业亚硫酸钠，一般使用约 20mg/L，这种投药量常称为基础投药量。为使反应完全，必须使用过量的药剂，使锅水保持一定浓度的亚硫酸根离子（一般为 10～20mg/L），为此而需多加的药剂量称为补充投药量。基础投药量与补充投药量之和为应投加的药剂量。若以公式表示，为：

$$A = \frac{16[O_2]}{\alpha} + K \qquad (7-15)$$

式中，A 为工业亚硫酸钠投药量，mg/L；$[O_2]$ 为给水含氧量，mg/L；α 为工业亚硫酸钠纯度，%；K 为工业亚硫酸钠过剩量，mg/L。若采用不带结晶水的亚硫酸钠，则上式第一项系数 16 改为 8。

除氧剂除氧效果的影响因素包括加药量、温度、pH 值及催化剂加入量等。实践表明，亚硫酸钠加入量越多，过剩量越多，除氧的效率越高；当加入量达到一定值后，再增加亚硫酸钠加入量，则除氧效率变化很小。此外，在相同的亚硫酸钠加药量下，水温越高，除氧效果越好；在相同除氧效果下，水温越高，加药量可以越小。水温增至 40℃ 以上，出水含氧量都可以达到水质标准，甚至为零。pH 值对除氧效率的影响相对复杂，总体说来是 pH 值越大，除氧效率越低，但在酸性水（pH 值<7）及碱性水（pH 值>7）的范围内，各出现一个除氧效率的最大值。亚硫酸钠与水中氧的化学反应速度很快，只要反应时间达到 3min，再延长反应时间对除氧效率几乎没有影响。常温下若不加催化剂，仅加亚硫酸钠，残留含氧量较高，达不到水质标准。若加入少量催化剂后即可使除氧水的含氧量达到水质标准。

应注意亚硫酸钠用于蒸汽锅炉除氧时，只能用于压力低于 6MPa 的锅炉，因为亚硫酸钠在 6.2～7MPa 或以上压力时会分解成为 SO_2 及 H_2S，从而对回水系统产生严重的腐蚀，工业锅炉因压力低不存在这一问题。但由于亚硫酸钠与氧反应生成的是稳定盐硫酸钠，增加了炉水中的可溶性固形物，使水质劣化，锅炉必须增加排污次数，导致化学药品的浪费和燃料费用的增加。

有时也用焦亚硫酸钠和亚硫酸氢钠来除氧。亚硫酸钠长期和空气接触，会发生氧化而生成没有除氧作用的硫酸钠，因此，要对购进的亚硫酸钠妥善保管，避免变质。

(2) 联氨除氧的原理及影响因素如下。联氨（N_2H_4）又名肼，常温时是无色液体，吸水性很强，易溶于水和乙醇。联氨遇水会与其结合成稳定的水合肼（$N_2H_4 \cdot H_2O$），也是无色液体，也易溶于水和乙醇。联氨是一种极为有效的除氧剂，可以与水中的氧反应生成水与氮气，不增加水的含盐量：

$$N_2H_4 + O_2 \Longleftrightarrow N_2 + 2H_2O \qquad (7-16)$$

按理论计算，除去 1g 溶解氧，需联氨 1g。市场上出售的一般都是 60% 的 $N_2H_4 \cdot H_2O$ 水溶液，其中 N_2H_4 含量近似为 40%，故除去 1g 氧需加入市售 40% 的 $N_2H_4 \cdot H_2O$ 溶液 2.5g。但联氨与氧反应较慢，为了有效地除氧，往往加入量要稍多一些。锅炉水中残留联氨的标准值，一般水中不超过 0.03mg/L 即可，低压锅炉则采用 0.05～0.1mg/L。

目前联氨主要用于热力除氧后的辅助措施，以彻底消除水中残留的氧。高压锅炉多用水合肼。联氨与酸会形成稳定的盐类，如硫酸肼（$N_2H_4 \cdot H_2SO_4$）、硫酸二肼 [$(N_2H_4)_2 \cdot H_2SO_4$]、双盐酸肼（$N_2H_4 \cdot 2HCl$）、磷酸二肼 [$(N_2H_4)_2 \cdot H_3PO_4$] 等。压力较低的锅炉可使用硫酸二肼，其联氨含量为 39.5%；停炉保养除氧可用磷酸二肼，其联氨含量为 39.6%。硫酸肼、硫酸二肼、磷酸二肼三者与氧的反应速度不同，其中硫酸肼最快，只需 6～8min，磷酸二肼最慢，约需 20min。这些与酸形成的盐类常温下都是固体结晶粉末，毒性比水合肼小得多。不过用这些固体盐类也会带来一些问题，即会增加给水的含盐量和降低其水质，而且其水溶液呈酸性，加药设备要考虑防腐。

影响联氨除氧效率的因素与亚硫酸钠相似。首先，必须使水有足够的温度。温度越高，反应速度越快。由于联氨必须在碱性水中才呈现其强还原性，因此要求待除氧水维持一定的

pH 值。当水中 pH 值保持在 6～12 时，联氨与氧的反应速度随着 pH 值的变化先增加后减小，当 pH 值为 9～11 时反应速度最大。投药量在温度和 pH 值等条件相同的情况下，联氨过剩量越多，反应速度越快，除氧效率越高。与亚硫酸钠除氧一样，在除氧剂（联氨）中加入催化剂可以提高反应速度。铜、锰、锌等金属的盐类都可作为催化剂，其中锰盐的效果最好。

联氨具有挥发性、有毒、易燃烧，所以联氨浓溶液保存时应密封，防火；输送搬运时应穿戴胶皮手套、眼镜等防护用品，操作地点应通风良好和有水源；不能用于生活用锅炉。

（3）丙酮肟除氧的原理及影响因素如下。丙酮肟简称 DMKO，又称为二甲基酮肟，丙酮肟有较强的还原性，很容易与给水中的氧反应，降低给水中的溶解氧含量，可用于中、高压锅炉上作为锅炉给水除氧剂。丙酮肟除氧反应如下：

$$2C_3H_7NOOH + O_2 \longrightarrow 2C_3H_6O + N_2O + H_2O \tag{7-17}$$

$$4C_3H_7NOOH + O_2 \longrightarrow 4C_3H_6O + 2N_2 + 2H_2O \tag{7-18}$$

丙酮肟除氧后形成的丙酮肟氧化物可沉淀至水中，其毒性较低，可在中、高压锅炉给水中取代联氨等传统化学除氧剂。需要注意的是，丙酮肟的使用必须在一定的条件下进行，如 pH 值要在 6.5～8，水的温度在 10～40℃ 等。

（4）碳酰肼除氧的原理及影响因素如下。碳酰肼也称二氨基脲，别名卡巴肼，分子式为 CON_4H_6。碳酰肼是联氨的衍生物，在除氧效果及金属纯化方面均优于联氨，碳酰肼在水处理领域可用作锅炉水的除氧剂，还用作金属表面的钝化剂，以降低金属的腐蚀速度。碳酰肼可与水中的溶解氧反应生成二氧化碳、氮气和水，碳酰肼和氧的反应如下：

$$CON_4H_6 + 2O_2 \rightleftharpoons 2N_2 + 3H_2O + CO_2 \tag{7-19}$$

碳酰肼一般作为辅助热力除氧使用，除氧时可将碳酰肼放入水中，也可使用其水溶液。

7.2.5.4　除氧树脂除氧

在水处理系统中应用除氧树脂，也能很方便地除去水中的溶解氧。广义而言，用除氧树脂除氧也是可列为化学除氧范畴内的一种除氧方法。自 20 世纪 60 年代以来，许多国家的学者都在致力于这一领域的研究开发工作。除氧树脂按其原理的不同，可分为氧化还原型除氧树脂、载体型除氧树脂、触媒型除氧树脂三类。

氧化还原型除氧树脂也称为电子交换树脂，是指带有能与周围活性物质进行电子交换、发生氧化还原反应的一类树脂。按其化学结构分属于氢醌系、巯基系、吡啶系、稠环系等，其特点是以其价键的方式，把具有氧化还原性的基团牢固地连接在大分子键上，进行氧化还原反应时释放出氢，与水中溶解氧结合成水，反应过程中不加入任何杂质。目前这类树脂的制备方法尚不完善，未能得到应用。

载体型除氧树脂是利用一般离子交换树脂作载体，通过离子交换或者络合的方式吸附上具有氧化还原能力的基团。20 世纪 80 年代初，由电子工业部第十二研究所研制的 Y-12 型除氧树脂，是把苯酚磺化后与甲醛缩聚得到的强酸性阳离子交换树脂用硫酸铜处理后，再结合上联氨，使之具有脱氧能力。实质上是把化学除氧剂联氨借助于 Cu^+ 附在树脂上，避免了使用水合肼进行药剂除氧时水中过量的游离肼。近年来，利用亚硫酸钠的可氧化性能，使亚硫酸钠和水中的氧气在树脂上发生反应，生成硫酸型树脂，再利用亚硫酸钠进行还原，恢复其在氧化功能的亚硫酸钠型除氧树脂也广泛运用于锅炉给水除氧。

触媒型除氧树脂是以有坚实骨架结构的树脂或其他物质为载体，再将贵金属粒子牢固地吸附在其表面，最后进行催化活性的活化处理。向待除氧的水中通入氢气，水中的溶解氧与通入的氢气，经触媒型除氧树脂的催化作用化合成水。这种除氧方法称为催化加氢除氧技术，这种除氧树脂也称催化除氧树脂。除氧过程中树脂只起催化作用，本身并不变性，不需要进行还原。

由于除氧树脂除氧不使用蒸汽，反应生成物为水，不增加水中含盐量，因此是一种节能、环保的除氧方式。

7.2.6　电化学除氧

电化学除氧是利用电化学保护的原理，在除氧器中使一种金属（常用铝、铁）发生电化学腐蚀过程去除水中氧气。电化学除氧器与外界电源相连接，其中电源的阴极与设备相连接，阳极与发生腐蚀的金属（如铝）相连。水流过除氧器时，水中溶解氧在除氧器中人为造成的阳极上发生腐蚀并被消耗，而达到除氧的效果，同时除氧器也得到保护。

当电流接通后，阴极（钢板）发生如下变化：

$$O_2 + 4e^- + 2H_2O \longrightarrow 4OH^- \tag{7-20}$$

阳极（铁板或铝带）变化如下：

$$Fe \longrightarrow Fe^{2+} + 2e^- \tag{7-21}$$

$$Al \longrightarrow Al^{3+} + 3e^- \tag{7-22}$$

在溶液中则起如下化学反应：

$$Al^{3+} + 3OH^- \longrightarrow Al(OH)_3 \downarrow \tag{7-23}$$

$$Fe^{2+} + 2OH^- \longrightarrow Fe(OH)_2 \downarrow \tag{7-24}$$

在上述反应过程中，在阴极还常发生氢的去极化作用而产生氢气，即：

$$2H^+ + 2e^- \longrightarrow H_2 \uparrow \tag{7-25}$$

水中电化学产物为 $Fe(OH)_2$ 或 $Al(OH)_3$，随后进行化学除氧。

除氧器的阳极金属未必要选用比铁化学活性强的，可选任何金属，如废旧钢材。电化学除氧器多以铝为阳极，这是因为铝板较为便宜，又是两性金属，在 pH=10～11 和 pH=3～4 的范围内，电位和腐蚀速度均较稳定，生成的 $Al(OH)_3$ 可以网捕不稳定的胶体，易生成沉淀而除去，且对人体无害。由于铝的化学活性比铁强，所以电化学除氧器当不通直流电时，仍可能有一定的除氧作用。

电化学除氧设备简单，操作方便，运行费用低。正常运行时含氧量可降至 0.1mg/L，适于低压锅炉中运行。

电化学除氧效率影响因素很多。由于除氧水含氧量随温度的升高而降低，所以除氧效率随水温升高而提高，温度越高作用就越有效，与氧的化合也越快。一般，水温最好在 70℃ 左右，不得低于 40℃。除氧器内水流速的变化，对除氧效率影响很大，流速小时，除氧效率较高。水的流速一般推荐采用 12～13m/h。此外，随着电源电流的增大，除氧效率会有所提高，但电流增大到一定值后，除氧效率的提高就不显著。

电化学除氧目前尚无成熟经验。当电化学除氧器运行一段时间后，会在阳极铝板表面附着一层较厚的、松软多孔的白色 $Al(OH)_3$ 沉淀物，并堵塞阳极铝板上的多数孔眼。因此，运行一段时间后，就需消除沉淀物，否则会堵塞水流通道，使水流通不畅。此外，电化学除氧会在锅炉中形成片状沉淀物，除氧器外壳也易变形。

思考题

1. 地下水除铁、除锰技术面临的主要挑战有哪些？
2. 地下水除铁、除锰中能否使用石英砂替代锰砂？可能有什么影响？
3. 除氧器在工业锅炉给水中的作用有哪些？
4. 为何在热力除氧中给水温度需设置为 105℃左右？

参考文献

[1] 严煦世，高乃云. 给水工程[M]. 北京：中国建筑工业出版社，2020.
[2] 许保玖. 给水处理理论[M]. 北京：中国建筑工业出版社，2020.
[3] 李圭白，张杰，等. 水质工程学：下册[M]. 北京：中国建筑工业出版社，2020.

第3篇
工业废水处理

第8章
调节池

调节池是指用于调节运行参数（如流量、悬浮物和其他污染物浓度及温度），使其在一定时段内（通常为24h）趋于稳定，以减弱来水水量、水质变化对后续处理工艺影响的构筑物。作为工业废水处理的首要步骤，调节池的功能是对水量和水质进行调节，同时还调节污水 pH 值和水温等，曝气混合时还有预曝气作用，有时也可用作事故排水。

调节池按功能可分为水量调节池、水质调节池和水量水质调节池；按运行方式可分为交替导流式调节池和间歇导流式（外置式）调节池；按混合程度可分为非混合式调节池和完全混合式调节池。废水水量波动大、不含悬浮固体物时，一般选择非混合式调节池。当废水中悬浮固体颗粒物含量高，温度或 pH 值变化较大时，宜选择混合式调节池。

在实际工业废水处理过程中，常用的调节池主要有交替导流式调节池、间歇导流式调节池和完全混合式调节池。设计重点是通过收集水质和水量数据来确定调节池的形式和容积。同时，为保证调节池可靠运行，搅拌设备、曝气装置、挡板、池体结构和水泵等要素还需进行严格的计算和设计。

8.1 典型调节池

8.1.1 交替导流式调节池

交替导流式调节池见图 8-1，通常由两个或者两个以上调节池组成，这类调节池通常与并联运行的序批式反应器（SBR）配套。交替导流式调节池的设计运行方式为：一个运行周期（通常为24h）内，其中一个调节池充水，而另一个调节池排水，充水时间与排水时间相同，充水结束后的调节池转为排水，排水结束后的调节池再转为充水，两个调节池交替式运行。这类调节池需设置搅拌装置，废水处于搅拌状态以使进入后续处理设施的废水污染物浓度保持不变。

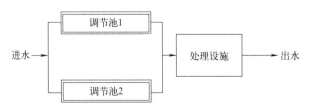

图 8-1 交替导流式调节池示意

8.1.2　间歇导流式调节池

间歇导流式调节池见图 8-2，也可称为事故池。当进入废水处理系统的废水水质水量出现显著变化，直接进行处理易导致系统崩溃时，可在短时间内将该废水迅速切换到外置间歇导流式调节池内，以减少对后续处理设施的冲击。切换到外置间歇导流式调节池中的废水可以单独处理或以一定流量返回正常处理系统。回流至正常进水系统前，需通过监测调节池中废水水质以确定回流量的大小，确保回流废水不影响后续处理设施的正常运行。某些工厂生产过程中可能产生有毒或难处理的废水，如设备定期维护，炼油厂、金属精加工厂间歇排放的含氰或含 Cr^{6+} 废水，食品及乳制品厂的设备原位清洗水等可采用此类调节池。

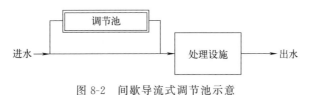

图 8-2　间歇导流式调节池示意

8.1.3　完全混合式调节池

完全混合式调节池位于废水进入处理设施之前，是用于连续接纳并汇集单股或几股废水并完全混合的废水调节池（图 8-3）。此类调节池在工业废水处理应用中最为广泛。废水完全混合调节通常需满足一定条件，即所调节的各股废水水质应兼容，混合后不发生异常反应。例如，金属精加工厂排放的含氰废水不能与酸性废水混合，否则容易产生氰化氢剧毒性气体，因此，含氰废水需分离并单独处理。

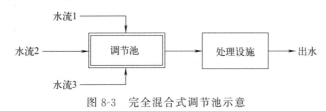

图 8-3　完全混合式调节池示意

完全混合式调节池，因其调节功能不同，通常可以划分为水量调节池、水质调节池和水质水量调节池，具体工作原理如下。

8.1.3.1　水量调节池

水量调节池也称为均量池，常用于工业废水处理中。水量的变化会给水处理设备带来不少困难，使其无法处于最优的稳定运行状态。水量波动越大，过程参数越难控制，处理效果越不稳定，严重时会使处理设施短时无法工作，甚至遭受破坏。但是由于每个工业废水处理工程收纳废水都会出现水量峰值和水量低谷的时期，因此，为保证后续废水处理工艺连续且稳流量运行，那么就需使用调节池均衡水量。同时，因其只是调节水量，所以只需设置简单的水池，并且保持必要的调节池容积使出水均匀即可，无需搅拌。

水量调节池的特点是池中水位随时间变化，有的书上也称之为"变水位均衡"。调节池的设置是否合理，对后续处理设施的处理能力、设备容积、基建投资和运行费用等都有较大的影响。水量调节池的结构如图 8-4 所示。进水一般为重力流，出水管设在池底部，以保证最大限度地利用有效容积。水量调节池分为出水需要提升和出水不需要提升两种，在

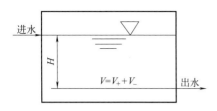

图 8-4　水量调节池的结构示意

H—调节池调节水位，m；V—调节池调节
容积，m^3；V_+—调节周期内的进水量，m^3；
V_-—调节周期内的排水量，为负值，m^3

有地面高差可以利用时，出水不需要提升，但这种情况下出水均衡控制比较麻烦；如果没有足够的高差可以利用，出水可用泵提升，同时水泵也可起到水量均衡的作用。

8.1.3.2　水质调节池

水量调节一般不考虑污水的混合，故出水虽具有均匀的流量，但水质仍然有可能是变化的，仍不能保证后续处理工艺在稳态下工作，因此有时还需要对水质进行调节。水质调节是使废水在浓度和组分上的变化得到均衡，这不仅要求调节池有足够的容积，而且要求在水池调节周期内不同时间的进出水水质均和，以便在不同时段流入池内的废水都能达到完全混合。

水质调节池也称均质池，它具有下列作用：减少或防止冲击负荷对处理设备的不利影响；使酸性废水和碱性废水得到中和，使处理过程中的 pH 值保持稳定；调节水温；当处理设备发生故障时，可起到临时的事故贮水池的作用。水质调节是采用一定的措施使不同水质的水相互混合，常用的有水力混合和动力混合两种方法。

8.1.3.3　水质水量调节池

一般工业废水都有水质水量的变化，而水质水量调节池既可均量，又能均质，所以工程上一般采用水质水量调节池，也称均化池。水质水量调节池应在池中设置搅拌装置。

均质池和均量池的作用都是使后续的反应过程能在稳定的条件下运行，但均量和均质在概念上是有区别的，它们的目的也不同。从理论上讲，均量池肯定兼具一定的均质作用，但单纯的均质设施可以做到只进行均质不兼具均量作用。实际工程中，均量和均质往往是密不可分的，所以在工程上存在两个流程组合的问题，从而共同组成均化池。均化池上半部为均量（变水位），下半部为均质（常水位），而出水口设在池体的中部，如图 8-5 所示。出水口以上为均量的容积（$V_1 = V_+ + V_-$）。这种组合方式占地省，而且水量调节部分也能起一些均和作用，是比较经济合理的，但池的深度相应要大些。

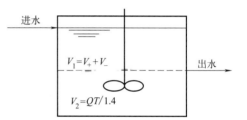

图 8-5　水质水量调节池结构示意

V_1—调节池水量调节容积，m^3；V_+—调节周期内的进水量，m^3；V_-—调节周期内的排水量，为负值，m^3；V_2—调节池水质调节容积，m^3；Q—需调节水质的进水流量，m^3/h；T—需调节水质的进水时长，h；1.4—矩形对角线出水调节池的调节系数，无量纲

8.2　调节池的设计

8.2.1　数据收集及累积流量曲线

调节池设计的最主要技术参数是污染物的输入速率（即废水流量×浓度）。设计人员需以时间顺序收集废水流量及污染物浓度（BOD、COD 等）资料。有研究表明，这些技术数据变化趋势通常呈现正态分布。也就是说，大多数数据的数值与平均值接近，只有少数是极

值。所以，通过实测污染物输入速率的均值，也可合理估算出废水工程实际污染物输入速率的平均值，然后乘以安全系数，便可得污染物输入速率的极值。

在设计过程中，设计人员至少应收集两个运行周期的废水流量及污染物浓度资料，以确保技术数据具有代表性。例如，某乳制品厂的一个生产周期包括两个 8h 生产和一个 8h 清洗，那么该工厂的设计人员至少应收集两天（即 48h）的相关数据资料。

在数据收集过程中，废水水样现场采集的时间间隔应尽量短，以获取废水水质水量变化的最大值和最小值。实际往往通过流量计每小时采一次样，依据流量大小等比例混合，得到混合水样。废水随季节变化较大时，则每个季节至少采样一次。

设计人员在采样工作完成后的数据分析整理过程中，还应考虑工厂可能出现的生产、加工技术或生产工艺或者生产过程的变化对废水排放的影响，从而使设计更加符合实际情况，工程实施后能应对可能出现的变化。这些技术因素以及实际经济和竞争的不确定性，体现于调节池的设计安全系数方面（详见 8.2.2 节例 8-1）。

在很多企业，尤其是那些需要清洗操作（如食品行业）、重要工艺或产品发生变化（如食品加工、制药、石油化工）的企业，流量与负荷变化各不相同，高流量时污染物浓度可能较低，反之亦然。

最常用的计算调节池大小的方法是质量衡算法。该方法中要用到累积流量或累积质量图，这种图有时称为波形图。这种图解方法在很久以前就已经用于确定储水池大小的计算。由时间（一个周期为 24h）对累积流量作图，在累积流量曲线的最高点和最低点处画两条平行线，其斜率代表调节池泵入或泵出的平均流量，两条切线间的垂直距离即为所需调节池的大小。该计算方法可用于各种企业（注：根据企业性质，可以采用不同的频率或间隔时间进行流量的测定）。

表 8-1 和图 8-6 所示的奶制品厂数据给出了典型奶制品企业的时平均流量。废水在午夜开始积累，其累积流量曲线如图 8-6 所示。通过累积曲线原点和 24h 累计值的直线代表该日平均出水流量，同时也代表调节池的稳定出流率。分析确定调节池的体积至少要达到 $1700m^3$。累积流量曲线还可显示池子是在进水还是在放空。当累积流量曲线的斜率小于平均出水直线斜率时，池子在放空；当累积流量曲线的斜率大于平均出水直线斜率时，池子在充满。

表 8-1　Sunup 牛奶厂的流量数据

时间	流量/(m³/d)	累积流量/m³	累积流量百分比/%
午夜	120	0	0.0
1	100	120	2.3
2	80	220	4.2
3	70	300	5.7
4	60	370	7.1
5	70	430	8.2
6	80	500	9.6
7	150	580	11.1
8	300	730	14.0
9	350	1030	19.7
10	400	1380	26.4
11	400	1780	34.0
正午	450	2180	41.7
1	350	2630	50.3
2	500	2980	57.0

时间	流量/(m³/d)	累积流量/m³	累积流量百分比/%
3	450	3480	66.5
4	400	3930	75.1
5	200	4330	82.8
6	200	4530	86.6
7	150	4730	90.4
8	150	4880	93.3
9	100	5030	96.2
10	100	5130	98.1
11	200	5230	100.0

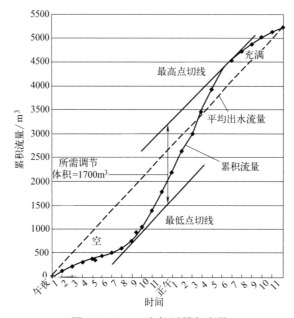

图 8-6　Sunup 牛奶厂累积流量

　　此方法通常是根据具体一天或其他运行时段内的流量-时间曲线来计算调节池的大小。但是，由于生产的可变性，所需的调节量每日也会发生变化，故还需注意收集代表调节流量变化的日流量、周流量或质量负荷率的变化曲线。因此，调节池体积的计算应采用 10%～20%的安全系数，来满足运行方式的变化及未来流量或污染物浓度的变化（该体积为可变储容量）。另外，如果后续单元有能力处理更高的流量，就可以提高调节池的平均出水流量，减小调节容积。

8.2.2　交替导流式调节池

　　交替导流式调节池容纳固定周期（如 24h）的总废水量，其设计基础仅为废水流量。因此，设计参数包括：平均流量及其在预定的时间范围内的变化。

　　【例 8-1】　某工厂排放的废水及其污染物状况如表 8-2 所列，该厂的生产周期为 7d。依据表 8-2 的数据和安全系数为星期平均流量的 20%，进行调节池设计。

　　在每个生产周期内，该厂有一天不排放生产废水，但调节池每天都正常运行。该调节池体积的计算公式如下：

$$V = QT(1 + SF) \tag{8-1}$$

式中，V 为调节池体积，m^3；Q 为平均流量，m^3/d，本设计中 $Q=171m^3/d$；T 为调节时间，d，本设计中 $T=1d$；SF 为安全系数，$\%$，本设计中 $SF=20\%$。经计算，每个调节池的设计体积 $V_t=171\times1\times(1+0.2)=205.2$（$m^3$）。

设计人员在评估预计流量或水力负荷超过日平均流量的风险时，可利用标准统计手册或电子表格的数据，计算标准偏差。在缺乏短期流量及水力负荷的原始数据时，不能采用该方法预测。

8.2.3 间歇导流式调节池

间歇导流式调节池也称为外置式导流池，我国多用于事故废水的调节，常称为事故池。设计人员在设计时必须充分考虑下列因素：分流的污染物量的变化、变化持续的平均时间以及已分离的废水回流至处理系统的流量，应评估上述因素对后续工艺，特别是生物处理设施的影响，因此设计比较复杂。当上述因素的变化易检测、呈现间歇式变化，且显著影响后续处理设施（如出水酚含量）的运行时，设计人员应优先采用间歇导流式调节池。

间歇导流式调节池设计的关键是技术资料收集和系统分析，其设计步骤如下：①确定需调节流量的变化频率及变化持续的时间（用于设计调节池）；②计算在维持工程正常运行条件下，分流废水回流至处理系统的流速；③根据所分流的废水量以及调节池内的废水连续地回流至处理系统的流量，确定调节池的容积；④核算废水调节和处理后，出水是否能够达到排放限制。

【例 8-2】 依据表 8-2 可知该工厂 24h 混合废水样品中酚的日排放情况，其随生产运行状况而变化，差异较大。因此，需采取分流措施，对废水实施分流，减少冲击负荷，然后根据废水处理系统所能承受的污染物浓度，将分流的废水定量回流至处理系统的正常进水点。

表 8-2 某工厂排放的废水及其污染物状况

天数	总流量/(m³/d)	酚浓度/(μg/L)	酚质量/(kg/d)
1	350	2000	0.70
2	225	2750	0.62
3	200	3250	0.65
4	240	2500	0.60
5	300	2250	0.68
6	50	100	0.01
7	0	0	0
平均值	171	1836	0.41
最小值	0	0	0
最大值	300	3250	0.70

该工厂废水中酚的允许排放浓度为 $500\mu g/L$。进一步分析各个样品发现，一天中有两个 3h 时间段（在 3：00～6：00 之间以及晚间 11：00～早上 2：00）出现超标问题，此时流量也提高至 $0.25m^3/min$。所以，需导流的总体积按式（8-2）计算：

$$V=QTfk \tag{8-2}$$

式中，V 为每天需导流调节的废水体积，m^3；Q 为导流量，m^3/min；T 为导流时间，h；f 为导流频率，次/d；k 为单位换算常数，min/h。

因此

$$V=0.25\times3\times2\times60=90\ (m^3/d)$$

控制回流量可由式（8-3）计算：

$$Q_C = V/Tk \qquad (8-3)$$

式中，Q_C 为控制回流量，m^3/min。

因此

$$Q_C = 90/(24 \times 60) \approx 0.063 \ (m^3/min)$$

调节池的体积可以这样确定，需导流的总水量为 $90m^3/d$，并以恒定的流量回流至处理系统中。因此，剩余 18h 的总水量为 $170-90=80$（m^3），按 24h 计，其平均流量为 0.056（m^3/min）。

为了保证 6h 导流时间内流量不变，调节池体积应该足够大，用以容纳导流时间（本例为 6h）内以平均流量流入的体积。

调节池体积按式（8-4）计算：

$$V = Q_A T k \qquad (8-4)$$

式中，V 为调节池体积，m^3；Q_A 为未导流时的平均流量，m^3/min。

因此

$$V = 0.056 \times 6 \times 60 = 20.16 \ (m^3)$$

在进入后续处理单元前，从调节池回流到处理系统的废水与系统进水可以通过在线调节池或快速混合池重新汇合。因此，总流量 Q_T 为：

$$Q_T = Q_A + Q_C = 0.056 + 0.063 = 0.119 (m^3/min) \qquad (8-5)$$

8.2.4 完全混合式调节池

完全混合式调节系统用来应对企业各个部门产生的多股废水造成的水质、水量的变化，这种变化通常对废水处理设施的进水产生脉冲或阶梯式变化。该系统是最常见的调节工艺，可以不断削弱流量与负荷变化的峰值，改善后续处理工艺的运行参数，使后续处理工艺稳定运行。

调节池的体积 V 由运行参数对后续处理单元的影响来确定，按式（8-6）计算：

$$V = (\textstyle\sum f_i) T_e k \qquad (8-6)$$

式中，V 为调节池的体积，m^3；f_i 为单股废水流量，m^3/min；T_e 为调节时间，h。

【例 8-3】 有三股废水分别以 $1.98m^3/min$、$0.59m^3/min$、$0.189m^3/min$ 的流量进入调节池，所需调节时间为 4h，那么：

$$V_e = \textstyle\sum (f_1 + f_2 + f_3) T_e k = (1.98 + 0.59 + 0.189) \times 4 \times 60 = 662.16 \ (m^3)$$

每个运行参数的相对变化可由式（8-7）计算，即单股废水流量相对于总水量变化的变化率。表示如下：

$$V_{arT} = V_{arpi} \frac{f_i}{f_t} \qquad (8-7)$$

式中，V_{arT} 为总废水浓度变化值，mg/L 或 $\mu g/L$；V_{arpi} 为各股废水浓度变化值，mg/L 或 $\mu g/L$；f_i 为各股废水的流量，m^3/min；f_t 为总废水量，m^3/min。

例如，在单股废水中污染物浓度的变化值为 $50mg/L$，单股废水流量为 $150m^3/min$，总废水量为 $500m^3/min$，则总废水的浓度变化值为：

$$V_{arT} = 50 \times \frac{150}{500} = 15 \ (mg/L)$$

上式可用来计算总废水浓度的变化和可能对后续处理系统产生的影响。

8.3 其他设计要素

8.3.1 搅拌

调节池通常需要搅拌混合，尤其在有固体悬浮物存在时。通常，连续机械混合比水力混合效果好。没有固体悬浮物时可采用交替导流方式。

8.3.1.1 空气搅拌

当废水中含有可生物降解的污染物时，调节池必须进行曝气，否则会有臭味产生。曝气和混合系统可以有机结合（如空气扩散系统）。在池底多设穿孔管，穿孔管与鼓风机空气管相连，用压缩空气进行搅拌。尽管所需的混合动力会随池子的几何形状发生变化，但要通过空气扩散系统使水中的固体保持悬浮状态，单位池子体积的最小曝气量需达到 $0.5 \sim 0.8 L/(m^3 \cdot s)$。此方式搅拌效果好，还可起预曝气的作用，但运行费用也较高。

空气扩散曝气和机械表面曝气还通过化学氧化作用降解化合物，并且能吹脱去除挥发性污染物质。然而，在将挥发性有机物排放至大气时，会产生无组织排放污染问题，必须进行科学论证。企业其他生产过程排放的气体，如果不含有害成分，可以直接通入废水中用来搅拌。例如，烟道气通常含有大量的 CO_2，可以用来混合并中和高 pH 值废水。

8.3.1.2 机械搅拌

机械搅拌设备有多种形式，如桨式、推进式、涡流式等。此方法搅拌效果好，但设备常年浸于水中，易受腐蚀，运行费用也较高。在机械混合搅拌系统中，动力消耗通常需达到 $0.02 \sim 0.04 kW/m^3$（$0.10 \sim 0.2 hp/100 gal$）时才能使工业废水中较重的固体完全悬浮起来。由于工业废水中一般含有较高浓度的固体或者黏性物质，从而使其黏度高于其他废水，故不论是采用机械搅拌系统还是空气扩散系统，使用前一般要进行中试研究。

使用机械混合搅拌系统的经验表明，在寒冷季节里，由于表面曝气机的喷沫可能产生大量的泡沫和冰冻问题，所以应当避免在调节池中使用机械表面曝气机，尤其是当废水中含有表面活性剂和肥皂时，更应避免使用表面曝气机。另外，如果调节池的深度较大，表面曝气机便不能在整个调节池的深度上进行合理的搅拌。对于这种情况，选择潜水搅拌器较为合理，因为它可以安装在任何深度的位置上，而且搅拌器在安装后可根据需要进行搅拌强度的调整以优化混合效果。

8.3.1.3 水泵强制循环搅拌

调节池的第三种混合方式就是用水泵将调节池出水进行回流。通常会在泵的出水管道和回流管道上安装节流阀（蝶阀或柱塞阀），使回流水量从 0 变化到 100%。尽管这种方式比机械搅拌混合或空气扩散系统经济，但由于涡流作用，对污染物浓度混合的效率较差。因此，推荐在采用回流混合的调节池中使用挡板。

8.3.2 挡板

除了废水中含有大量可沉降固体的情况以外，绝大多数采用机械搅拌的调节池中都会设置挡板，以防止短流和涡流现象的发生。在圆形池子中，墙壁上通常安装 4 个挡板以减少涡流并提高混合效果。挡板的具体安装位置和尺寸取决于池子结构和搅拌器生产厂家的要求。

实际中还常用到叠排式挡板和底部环绕式挡板。由于叠排式挡板在水平和垂直方向上均能有效地分配水流，故更适用于宽的调节池。

8.3.3　池体结构

由于调节池可能产生难闻的气味、泡沫和冰冻问题，因此，池体结构必须配置超高、盖板，并安装管道系统以及其他辅助系统。

8.3.3.1　超高

使用空气扩散装置的调节池至少需要 0.5m 的超高，如果系统中有可能产生泡沫，超高要达到 1.5m。使用潜水搅拌器的系统至少需要 0.6m 的超高。使用表曝装置的调节池至少需要 1~1.5m 的超高。

8.3.3.2　盖板

如果有难闻气味或是冰冻现象发生，调节池应该覆以盖板或在池内安装合适的通风设备。此外，可以考虑使用一些气味控制装置（化学洗涤器、活性炭）来处理臭气。

8.3.3.3　空气扩散装置

采用空气扩散装置进行搅拌或曝气时，大气泡扩散装置在避免固体堵塞或者油脂覆盖方面，性能要优于小气泡扩散装置。同时，扩散装置应当安装在空气干管的下方，以防沉降固体堵塞扩散装置。

8.3.3.4　泡沫喷淋系统

如果废水中含有高浓度起泡剂或表面活性剂（在乳品厂、其他食品厂和纺织厂比较常见），可以采用泡沫喷淋系统以减少泡沫。泡沫喷淋系统通常使用车间排水或者饮用水，通过喷嘴在一定压力下将水喷洒出来，从而破坏泡沫。也经常用到消泡化学药剂。

8.3.3.5　保温措施

若冰冻问题不可避免，外部管道和阀门应设保温措施。如果调节池结冰，应在池子的附近设置加热装置，加上盖板也可解决这个问题。

8.3.3.6　放空管、溢流管和清洗水

调节池设计中可以不必考虑大型泥斗、排泥管等，但必须设有放空管和溢流管，必要时还应考虑设超越管。调节池应该具备一定坡度以便放空排水，而且应设置供水水源用以冲洗调节池。

8.3.4　泵的控制与启动

水泵的液位控制基于进出水水量的动态平衡。对于单一泵（一台使用，一台备用）系统，通常要求泵的启动水位尽可能低，并与泵的吸程要求一致。

调节系统的设计还应考虑采用定速泵或是无级变速泵。实际工程中，调节池中的泵向附近构筑物排水时，水头变化很小（如一个堰）。然而，随着调节池水位的上升和下降，水泵的负压水头变化很大。因此在设计调节池水泵系统时，池中水的静压水头是主要考虑的水力变量。当调节池水位变化时，由于离心泵的输出流量与池中水的静压水头变化相反，因此泵的输出流量也会发生较大的变化。为了抵消这种影响，通常在恒流泵上安装流量控制器来调整泵的输出功率，以便在不同池水液位下维持均衡的输出流量。

采用变频驱动来改变调节池内泵的输出功率是一种低能耗的方法。这种系统一般会用到

一个水流回路，即一个变频驱动和一个具有反馈回路的流量计，来调整泵的转速使之满足所需的流量。

思考题

1. 简述调节池的功能和类型。
2. 比较交替导流式、间歇导流式和完全混合式调节池的优缺点。
3. 采用技术路线的方式图解调节池的设计步骤。

参考文献

[1] 周岳溪，李杰. 工业废水的管理、处理与处置[M]. 北京：中国石化出版社，2012.
[2] 崔玉川. 城市污水厂处理设施设计计算[M]. 2版. 北京：化学工业出版社，2011.
[3] 韩洪军. 污水处理构筑物设计与计算[M]. 哈尔滨：哈尔滨工业大学出版社，2005.
[4] 孙体昌，娄金生，章北平. 水污染控制工程[M]. 北京：机械工业出版社，2009.

第9章
工业废水酸碱控制

工业产品制造、加工和洗涤过程中，有时需要使用多种酸和碱，从而产生酸碱废水。酸碱控制是工业废水最常见的处理过程，具体控制指标为 pH 值。在某种程度上，pH 值的大小取决于废水的处理工艺和排放限值。直接排放时，出水 pH 值应在 6.0～9.0 以保护受纳水体。若企业废水处理工艺中包括生化处理过程，生物处理单元进水 pH 值则应为 6.5～8.5。当生物处理过程包含硝化反应时，进水 pH 值一般控制为 7.5～8.5。另外，随着水温的变化、工艺形式（间歇式还是连续流）以及技术的不同（好氧处理还是厌氧处理），相应的进水理想 pH 值也存在差异。

在实际工业企业内部或者企业间，对酸碱废水的首选处理途径即为利用酸性废水中和碱性废水、利用碱性废水中和酸性废水，以废制废。但是，在没有合适的对应废水时，也必须根据成本和运维条件，选用合适的中和剂以及建造适宜的中和系统。

9.1 酸碱废水的来源及危害

9.1.1 酸性废水的来源

金属采冶和加工环节是酸性废水的重要来源，所产含金属酸性废水是对地球环境危害最大的工业废水之一，其废水排放量大、污染物种类复杂、污染物毒性较强。重金属酸性废水通常来自矿石采运、冶炼、化工、电镀、电解、制革和涂料等行业，其主要特征是 pH 值低、含高浓度的硫酸盐和多种可溶性的重金属离子，其中以酸性矿山废水污染范围和危害程度最大。酸性矿山废水 pH 值最低达到 2.5～3.0，硫酸盐含量高达每立方米几千到几万克，并含有铁、铜、镉、锰、铅、锌、铬、汞等多种毒性很强的重金属离子。

9.1.2 酸性废水的危害

未经处理的酸性废水排入污水管网，可能发生化学反应产生危害。如废水氰离子与酸性废水混合反应所产生的氰化氢有剧毒；废水中的硫化物与酸性废水接触后会反应产生硫化氢气体。无论氰化氢还是硫化氢，即使在低浓度时也具有极大危害性。另外，硫化氢易被生物氧化形成硫酸，硫酸会严重腐蚀混凝土管道。

9.1.3 碱性废水的来源

碱性废水是指含有某种碱类、pH 值高于 9 的废水。碱性废水也分为强碱性废水和弱碱性废水；低浓度碱性废水和高浓度碱性废水。碱性废水中，除含有某种不同浓度的碱外，通常还含有大量的有机物和无机盐等有害物质。碱性废水来自造纸、制革、炼油、石油化工、化纤等行业，包括制碱工业的废水，碱法造纸的黑液，印染工业煮纱、丝光的洗水，制革工业的火碱脱毛废水以及石油、化工部分生产过程的碱性废水等。

9.1.4 碱性废水的危害

碱性废水和酸性废水一样，是所有工业废水中最常见的一种废水。如果不经过处理就直接排放，将腐蚀管道、渠道和水工建筑物；排入水体后将改变水体的 pH 值，影响水体的自净作用，破坏河流自然生态，导致水生资源减少或毁灭；渗入土壤则造成土质的盐碱化，破坏土层的疏松状态，影响农作物的生长和产量。

9.2 中和剂

以下介绍常用的中和化学药剂。常见中和化学药剂见表 9-1。表 9-2 列出了常见中和剂的主要性能。

表 9-1　常见的中和化学药剂

名称	分子式	一价相对分子质量[①]	中和 1mg/L 酸度或碱度的量（以 $CaCO_3$ 计）/(mg/L)
碳酸钙	$CaCO_3$	50	1.00
氧化钙	CaO	28	0.56
氢氧化钙	$Ca(OH)_2$	37	0.74
氧化镁	MgO	20	0.40
氢氧化镁	$Mg(OH)_2$	29	0.58
白云石生石灰	$(CaO)_{0.6}(MgO)_{0.4}$	24.8	0.50
白云石水合物	$[Ca(OH)_2]_{0.6}[Mg(OH)_2]_{0.4}$	33.8	0.68
氢氧化钠	$NaOH$	40	0.80
碳酸钠	Na_2CO_3	53	1.06
碳酸氢钠	$NaHCO_3$	84	1.68
硫酸	H_2SO_4	49	0.98
盐酸	HCl	36	0.72
硝酸	HNO_3	62	1.26
碳酸	H_2CO_3	31	0.62

① 旧称当量分子量。

表 9-2　常见中和剂的主要性能

性质	碳酸钙（$CaCO_3$）	氢氧化钙 [$Ca(OH)_2$]	氧化钙（CaO）	碳酸钠（Na_2CO_3）	氢氧化钠（$NaOH$）	硫酸（H_2SO_4）	盐酸（HCl）
形态	粉状，碎粒状	粉状，颗粒状	块状，粉状，磨碎状	粉状	液体	液体	液体
船运集装箱	袋装，桶装，散装	袋装，散装	袋装，桶装，散装	袋装，散装	袋装，桶装，散装	袋装，桶装，散装	袋装，桶装，散装
密度/(kg/m³)	粉末 770～1140 碎粒 1120～1600	400～1120	640～1120	550～1000	1185～1600	1700～1830	1025～1185
商品纯度/%	无	一般为 13	75～99，一般为 90	99.2	20,50,98	78,93	27.9,37.5,35.2

性质	碳酸钙 （CaCO₃）	氢氧化钙 [Ca(OH)₂]	氧化钙 （CaO）	碳酸钠 （Na₂CO₃）	氢氧化钠 （NaOH）	硫酸 （H₂SO₄）	盐酸 （HCl）
水溶性 /(kg/m³)	几乎不溶	几乎不溶	几乎不溶	58(0℃)，104(10℃)，179(20℃)，333(30℃)	全溶	全溶	全溶
投加形式	固定床用干泥浆	干粉或泥浆	干粉或泥浆	干粉或液体	液体	液体	液体
投加装置	体积计量泵	体积计量泵	干体积，湿泥浆	体积计量器，计量泵	计量泵	计量泵	计量泵
配套设备	泥浆池	泥浆池	泥浆池，消化池	泥浆池	无	无	无
包装材料	铁，钢	铁，钢，塑料，橡胶	铁，钢，塑料，橡胶	铁，钢	铁，钢，玻璃钢，塑料	聚偏氟乙烯，聚四氟乙烯，不锈钢，某些塑料	哈司特镍合金A，特定塑料

9.2.1　碱性中和剂

9.2.1.1　石灰

石灰常用于中和酸性废水，因为其适用性强、成本相对便宜。通常用于中和酸性废水的石灰和石灰岩主要包括：高纯度氢氧化钙石灰（熟石灰）、氧化钙（生石灰）、白云石生石灰、白云石水合物、高钙石灰石、白云灰岩、碳酸钙、电石废料（氢氧化钙）。不同形式石灰的中和反应时间不同，从而影响中和反应池的规模、投资费用。部分化学药剂还会产生大量的中间产物，增加所产生的固体物质量和种类。

石灰化合物的溶解和反应速度慢，因此需要较长接触时间和剧烈混合搅拌，以确保反应顺利进行。石灰化合物的最大缺点是中和反应过程中产生固体和结垢（不溶性钙盐），投加过程中产生石灰粉尘使人感到不适并产生潜在的健康问题。中和反应产生的固体需通过澄清池或沉淀池分离，然后脱水、处置。采用石灰，将强酸性废水中和到 pH 值小于 5 时，基本不出现结垢问题；pH 值为 5～9 时，沉积物呈颗粒污泥或垢，具体取决于废水水质、所使用石灰的类型以及固体沉淀物是否再循环；pH 值为 9～11 时，在 pH 值电极、阀门、管道、泵和堰上形成硬垢，必须及时清除。另外，如果石灰过量，pH 值会快速增加，将造成设备腐蚀风险。

石灰岩是最便宜的碱性中和剂。常以固定床滤料的形式使用，当废水流经滤床时，会产生二氧化碳，易发生气床结合现象。石灰岩中和硫酸废水时，石灰岩滤料上会形成硫酸钙沉积层，后者需通过机械搅拌去除。石灰岩的反应时间一般长达 1h 甚至更长，具体则取决于岩粒滤料材质和粒径，且需定期更新以维持其处理性能。

9.2.1.2　氢氧化钠

氢氧化钠俗称苛性钠，通常有固体和液体两种形态。从使用和溶解的安全性考虑，颗粒态的无水氢氧化钠在废水处理中没有实际应用。因此，下面的内容仅针对液态氢氧化钠。

氢氧化钠虽然较贵，但与石灰和其他碱相比，在投资成本、运行费用和维护费用方面具有很多优势。氢氧化钠属于强碱中和剂，反应迅速，反应池容积较小。从储存和使用方面来说，它还是一种清洁的化学原料，中和反应过程中产生的固体显著少于石灰类中和剂。此外，废水中的酸与氢氧化钠反应形成的钠盐溶解度高，pH值调节后无需另设固体沉淀池。

通常，氢氧化钠与氯一起生产。氯的供需随着地域的不同而变化，因此氢氧化钠的价格和货源变化较大，这是其缺点之一。其他缺点还包括：它对肺和暴露在外的皮肤都会有伤害作用；它一旦溢出，还会造成人员滑倒的安全问题。另外，过量的氢氧化钠会使废水的pH值迅速增加，pH值等于或高于12.5时会造成设备腐蚀风险。

9.2.1.3 碳酸氢钠

碳酸氢钠是一种弱碳酸盐，俗称小苏打，是一种高效的缓冲剂。它的pH值接近中性，可以有效中和废水中的酸或碱。在废水处理工程中，主要用途为缓冲剂，对于厌氧生物处理系统中的pH值控制也非常有效。

9.2.1.4 碳酸钠

碳酸钠俗称苏打粉，与氢氧化钠相比，使用中的安全问题少；与碳酸氢钠相比，价格便宜。但是作为中和剂，其效果较氢氧化钠和碳酸氢钠低。碳酸钠作为中和剂时，反应速度较快，但产生二氧化碳，由此可能产生泡沫问题。此外，碳酸钠在水中的溶解度低，与熟石灰类似，以悬浊液形式投加比较经济。

9.2.1.5 氢氧化镁

与石灰和氢氧化钠不同，氢氧化镁为弱碱，其溶解属于吸热反应，使用相对安全。氢氧化镁的碱性较大，但反应速度较石灰和苛性钠慢。室温下氢氧化镁溶解度很低，并随着温度升高而降低。pH值为9.0左右，氢氧化镁不溶于水，因此过量投加也不会出现废水pH值的过度升高。氢氧化镁价格低廉、投加简单易行，常被作为中和酸性废水的替代性中和剂，尤其是溶解性金属的去除。氢氧化镁中和酸性废水所产生的金属氢氧化物污泥的体积一般较少，但脱水却较石灰中和所产生的污泥难。

9.2.2 酸性中和剂

9.2.2.1 硫酸

硫酸（H_2SO_4）是最常用的碱性废水中和剂，价格低廉，在大多数条件下都可以投加，但是其腐蚀性较大，需要特殊的安全防范措施。如果废水中存在高浓度的钠和钙，中和反应会产生可溶性钠盐和不溶性钙盐。在厌氧条件下，硫酸盐被还原成硫化物，然后形成硫化氢——一种腐蚀性危险气体。在好氧条件下，硫化物能被生物氧化成硫酸盐，会腐蚀水泥输水管道。

9.2.2.2 二氧化碳和烟道气

目前，人们已经普遍采用压缩二氧化碳气体中和碱性废水。二氧化碳溶于水，生成碳酸（一种弱酸）与碱性废水发生中和反应，降低废水的pH值。在废水中和需要进行二、三级微调或者pH值调节范围很小时，采用二氧化碳经济高效。

烟道气中和碱性废水是一种很实用的方法，比二氧化碳更经济。烟道气一般含有14%的二氧化碳，其中和原理与压缩的二氧化碳气体的中和原理相同。

9.2.2.3 其他酸

在特定情况下，可采用其他酸（如盐酸、硝酸和磷酸）来中和碱性废水，但费用一般较硫酸高，且比硫酸难以处理。此外，如果对氯化物、总氮、总磷有排放限制，则必须考虑出水水质是否达标。

9.2.3 中和剂的选择和使用条件

9.2.3.1 中和化学药剂的类型

中和化学药剂的选择首先应明确采用酸还是碱（或两者都用）调节 pH 值。当废水水质变化大而所控制的 pH 值范围较窄时，则其中和剂通常同时需要酸和碱。

9.2.3.2 运行费用

中和化学药剂选择的经济评价应通过多方案比较。例如，通过强碱还是弱碱调节酸性废水的 pH 值。采用强碱，其投加量虽少，但是废水 pH 值却很难准确控制，而且每单位强碱的费用可能比每单位弱碱的成本高。化学药剂的运行费用为药剂的单位成本和其投加量的函数。此外，在评估每种化学药剂的运行费用时，还应计算相关的劳动力费用和维护费。

进行化学药剂成本评估时，应合理比较中和化学药剂产生单位碱度或酸度的费用。具体的计算公式如下：

$$C_{\text{碱/酸}} = \frac{C_{\text{散装}}}{P_{\text{散装}}\, nM_{\text{CaCO}_3}}$$

式中，$C_{\text{碱/酸}}$ 为单位质量酸或碱的费用（以 CaCO_3 计）；$C_{\text{散装}}$ 为单位质量散装化学药品的费用；$P_{\text{散装}}$ 为散装化学药品的纯度；n 为单位质量散装化学药品中 H^+ 或 OH^- 的量，mol；M_{CaCO_3} 为 $\frac{1}{2}$ mol CaCO_3 的摩尔质量，50g/mol。

9.2.3.3 投资费用

投资费用包括化学药剂储罐和储藏间、泵、测量设备、建筑材料、安全措施和控制设备的费用。

9.2.3.4 反应时间

废水中和反应时间影响 pH 值调节装置的数量、规模、混合要求和控制设备。

9.2.3.5 溶解性固体产生量

废水处理厂的出水中溶解性盐应予以控制。废水中和过程中所产生的溶解性固体浓度，取决于所用中和药剂的种类及投加量。

9.2.3.6 固体物产量

废水中和过程中产生的固体以悬浮态排入后续处理单元或污水处理厂，或是在中和池中分离去除后进一步处置。而中和过程中所产生的固体量则取决于废水水质、化学中和剂种类、废水的最终 pH 值。

9.2.3.7 安全性

有些中和化学药剂使用时安全十分重要。在具体选择时，应采取预防措施，避免操作人员在使用过程中出现皮肤接触、意外的眼睛接触和蒸气吸入等问题；其次，根据中和化学药剂的需要量，采取相应的储存和保管措施，避免发生其他次生安全问题。

9.2.3.8 中和化学药剂过量时的最大/最小 pH 值

当中和单元位于废水处理工艺的前端，或属于生物处理工艺的单元，或是中和过程属于公共污水处理厂的预处理时，则应该明确废水经过中和处理后可能出现的 pH 值最大值和最小值。例如，用氢氧化钠中和酸性废水时，氢氧化钠过量会导致废水的 pH 值很高，达不到处理或排放的要求。为此，应采用其他碱如氢氧化镁，以避免大幅度提高废水 pH 值，因为在 pH 值接近 9.0 或大于 9.0 时，氢氧化镁溶解度极低。

9.2.3.9 操作的难易度

废水中和过程操作的难易度取决于调节 pH 值所采用中和化学药剂的类型和投加频率。中和化学药剂形态分固体和液体。固态包括粉末状和颗粒状，投加前需进行溶解、混合，以液态形式储存。固态中和化学药剂通常成包运输（重达几百千克），一般通过人工将其注入混合设备或经过二次包装运输卸至运输设备上。液态中和化学药剂一般用圆桶、提袋、货车或者轨道车运输。

中和化学药剂的种类和用量决定了接收、卸载、储存及运送到中和系统过程中所需要的设备，还应考虑安全、低温保存、防尘、建筑材料和特殊化学品处理系统。如二氧化碳一般呈液态，通过货车运输，在压力容器中低温保存。使用时用气体释放器将二氧化碳气体注入水中。

9.2.3.10 货源及其他问题

在评价 pH 值调节的中和化学药剂时，其货源、价格浮动及其品质等级都是重要的因素。例如，中和化学药剂的生产厂家位于废水处理厂附近，其运输费用就会减少，相应的单位成本就会降低。此外，可以直接用邻近工厂的废水中和另一家工厂废水的 pH 值，不需要再购置中和化学药剂。

9.2.4 中和剂的储存要求

以下介绍 pH 值中和剂储存装置的材料选取和储存的要求。在储存装置材料的选择和设计储存、投加系统之前，应咨询药剂供应商、制造商和行业协会。

9.2.4.1 石灰的储存

大量的石灰应采用密闭的混凝土罐或铁罐储存，出料口的坡度不小于 60°，料斗一般设置搅拌器。石灰的批量转运可采用传统斗式提升机、带式输送机、平板运输机、拖链输送机或是由碳钢制成的批量传输带运输。风力运输机会使石灰在空气中消解，减小石灰颗粒粒径，因此人工投加和气动投加时，需安装粉尘收集装置。石灰一般以乳液投加，即先将石灰于水中消解，然后由泵注入 pH 值调节池。

废水中和处理过程中，耗碱量较大时，一般采用石灰。生石灰价格低廉，由于石灰中往往夹杂沙砾，因此在投加过程中，容易出现阀门、泵、消化器和其他设备磨损，维护工作繁重。另外，石灰在水中消解时释放大量热量（反应放热），存在其他操作和安全隐患。

9.2.4.2 氢氧化钙的储存

除了储存箱的出口应设斗式搅拌槽以外，氢氧化钙的储存和使用要求与生石灰一样。储存箱的出口应设有专用旋转给料器，料斗的坡度至少是 65°。与生石灰相比较，石灰乳所含的不溶性残渣少，但仍损害阀门、泵、消化器和其他设备。

9.2.4.3 氢氧化钠的储存

液态氢氧化钠以 50%（质量分数，下同）储存，但在 11.7℃ 下，会产生结晶，因此，储存罐应该置于室内或者采取相应的加热和保温措施。如果其浓度稀释至 20%，结晶温度则降至 -26℃（由于需采取专门的储存方式和安全措施，使用时应先咨询生产商或查阅稀释氢氧化钠溶液的使用手册）。液态氢氧化钠可以储存在圆桶、储存袋或者货车或火车槽罐。

储存器的容量应为最大需求体积的 1.5 倍（使用时允许用水稀释）或者 2 周的预期用量，两者的较大值为基础。氢氧化钠溶液的储存取决于温度和溶液的限制条件。在温度为 24～60℃条件下，储存 50% 的氢氧化钠溶液，其储存罐应采用低碳钢。当储存温度高于 60℃ 时，储存罐需采用更精细的材料（一般不推荐）。如果氢氧化钠长期储存在钢制容器中，则会存在容器铁溶解现象。如果需要避免铁的溶出，储存罐的材质应采用 316 不锈钢、镍合金、塑料制作，甚至可以用橡胶。

9.2.4.4　碳酸钠和碳酸氢钠的储存

碳酸钠通常采用钢罐储存，并采用配置吸尘器的钢制气动设备来传输。散装或袋装的碳酸钠易吸收空气中的二氧化碳和水，形成活性较低的碳酸氢钠。储存系统组成包括一个储存罐（将散装碳酸钠制成浆，然后转移到罐的装置）以及将罐中的溶液抽出后与水稀释的装置。储存过程中最重要的是，维持一定的储存温度以避免形成晶体，因为后者不易溶解。操作系统中采用的水需预热，加热线圈置于碳酸钠溶液罐底部。若碳酸钠溶液罐位于室外，则需采取保温措施。粉状碳酸钠在储存过程中，有时候会结块形成不同形状的晶体。为了避免形成结晶，应在储存罐底部出口正上方安装电动或气动振荡器。50%～60% 的总碳酸钠溶液可以采用泵输送，但应防止热量损失以避免结晶。5%～6% 的碳酸钠稀溶液可以采用溶液输送。

碳酸氢钠的储存和使用方法与碳酸钠的相同。

9.2.4.5　氢氧化镁的储存

氢氧化镁是将颗粒态氢氧化镁配成 55%～60% 的浆液。它不具有特别的腐蚀性，也不难处理，一般散装用罐车输送。尽管可以用其他材料，但储罐材质一般为玻璃钢。氢氧化镁浆液于 0℃ 会冻结，储存时需适度搅拌。冻结不会影响氢氧化镁的品质，但会产生分离现象。一旦发生分离，则很难恢复成浆液。

9.2.4.6　无机酸的储存

根据浓度的不同，硫酸储存包括不锈钢罐、玻璃钢罐和其他塑料罐等。盐酸一般储存于硬质橡胶衬里的金属罐、玻璃钢罐和塑料罐。硝酸的储存一般采用低碳不锈钢储罐（304 型或更好的）。无机酸储罐不要求搅拌，投加一般采用计量泵。泵与酸接触的部件须采用酸的化学惰性材料（向生产商咨询）。

9.2.4.7　二氧化碳的储存

二氧化碳一般在加压状态下由冷藏车运输。液态二氧化碳在冷藏加压容器中储存，使用时经气体释放器将液态的二氧化碳转化成气态，注入废水中进行中和反应。

9.3　中和系统的设计

中和系统将废水 pH 值调整到允许范围之内，或者满足 pH 值调整控制过程的要求。因此，中和系统必须投加适量酸或碱于废水；废水与中和药剂充分混合；提供足够的中和反应时间，使其达到平衡或接近平衡。

几乎所有的废水水质都会随时间变化，因此中和系统必须能够及时监测废水 pH 值并控制药剂的投加量，达到目标 pH 值。pH 值是 H^+ 浓度的对数函数，因此中和系统设计很复杂。比如，向 pH 值为 2.0 的强酸溶液中添加碱，其量为 x，使溶液 pH 值升至 3.0；如 pH 值继续升高至 4.0 时，碱投加量仅为原始消耗量（x）的 10% 左右，将 pH 值升至 5.0 的耗碱量为 $1\%x$，pH 值继续至 6.0 则耗碱 $0.1\%x$。因此，废水 pH 值从 2.0 调到 7.0 是非常复杂的控制过程。另外，pH 值发生任何可测量的变化之前，需要加入大量的碱，但是随着 pH 值的升高，pH 值变化率在溶液达到平衡点之前也升高（这种变化决定于废水的组成成分），然后变化率下降。所以精确控制 pH 值，必须有精确而灵敏的控制系统。

下面介绍中和系统设计的一般规定。

9.3.1 一般设计规定

在中和控制系统的设计过程中，设计人员需考虑废水流量、pH 值、缓冲能力变化的影响，工业废水的 pH 值随时间（每分钟、每天、每月）变化很大，一些废水（如含酸碱清洗剂的食品加工废水）的 pH 值几分钟内可由 2.0 跳跃至 12.0。

如废水 pH 值变化范围很大，应先通过调节池减少 pH 值变化范围，从而减小中和系统的规模。废水处理中调节池可减小废水水质［如流量、悬浮固体或生化需氧量（BOD）］的变化。如果废水水质在正常情况下比较稳定，则调节池设计也相对简单。然而，pH 值是很多复杂化学平衡的反映，化学平衡会随时发生较大变化，故 pH 值不能一直保持稳定。仅仅两个单位的 pH 值变化（如 2～4），其中 H^+ 浓度的变化达 100 倍，而废水其他参数很少有如此大的变化（调节池的设计详见第 8 章）。

很多工厂会同时排放酸性和碱性废水。一些工厂只产生酸性废水，而其附近的工厂或许产生碱性废水。当酸性废水和碱性废水同时产生或者相近产生时，二者混合就是一种成本低廉的中和处理方法。不同废水按照合适的比例混合不仅中和效果好，还可以避免出现酸碱冲击负荷，在此过程中若出现酸性或碱性废水量不够，应可补充相应量的酸或碱。

对于源自不同工厂的混合废水，设计人员应先通过查阅相关资料，咨询相关的化合物供应商，分析每股废水的水质以评估其兼容性。特别是，无毒废水与有毒废水混合应更谨慎，因为由此产生的固体的处理，均需符合危险废物处理规定。另外，如某股废水需多级处理（如生化处理）且废水混合影响后续处理工艺（如尺寸和其他因素）时，则不应实施废水混合处理。

9.3.2 间歇式中和系统和连续式中和系统

中和系统分为间歇式中和系统和连续式中和系统两种类型，其最大的区别在于所采用的控制系统的不同以及水力控制位于中和反应器的内部还是外部。

9.3.2.1 间歇式中和系统

对于废水水量小或废水间歇性排放，通常采用间歇式中和操作，废水达到目标 pH 值后才排放，因此较连续流控制系统简单，运行可靠。

间歇式中和系统由多级 pH 调节池或在间歇式 pH 调节池前设置一个大调节池/存储池（见图 9-1）。废水经泵输入 pH 调节池中，通过中和池进水管上的控制阀，控制废水进入哪个 pH 调节池，中和后的废水则经调节池出水管上的控制阀，以重力流进入下游处理工艺或废水收集系统。典型的间歇式中和系统设计，还包括 pH 调节池的水位控制设备、pH 监控设备、中和剂投加设备以及 pH 调节池的混合设备。废水由泵注入调节系统的某个中和池，至废水达到设定水位后再投加中和剂。中和剂投加量取决于原水 pH 值。持续投加中和剂，使废水 pH 值达到预定值，再稳定一定时间后排放。

间歇式中和系统的主要优点是设备和控制设备简单。一般投加液态中和剂（如硫酸或苛性钠）。由于废水的体积相对较小，中和剂的使用量较小，因此费用较低。中和剂一般采用液态储存，通过电子或电动计量泵将液态中和剂投加到废水中和池。

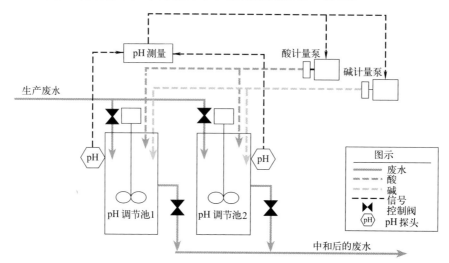

图 9-1   间歇式中和系统流程

9.3.2.2   连续式中和系统

某些小型污水处理厂常采用连续式中和系统。废水流量大时，也往往采用连续式中和系统。该系统往往需要更精确的 pH 值监测、控制，确保出水 pH 值稳定达到预定值。

连续式中和系统可配置一个、两个或三个串联运行的中和池（图 9-2）。中和池的数量取决于所需的 pH 值控制精度、废水的缓冲能力和预定的 pH 值范围。具有缓冲能力且其pH 值调节较小的废水，往往采用一个中和池。pH 值易变化或者变化范围较大的废水（如pH 值的变化范围为 2~7），则需采用多个中和池。在后种情况下，第一个控制池往往为 pH

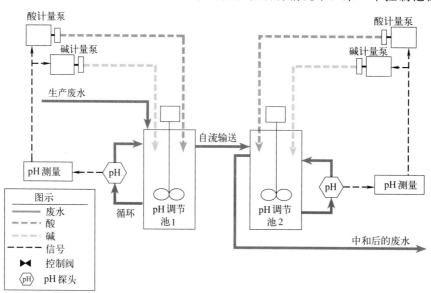

图 9-2   连续式中和（两步）系统图示

粗调池，然后在第二个或后续控制池中进行 pH 值精调调节，以使废水的 pH 值达到预定值。设计时，每个控制池一般都分别配置独立的 pH 值监控和中和剂投加装置。

通过分析废水的滴定曲线，可粗略估计每个控制池的预定 pH 值。第一个控制池的废水 pH 值预定值为废水缓冲能力接近耗尽的 pH 值，再投加中和剂，废水的 pH 值发生显著变化。这样，在后续的第二个控制池中投加少量中和剂，废水的 pH 值便达到预定值。

根据现场高程和废水的水力性能，连续式中和系统可采用重力流。但是，实际工程往往需要废水提升泵站，先将废水提升至第一个中和池，通过调节后的废水再以重力流流入后续的中和池。在连续式中和系统中，废水连续地流经各个控制池，因此不需要设置自动控制阀。

连续式中和系统中中和剂的储存和投加，与间歇式中和系统类似。尽管如此，由于连续式中和系统通常用于废水量较大的废水处理工程，因此，采用中和剂的干式投加（包括相应的混合和输送设备）的费用较湿式投加的低。

9.3.3 水力停留时间

中和池的容积除以所调节的废水流量，即为中和系统的水力停留时间。实际废水所需的中和系统的水力停留时间与废水中和反应速率、中和剂与废水混合类型及其强度之间呈现函数关系。实际工程中，中和池的容积需足够大，以便在最大设计流量和最低（或最高）pH 值条件下，实现 pH 值的有效调控。此外，在设计前需清楚废水的详细变化。

最短水力停留时间通常比最不利状况所对应的水力停留时间短 5～10min。废水的正常（平均）状况下，水力停留时间一般为 15～30min。尽管如此，如果废水水质变化很大，水力停留时间则需长达 1～2h 或者更长。

中和所需的水力停留时间与中和剂有关。采用液态中和剂时，最短的水力停留时间一般为 5min，而固态（包括泥浆状）中和剂却需要 10min。当中和剂为含白云石的石灰，相应的水力停留时间则需要 30min。

9.3.4 池形设计

为了达到最佳的混合效果，圆柱形反应器的深度应大致等于直径；矩形反应器应采用近立方体（深度、宽度、长度相等）结构。在连续流控制系统中，反应池的进水口和出水口应设在池两侧的相反方向，以避免出现短流。

中和剂投加位置应设在 pH 调节池进水管或者循环混合管上（泵混合系统）。圆柱形反应器若采用垂直混合，反应池内至少应设置 2 个或更多的挡板以避免漩流，挡板宽度一般为反应池宽度的 1/20～1/12。正方形反应池混合效果好，其中不需要设置挡板。

9.3.5 混合要求

混合的目的在于缩短废水在中和池中的反应时间。尽管回流泵或者空气射流的水力混合器效果更理想，但实际工程中多采用机械混合，具体选择需综合考虑中和池的布局及废水流量等因素。混合动力消耗取决于中和反应时间、废水在中和池中的水力停留时间及混合类型（图 9-3），一般为 0.04～0.08kW/m^3（0.2～0.4hp/1000gal）。

混合需要足够的动力，从而使中和系统的"死时间"不超过废水在中和池中的水力停留时间的 5%。所谓的"死时间"是指从中和剂投加后至第一次检测到 pH 值变化所消耗的时间。理论上"死时间"越短越好，从而使控制系统能根据信息及时调整中和剂的投加量。

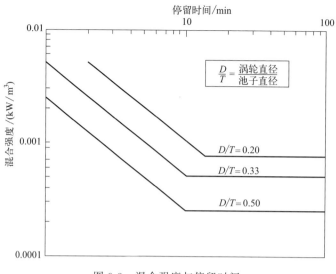

图 9-3　混合强度与停留时间

9.3.6　过程控制

以下介绍中和系统过程控制所需注意的有关技术问题。

9.3.6.1　间歇式中和系统的过程控制

间歇式中和系统包括 pH 值简易监测和控制系统。废水 pH 值达到预定值之前，一直停留在控制池内，因此与连续式中和系统相比，间歇式中和系统过程控制较简单。

pH 探头一般安装在伸缩臂上，由控制池的上方浸入池内。另外，pH 探头也可通过安装在控制池上的特殊阀门，穿过池壁插入池内监测，从而随时进行探头的维修和校准而不影响控制池的正常运行，但 pH 探头需安装于控制池最低水位以下，以避免导致探头薄膜干燥。

根据生产厂家提供的控制程序，可以通过 pH 仪直接控制中和剂投加设备（计量泵或控制阀）。此外，pH 仪可将 pH 值的数据先传输至 PLC（可编程逻辑控制器），再通过 PLC 控制中和剂的投加设备。通常，控制设备的选择需综合业主和工程的具体控制要求。控制系统中的计量泵可选用无级变速泵，从而在 pH 值偏离设定值较大时加大中和剂投加速率，反之，在 pH 值与预定值较近时减小中和剂的投加速率。废水 pH 值一旦达到预定值，排放之前应在控制池内至少继续停留 5min 或更长时间，否则可能出现因为 pH 值瞬间数值变化导致出水水质不合格。

9.3.6.2　连续式中和系统的过程控制

废水连续排放，因此连续式中和系统需要精准灵敏的控制。pH 值控制点（数字）需低于设定值，因为 pH 值偏离将导致废水排放不达标或者后续处理工艺无法正常运行。例如，若设定碱性废水 pH 值调节上限为 9，pH 值控制点应设定为 8.5 或 8.0，甚至更低，具体需根据废水的缓冲性能、pH 值变化及所采用的控制系统确定。

连续式中和系统通常采用容积较大的反应罐，pH 探头往往不能直接插入池内，由此监测的数据不能反映整个反应罐的真实情况。因为 pH 探头不能直接插入反应罐，所以监测点应尽可能地接近中和池（如控制池的出水管或外部循环管中）。进水的 pH 值也需监测，以改善中和剂投加设备的响应时间。过程控制的精确度则要求根据废水水质及其变化状况确定。

9.3.7 腐蚀

中和系统所需解决的一个主要问题是设备、构筑物和管道的腐蚀问题。废水 pH 值调节所采用的中和剂——酸或碱往往具有腐蚀性，设计人员在设计过程中应选择合适的材料，如不锈钢、玻璃纤维及各种塑料以减缓或消除腐蚀。如果采用水泥池，则池表面需要涂覆化学防腐材料以防止酸对水泥的腐蚀。

还有一种减缓腐蚀的措施是在比预定 pH 值高或低的条件下运行中和系统。例如，某酸性废水 pH 值调节的预定最低值为 5.5，操作人员可将废水 pH 值的控制值提高到 6.0 或 6.5，以减缓设备的腐蚀。当然，这一措施与 pH 值调节采用的中和剂有关。另一种减缓腐蚀的方法就是选择腐蚀性弱的中和剂。例如，在大多数情况下，碳酸比硫酸的腐蚀性弱。

9.3.8 结垢

过饱和石灰的 pH 值调节过程中往往会出现结垢现象。结垢会降低中和系统的准确性和有效性。通常，结垢主要出现在搅拌器、泵、管道、中和池和 pH 仪上，可通过机械或化学方法定期清除。

9.3.9 沉积物的处理

尽管中和过程是调节废水的 H^+ 浓度，但中和剂的添加会导致发生一系列副反应。一些反应会产生沉积物（也就是，溶解性固体转为悬浮固体的过程），这些沉积物处于悬浮还是沉降状态与其产生量、对水的相对密度以及搅拌强度有关。

如果废水的下游处理过程可以消纳这些副产物，最简单的处置方法是将沉积物与 pH 值调节后的废水混合排放。如果沉积物干扰废水下游处理过程和收集系统的正常运行，则应将其分离、浓缩、单独处置。

去除沉积物的最常见的方法是沉淀。在间歇式中和系统中，沉淀池的设计相对灵活，中和池设计为沉淀池，即中和池设计足够的停留时间，废水中和过程中产生的沉积物经过有效沉淀后由池底排出。连续流中和系统往往设计单独的沉淀池。可行的固体去除技术包括颗粒介质过滤、织物介质过滤和膜过滤等。沉淀后沉积物需脱水减容和减量处置。

9.3.10 运行费用

中和系统的运行费用包括中和剂、动力（搅拌和泵）、设备清洗和校准、维护、人力、相关设备及污泥处置费用。大多数中和系统中中和剂消耗是运行费用的最大部分，因此需要充分注重中和剂的选择、选用精准的 pH 值监测装置以及中和剂的投加控制等。

生产过程往往随时变化，废水性质也随之变化。因此，需要定期测定废水的水量水质，绘制相应的 pH 值滴定曲线，为中和系统的运行调整提供技术依据，有效控制其运行费用。另外，受市场的影响，中和剂价格随时可能出现较大的波动。例如，烧碱是氯气生产的副产物，随着氯气需求的变化，烧碱的价格随之变化。因此，适时调整中和剂的种类能够有效降低中和过程的运行成本。

9.4 工程实例

9.4.1 酸性废水药剂中和处理应用实例

某化肥厂日排放含氟废水30t，废水中含有多种物质，主要有氟硅酸钠（Na_2SiF_6）、盐酸、食盐、硫酸钠等。其中氟化物含量在6000mg/L左右，且酸性很强，pH值在1左右。

9.4.1.1 处理方法

根据含氟废水的特性，采用石灰粉中和，废水处理工艺流程见图9-4。利用搅拌桨的充分搅拌，使石灰粉能均匀地与氟化物反应生成氟化钙沉淀，从而大大削弱氟化物在废水中的含量。由于废水中含有一定量杂质，反应后的沉淀颗粒细小，沉降速度缓慢。为提高沉降速度，在沉淀阶段加入凝聚剂PAM（聚丙烯酰胺）来增大沉淀物的颗粒，使沉淀速度明显加快，4～5h的自然沉降后，上清液的水质达到国家排放标准。

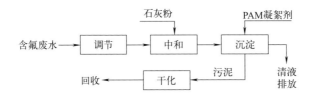

图9-4　用化学中和法处理含氟酸性废水的工艺流程实例

9.4.1.2 工艺运行参数

污水调节池容积40m³，停留时间1d。中和池容积20m³，设置有搅拌桨。池内装石灰粉和凝聚剂PAM。停留时间4～5h。清水池容积25m³，排放的上层清液经清水池至排污口。污水泵将污水从调节池提升至中和池，泵型号为HT13-ZK4.0/20，流量10m³/m，扬程20m，配电机型号为Y1004，功率为2.2kW。搅拌机直径1200mm，转速60r/min，配电机Y112M-4，功率4kW。

9.4.1.3 处理效果

虽然进水水质有一定波动，但经化学中和沉淀处理后氟化物去除率为99.9%，悬浮物的去除率达到94.9%，COD_{Cr}的去除率为93.5%。进水［F^-］、SS、COD_{Cr}和pH值分别为5813～7465mg/L、905～2242mg/L、830～970mg/L和0.97～0.99，出水［F^-］、SS、COD_{Cr}和pH值分别为3.35～5.97mg/L、59～66mg/L、52～63mg/L和6.45～7.24。出水水质达到《污水综合排放标准》（GB 8978—1996）Ⅰ级国家标准。

9.4.2 升流式膨胀中和滤池应用实例

某维尼纶厂用升流式膨胀中和滤池处理含硫酸工业废水。废水量为250m³/h，硫酸浓度为1500～2300mg/L，pH值为1～2，还含有其他杂质。该厂采用聚氯乙烯板制成的恒速升流式膨胀中和滤池。石灰石滤料粒径为0.5～3.0mm，平均粒径为1.5mm，滤层高1.2m，膨胀后达1.4～1.6m，上部清水区高0.5m，总高度2.9m，直径1.2m，共6座。经中和后，出水 pH 值达 4.2～5.0。经吹脱池处理后，废水的 pH 值可提高到 6.0 以上。处理每吨硫酸消耗石灰石 1.2t，每隔 3h 左右需补加新料，半个月左右需倒床一次。

思考题

1. 通过查阅资料，阐明酸碱废水的产生原因及其存在的环境风险。
2. 列表说明各类中和剂的优缺点。
3. 采用技术路线的方式图解中和系统的设计步骤。

参考文献

[1] 周岳溪，李杰. 工业废水的管理、处理与处置[M]. 北京：中国石化出版社，2012.
[2] 孙体昌，娄金生，章北平. 水污染控制工程[M]. 北京：机械工业出版社，2009.
[3] 王九思，陈学民，等. 水处理化学[M]. 北京：化学工业出版社，2002.

第10章
固体分离

工业生产过程中，各类固体物质因作为原料或者产品，或因反应、清洗等步骤而进入废水。部分固体物质溶解于水中，称为溶解性固体，其余固体以颗粒态或胶体态悬浮于水中，称为悬浮性固体。溶解性固体包含有机物和无机物，其处理过程在其他章节讲述，本章重点关注悬浮性固体。

悬浮性固体浓度高（＞500mg/L）的废水进入天然环境或污水处理厂时，会带来一系列的堵塞、淤积或者超负荷运转等问题。进入系统后固体物质清除耗资大、操作困难，如不及时清除，易导致环境恶化或处理系统崩溃，因此，工业废水排入天然水体或城市管网前应去除固体物质。

2020年，生态环境部发布《发酵酒精和白酒工业水污染物排放标准》（GB 27631—2011）修改单和《啤酒工业污染物排放标准》（GB 19821—2005）修改单，允许酒类制造企业与下游污水处理厂通过签订具有法律效力的书面合同，共同约定水污染物排放浓度限值，废水中的高含量易降解有机物进入污水处理厂稳定补充优质碳源，提高污水处理厂氮磷去除效率，降低污水处理设施建设和运行成本。因此，在酒类工业废水资源化利用推进过程中，酒类企业通常只需将废水中的悬浮性固体分离后，再通过管道或者罐车将废水输送到污水处理厂即可满足排放标准要求。

10.1 固体的分类体系

水中的总固体可分为挥发性固体和不可挥发性固体、悬浮性固体和溶解性固体、可沉物和难沉物，具体如下。

（1）总固体。废水中的总固体是指其中所含的所有固体物质。测定方法是把一定体积的废水试样在103～105℃下蒸发干燥，所得到的残渣总量即废水中的总固体量。一般用质量浓度表示，单位为mg/L。总固体在（500±50）℃时灼烧，可以挥发的部分固体称为总挥发性固体，残留的部分称为总不可挥发性固体。把废水试样经0.45μm滤膜过滤，能被滤膜截留的部分固体称为总悬浮固体，透过膜的固体称为总溶解固体。

（2）固体的挥发性。悬浮性固体和溶解性固体也可以再细分为挥发性和固定性两种，区分方法与总固体相同。总悬浮固体在（500±50）℃灼烧时能挥发的固体为挥发性悬浮固体，残留的为不可挥发性悬浮固体。溶解性固体也可以用同样的方法分为挥发性溶解固体和不可挥发性溶解固体。

（3）悬浮固体的沉降性。悬浮固体按悬浮物的密度分为密度大于 $1g/cm^3$ 的沉降性悬浮物和密度小于 $1g/cm^3$ 的漂浮性悬浮物。沉降性悬浮物又按在标准沉降管中能否沉降分离分为可沉物（其颗粒大体在 $10\mu m$ 左右）和难沉物。

（4）悬浮固体的分离方法。悬浮固体分离方法的选择取决于废水中固体的性质、起始浓度、所要求的最终浓度、颗粒粒径、沉降性能、密实性及凝聚特性等。常用的悬浮固体分离方法包括筛滤、重力分离、混凝和过滤等。其中，造纸工业、木材加工工业、食品加工工业和化学制剂工业等的工业生产和清洗会使木屑、砂砾等大量可沉悬浮固体进入工业废水，针对此类可沉悬浮固体，通常采用重力沉降法去除。难沉降的固体和胶体物质可能是无机性的，也可能是有机性的，具体取决于其产生来源。与工业给水处理系统一致，难沉降的固体和胶体物质可通过投加金属盐或利用聚合电解质之间的化学絮凝和凝聚作用去除。针对具体的工业废水，可通过烧杯试验或中试测定废水中悬浮固体的性质，确定其处理工艺。

10.2 筛滤

筛滤设施包括粗格栅、细格栅及筛网。粗格栅的栅间距通常为 $6\sim50mm$，细格栅的栅间距小于 $6mm$，需依据被去除颗粒的粒径和后续处理工艺选择合适的设备。

10.2.1 粗格栅

最常见的粗格栅是条栅，用来保护后续处理设备免受漂浮物的损坏或影响处理效率。食品厂、制药厂、制浆与造纸厂、制革厂、化学药剂生产厂以及纺织厂的废水处理经常使用条栅。按清渣方式，粗格栅分为人工清渣格栅和机械清渣格栅两种类型。

10.2.1.1 人工清渣格栅

小型污水处理厂（流量小于 $20m^3/d$）由于需要清渣的次数不频繁，采用人工清渣格栅较为经济，但是如果清渣次数过少或不恰当，会造成栅条间隙堵塞而引起栅前壅水，使格栅去除效率下降，同时引起渠道溢流。

10.2.1.2 机械清渣格栅

机械清渣格栅（图 10-1）常用于大型且清渣要求频繁的污水处理厂，实际工程中较为常见。许多个相同的耙齿机件交错平行组装成一组封闭的耙齿链，在电动机和减速机的驱动下，通过一组槽轮和链条做连续不断的、自上而下的循环运动，当耙齿链运转到设备上部及背部时，由于链轮和弯轨的导向作用，可以使平行的耙齿排产生错位，使栅渣靠自重下落到渣槽内。

机械清渣可降低人工费，使水流更连续，栅渣拦截效果好，同时还能减少臭味。尽管如此，实际中还常备用一条平行的人工清渣格栅，在机械格栅维修时确保废水处理系统的连续运行。格栅设计要素包括沟渠尺寸、栅条间隙、渠中水深、清渣方式和控制机械。粗格栅的典型设计参数见表 10-1。

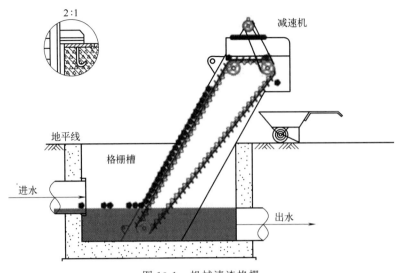

图 10-1　机械清渣格栅

表 10-1　粗格栅的典型设计参数

设计参数	人工清渣格栅	机械清渣格栅
栅条间隙/mm	25～50	15～75
垂直倾斜度/(°)	30～45	0～30
最小过栅流速/(m/s)	0.1	0.3～0.5
最大过栅流速/(m/s)	0.3～0.6	0.6～1.0
允许水头损失/mm	150	150～600

10.2.1.3　过栅水头损失

过栅水头损失受水中所含栅渣的数量和类型以及两次清渣之间格栅上栅渣积累量多少的影响。当有栅渣部分堵塞格栅时，其过栅水头损失按 0.2～0.8m 设计。没有栅渣时，格栅的水头损失通过考虑过栅流速和栅间距有效面积（如栅间距的总投影面积）的传统公式来计算。

机械格栅除渣机的类型很多，常见格栅除渣机的优缺点与适用范围见表 10-2。

表 10-2　常见格栅除渣机的优缺点与适用范围

类型	优点	缺点	适用范围
链条式	结构简单 占地面积小	杂物进入链条、链轮之间容易卡住 套筒滚子链造价较高、耐腐蚀性差	深度不大的中小型格栅,主要清除长纤维、带状杂物
移动伸缩臂式	不清污时设备全部在水面上,维修检修方便 可不停水检修 钢丝绳在水面上,运行寿命长	需三套电动机、减速器,结构复杂 移动时齿耙与格栅间隙对位较困难	中等深度的宽大格栅,耙斗式适于污水除污
圆周回转式	结构简单 动作可靠,容易检修	配置圆弧形格栅,制造较困难 占地面积较大	深度较浅的中小型格栅
钢丝绳牵引式	适用范围广 固定设备部件维修方便	钢丝绳干湿交替,易腐蚀,需采用不锈钢丝绳 有水下固定设备,维护检修需停水	固定式适用于中小型格栅,移动式适用于宽大格栅。深度范围广

10.2.2 细格栅

常用的细格栅包括固定曲面格栅、转鼓式格栅、震动式格栅和回转式细格栅,用于去除非胶体颗粒及非絮凝颗粒。

10.2.2.1 固定曲面格栅

固定曲面格栅是没有任何运动部件的倾斜格栅(图 10-2),主要用于去除废水中的小颗粒。一般用于制浆、造纸、采矿、食品加工以及纺织企业的废水处理。

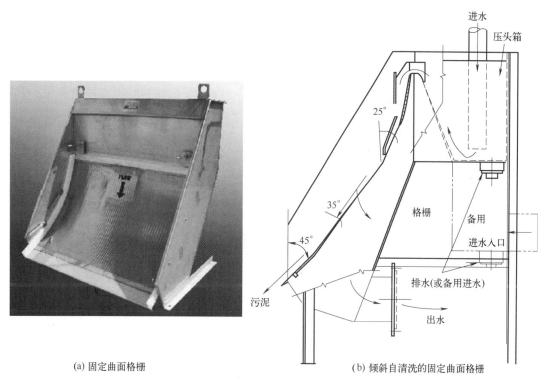

(a) 固定曲面格栅　　　　　　　　　　(b) 倾斜自清洗的固定曲面格栅

图 10-2　固定曲面格栅

固定曲面格栅有两种结构形式。一种是废水经设备后顶部的水箱,通过溢流堰后流入格栅。废水通过格栅时,大颗粒物质被截留。这些固体颗粒在重力作用下,沿格栅边缘进入下部料斗。另一种是在一定压力下,将废水喷洒至格栅,液体通过格栅,固体颗粒则落入其下料斗之中。

10.2.2.2 转鼓式格栅

转鼓式格栅由沿着以水平轴为中心旋转的圆柱状条形筛网构成。一般安装在渠道内,呈半浸没式状态运行。

常见的转鼓式格栅有外进水和内进水两种类型。在外进水转鼓式格栅中,废水通过顶部水箱,沿格栅长度方向均匀分配后流下,水流在重力作用下流经转鼓,再从底部流出,截留在条形筛网外的固体颗粒经叶片刮除(图 10-3)。在内进水转鼓式格栅中,废水呈放射状通过条形筛网,颗粒物则被条形筛网截留。

图 10-3　外进水转鼓式格栅

转鼓式格栅通常应用于蛋白质需要快速回收利用的食品行业，也可用于含有大量固体颗粒的工业废水（如制浆造纸厂）的处理。实际中，转鼓式格栅常用于溶气气浮系统之前，以提高废水中副产品的回收率，并降低后续溶气气浮处理池的固体负荷。

转鼓式格栅的优点是水头损失小和动力消耗低。包括进、出口部分在内，通过格栅的水头损失一般为300～480mm，而通过条形筛网本身的水头损失一般不超过150mm。

条形筛网一般由不锈钢、锰铜、尼龙或合金丝制成。筛条间距为0.02～0.3mm。这种尺寸的筛条间距虽不能保证去除全部颗粒物，但小颗粒物质可通过条形筛网上截留固体的拦截作用而去除。鼓的长度为1～4m，直径为0.9～1.5m，转速约为4r/min。

也有网格形筛网或由孔径为0.01～0.06μm的织物构成的筛网，这种形式的转鼓式格栅比较少见，常用于废水处理后排放前的深度处理，以去除废水中的微颗粒物质。

图 10-4　震动式格栅

10.2.2.3　震动式格栅

震动式格栅（图10-4）一般应用于固体含量非常高的行业（如炼钢、玻璃加工、采矿、食品加工及制药企业）及需要进行大量的固液分离的废水处理中。

震动式格栅包括圆形中心进水单元和矩形出水单元两部分。在中心进水单元中，固体沿螺旋线轨迹从中心或边缘排出。在矩形出水单元中，固体则沿着格栅从底端排出。

10.2.2.4　回转式细格栅

回转式细格栅是一种可以连续自动拦截并清除流体中各种形状杂物的水处理专用设备，可广泛地应用于城市污水处理，如自来水厂、电厂进水口，同时也可以作为纺织、食品加工、造纸、皮革等行业废水处理工艺中的前级筛分设备，是目前我国最先进的固液筛分设备之一。

回转式细格栅主要由机架、驱动装置、耙齿链、清扫器和配套带式运输机或螺旋压榨机等组成。特殊形状的耙齿依据一定的次序装配在耙齿轴上，彼此串联形成耙齿链，在电动机减速机的驱动下，耙齿链进行逆水流方向回转运动。耙齿链运转到设备上部时，绝大部分固体物质靠重力落下，另一部分则依靠清扫器的作用从耙齿上脱落，脱落的物体再通过带式运输机或者螺旋压榨机集中运走。

回转式细格栅具有机械过载保护装置，当严重过载时，格栅转动轮上的过载保护装置将启动。回转式细格栅如图10-5所示。

图 10-5　回转式细格栅

10.2.3　筛网

筛网可有效地去除和回收废水中的羊毛、化学纤维、造纸废水中的纸浆等纤维杂质。它具有简单、高效、不加化学药剂、运行费低、占地面积小及维修方便等优点。筛网通常用金属丝或化学纤维编织而成，其形式有转鼓式、转盘式、振动式、回转帘带式和固定式倾斜筛多种。筛孔尺寸可根据需要，一般为 0.15～1.0mm。

10.2.3.1 水力回转筛

水力回转筛如图 10-6 所示。它由锥筒回转筛和固定筛组成。锥筒回转筛呈截头圆锥形，中心轴水平。废水从圆锥体的小端流入，在从小端流到大端的过程中，纤维状杂物被筛网截留，废水从筛孔流入集水装置。被截留的杂物沿筛网的斜面落到固定筛上，进一步脱水。旋转筛网的小端用不透水的材料制成，内壁有固定的导水叶片，当进水射向导水叶片时，便推动锥筒旋转。一般进水管应有一定的压力，压力大小与筛网大小和废水水质有关。

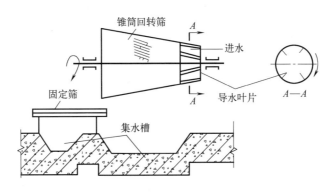

图 10-6　水力回转筛

10.2.3.2 固定式倾斜筛

固定式倾斜筛如图 10-7 所示。筛网用 20～40 目尼龙丝网或铜丝网张紧在金属框架上，以 60°～70° 的斜角架在支架上。一般用它回收白水中的纸浆。制纸白水经沉砂池除去沉砂后，由配水槽经溢流堰均匀地沿筛面流下，纸浆纤维被截留并沿筛面落入集浆槽后回收利用。废水穿过筛孔到集水槽后进一步处理。筛面用人工或机械定期清洗。

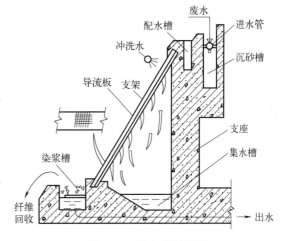

图 10-7　固定式倾斜筛

10.2.3.3 振动筛

振动筛如图 10-8 所示。废水由渠道流入倾斜的筛网上，利用机械振动，将截留在筛网上的纤维杂质卸下送到固定筛，进一步进行脱水。废水流入下部的集水槽中。

10.2.3.4 电动回转筛

电动回转筛如图 10-9 所示。筛孔一般为 $170\mu m$（约 80 目）～5mm。这种筛网网眼小，截留悬浮物多，但易堵塞，增加清洗次数。国外采用电动回转筛对二级出水做进一步处理后，回用作废水处理厂的曝气池的消泡水。采用孔眼 $500\mu m$（30 目左右）的网。电动回转筛网一般接在水泵的压水管上，利用泵的压力进行过滤。孔眼堵塞时，利用水泵供水进行反冲洗，筛网的反冲洗压力在 0.15MPa 以上。

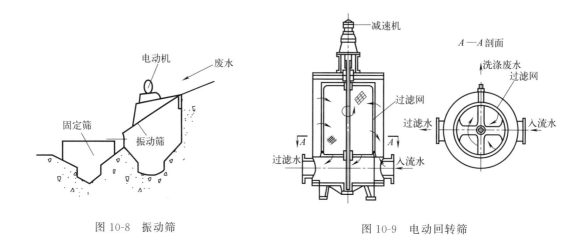

图 10-8　振动筛　　　　　　　　　　　图 10-9　电动回转筛

10.3　重力沉降

　　悬浮固体也可以通过重力分离的方法去除。重力分离依靠静态条件下固体颗粒在水中的自然上浮或下降，从而达到固液分离的目的。具体是上浮还是下降取决于固体颗粒的密度。固体颗粒的密度大于液体密度时会下沉，小于液体密度时会上浮。

　　砂砾是废水中主要存在的一类不腐烂的固体颗粒（如砂、小砾石、金属屑、尘土及烟渣），其沉降速度比易腐烂固体及其他固体大。除砂可以保护后续处理设备，防止密度较大的物质在污水管道、调节池、中和池及曝气池中沉积。设计除砂工艺时，应考虑将除砂设备靠近砂源，以利于回收利用，防止下水管道堵塞。常用的除砂方法有三种，分别是曝气沉砂池、涡流/旋流沉砂池和平流沉砂池。可沉固体采用重力式沉淀池去除。

10.3.1　曝气沉砂池

　　在沉砂池中，可以采用扩散空气除砂。当水流通过沉砂池时，密度大的颗粒沉淀，而较轻的有机颗粒在空气作用下保持悬浮状态并随废水流出。沿长度方向每米池长所需的空气量随流量的变化而变化，一般为 5~12L/s。为了保证较高的去除效率，在最大流量条件下，水在沉砂池中的有效停留时间一般为 1~3min。沉砂池进水口和出水口结构的设计需防止短流，进水应直接流入空气环流中，出水口需与进水口呈直角。通过砂砾收集和空气分散设备的合理布局和设计，可避免死角。此类沉砂池宜采用机械清砂。

10.3.2　涡流/旋流沉砂池

　　涡流沉砂池（图 10-10）中，进水在接近顶部处以切线方向流入，在池内产生涡流。密度大的砂砾在离心力作用下从废水中"甩出"并沉于设备底部，依靠传送装置运走脱水，密度小的有机固体则保持悬浮状态随废水进入后续处理工艺。沉砂的排除方法有三种：第一种是采用砂泵抽升；第二种是采用空气提升器除砂；第三种是在传动轴中插入砂泵，泵和电机设在沉砂池的顶部。与其他除砂方法相比，涡流沉砂池有许多优点，包括没有与磨损性颗粒连续接触的机械零件，可以去除更细小的砂砾等。然而，涡流沉砂池要求有很高的进水压头，进水或出水一般要求使用水泵。同时，随着砂砾去除率（更细砂砾去除量增加）的提高，其水头损失也增大。

水力旋流器是一种没有运动部件的离心分离装置（图10-11）。其原理与涡流沉砂池相同，但是由于更高的压力及离心力的作用，其体积更小。水力旋流器通过离心力来分离两种密度不同的物质（如水和砂砾）。该方法通常应用于要求投资省、维护费用低的行业，以分离如砂砾和金属残渣之类的物质。通常水力旋流器的顶部有一个圆筒安装在圆锥体上。污水在泵的作用下沿内壁切入，快速旋转。离心力与旋转速度成正比。在离心力的作用下，较重的物质被甩至筒壁，由水力旋流器底部排出。

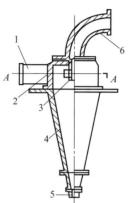

(a) 立面图、剖面图

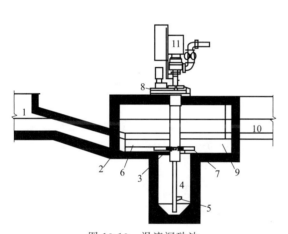

图 10-10　涡流沉砂池

1—进水渠；2—进水斜坡；3—盖板；4—集砂区；
5—砂粒流化器；6—导流板；7—螺旋桨叶；
8—齿轮电机；9—分选区；10—出水渠；11—砂泵

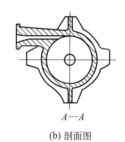

(b) 剖面图

图 10-11　水力旋流器

1—进水管；2—圆形柱体；3—溢流管；
4—圆锥形筒体；5—沉砂口；6—溢流导管

随着水流在锥形分离室向下旋转，废水的旋转速度逐渐增加，到达底部时不能从底部排出口排出，产生反向旋转，形成一个向上的内涡流，处理后的废水在水力旋流器顶部的出水口排出。

目前水力旋流器已经应用于许多行业，最常用的行业包括：油气开采业，用于去除钻井泥浆、原油和油水混合物中的砂砾及钻屑；钢铁制造业，用于去除生产冷却水中的轧屑；金属加工业，用于去除金属加工废水中的铁屑和砂砾；蔬菜和水果加工业，用于冲洗水除砂，去除果汁和果酱中的污垢、果核、种子及其他碎屑；制浆与造纸业，用于清理初级和二级纤维原料；产生高浓度固体废水的行业，用于去除用泵密闭输送的高固体含量废水中的残渣与砂砾。

水力旋流器也可用于其他除砂工艺（如涡流式沉砂池）的后续处理，使砂砾浆浓缩后再进入固体废物处置。水力旋流器的设计是基于流速和被分离颗粒的粒径与密度。尺寸及具体设计一般由水力旋流器制造商提供。

10.3.3　平流沉砂池

工业上有时采用平流沉砂池和刮砂系统处理含有大量砂砾的废水。例如，在钢铁制造业，通常采用具有刮渣设备的沉淀池处理磨机废水（砂砾、油及油脂的含量均很高）。

常采用的池形以平流式为主，这样有利于刮渣。带有刮渣设备的沉淀池与传统的平流式沉砂池相似，都有一套有导链带动行走的收集装置。收集装置的刮板将固体颗粒沿斜坡刮入漏斗，不断被带出池外，无需用泵抽取。为了提高沉降效率，还可采用斜板斜管沉砂池。

10.3.4　重力式沉淀池

工业废水常含有大量的可沉固体，可以采用重力式沉淀池。具体池型及设计详见本书3.2.2部分，但要注意，水质不同，沉淀池设计所采用的参数不同。

10.4　混凝

在废水中加入化学混凝剂和助凝剂产生化学絮凝作用，可以强化重力分离效果。常见的化学絮凝为胶体颗粒的去除，许多工厂排放的固体物质为胶体，颗粒粒径小（$0.01\sim1\mu m$）且带负电。不通过化学絮凝，胶体颗粒相互排斥，不易沉淀和去除。混凝法既可以独立使用，也可以和其他处理方法配合使用。

有关混凝的基础知识详见本书3.1部分。工业废水水质复杂，选择适宜的混凝剂并确定最佳投量是关键，烧杯试验可以较好地解决这一问题。在实际工程中，混凝系统包括化学药剂的储存、投加、搅拌、药剂和废水的快速混合及絮凝等设备。

常用于工业废水处理中的混凝剂是石灰、明矾、聚合氯化铝、三氯化铁、硫酸亚铁、硫酸铁以及铝酸钠。

肉制品加工厂的废水处理中，需要回收蛋白质时，会用到木质纤维磺酸钠和木质纤维磺酸钙。木质纤维磺酸盐类是制浆和造纸过程的副产物，在肉类加工和海产品加工废水的处理中，当 pH 值为 3.5~4 时，木质纤维磺酸盐类混凝剂可帮助可溶性蛋白质沉降下来，对不含蛋白质的 BOD 也有较高的去除率。

在食品加工厂的废水处理中，其他天然衍生物也可用于蛋白质回收。当金属盐和高聚物类的混凝剂影响所回收产品的产量与质量时，可用甲壳素（虾、蟹加工的副产品）和角叉胶（海藻的提取物）作为助凝剂。此外，膨润土和活性硅也是常见的助凝剂。

实际工程也可选用管式絮凝器（图10-12），特别适合空间受限的工程。管式絮凝器包括一个

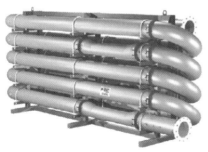

图 10-12　管式絮凝器

嵌入式静态混合器，多个化学药剂投加点及采样点。所需空间小，无需维护移动部件，适用于水质变化较大的工程。

10.5 过滤

在工业废水处理系统中，过滤可将废水中的悬浮固体深度去除。过滤处理的应用场景包括：作为重金属中和沉淀处理的后处理工艺；作为生物处理的后处理工艺；作为整个处理系统的深度处理工艺。过滤器的分类一般由水流通过过滤器的方向（向上还是向下），水流状态（稳定还是变化）以及反冲洗操作方式（间歇还是连续）共同确定。实际应用的过滤器类型较多，部分典型过滤器的结构和运行方式论述如下。

10.5.1 降流式重力过滤器

降流式重力过滤器（图 10-13）通常用于大型市政给水和污水处理以及要求有一定程度固体去除率的工业废水处理。传统降流式重力过滤器可以是钢制结构或是专门设计的混凝土池型结构。

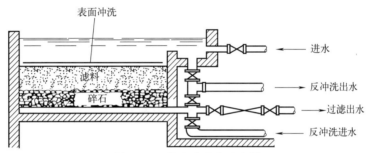

图 10-13 降流式重力过滤器

通过过滤器的水流速度可以是恒定的，也可根据时间和水头损失变化。反冲洗过程间歇进行，以维持过滤器的正常运行。反冲洗频率受固体负荷影响，但应保证每天至少一次。反冲洗速度为过滤速度的 5～6 倍，反冲洗时间很短，一般为 12～15min。反冲洗废水一般返回到处理系统的前端进行二次处理。

尽管反冲洗水的体积一般比较小（占周期处理水量的 3%～5%），但由于反冲洗流速较大，会引发水力和运行方面的问题，因此降流式重力过滤器通常采用多台并联运行的方式以减弱这些问题的不利影响，其中包括：当其中一台过滤器反冲洗时，增加其他过滤器的流量；预处理系统采用高速反冲洗。

10.5.2 降流式压力过滤器

除了装置密闭并由泵提供动力以外，降流式压力过滤器（图 10-14）在外形和设计上与重力过滤器相似。压力过滤器通常在较高的水头损失下运行，从而延长过滤时间并减少反冲洗水的体积。然而，同降流式重力过滤器的问题一样，降流式压力过滤器反冲洗速率高，需要多台同时运行，并要求反冲洗水速率稳定。

压力过滤器由不锈钢材料制成，常用于小规模的工业废水处理工程（如 75～1500L/min）。

图 10-14 降流式压力过滤器

10.5.3 升流式连续反冲洗过滤器

升流式连续反冲洗过滤器如图 10-15 所示。废水从底部经水流分配装置进入过滤器，然后向上流过经压缩空气流化的砂子滤层。砂子在下滑过程中去除上升水流中的颗粒污染物，过滤后的废水通过过滤器顶部的出水堰排出。

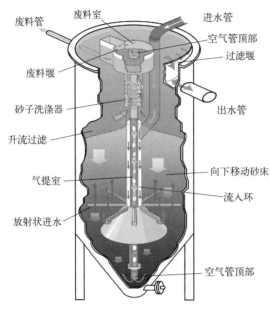

图 10-15　升流式连续反冲洗过滤器

砂子与被其包裹的颗粒污染物进入气提装置，经空气提升管上升，经过冲洗，颗粒污染物与砂子分离，颗粒污染物在上部的气提室内去除，干净的砂子返回到砂床。

升流式连续反冲洗过滤器一般以恒定流速过滤，具体流速取决于进水泵的大小。这类过滤器与普通降流式过滤器的水力负荷率相当，排放相同体积的反冲洗废水，但反冲洗速度较小。因此，工业废水处理中可采用一台或两台设备处理所有废水，而无需较大的反冲洗速度。升流式连续反冲洗过滤器对反冲洗废水的调节也没有要求。

过滤器为钢制，过滤能力一般为 $50\sim4500L/min$。

与传统过滤技术相比，升流式连续式砂滤器具有以下优点。

① 无反冲洗槽、反冲洗管道系统和反冲洗水收集系统，节省动力和投资；

② 反冲洗泵功率小，如处理能力为 $50m^3/h$ 的设备只需配备功率为 185W 的空气压缩机，而目前常用过滤器的反冲洗泵功率一般设计为 $4\sim5kW$，大大节省设备投资和运行费用；

③ 设备运行效率高，进水采用上流式，截污后的滤料在滤层底部被不断提升反洗，使得所有滤料都能充分发挥过滤作用；

④ 滤层不断被摩擦清洗，始终处于清洁状态，既可以保证过滤效果的稳定，又可以保证设备水头损失小，能耗低，管理费用和维护费用低；

⑤ 辅助设备少，系统简单，管理维护简便，运行费用低。

10.5.4 自动反冲洗过滤器

自动反冲洗过滤器（ABW）也叫移动桥式过滤器，见图 10-16。在过滤器上部的轨道上装有移动机械装置，过滤器被分割成一系列较小的操作单元，每个单元各自独立进行反冲洗。需要时，机械装置移动至顶部就可以进行反冲洗。通常，该过滤器的滤料层高度较小（280mm），不仅可以降低过滤水头损失，还可使进水泵的压力基本保持恒定。通过过滤器的废水流量为恒定值。

移动反冲洗装置由 PLC 控制。反冲洗循环系统的开启可采用人工控制，也可以是基于时间或水头损失（水位）的 PLC 控制。与上流式过滤器一样，连续反冲洗过滤器的反冲洗

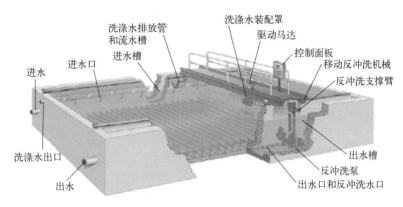

图 10-16　自动反冲洗过滤器

流速也较低。

工业废水处理中常用的过滤器的设计参数详见表 10-3 和表 10-4。

表 10-3　典型工业废水过滤器设计参数（单一滤料）

项目	降流式重力过滤器	降流式压力过滤器	升流式连续反冲洗过滤器	自动反冲洗过滤器
滤料类型	砂	砂	砂	砂
滤料有效粒径/mm	0.45~0.65	0.45~0.65	0.6~1.0	0.45~0.65
滤料均匀系数	1.2~1.6	1.2~1.6	1.2~1.6	1.2~1.6
滤料厚度/mm	900	900	1000	280
过滤速度/[L/(m² · min)]	200	400	200	80
反冲洗水流速/[L/(m² · min)]（为表面冲洗或空气冲洗）	400	400	10	800

表 10-4　典型工业废水过滤器设计参数（双层滤料）

项目	降流式重力过滤器	降流式压力过滤器	升流式连续反冲洗过滤器	自动反冲洗过滤器
滤料类型	砂/无烟煤	砂/无烟煤	砂	砂/无烟煤
滤料有效粒径(砂/无烟煤)/mm	1.3/0.65	1.3/0.65	0.65	0.45~0.65
滤料均匀系数(砂/无烟煤)	1.5/1.5	1.5/1.5	1.5	1.5/1.5
滤料厚度(砂/无烟煤)/mm	600/300	600/300	750/900	200/200
过滤速度/[L/(m² · min)]	200	200	200	80
反冲洗速度/[L/(m² · min)]（假定为表面冲洗或空气冲洗）	800	800	4000	800

注：对应的表中所示过滤速度水温为 25℃。温度越高，需要的反冲洗流速越高，温度每增加 1℃，反冲洗流速需增加 2%。

10.5.5　预涂层过滤器

预涂层过滤器通常是一个经过改良的转鼓式真空过滤器，可去除废水中的细小固体或胶状微粒。这类过滤器也可以去除一些黏性的或其他难以过滤的固体。

过滤介质表面涂有一层多孔助滤剂（如硅藻土或珍珠岩），层厚大约为 3mm。废水流经该过滤器时，固体物质被截留形成一个薄的固体层，随后，这些固体和一薄层助滤剂从转鼓上被刮下来，新鲜的多孔介质表面不断地暴露于废水中。

预涂层过滤器在一定负压下运行，截留固体和助滤剂聚集在外壳被不断刮除，转鼓运行一段时间助滤剂消耗完后，需在常压状态下定期清理，同时在转鼓上重新涂上助滤剂。

真空预涂层过滤器运行负荷率为 $1.2 \sim 2.4 \mathrm{m}^3/(\mathrm{m}^2 \cdot \mathrm{h})$。

10.5.6　保安过滤器

保安过滤器一般是升流式过滤器，过滤介质为圆柱形聚丙烯滤芯，其余部件采用不锈钢材质。有几种标准滤芯，规格尺寸通常是长度 250mm、500mm 和 750mm，直径 70～115mm。滤芯的孔径 $0.20 \sim 100 \mu\mathrm{m}$。活性炭可以吸附有毒化学物，故需去除水中味道、难闻气味、铅或氯时，一般用活性炭滤芯替代聚丙烯滤芯。

保安过滤器的外壳和滤水通量差异较大（110～3000L/m），广泛用于工业生产过程（如加工饮用水、液态食物的过滤）以及工业废水处理，特别是悬浮固体去除要求严格的工业废水（如金属精加工废水）处理。

保安过滤器不需反冲洗，运行的水头损失过大时将过滤器的滤芯取出清洗或者更新。因此，实际中通常采用多个保安过滤器联合使用，以确保滤芯清洗或更新时不影响工艺的连续运行。对于高悬浮固体浓度废水，合理的设计是两个保安过滤器串联使用，并分别采用粗、细两种滤芯以延长其使用寿命。为了维持工艺的连续运行，可使用 4 台过滤器（平行的两组串联过滤器）组合。

保安过滤器比袋式过滤器效果好，特别是采用更精细的滤芯时处理效果更好。与其他粒状滤料过滤器相比，保安过滤器投资省，占地小。尽管如此，如果考虑滤芯更换成本、人工费用时，保安过滤器生命周期的费用比粒状滤料过滤器高，尤其高悬浮固体浓度废水处理成本更高。

10.5.7　袋式过滤器

袋式过滤器的设计、应用与保安过滤器相似。结构上罐体为不锈钢压力容器，内部装有一个或多个聚内烯、聚酯或尼龙过滤袋。与保安过滤器相同，过滤袋材料必须与废水成分相容。例如，聚丙烯材质的过滤袋既与苯、甲苯、二甲苯不相容，也不能用于含有氯化物和酮类废水的处理。

袋式过滤器的滤水通量一般为 115～6800L/m，过滤袋的过滤孔径为 $1 \sim 800 \mu\mathrm{m}$。除了能去除固体外，一些袋式过滤器还可以去除油、脂肪及一些有机化合物。

和保安过滤器一样，废水中固体浓度较高时其处理需用两个袋式过滤器（一个粗滤，一个精滤）串联运行。为保证工艺的连续运行，设计应至少采用两组袋式过滤器交替使用。

在废水处理工艺中，保安过滤器与袋式过滤器都属于颗粒活性炭吸附的后续处理单元，去除废水中的细小炭粒及其所吸附有机物。两者的罐体投资相近，但袋式过滤器的投资较保安过滤器低；保安过滤器的过滤面积比袋式过滤器大，运行时间相对也长。

袋式过滤器较粒状滤料过滤器投资省、处理效果好。因此，设计选择过程中，应综合比较袋式过滤器的成本（袋子更换费用和较高的人工费用）与粒状滤料过滤器的成本（反冲洗费用和偶尔更换粒状滤料的费用）。

10.5.8　分度介质过滤器

分度介质过滤器（图 10-17）的过滤介质是卷式的。当介质被固体堵塞时，过滤废水的液面会一直上升，直至激活可调节的浮动开关以启动传送电动机。该电动机会展开新过滤介质，同时将堵塞的过滤介质转移到集中箱内。该过滤器自动调节，废水固体负荷的大小影响新过滤介质的展开频次。

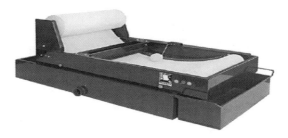

图 10-17　分度介质过滤器

思考题

1. 工业水处理中，格栅和筛网各自适用于哪些情况？
2. 简述斜板沉淀池在工业水处理中的应用范围。
3. 工业废水处理过程中，不同种类的工业废水应选择什么类型的过滤器？

参考文献

[1] 周岳溪，李杰. 工业废水的管理、处理与处置[M]. 北京：中国石化出版社，2012.
[2] 王爱民，张云新. 环保设备及应用[M]. 北京：化学工业出版社，2011.
[3] 张自杰. 排水工程：下册[M]. 4 版. 北京：中国建筑工业出版社，2015.
[4] 尹士君，李亚峰，等. 水处理构筑物设计与计算[M]. 北京：化学工业出版社，2015.
[5] 肖锦. 城市污水处理及回用技术[M]. 北京：化学工业出版社，2002.
[6] 陈家庆. 环保设备原理与设计[M]. 北京：中国石化出版社，2008.
[7] 蒋克彬，彭松，陈秀珍，等. 水处理工程常用设备与工艺[M]. 北京：中国石化出版社，2011.

第11章
含油废水的处理

工业生产过程排放含有油类物质的废水，被称为含油废水。含油废水中所含的油类物质包括天然石油、石油产品、焦油及其分馏物，以及食用动植物油和脂肪类等。未经妥善处理的含油废水进入环境，将带来极大的生态风险。本章重点介绍含油废水的来源和污染特征以及常用的含油废水处理方法。

11.1 含油废水概述

11.1.1 含油废水的环境风险

随着油类物质的生产和使用规模不断扩大，进入生态环境的油类污染物种类和数量也逐渐增加，其带给生态系统的影响不断加大，主要表现为以下四个方面。

11.1.1.1 恶化水质、危害水资源和饮用水源

浮油极易扩散成油膜，覆盖在水体表面，因而会使水体缺氧，产生恶臭，导致水生生物缺氧窒息而死亡。沉积在水底的油经过厌氧分解将产生硫化氢，对水生物的生存造成威胁。油类污染海洋造成的后果也十分严重。近 50 年内海生动物灭绝超过 1000 种，近 20 年来，海洋生物减少了 40%。由于船舶航行、水流流动、大雨及其他因素，使含油废水和被油水污染水域的油分转移到未污染的水域，造成更大面积的污染，使感官状态（色、味等）发生变化，影响水资源的使用价值；威胁和影响洁净的自然水源及饮用水源。由于渗水的作用，含油废水可能还会影响地下水的水质。

11.1.1.2 危害人体健康

油类和它的分解产物中，存在着许多有毒物质（如苯并芘、苯并蒽及其他多环芳烃）。这些物质在水体中被水生生物摄取、吸收、富集，通过食物链的作用进入到人体，使肠、胃、肝、肾等组织发生病变，危害人体健康。含油废水若用于灌溉农田，可使土壤油质化。油类黏附在作物的根茎部，影响作物对养分的吸收，影响农作物生长，造成作物减产或死亡。油类中一些有毒有害物质也可以被作物吸收，残留或富集在植物体内，最终危害人体健康。

11.1.1.3 污染大气

油类在水体中以油膜形式浮于水面，表面积极大，在各种自然因素作用下，其中一部分组分和分解产物挥发进入大气，污染和毒化水体上空和周围的大气环境。由于扩散和风力的

作用，可使污染范围扩大。

11.1.1.4 影响自然景观

油类在水体中由于自然力或人为作用，会形成乳化体，这些乳化体常会互相聚成油、湿团块，或黏附在水体中的固体漂浮物上，形成所谓的"油疙瘩"，形成大片黑褐色的固体块，使自然景观遭到破坏。

11.1.2 含油废水的来源

11.1.2.1 石油工业

含油废水最主要的来源之一是石油工业，在石油开采、炼制、储存、运输或使用过程中产生。石油开采产生的含油废水主要源自生产过程中的泄漏、溢出及储罐排水等。石油炼制过程中产生的含油废水主要来自含油冷凝液、蒸馏分离器、容器排水、碱性废水、酸性废水及含油污泥等。炼油厂混合废水中通常含有原油、馏分、肥皂、蜡质乳状液、轻质烃（如汽油和喷气燃料等）、重烃类燃料及焦油（如柴油、润滑油、沥青和切削油等）等。

11.1.2.2 金属工业

含油废水另一较大的来源是金属工业。金属工业中含油废水的来源是钢材制造、金属加工和机械加工。

在钢材制造业中，在冷轧前钢锭需用油处理以便于润滑并除去铁锈，在轧制时喷以油水乳化物作为冷却剂，成形后需将钢材表面所黏附的油清除。因此，冷轧厂产生的洗涤水和冷却水中可能含有较高浓度的油（如数千毫克/升），其中25％以上是很难分离的乳化油。

在金属加工业中，由于使用润滑油、冷却油和切削油，故会排放四种含油废水：直链油（微溶于水或不溶于水）、乳化油（油水乳化）、金属加工过程中的合成油（有机化合物和水的混合物）、金属加工过程中的半合成油（金属加工过程中的合成油和乳化油的混合物）。

机械加工业含油废水来源较广（如机械加工厂、压模厂和机械维修厂等）。机械加工与汽车制造类似，在机械加工过程中，采用液压油喷淋以冷却和润滑机床的刀具，清洗切削过程中产生的金属碎屑。由此排放的废液通过沉淀或过滤去除金属碎屑后，分离出液压油循环使用。金属加工废水主要包括加工过程中使用的油类物质、洗涤废水和渗漏废水。一般来说，废水在车间进行破乳预处理后，再排入城市污水处理厂。通常采用酸、酸式盐（明矾等）或聚合物，对金属加工排放乳化油破乳，然后进行油水分离。废水破乳也可采用生物处理。具体处理方法的选择取决于废水的性质，油品加工企业也会推荐。

储存和运输过程中涂覆于金属表面防腐的油脂，在金属加工前需要通过有机溶剂或者是碱性洗涤液清洗去除，汇入金属加工废水。蒸汽或者浸没脱脂溶剂（如非燃性氯代烃类或煤油）与油作用，形成乳状液或漂浮膜，后者对城市污水处理厂的微生物有毒。由于油脂易燃或可能产生有毒气体，因此不能排入市政排水管道。

11.1.2.3 食品加工业

含油（特别是油脂）废水的第三大来源是食品加工业。食品加工业含油废水主要来源于肉类加工、乳品加工、蔬菜烹饪加工、食用油加工、坚果和果实加工等。例如，在加工处理肉、鱼、家禽时，油脂类物质可产生于屠宰、清洗及副产品加工等过程中。其中脂肪的主要污染源是脂肪提取工段，特别是湿法（或蒸汽）脂肪提取过程。食品加工业废水的油浓度很高，流量和污染物浓度差异很大。在食品加工业，含油废水处理最常用的方法为重力分离、

pH 值调节和混凝法。

11.1.2.4 其他行业

在纺织工业中，多数含油废水来源于洗涤纤维，其中洗涤羊毛的羊毛脂废水最有害，虽然该废液可取出有价值的羊毛脂，但是产生的废水仍含有高浓度的羊毛脂，因而难以处理。在运输业中，含油废水的产生多数是由于漏失、溢出或清洗，例如，运输油料的油船、驳船和油槽车需清洗，以防产品可能受污染，其清洗液常含油料。工业区下暴雨后，雨水冲洗生产设备、人行道、建筑物和周围场地，带走沉积油料，从而导致雨水径流携带油污。

此外，产生大量含油废水的行业还包括工业洗衣、洗车、制药、易拉罐制造和印刷线路板制造业等。含油废水也有天然来源，针叶树和灌木所含的油料会进到径流水，尤其是在松树林区。

工业废水中油分的类型见表 11-1。

表 11-1 工业废水中油分的类型

行　业	油分的类型
植物油提炼、糖果生产	植物型
牛奶生产、乳品生产(包括奶酪)、炼脂、屠宰场和肉类包装、羊毛加工	动物型
肥皂生产、食品加工、餐饮场所、制革	植物型和动物型
金属制造、石油提炼、金属碾压	石油型
洗衣房、有机化工生产	植物型、动物型、石油型

11.1.3 含油废水的油分特征

含油废水的油分特征主要包含三个方面：极性，生物降解性及物理性质。

11.1.3.1 极性

非极性油主要来源于石油或其他矿产资源。极性油脂通常来源于动植物，出现在食品加工废水中。

11.1.3.2 生物降解性

极性油脂可生物降解，而非极性油脂被认为难以生物降解。

11.1.3.3 物理性质

废水中的油可分为表 11-2 所示的五种物理形态。废水中所含油类，除重焦油的密度可达 1.1g/mL 以上外，其余的密度都小于 1g/mL。本章重点介绍密度小于 1g/mL 的含油废水处理。废水中的油分或以浮油形式漂浮水面上（密度小于 1g/mL），或形成乳化油，或与固体结合在一起。

表 11-2 废水中油的种类

种类	定义
浮油	没有水油结合,水中的油很少,通过重力分离
物理乳化油	油以 $5\sim20\mu m$ 大小的液滴稳定地分散在水中,可通过泵、管道和阀门混合形成
化学乳化油	油以小于 $5\mu m$ 的液滴分散在水中,可由洗涤液、碱性液体、螯合剂或蛋白质形成
溶解油	油溶解于液体中,采用红外或其他方法进行分析
固体油	油黏附于污水或固体表面

浮油的密度小于 1g/mL，可采用机械刮除，例如，来自石油精炼厂、石油化工厂、钢铁厂和工业洗衣店等行业的石油类物质可通过从沉淀池中撇除浮渣加以去除。

乳化油是油水化合物，其性能稳定，很难在无任何外加条件（比如加热、添加破乳剂）下沉淀去除。乳化油包括物理乳化油和化学乳化油两种类型。物理乳化油是水与重油或水与机械过程（如高速离心）中产生的脂类（一般不溶于水）形成的混合物。物理乳化油不稳定，比化学乳化油更易破乳，可通过加热或投加混凝剂（硫酸铝等）实现分离。化学乳化油常见于汽车零件制造和机床金属加工过程，是加工过程中产生的两种不相溶液体的混合物（主要是石油、矿物油和水），由于乳化剂的作用，化学乳化油性能稳定。通常先采用酸式盐（明矾等）破乳，实现油水分离。

11.2 含油废水处理技术

含油废水处理系统应尽可能靠近废水源头，避免与其他废水混合，从而减小处理单元的规模。浮油聚集于水面，去除较容易，一般采用机械刮除。然而，乳化油在水中呈悬浮态，去除困难。在处理工程设计时应尽量避免用泵（尤其是离心泵）提升含油污水，以防止浮油转变成乳化油。如果废水必须通过泵提升时，应采用活塞泵以减少浮油的物理乳化。此外，设计时也应避免采用非含油废水稀释含油废水。

含油废水处理通常分两步。第一步采用重力分离法、混凝强化重力分离法或斜板沉淀法，分离浮油。浮油主要包括动物脂肪、油脂和未乳化的油。

第二步包括乳化油破乳和油水分离。破乳工艺选择前，需弄清油的乳化特性，开展工艺可行性研究。常用的破乳方法有加热、蒸馏、化学处理-离心、化学处理-预涂层过滤以及过滤。超滤已成功用于切削油和脂肪酸的回收。破乳后的乳化油可采用以下分离方法处理：重力分离、投加化学药剂（如明矾、硫酸铁、氯化铁）、絮凝、溶气气浮等。

11.2.1 重力分离（隔油池）

水体中大部分油脂黏附于可沉降固体（润油固体）的表面，那么只要在隔油池中进行重力沉降便可明显地降低废水的油脂浓度。隔油池对几种工业废水中悬浮物和油脂的去除效果见表 11-3。

表 11-3 隔油池对几种工业废水中悬浮物和油脂的去除效果

工业	悬浮物/(mg/L)		油脂/(mg/L)	
	进水	出水	进水	出水
黏合剂和密封剂	10600	2260	2200	522
铸铜	52	20	30	6.2
铸铁	1500	64	14	2.7
油膜生产	1600	110	2400	260
冷轧钢	260	30	619	7
钢铁热成形	185	39	120	14
皮革鞣制和抛光	3170	945	490	57
涂料生产	15600	1400	2400	160

重力分离是利用油脂与水之间相对密度的差异而进行的。重力沉降设备的使用范围包括餐馆用的小型装置到大型工业油分回收系统。例如，用于厨房含油废水收集和保存的集油

器，它安装于水槽或地漏与建筑物下水管道之间的排水管道上，便于清洗和维护。

此外还有配置漂浮物去除及废油存储装置的大型重力分离设备——隔油池，主要用于炼脂厂、食品加工厂和炼油厂废水处理。食品加工中，油回收后可再利用或作为动物饲料出售。食品级物质降解快，因此废水中食用油必须当天去除和适当处理，尽快提炼回收或作为动物饲料使用。

隔油池是用以去除废水中可浮油的处理设备。除油的原理为：油粒密度比水的密度小时，油粒就会从废水中漂浮出来。隔油池应满足下列要求：足够的容积，废水处于静止状态，废水停留时间充足，油分上浮分离。污水流量波动影响隔油池的除油效率，为此废水在隔油池前需均衡调节。如不能预计稳定流量，则应以最大流量作为隔油池的设计流量。常见的隔油池有平流式隔油池和斜板隔油池。

隔油池的构造与沉淀池相类似，目前常用的是平流式隔油池，如图 11-1 所示，在我国应用较为广泛。废水从池的一端流入，从另一端流出，粒径较大的浮油上浮到池表面，利用刮油刮泥机（或设备）推动水面浮油和刮集池底沉渣。在出水一侧的水面处设置集油管，它常采用直径为 200～300mm 的钢管（纵向缝隙的角度为 60°）制成。在构造上，集油管可以绕轴线转动。池底应用坡向污泥斗的坡度（0.01～0.1），泥斗倾角 45°，排泥管直径一般为 200mm。废水在池中的水平流速一般取 2～5mm/s。

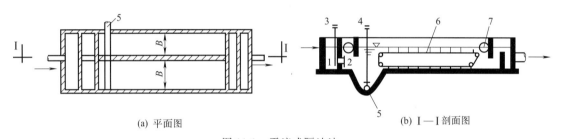

(a) 平面图　　　　　　　　　　　　　(b) I—I 剖面图

图 11-1　平流式隔油池

1—布水间；2—进水孔；3—进水间；4—排渣阀；5—排渣管；6—刮油机；7—集油管

平流式隔油池的水力停留时间 $t=90～120min$，能够去除 $d_0 > 100～150\mu m$ 油粒，除油效率 $>70\%$。隔油池表面用盖板覆盖，以防火、防雨并保温。寒冷地区在池内设有加温管。

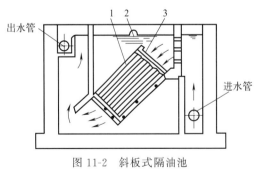

图 11-2　斜板式隔油池

1—斜板；2—集油管；3—布水板

由于刮泥机跨度规格的限制，隔油池每个格间的宽度一般为 6.0m、4.5m、3.0m、2.5m 或 2.0m。采用人工清除浮油时，每个格间的宽度不超过 3.0m。这种隔油池的优点是构造简单，便于管理，隔油效果稳定。缺点是池体积大，占地面积大。这种隔油池可能去除的最小油珠粒径一般不低于 100～150μm。

斜板除油是目前常用的高效除油方法之一，其基本原理也是浅层沉淀（浅层理论）。图 11-2 为斜板式隔油池，斜板倾角采用 45°，较多采用塑料波纹板，板间距 30～40mm，可除去的油粒粒径 60μm 以上。斜板隔油池的容积仅为普通隔油池的 1/4～1/2。

采用隔油池难以去除的油类物质，常采用粗粒化设备或化学强化分离方法强化分离。

（1）粗粒化设备。废水通过表面积较大的分离介质，去除废水中的油类物质。该介质称为凝结器，通常由亲油塑料制成，结构呈蜂窝状或平行板。凝结式油水分离设施（图 11-3）最适合用于悬浮固体浓度小于 300mg/L 的石油废水处理。

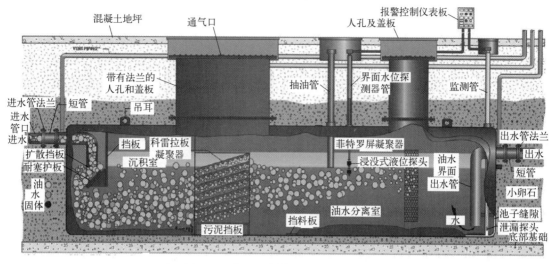

图 11-3　典型的凝结式油水分离设施

当含油废水通过粗粒化设备时，随水流上升油类物质黏附于板的下方并凝结变大，最终从板的两侧上升至水面形成浮油层。废水继续通过其他的分离室，最后从分离器中流出。在介质对水流路径干扰引起的油滴聚结及介质本身对油的影响两种作用下，油滴不断增大，油滴越大越容易通过重力分离去除。

运行过程中，粗粒化设备的凝结器应严格检查以确保不污染回收油。如果回收油作为食用或动物饲料，设计人员应该确保凝结器的材质符合食品和药品监督管理局许可。事实上，动物油和植物油比石油类更为常见，它们容易黏附在塑料上，污染设备。粗粒化设备比普通的隔油池更适用于高浓度含油废水处理，但需要更多的维护，以避免堵塞凝结器。

（2）化学强化分离。化学处理目的是使分散油脱稳或破坏乳化剂，然后分离出油脂。

混凝剂（如明矾、聚合氯化铝、氯化铁、硫酸铁等）、酸性物质、有机聚合物、加热、加盐加热、加盐电解都可以破乳。加入混凝剂并通过沉降或上浮法除去油脂，是工业废水处理中常用的方法。投加混凝剂，能有效破除含油污水中的润滑油，但所产生的沉淀物很难脱水。如果使用有机高分子聚合物破乳剂，添加无机盐可有效促进沉淀物的分离和脱水。一些有机高分子聚合物在乳化油破乳过程中不产生大量污泥，其污泥处理与处置费用也会相应减少。但由于有机破乳剂价格高，实际应用不适宜处理高流量低浓度的含油清洗水。酸的破乳效果一般优于混凝盐，但价格较高，且沉淀后的废水需中和处理后，才能排入城市集中污水处理厂。酸化破乳所需 pH 值取决于废水的性质，因此，如果条件允许可采用酸性废水破乳法。据报道，电镀业中的废盐酸和废硫酸已用于含油废水的破乳处理。

许多工业部门都采用化学混凝再重力沉降的方法除油。化学混凝沉降法的油脂去除效果见表 11-4。

表 11-4　化学混凝沉降法的油脂去除效果

工业	化学药剂	油脂含量/(mg/L)		去除率/%
		进水	出水	
涂料生产	铝酸钠	1260	22	98
	明矾	1810	11	99

工业	化学药剂	油脂含量/(mg/L)		去除率/%
		进水	出水	
涂料生产	明矾+石灰	830	16	98
	明矾+石灰+氧化铁	393	91	77
	明矾+石灰+聚合物	980	22	98
	明矾+聚合物	1700	880	48
	明矾+聚合物	642	8	99
洗衣业	明矾+聚合物	1200	153	87
钢铁酸洗	明矾+聚合物	15	4	73
	石灰	3	1	66
钢管制造	石灰+聚合物	650	6	99
涂料生产	石灰+聚合物	5	4	20
	聚合物	1100	22	98

设计人员在选择混凝剂前应进行间歇式沉淀试验。通过传统的烧杯试验，可确定乳化油去除的混凝剂种类及投加量。此外，在确定最佳工艺控制条件和处理目标的试验中，设计人员还应监测 pH 值。若废水的化学性质成周期性变化，则应根据水质变化，开展相应的烧杯试验，确定絮凝剂的投加方案。若废水水质变化无规律，则可采用调节池进行废水水质调节。

混凝过程中产生的污泥难以重力分离，可选用溶气气浮或离心法进行泥水分离。但是如果污泥不稳定，溶气气浮和离心法的泥水分离效果也较差。

11.2.2　溶气气浮

溶气气浮是一种物理分离方法，常用于去除化学混凝所产生的高浓度脱稳乳化油。此工艺首先在一定压力下将空气溶入水中，然后在常压下将溶气水释放到气浮池中形成小气泡，黏附了小气泡的油和细小固体颗粒浮到水面，再迪过撇油器去除。

加压溶气气浮工艺主要由空气设备、空气释放设备和气浮池等组成。加压溶气气浮根据溶气水的来源或数量的不同分为全加压溶气气浮、部分加压溶气气浮和部分回流加压溶气气浮。

11.2.2.1　全加压溶气气浮

全加压溶气气浮工艺流程是将全部废水进行加压溶气，再经减压释放装置进入气浮池进行气浮分离，如图 11-4 所示。与其他两流程相比，全加压水溶气气浮工艺电耗高，但因不另加溶气水，所以气浮池容积小。

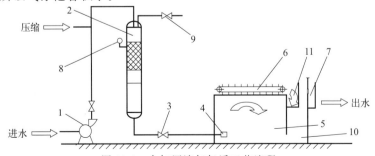

图 11-4　全加压溶气气浮工艺流程

1—加压泵；2—压力溶气罐；3—减压阀；4—溶气释放器；5—分离区；6—刮渣机；
7—水位调节器；8—压力表；9—放气阀；10—排水区；11—浮渣室

11.2.2.2 部分加压溶气气浮

部分加压溶气气浮工艺流程是将部分废水进行加压溶气，其余废水直接进入气浮池，如图 11-5 所示。该工艺比全加压溶气气浮工艺省电，且由于部分废水经溶气罐加压，所以溶气罐的容积比较小。但因部分废水加压溶气所能提供的空气量较少，因此，要提供较大的空气量，就必须加大溶气罐的压力。

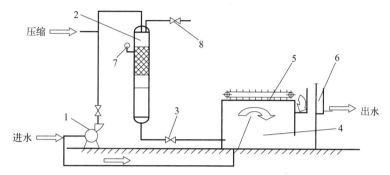

图 11-5　部分加压溶气气浮工艺流程

1—加压泵；2—压力溶气罐；3—减压阀；4—分离区；5—刮渣机；6—水位调节器；7—压力表；8—放气阀

11.2.2.3 部分回流加压溶气气浮

部分回流加压溶气气浮是将部分出水进行回流，加压溶气后送入气浮池，而废水直接送入气浮池中，工艺流程如图 11-6 所示。该法适用于含悬浮物浓度高的废水的固液分离，但气浮池的容积较前两种气浮工艺大。

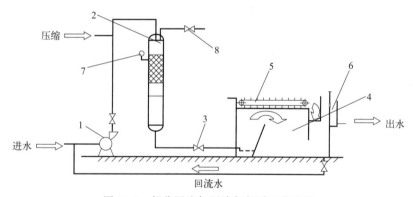

图 11-6　部分回流加压溶气气浮工艺流程

1—加压泵；2—压力溶气罐；3—减压阀；4—分离区；5—刮渣机；6—水位调节器；7—压力表；8—放气阀

部分加压回流加压气浮，回流泵属于高扬程涡流泵，掺入 $10\%\sim20\%$（体积分数）空气时正常运行不会出现气蚀现象。运行压力一般为 $550\sim825kPa$。常规溶气气浮采用回流加压系统、标准的长方形气浮池和表面刮渣装置，油分去除率 90% 左右。常规溶气气浮处理装置水力负荷一般为 $1.2\sim6.0m^3/(m^2 \cdot h)$。生产厂商建议的固体负荷一般为 $2.4\sim17kg/(m^2 \cdot h)$。

溶气气浮装置一般安装于室内，便于维护、减少气味、防止撇油器冻结。生产厂家往往建议在溶气气浮装置之前，特别是投加絮凝剂或处理高悬浮固体废水（如乳制品和肉类加工业废水）时，以筛选和调节作为预处理，减少固体负荷冲击，实现溶气气浮装置运行稳定和最优的处理效果。

铁盐或铝盐等化学混凝剂（有时可辅以有机聚合电解质）特别有利于提高气浮法的效率。例如在某工业应用中，当直接进行气浮处理时，油脂去除率为 62%，投加 25mg/L 的硫酸铝混凝剂后去除率提高到 94%。一家炼油厂采用气浮法处理废水，油脂去除率为 70%，聚合电解质和膨润土的加入使去除率提高到 95%；在另一家炼油厂气浮法去除率为 79%，加入 25mg/L 硫酸铝混凝剂后增至 87%；第三家炼油厂的气浮法去除率为 70%~80%，加入 30~70mg/L 硫酸铝后达到 90%，如加上 75~100mg/L 石灰，则去除率高达 93%。

溶气气浮装置的运行是否投加混凝剂，取决于以下因素：乳化油浓度及在不加药和加药条件下，乳化油的去除率；在加药和不加药条件下，BOD 和 TSS 的去除率；乳化油、BOD 和 TSS 的排放限值；混凝剂的投加量和费用；投加混凝剂后，污泥量及其处理费用；使用混凝剂对处理后所产生的废弃物的利用（如动物饲料）的影响。

11.2.2.4 浅层气浮

浅层气浮在传统气浮理论基础上，采用浅池理论和"零速度"原理进行设计，与传统气浮相比有着一定的技术优势。浅层气浮系统包括主机系统、溶气系统、加药系统、管路系统、仪表系统、电控系统、栏杆及支撑系统六个分系统，其中主机系统是气浮设备的分离部分。浅层气浮装置的结构与流程如图 11-7 所示。

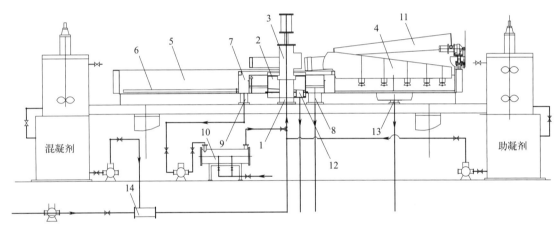

图 11-7　浅层气浮装置的结构与流程

1—进水管；2—静止圈；3—旋转布水管；4—布水器；5—池体；6—清液吸取管；7—稳流圈；8—清水出管；
9—静水回流管；10—溶气管；11—螺旋泥斗；12—出渣管；13—排泥管；14—管道混合器

原水通过进水管 1 进入气浮器静止圈 2 内，经由旋转进水管 3、布水器 4 的分配管和消能格栅板使气水混合物稳定、低速、均匀地分配到池体中，布水管与布水器随行走架沿逆水流方向运行，从而使气水混合物以近似为零的瞬时速度进入池体 5；之后水中杂质随释放的微气泡上浮，实现固液分离；经处理的清水通过清液吸取管 6 进入稳流圈 7，从清水出管 8 流出，部分清水由静水回流管 9 进入溶气管 10；螺旋泥斗 11 瞬时清除浮渣，对水体几乎没有扰动，浮渣最终经出渣管 12 排出；池底堆积的杂质从排泥管 13 排出。

溶气系统中，进水先沿溶气管壁形成切向水流，然后将通入的压缩空气切割成微细气泡，微气泡以游离状态迅速夹裹、混合在水中；形成的气水混合物在溶气管的高压条件下形成湍流，以均衡局部溶解的空气量，再经减压释放进入气浮池。

加药系统采用折桨推进式搅拌器，可根据原水情况调整药量。混凝剂加药点位于原水泵后的管道混合器 14 上，助凝剂加药点位于气浮进水管前的溶气释放器上的释放口后，原水进入释放器时做到先释放，后加药，使絮团与微气泡结合效率更高。

气浮过程主要依赖于微气泡对絮粒的接触和捕捉，因此气浮池内接触区设计的好坏对处理效果影响较大。浅池理论是相对传统气浮池深而言的，利用"浅池"能达到理想的气浮效果。"零速率"原理如图 11-8 所示。水体进入接触区时会产生流向的改变和流速分布的重组，当进水器转动速度和进出水速度相同、方向相反时，池中的水就保持相对静止的状态，有利于微气泡对絮体的捕捉，使带气絮粒以最快速度上浮，达到固液分离的目的。浅层气浮克服了运动水体引起的湍流和扰动，提高了去除效率。

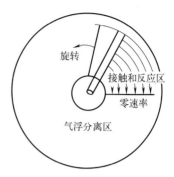

图 11-8 "零速率"原理示意

浅层气浮集凝聚、气浮、撇渣、沉淀、刮泥为一体，作为一种改进的新型气浮工艺，与传统气浮相比具有一定的优越性，主要体现在以下方面。

(1) 传统气浮池较深，有效水深为 2.0～2.5m，而浅层气浮池深只有 0.6m 左右。传统气浮池达到静止状态下颗粒上浮速度大于水流分离区下降的速度条件时才有分离效果，因此停留时间较长，约为 10～20min；而浅层气浮池因池身浅，上浮路径短、阻力小，缩短了微气泡在池中的停留时间，只有 3～5min，并使池中更微小的微粒得到有效去除。

(2) 传统气浮池中，动态的水流依次通过反应区、接触区、分离区和集水管出口，对池内扰动大；而浅层气浮池为强制布水设计，进出水都是静态的，对池内扰动很小，使得水中的颗粒近似静态上浮或沉降，有利于微气泡和絮粒黏附，净化程度高。

(3) 传统气浮池中气泡无法均衡充斥到整个分离区，长方形气浮池后段效果不理想，会产生"气浮死区"；而浅层气浮池体采用圆形设计，旋转布水，旋转集水，使池内不留死区，效率高且稳定性好。

(4) 传统气浮池自身调节能力差。浅层气浮池可灵活调节，如吸水器位置可根据实际运行水深度调节；螺旋泥斗的自转周期及泥斗个数的选择与泥斗公转的周期和浮渣的薄厚有严格的匹配关系；还可根据废水量的变化来调节回流水量、药剂量的大小。

(5) 传统气浮池的刮渣系统除渣效率低，对池内扰动大，容易破坏浮渣稳定状态而使杂质重新下沉；而浅层气浮池采用连续旋转除渣系统，使上层积聚的浮渣（某一时刻总是池内浮起时间最长的）瞬时清除排出，对水体扰动非常小，避免了浮出物重新下沉的问题，降低了气浮池负荷，保证了出渣的含固率。

(6) 传统气浮溶气系统采用溶气罐，按溶气罐实际体积来计算，其水力停留时间为 2～4min；而浅层气浮采用溶气管，既取消了填料，也使溶气管的容积利用率达 100%，此时水力停留时间只有 10～15s。

(7) 传统气浮气泡粒径在 20～100μm；浅层气浮气泡一般在 10μm 左右，这样既可减少微气泡相互的碰撞破碎，又增大了气水接触面积。

(8) 浅层气浮池体轻巧，安装时易于架起，可合理利用池体下部空间进行各管线的布设以及其他所需设备的安置。

浅层气浮设备在应用过程中应注意以下三点。第一，浅层气浮设备的布水装置需要较高的技术要求，由于气浮池体的设计结构为圆形，布水器在旋转过程中，每个环形布水区域的水流速度不同，若使布水器能够达到布水均匀，需调整各个布水管的布水流量，才能确保稳定状态布水。第二，旋转除渣器的设计难点在于泥斗边缘与水面之间角度的匹配程度，当泥斗边缘旋转至最低处时，需与水面保持平行。同时，控制泥斗的转速也很重要，若速度过快，浮渣未完全上浮；若转速过慢，部分浮渣会重新沉降。因此，要根据浮渣上浮速度调整除渣器的旋转速度，也要根据池内液位高度调整泥斗高度，才能使除渣系统能够良好地运行。第三，在设备运行期间，要定期检查气浮进水和排水系统，实现进出水平衡；根据出水水质变化，及时调整加药量、进水量、容器水量，确保出水水质。

11.2.3 电化学处理技术

电化学处理技术包括电解法、电火花法和电磁吸附分离。电解法分为电解浮选法和电解絮凝法。电解浮选法类似于空气浮选法，它将水电解为氢气和氧气来形成微气泡。二氧化铅电极的开发改善了电解浮选法的经济性。据报道，该技术已应用于处理肉禽类加工废水，以降低其中的油脂含量，油脂的出水浓度为 $30\sim35\text{mg/L}$。

电解絮凝法采用消耗性电极，如铝板、废铁等。外加电压使电极氧化释放铝离子、亚铁离子等金属絮凝剂。被处理的废水需要有足够的导电性，以使电解池正常运行，并可防止电极材料的钝化。例如某皮革厂采用电解凝聚后续电解浮选的流程处理含油废水，操作电压平均为 20V，电流 $15\sim35\text{A}$，浓度由初始的 280mg/L 降至 4mg/L。电解凝聚单元的电能消耗为 $3.18\text{kW}\cdot\text{h/m}^3$。含油废水在电解过程中，一般存在电解氧化还原、电解絮凝和电解气浮效应。电解气浮主要是电解装置的阴极反应，有时出现阳极反应。

电解絮凝法一般只适用于小规模的乳化油。电解絮凝法处理的优点有：电解设备结构简单，电解过程中产生的氢气具有空气浮选除油的作用，溶解性电极在电解过程中产生氢氧化物絮凝体，具有化学絮凝的除油效果（见表 11-5）。该方法极有推广价值。

表 11-5 电絮凝浮选法处理炼油厂污水的综合效果

试验名称	油分去除率/%	残油量/(mg/L)	悬浮物去除率/%	悬浮物残留量/(mg/L)
电絮凝浮选(无砂滤)	94.3	7.3	78	3.6
电絮凝浮选(有砂滤)	96.0	5.1	97	11.4

电火花法是用交流电来去除废水中乳化油和溶解油的方法，装置由两个同心排列的圆筒组成，内圆筒同时兼作电极，另一电极是一根金属棒，电极间填充微粒导电材料，废水和压缩空气同时送入反应器下部的混合器，再经过多孔栅板进入电极间的内圆筒。筒内的导电颗粒呈沸腾状态，在电场作用下，颗粒间产生电火花，在电火花和废水中均匀分布的氧的作用下，油分被氧化和燃烧分解。净化后的废水由内圆筒经多孔顶板进入外圆筒，并由此外排。电火花法处理含油废水实例的效果见表 11-6。

表 11-6 电火花法处理含油废水实例的效果

废水名称	反应室停留时间/s	含油量/(mg/L)		COD/(mg/L)	
		净化前	净化后	净化前	净化后
石油槽	10	250	32.1	1340	100.3
洗涤水	10	200	25.4	820	95.7
石油阻留池	20	264	28.0	222.7	40.0
含油废水	30	264	8.0	222.7	20.0

电磁吸附分离是使磁性颗粒与含油废水相混掺，在其吸附过程中，利用油珠的磁化效应，再通过磁性过滤装置将油分去除。在实际条件下，对船舶含油废水用电磁吸附净化处理方法进行了验证，其结果表明，有机和无机悬浮物含量达 2.0g/L，乳化油含量达 0.4～

1.0g/L 的含油废水，出水含油量为 1～5mg/L。高梯度磁性分离器（HGMS）用于炼油厂含油废水处理的分离效果较好。日本也研制出安全可靠的高梯度电磁分离器（DEM）。

11.2.4 离心法

投加絮凝剂所产生的絮体难以重力分离时，离心法可以实现有效分离。

离心机是依靠一个可随传动轴旋转的转鼓，在外界传动设备的驱动下高速旋转，转鼓带动需进行分离的废水一起旋转，利用废水中不同密度的悬浮颗粒所受离心力不同进行分离的一种分离设备。

离心机的种类和形式有多种。按分离因数大小可分为高速离心机（$\alpha > 3000$r/min）、中速离心机（$\alpha = 1000 \sim 3000$r/min）和低速离心机（$\alpha < 1000$r/min）。小、低速离心机通称为常速离心机，多用于与水有较大密度差的悬浮物的分离。废水中乳化油和蛋白质等密度较小的微细悬浮物的分离常用高速离心机。此外按转鼓的几何形状不同，可分为转筒式、管式、盘式和板式离心机；按操作过程可分为间歇式和连续式离心机；按转鼓的安装角度可分为立式和卧式离心机。盘式离心机的构造见图 11-9。

在转鼓中有十几到几十个锥形金属盘片，盘片的间距为 0.4～1.5mm，斜面与垂线的夹角为 30°～50°。这些盘片缩短了悬浮物分离时所需移动的距离，减少了涡流的形成，从而提高了分离效率。离心机运行时，乳浊液沿中心管自上而下进入下部的转鼓空腔，并由此进入锥形盘分离区，在 5000r/min 以上的高速离心力的作用下，乳浊液的重组分（水）被抛向器壁，汇集于重液出口排出，轻组分（油）则沿盘间锥形环状窄缝上升，汇集于轻液出口排出。

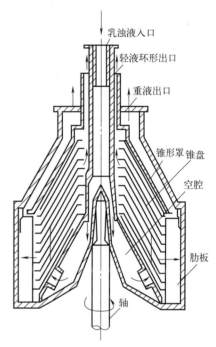

图 11-9 盘式离心机的构造

和其他分离方法相比较，离心法的能耗大、维护管理烦琐，但适合于场地受限或废水处理量大的场合。该法处理油性污泥效果最佳，除非水量很少，否则一般不用于处理浓度很稀的含油废水。工程选用之前，应该开展中试，以确定离心法能否有效去除废水中的乳化油。

11.2.5 水力旋流分离

水力旋流器作为离心分离技术的一种应用，在工业废水处理中的应用越来越广泛（图 11-10）。它可以将油与密度更大的固体、水分离，甚至可以将不同密度的油分离。水力旋流器的原理在于通过离心作用实现分离，因此，其占地较传统油水和油固分离技术小。此外，旋流分离器还具有易于安装、便于维护等优点。旋流分离器的缺点是器壁易受磨损和电能消耗较大等。

水力旋流器中，废水由泵沿切线方向注入并旋转，通过强大的离心力，实现固液（或不相溶的两种液体）分离。离心力沿旋流器长度方向变化。较重较大的相（比如水、较重的油或固体）被甩至旋流器外向沿管壁下流至底部，从底流排出。较轻的相进入旋流器中心区域，形成内旋流溢流流出。水力旋流器中的废水停留时间一般为 2～3s。水力旋流器仅有的

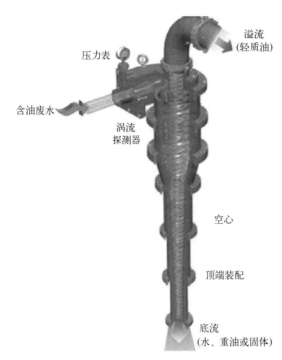

图 11-10 水力旋流器

压力表
溢流
(轻质油)
含油废水
涡流
探测器
空心
顶端装配
底流
(水、重油或固体)

动力设备就是进水泵。处理水量较大时可采用多台旋流器组合。

水力旋流器已广泛应用于炼油厂、海上石油平台、原油转输设备、车辆清洗站、乳品加工厂和食品加工厂等。

11.2.6 传统过滤

个别情况下，可以采用传统过滤工艺去除油分。筒式过滤器、袋式过滤器、预涂层硅藻土过滤器以及传统砂滤器均能有效去除废水油分。通常，在过滤之前，含油废水应重力分离（包括溶气气浮工艺），降低油分浓度，避免滤料堵塞。硅藻土过滤器和砂滤器适合于处理大流量废水，需较大的空间且需回流以防堵塞。筒式过滤器或袋式过滤器适合于处理小流量废水，过滤筒或过滤袋需定期更换。

采用混合滤料过滤法去除油分的结果见表 11-7。

表 11-7　混合滤料过滤法去除油分的结果

工业	油分浓度/(mg/L)		去除率/%	工业	油分浓度/(mg/L)		去除率/%
	进水	出水			进水	出水	
洗衣业	76	46	39	石油炼制	35	6	83
	8	1	87		10	8	20
连续铸钢	22	<0.5	98		18	11	39
钢铁热成形	8.8	6.7	24		27	17	37

11.2.7 超滤

通过超滤膜分离废水油分，可以分离粒径小于 $0.005\mu m$ 的乳化液。随着膜价格的下降，超滤的应用越来越广泛，尤其是在实施水回用、油回收或者处理后废水直接排入受纳水体而不是城市污水处理厂的工厂。

在典型的超滤系统中，废水先经筛滤或过滤后，由泵提升至中间水箱，然后在泵的加压作用下通过超滤膜，从而实现污染物的分离（图 11-11）。"错流"超滤装置运行过程中产生的浓水再回流到中间水箱与进水混合。超滤装置运行过程中，随着油在超滤膜表面的积累和膜压差的增大，膜通量逐渐下降。膜通量下降到预设值，超滤装置需停止运行，实施反冲洗或化学清洗。

乳化油废水在超滤前需进行预处

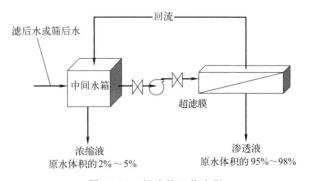

回流
滤后水或筛后水
中间水箱
超滤膜
浓缩液
原水体积的2%～5%
渗透液
原水体积的95%～98%

图 11-11　超滤的工艺流程

理。通常，废水在超滤膜前，首先经重力分离，再通过筒式或袋式过滤器过滤，使废水中悬浮颗粒的粒径降至 $5\mu m$ 以下，以减少膜堵塞，维持装置的正常运行。

乳化油由于被一些有机物或表面活性剂乳化成乳化液，一般是先破乳后再除油，而超滤法处理乳化油废水不需要破乳就能直接分离浓缩，并可回收利用。同时，透过膜的水中含有低分子量物质，可直接循环再利用或用反渗透进行深度处理后再利用。

超滤分离浓缩乳化油的过程中，随着浓度的提高，废水中油粒相互碰撞的机会增大，使油粒粗粒化，在储存槽表面形成浮油得到回收。超滤法可将含乳化油 $0.8\% \sim 1.0\%$ 的废水的含油量浓缩到 10%，必要时可浓缩到 $50\% \sim 60\%$。大规模使用的膜组件有管式、毛细管式和板框式，膜有醋酸纤维素膜、聚酰胺膜、聚砜膜等。

超滤可以破乳、浓缩油分，但不能去除油分。有时，也可以采用重力凝结过滤器分离浓缩液或废液中的油。重力凝结过滤器的分离效果不理想，可以添加絮凝剂（如明矾、有机高分子聚合物）实现油水的进一步分离。水温加热到 $38 \sim 82\,^{\circ}\mathrm{C}$ 也能破乳，具体取决于乳状液的性质。

超滤的主要优点是油分回收后可循环利用。如金属加工厂采用超滤回收润滑油，其成本效益主要取决于回收物质的价值。超滤的缺点在于投资费用高、膜清理和更换成本高、预处理烦琐等。

超滤系统设计需要考虑多种因素，包括废水水质（如含油量、含盐量、悬浮物含量等）、与膜不相容的化学物质含量以及其他工艺条件（如 pH 值、温度等）。因此，在实际工程中，应通过中试试验，以确定相关设计参数。

采用超滤法去除不同工业废水中油脂的中试试验结果见表 11-8。

表 11-8　超滤法去除不同工业废水中油脂的中试试验结果

工业废水	油脂含量/(mg/L)		去除率/%
	进水	出水	
胶合剂和密封剂废水	522	162	69
	478	184	62
洗衣业废水	600	<9	98
	749	28	96
	795	10	99
	7890	38	99
合成橡胶生产废水	12	5	58
	28	11	61
木制品加工废水	2160	55	97

11.2.8　生物处理技术

废水中的溶解油通过生物处理技术去除。其中氧化塘法是利用天然或人工池塘的自净作用治理废水的一种方法，在我国土地宽阔的边远地区如新疆油田，这种方法被广泛采用。极性油脂在生物处理中可被生物降解。非极性油脂或者通过初级澄清工艺除去，或者进入生物絮凝物内，最后与剩余污泥一起排出。表 11-9 列出了用活性污泥和曝气池处理含油废水的工程实例的数据。

用活性污泥法处理一家食用油炼制厂废水，采用 API 隔油池、气浮池、曝气池（活性污泥）处理，原始废水中的油脂浓度为 3000 ~ 6000mg/L，经 API 隔油池后为 95 ~ 250mg/L，经气浮池后为 64 ~ 100mg/L，经过曝气池活性污泥处理后油脂的最终出水浓度为 11mg/L。

表 11-9　活性污泥和曝气池处理含油废水的工程实例的数据

系统类型	工业废水	油脂浓度/(mg/L)		去除率/%
		进水	出水	
活性污泥	副产品焦化生产废水	240	5	98
活性污泥	皮革鞣质与抛光废水	171	91	47
		247	35	86
		553	17	97
		413	25	94
曝气池	皮革鞣质与抛光废水	720	17	97
活性污泥	纺织废水	324	303	6

上流式厌氧污泥床具有较高的处理能力，主要是由于消化器内积累有高浓度的活性污泥，同时具有良好的凝聚性能，絮凝现象就较易出现。将乳浊油脂废水固液分离，在静止状态呈现絮体与水的分离絮体沉淀。为了提高污泥的沉降性能，可以采用进水中投加硫酸铝等方法。

11.2.9　吸附过滤

吸附法是利用亲油性材料来吸附水中的油。活性炭的吸附能力极强，用活性炭处理炼油厂废水可达到 8mg/L 的排放浓度，表 11-10 列出了活性炭法处理油脂工业废水的处理结果。此外，有机黏土、煤炭、吸油毡、陶粒、石英砂、木屑、硼泥等也可作为吸附剂。

表 11-10　活性炭法处理油脂工业废水的处理结果

工业废水	规模	油脂浓度/(mg/L)		去除率/%
		进水	出水	
洗衣业废水	中试	20.4	<9	56
树胶和木质提取废水	工业	28	2.2	92
石油炼制废水	中试	8.5	7.5	12
		8.3	7.1	14
		6.3	6.0	5
		12	8.7	28
		17	13	24
		12	1.8	85

有机黏土是将钠基膨润土表面的钠基用四元胺取代所制成的过滤材料，吸附不溶性有机物质。游离和乳化的油分均能与氨基紧密结合，从而被去除（油分去除主要依靠吸附作用，但截留过滤也起一定作用）。

有机黏土一般为传统滤池的滤料，特别是加压过滤。一般与无烟煤混合（30%黏土、70%无烟煤）提高滤床的孔隙率，减少水头损失，防止滤层过快堵塞（有机黏土和无烟煤的比值由制造商自定，实施前应弄清具体配比）。通常通过反冲洗，去除悬浮物质，提高产水量，反冲洗时滤床膨胀率应达到 20%。

有机黏土通常用于油分废水的深度处理，或颗粒活性炭吸附和反渗透的预处理单元。与膜过滤一样，废水进入有机黏土过滤前需预处理（如重力分离），以延长滤床使用寿命。

实际工程中，有机黏土过滤一般采用降流式过滤器，其出水口高于进水口，以防止过滤器停止期间发生滤料流失。通常采用两个相同过滤器，以进行滤料周期性反冲洗（每隔 1～2d）和更换。滤料的有机物吸附容量可达其质量的 60%。

受所处理的废水性质影响，废弃有机黏土可能有毒，据此应采取相应的措施处置。但是，如果废弃的有机黏土无毒，其热值可能高达 32500～34800kJ/kg，可以用作混合燃料。

11.3　油分的回收与循环利用

回收的油分具有多种用途。如从食用油提炼、肥皂加工、脂肪熬制、肉类加工等过程中回收的油分，可以用于加工动物饲料和柴油。很多餐厅从煎炸容器中收集废弃的油分，销售到炼脂厂，在炼脂厂经过纯化后，再将其再销售给工厂或作动物饲料。重力分离器排出的脱脂油一般与餐厅的其他固体废物和垃圾一并处置。

含水量低的石油烃可用于炼油厂原料，加工再销售或以燃料销售。同样，某些工厂的废油收集后也可销售给废油炼制厂。石油价格的不断攀升，使油分回收利用逐渐成为主流。

回收的油分还有很多其他用途，具体取决于油分的 pH 值，所含油、脂的种类和含量，以及其他的物质组成。例如，很多钻井浆制造商将各种油分用于钻井泥浆配制、矿物浮选和沥青生产。矿物浮选与溶气气浮类似，酸萃取后回收矿物质，以动植物脂肪和油类中提取的脂肪酸，浮选金属离子。沥青生产商以某些油分乳化其他原料，生产沥青（油分的具体用途根据实际而定）。

回收油分作动物饲料时，需考虑两点：尽可能去除其中的水分，尽可能用当天收集的原料。回收油分回用于其他生产过程是最经济的处置方法，为此，废油收集应与其他废水分开管理。油分循环、回用、焚烧或其他处置方法，均应按国家相关规定执行。

11.4　工程实例

11.4.1　某汽车公司含油废水治理工程

11.4.1.1　工艺流程

采用地埋式无动力高效多级组合式油水分离技术，在地面下建设处理设施，不但废油可以得到回收，而且治理后出水水质（石油类、COD、SS）均低于国家规定排放标准。该技术先进，处理装置新颖，不占地表面积，适合用于 $150m^3/d$ 以下的含油处理工程。处理工艺流程见图 11-12。

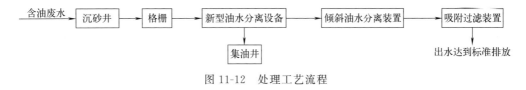

图 11-12　处理工艺流程

11.4.1.2　治理效果

新建的地埋式含油废水处理设施除油效果显著，出水清澈透明，处理效果好，净化设备和装置运转正常。经环境检测中心站对其进出水进行检测，主要理化指标（石油类、COD、SS）均低于国家规定的排放标准（表 11-11）。其中石油类去除率 97.1%，COD 去除率 92.1%，SS 去除率 74.2%（三次检测的平均值）。

项目	石油类			SS			COD		
进水	11.7	36.0	3290	204	212	347	352	362	9870
出水	0.14	1.20	0.02	57	63	79	50.6	58.7	46.2

表 11-11 进水、出水水质检测结果   单位：mg/L

11.4.2 风景游览区餐饮含油废水集中治理工程

11.4.2.1 工程概况及污水性质

某国家级风景游览区范围内有集中饭店以及营业性餐饮娱乐船，其餐饮污水直接排放到湖水中，造成对环境的严重污染。因此，采用地埋式污水处理设备和油水分离技术进行处理。主要污水来源于餐厅饭店及餐饮娱乐船厨房内的洗锅水、洗鱼肉水、洗餐具水、淘米水及饮料等，其性质属生活污水范围，但动植物油含量高，污水的水质水量变化较大。污水排放量约 $100m^3/d$。

11.4.2.2 治理原理与工艺流程

首先采用油水分离，根据动植物油不溶于水和油珠较大的特点，在 $20m^3$ 的除油池和调节池中，增设旋流油水分离装置（可去除油 50% 左右）、微气泡浮上分离器（可进一步去除小油珠和乳化油 70%）以及集油装置和水封措施。

地埋式污水处理成套设备为典型生活污水处理工艺组合体，其核心技术为成熟的生化处理技术——生物接触氧化法。此外，该设备为地埋式，不占地表面积，其上可作为绿化地带，不影响风景区的自然景观。处理工艺流程见图 11-13。

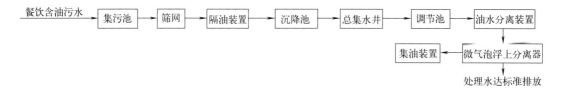

图 11-13 餐饮含油污水处理工艺流程

11.4.2.3 主要建筑物、设备尺寸及工程量

(1) 筛网沉砂，除油井 $\phi 1.2m$，深 3m，有效容积 $2.8m^3$。
(2) 除油池和集油调节池 $2m \times 3m \times 3m = 18$（$m^3$），有效容积 $16.2m^3$。
(3) 处理设备占地面积 $2.2m \times 8.4m = 18.48$（m^2）。
(4) 设备上砌筑花坛面积 $40m^2$。

11.4.2.4 处理效果

该处理系统投入运行后，各部分运转正常。经原环保部环境监测站对该处理设施的出水水质进行监测的数据表明，主要污染物指标均达到国家规定的排放标准。

11.4.3 某石化分公司炼油污水深度处理工程

某石化分公司地处京津唐地区，缺水十分严重，水价居高不下，因此污水回用十分迫切和必要。该公司与高校合作开发了悬浮填料生物接触氧化深度处理技术，并对炼油污水进行了处理，取得良好的效果。

11.4.3.1　水量及水质

该处理工程设计水量为 $500m^3/h$，污水水质及回用水水质要求见表 11-12。

表 11-12　污水水质及回用水水质要求　单位：mg/L（除 pH 值外）

项目	进水	回用水水质要求	项目	进水	回用水水质要求
含油量	56.4	1.0	氨氮	68	10
COD	818	50	pH 值	8.5	7～9
硫化物	17.5	0.1			

11.4.3.2　工艺流程

悬浮填料生物接触氧化深度处理外排污水的工艺流程见图 11-14。该流程的主要工艺为生化深度处理的絮凝气浮。

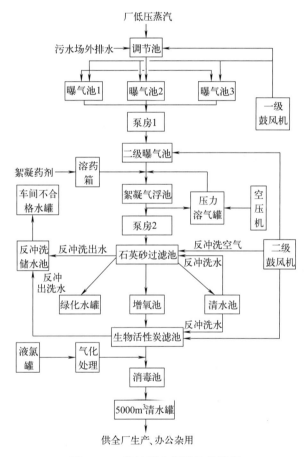

图 11-14　炼油污水深度处理流程

（1）生化深度处理。曝气池消除污染的生化原理是采用悬浮载体生物接触氧化深度处理技术，利用附着生长在填料表面的微生物来氧化、分解污染物。池内加入一种新型填料——悬浮填料，它的密度与水相近，在正常曝气强度下可自由流化，其比表面积大，挂膜和脱膜速度快，不会堵塞，可长期运行。填料上附着的微生物主要是好氧细菌。微生物在填料上生长后形成生物膜，不会随水流失，同时具备相当的抗冲击能力，使生物处理池保持足够的微生物量，可以将外排水中少量的溶解性污染物彻底氧化或分解，微生物生长和代谢所需要的氧气由曝气系统提供，在生物处理池底部布置了穿孔管曝气装置。

（2）气浮处理。炼油废水经生化处理后，其水中含有大量密度≤1g/cm³的颗粒物，显然采用沉淀处理不合适，因此采用混凝气浮处理，向废水中加入1%～3%（质量分数）的絮凝剂，再进入气浮池。颗粒物在空气作用下浮出水面，分离出来。

思考题

1. 在污水中的油以哪几种形态存在，分别采用什么方法可去除？
2. 加压溶气气浮的基本原理是什么？有哪几种基本流程，各自的特点是什么？
3. 加压溶气系统由哪几部分组成？各部分的主要作用是什么？
4. 如何改进或提高浮上分离法的分离效果？

参考文献

[1] 周岳溪，李杰. 工业废水的管理、处理与处置[M]. 北京：中国石化出版社，2012.
[2] 丁忠浩. 有机废水处理技术及应用[M]. 北京：化学工业出版社，2002.
[3] 张自杰. 排水工程：下册[M]. 4版. 北京：中国建筑工业出版社，2000.
[4] 马承愚，彭英利. 高浓度难降解有机废水的治理与控制[M]. 北京：化学工业出版社，2007.

第12章
无机成分的去除

工业废水中无机物浓度过高会对水体及生物处理系统产生不利影响，工业废水中相关无机成分包括重金属、氰化物、硫化物和营养元素（主要是氮和磷）等。

12.1 工业废水中常见无机污染物

工业生产用料、中间产物和产品中有很多无机物，使得生产过程中产生的废水中存在许多无机成分，会对生物处理系统产生危害，如重金属和氰化物可以抑制或杀死污水生物处理系统中的微生物，还会影响固体的处理处置过程；硫化物会产生气味、形成有毒气体、腐蚀混凝土和钢结构，还会导致活性污泥系统中丝状菌生长从而引起污泥膨胀；营养物质（氮和磷）会额外增加生物系统的耗氧量，甚至造成出水营养物质超标；氨对活性污泥及污泥消化系统具有毒性。所以需要对工业废水进行预处理。

12.1.1 重金属污染物

重金属主要指汞、镉、铅、铬、镍等生物毒性显著的元素，也包括具有一定毒害性的一般重金属，如锌、铜、钴、锡等。各类重金属污染物通常呈不同的化合物形态，并具有毒性特征，多来源于工业行业（见表 12-1）。

表 12-1　产生含重金属废水的典型行业

行业	Ag	As	Ba	B	Cd	Cr	Cu	Fe	Pb	PO₄	Mn	Hg	Ni	Se	Zn
油漆制造业		×	×		×	×	×		×	×	×	×	×	×	×
化妆品/医药品制造业				×							×				×
油墨制造业	×					×						×			
动物胶制造业						×									
制革生产业		×			×										
地毯生产业					×	×								×	
照相器材业	×								×					×	
纺织业					×		×	×						×	×
制浆/纸/纸板制造业					×			×					×		
食品/饮料加工业	×							×	×						
印刷业					×								×		×
金属加工业	×				×	×	×						×		×

行业	Ag	As	Ba	B	Cd	Cr	Cu	Fe	Pb	PO$_4$	Mn	Hg	Ni	Se	Zn
电池制造业	×	×			×		×		×		×		×		×
医药品行业									×	×		×			×
首饰制造业	×						×								
电子/电器制造业			×				×					×		×	
爆炸品制造业			×						×			×			

12.1.2 非金属污染物

12.1.2.1 氰化物

氰化物是含有—CN 类化合物的总称，分为简单氰化物、氰络合物和有机氰化物（腈）。主要来源于电镀、煤气、炼焦、化纤、选矿和冶金等工业。其中简单氰化物，最常见的是氰化氢（HCN）、氰化钠（NaCN）和氰化钾（KCN），易溶于水，有剧毒，摄入 0.1g 左右就会致人死亡，氰化物含量在 1mg/L 时，就会干扰活性污泥法的应用。

12.1.2.2 硫化物

工业废水中的硫化物包括硫酸盐、硫化物和有机硫化物。主要来源是石膏、硫酸镁和硫酸钠等矿岩的淋溶、硫铁矿的氧化、含硫有机物的氧化分解等含硫工业等，每升水中 SO$_4^{2-}$ 的浓度可从几毫克至几千毫克不等。

硫化氢（H$_2$S）有强烈的臭味，每升水中只要有零点几毫克，就会引起不愉快的臭味。厌氧生化反应产生的 H$_2$S 气体，不仅造成恶臭危害，而且会腐蚀污水管道和处理构筑物，空气中的 H$_2$S 超量会引起人畜中毒死亡。

除了健康安全隐患外，过量的硫化物会促进活性污泥中丝状菌的生长（即产生污泥膨胀），使活性污泥沉降性能下降。厌氧消化池中可溶性硫化物浓度达到 200mg/L 时，便会对厌氧菌和细菌产生毒性，产生所谓的消化池"阻塞"现象，使污泥消化性能变差。过量的 H$_2$S 和 SO$_2$ 气体在消化池中，会有产生难闻气味、引起腐蚀问题、引发爆炸，还有发生有毒气体暴露的危险。

12.1.2.3 氟化物

含氟废水在成分上具有较大的差异，其中溶液中氟的含量更是从几十毫克每升到几万毫克每升不等，主要来源于包括硅氟和碳氟聚合物制造、焦炭生产、玻璃和硅酸盐生产、电子元件生产、电镀、钢和铝的制造、金属蚀刻（用氢氟酸）、化肥生产、木材防腐和农药等行业。含氟废水对环境有巨大的破坏作用，进入环境将直接破坏土壤、水质，致使动物急性中毒，伤害动物口鼻喉、肠胃黏膜，严重者可致死；同时会间接破坏生态，使得土壤微生物大量减少，农作物含氟超标，长期生活在高氟环境中将伤害人类的骨骼及牙齿。因此，国家对含氟废水排放有着严格的规定，要求工业废水含氟的排放标准浓度控制在 5mg/L 以下。

12.1.3 营养性污染物

12.1.3.1 磷化物

废水中无机磷化物为磷酸盐和聚合磷酸盐，主要来自化肥厂、软饮料厂、牛奶及其他饮料厂、制药厂等。无机磷化物浓度过高，生化处理前需进行除磷预处理；排放受纳水体前不达标还需要深度除磷。

12.1.3.2　氮化物

工业废水中氮的四种基本存在形式为氨氮（NH_4^+-N）、有机氮（呈不同形态）、亚硝酸盐氮（NO_2^--N）和硝酸盐氮（NO_3^--N）。氨氮与有机氮之和称为凯氏氮（TKN）。有机氮可被生物转化为氨氮（即氨化过程），因此相对于单独的氨氮浓度，凯氏氮更能有效反映废水的总硝化能力。总凯氏氮常用于生化处理系统的设计计算。

（1）氨氮。氨氮存在于许多工业（如饲养场、肉类加工厂、金属加工厂、电路板印制制造厂和提炼厂）废水中。通过生物作用，大多数有机氮可以转化为氨。有机氮的氨转化速率直接影响生物处理对氨的代谢转化。水中氨与 NH_4^+ 的平衡反应式为：

$$NH_4^+ + OH^- \Longleftrightarrow NH_3 + H_2O \tag{12-1}$$

上述平衡反应主要取决于 pH 值。若 pH 值高（通常为 10 或更高）有利于氨气释放，若 pH 值低有利于氨溶于水中。

（2）亚硝酸盐。亚硝酸盐常存在于印染、纺织、肉类加工、金属镀膜、橡胶等企业的高浓度废水中。在污水处理的生化处理过程中，亚硝酸盐是硝化过程的中间产物，经微生物进一步氧化形成硝酸盐。

（3）硝酸盐。硝酸盐常存在于制药、肉类加工、颜料制造、肥料生产和炸药制造等工业废水。生物硝化过程也产生硝酸盐化合物。人们关注废水中的硝酸盐的根本原因在于硝酸盐是植物和藻类的营养源。而藻类大量繁殖，会导致受纳水体水质污染，饮用水水源产生异味。

绝大多数的硝酸盐溶于水，因此不能采用沉淀法去除。最常见的硝酸盐去除方法为生物反硝化、离子交换、污水土地处理及人工湿地处理。

12.2　典型处理方法与工艺

工业废水中的无机化合物种类繁多，处理技术差异大，无机污染物的排放源差异性也大，因此含无机污染物废水往往是分别处理，而不是混合处理。常用无机污染物的处理方法包括化学沉淀法、化学转化法（氧化还原法）、离子交换法、膜分离法、蒸发法。

12.2.1　化学沉淀法

12.2.1.1　概述

化学沉淀法是指向被处理的水中投加化学药剂（沉淀剂），使之与水中溶解态的污染物直接发生化学反应，形成难溶的固体沉淀物，然后进行固液分离，从而除去水中污染物的处理方法。污水中的重金属离子（如汞、镉、铅、锌、镍、铬、铁、铜等）、碱土金属（如钙和镁）及某些非金属（如砷、氟、硫、硼等）均可通过化学沉淀法去除。

按照沉淀剂的不同，化学沉淀法可以分为：氢氧化物沉淀法，即中和沉淀法，是从废水中除去重金属有效而经济的方法；硫化物沉淀法，能更有效地处理含汞、含镉废水；碳酸盐沉淀法，在废水除锌、除铜及除铅中常用，化学沉淀的同时兼具有絮凝的作用。

工程应用中化学沉淀法的工艺过程通常包括三个步骤：第一步为投加化学沉淀剂，沉淀剂与水中污染物反应，生成难溶的沉淀物析出；第二步是通过凝聚、沉降、气浮、过滤、离心等方法进行固液分离；第三步是泥渣的处理或回收利用。

物质在水中的溶解能力可用溶解度表示。溶解度的大小主要取决于物质和溶剂的本性，此外也与温度、盐效应、晶体结构和晶体大小等有关。习惯上把溶解度大于 $1g/100gH_2O$ 的物质列为可溶物，小于 $0.1g/100gH_2O$ 的物质列为难溶物，介于两者之间的列为微溶物。利用化学沉淀法处理废水时所形成的固体化合物一般都是难溶物。

在一定温度下，难溶化合物的饱和溶液中，各离子浓度的乘积称为溶度积，它是一个化学平衡常数，以 K_{sp} 表示。难溶物的溶解平衡可用下列通式表示：

$$A_mB_n（固）\rightleftharpoons mA^{n+}+nB^{m-}$$

$$K_{sp}=[A^{n+}]_m[B^{m-}]_n \tag{12-2}$$

若 $[A^{n+}]_m[B^{m-}]_n<K_{sp}$，溶液不饱和，难溶物将继续溶解；$[A^{n+}]_m[B^{m-}]_n=K_{sp}$，溶液达饱和，难溶物既不溶解也不析出，即无沉淀产生；$[A^{n+}]_m[B^{m-}]_n>K_{sp}$，难溶物析出，即产生沉淀，当沉淀完后，溶液中所余的离子浓度仍保持饱和浓度，即 $[A^{n+}]_m[B^{m-}]_n=K_{sp}$。因此，根据溶度积，可以初步判断水中离子是否能用化学沉淀法来分离以及分离的程度。

由式（12-2）可知，若要降低水中某种有害离子 A 的浓度，有两种方法：一种方法是可向水中投加沉淀剂离子 C，形成溶度积很小的化合物 AC，使 A 从水中沉淀出来；另一种方法是利用同离子效应向水中投加同离子 B，使 A 与 B 的离子积大于其溶度积，此时式（12-2）表达的平衡就会向左移动，从而降低了 A 在水中的浓度。

若溶液中有数种离子共存，加入沉淀剂时，必定是离子积先达到溶度积的离子优先沉淀，这种现象称为分步沉淀。显然，各种离子分步沉淀的次序取决于溶度积和有关离子的浓度。

难溶化合物的溶度积可以从化学手册中查到，表 12-2 仅摘录了一部分。由此表可见，金属硫化物、氢氧化物和碳酸盐的溶度积都很小，因此，可向水中投加硫化物（一般常用 Na_2S）、氢氧化物（一般常用石灰乳）或碳酸钠等药剂来产生化学沉淀，以降低水中金属离子的浓度。

表 12-2　某些化合物的溶度积

化合物	溶度积	化合物	溶度积
$Al(OH)_3$	1.1×10^{-15}（18℃）	$Fe(OH)_2$	1.64×10^{-14}（18℃）
$AgBr$	4.1×10^{-13}（18℃）	$Fe(OH)_3$	1.1×10^{-36}（18℃）
$AgCl$	1.56×10^{-10}（25℃）	FeS	3.7×10^{-19}（18℃）
Ag_2CO_3	6.15×10^{-12}（25℃）	Hg_2Br_2	1.3×10^{-21}（25℃）
Ag_2CrO_4	1.2×10^{-12}（14.8℃）	Hg_2Cl_2	2×10^{-18}（25℃）
AgI	1.5×10^{-16}（25℃）	Hg_2I_2	1.2×10^{-28}（25℃）
Ag_2S	1.6×10^{-49}（18℃）	HgS	$4\times10^{-53}\sim2\times10^{-49}$（18℃）
$BaCO_3$	7×10^{-9}（16℃）	$MgCO_3$	2.6×10^{-5}（12℃）
$BaCrO_4$	1.6×10^{-10}（25℃）	MgF_2	7.1×10^{-9}（18℃）
BaF_2	1.7×10^{-6}（18℃）	$Mg(OH)_2$	1.2×10^{-11}（18℃）
$BaSO_4$	0.87×10^{-10}（18℃）	$Mn(OH)_2$	4×10^{-14}（18℃）
$CaCO_3$	0.99×10^{-8}（15℃）	MnS	1.4×10^{-15}（18℃）
CaF_2	3.4×10^{-11}（18℃）	NiS	1.4×10^{-24}（18℃）
$CaSO_4$	2.45×10^{-5}（25℃）	$PbCO_3$	3.3×10^{-14}（18℃）
CdS	3.6×10^{-29}（18℃）	$PbCrO_4$	1.77×10^{-14}（18℃）
CoS	3×10^{-26}（18℃）	PbF_2	3.2×10^{-8}（18℃）
$CuBr$	4.15×10^{-8}（18~20℃）	PbI_2	7.47×10^{-9}（15℃）
$CuCl$	1.02×10^{-6}（18~20℃）	PbS	3.4×10^{-28}（18℃）
CuI	5.06×10^{-12}（18~20℃）	$PbSO_4$	1.06×10^{-8}（18℃）
CuS	8.5×10^{-45}（18℃）	$Zn(OH)_2$	1.8×10^{-14}（18~20℃）
CuS	2×10^{-47}（16~18℃）	ZnS	1.2×10^{-23}（18℃）

化学沉淀法常用于大部分重金属、磷酸盐和硫化物的去除。常用的化学药剂包括铁盐（氯化亚铁、氯化铁、硫酸亚铁、硫酸铁）、铝盐（硫酸铝、聚合氯化铝和铝酸钠）、石灰、碳酸氢钠、碳酸钠（纯碱）、氢氧化钠以及硫化物的盐类（如硫化亚铁）等。在实际工程中，一般先通过实验室小试和中试，筛选处理效果最佳的化学药剂。

需要特别注意的是，在溶液中含盐量越高，"盐效应"对沉淀的影响更加明显。"盐效应"是指在难溶电解质的饱和溶液中，加入其他强电解质，会使难溶电解质的溶解度增大的现象。例如陕西某矿零排放高盐废水软化除硬工艺中，高盐废水的总溶解固体（TDS）达到了 90000mg/L，废水中几乎都是硫酸钠和氯化钠这种强电解质，导致碳酸钙（难溶电解质）的溶解度增大，最终造成化学沉淀法中 Ca^{2+} 仍有一定的残余量。

在沉淀溶解平衡中，"同离子效应"是指向难溶沉淀物的溶液中加入含相同离子的强电解质，将导致难溶物的化学平衡向生成难溶物方向移动，从而导致难溶物增多。

12.2.1.2 氢氧化物沉淀法

通常，废水中的重金属先与氢氧化物反应生成金属氢氧化物，继而经过絮凝作用形成较大、较重的絮体，最后通过沉淀或气浮去除。氢氧化物沉淀工艺具有运行可靠、成本低、选择性强等特点。通过合理的设计与运行，该工艺的出水的重金属浓度可降至 1mg/L 以下。

另外，重金属一般在酸性条件下溶解、在碱性条件下沉淀，因此，重金属废水的沉淀处理过程中，pH 值控制非常重要。经常用来提高废水 pH 值、产生 OH^- 的化学药剂为：氢氧化钠（NaOH，苛性钠），氢氧化钙 $[Ca(OH)_2$，石灰$]$，苦土 $[Mg(OH)_2$，水合氢氧化镁$]$。在废水处理过程中，往往投加过量的氢氧化物，以确保沉淀过程反应完全。

废水中金属离子与 OH^- 反应，生成金属氢氧化物沉淀的反应为：

$$M^{2+} + 2OH^- \longrightarrow M(OH)_2 \downarrow \tag{12-3}$$

图 12-1 为几种金属氢氧化物的相对溶解度（即最可能沉淀）与 pH 值的关系，可以看

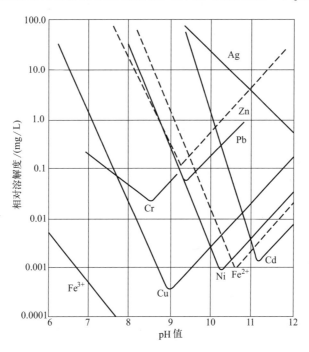

图 12-1　几种金属氢氧化物的相对溶解度与 pH 值的关系（U.S.EPA，1980）

到每种金属溶解度与 pH 值关系曲线的最低点具有专一性。由于实际废水的重金属氢氧化物在沉淀处理过程中，往往受螯合剂、表面活性剂、其他离子以及温度等因素的影响，所以其最低 pH 值可能不如图 12-1 明显而呈现较宽范围。

金属沉淀处理过程中，所面临的主要技术难题是，金属加工废水中存在多种金属。设计人员不仅要确定大多数金属可被沉淀去除的最佳 pH 值，而且要关注由于废水金属组成的不断变化，引起最佳的沉淀反应 pH 值发生的相应变化。因此，在实际工程的运行过程中，需通过每天甚至每个小时的实验室小试，来确定最佳的 pH 值，确保废水中的大多数金属被沉淀去除，且处理后的出水浓度满足标准规定的限值（实验室小试技术详见本书第 4 章）。

实际废水处理中，由于共存离子体系十分复杂，影响氢氧化物沉淀的因素很多，因此必须控制 pH 值，使其保持在最优沉淀区域内。表 12-3 给出了某些金属氢氧化物沉淀析出的最佳 pH 值范围，对具体废水最好通过试验确定。

表 12-3　某些金属氢氧化物沉淀析出的最佳 pH 值范围

金属离子	沉淀的最佳 pH 值	加碱溶解的 pH 值
Fe^{3+}	6～12	
Al^{3+}	5.5～8	＞8.5
Cr^{3+}	8～9	＞9
Cu^{2+}	＞8	
Zn^{2+}	9～10	＞10.5
Sn^{2+}	5～8	＞8.5
Ni^{2+}	＞9.5	
Pb^{2+}	9～9.5	＞9.5
Cd^{2+}	＞10.5	
Fe^{2+}	5～12	＞13.5
Mn^{2+}	10～14	

采用氢氧化物沉淀法去除金属离子时需注意以下几个问题。

（1）当废水中存在 CN^-、NH_3、S^{2-} 及 Cl^- 等配位体时，它们能与金属离子结合成可溶性络合物，对沉淀反应有不利影响，因此应通过预处理除去这些络合离子。

（2）重金属的沉淀处理过程中，如果不投加絮凝剂（聚合物），氢氧化物沉淀将过于细小以致不能很快沉降。因此，在废水反应后进入沉淀池之前，必须向废水投加絮凝剂，使反应形成的微小氢氧化物颗粒经絮凝反应形成絮体，而絮体越重，沉降速度越快。重金属的氢氧化物絮体经沉淀分离后，可再通过过滤去除其中剩余的氢氧化物颗粒。废水排放前，应进行 pH 值调节以达到排放标准的规定。

（3）废水处理过程中，特别是在酸投加过程中常被忽略问题是化学药剂的金属含量是否超标。如果排放标准严格，投加的酸和碱所含重金属可能也会出现超标现象。因此，使用工业纯化学试剂时需咨询供应商，以确定其产品的金属含量不超标。分析纯化学药剂的重金属含量很低。

12.2.1.3　硫化物沉淀法

硫化物沉淀法是向废水中加入硫化氢、硫化铵或碱金属的硫化物，使欲处理物质生成难溶硫化物沉淀，以达到分离去除的目的。常用的沉淀剂有 H_2S、Na_2S、$NaHS$、CaS、$(NH_4)_2S$ 等。根据沉淀转化原理，难溶硫化物 MnS、FeS 等也可作为处理药剂。硫化物沉淀法可用于去除砷、汞以及含 Cu^{2+}、Cd^{2+}、Zn^{2+}、Pb^{2+} 等重金属离子的废水。

采用硫化物沉淀法处理含重金属废水，具有去除率高、可分步沉淀、泥渣中重金属含量高、适应 pH 值范围大等优点，在某些领域得到了实际应用。但是 S^{2-} 会使水体中 COD 增加，而且当水体酸性增加时，会产生 H_2S 气体污染大气，因此限制了它的广泛应用。如果处理后的出水水质要求严格，当金属离子浓度较低或废水中的金属离子同螯合剂［氰化物、乙二胺四乙酸（EDTA）、氨］反应形成配合物时，硫化物或碳酸盐沉淀法可以有效地去除废水中的重金属。

随着 pH 值升高，金属氢氧化物会重新溶解，金属硫化物则会更难溶解而沉淀。重金属离子与 S^{2-} 反应，形成金属硫化物沉淀的反应式如下：

$$M^{2+} + S^{2-} \longrightarrow MS\downarrow \tag{12-4}$$

实际中可采用两种硫化物沉淀过程：不溶性硫化物和可溶性硫化物沉淀法去除重金属离子（图 12-2）。不溶性的硫化物沉淀法采用硫化亚铁（FeS），可溶性硫化物沉淀法则采用水溶性硫化物试剂［氢硫化钠（$NaSH_2H_2O$）或硫化钠（Na_2S）］。不溶性硫化物沉淀法的主要优点是 FeS 相对不溶，因此，在重金属的去除过程中，所产生的 H_2S 较少，气味小。

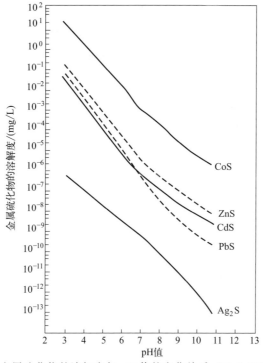

图 12-2　金属硫化物的溶解度与 pH 值的变化关系（U. S. EPA，1983）

与氢氧化物沉淀法一样，硫化物沉淀法在实际应用之前要通过沉降试验，确定硫化物沉淀过程的最佳 pH 值和硫化物投加量。在条件许可条件下，实验室小试应每天或每小时进行一次。应用硫化物沉淀法推荐的硫化物投加量如表 12-4 所示。

表 12-4　硫化物沉淀法推荐的硫化物投加量

序号	金属污染物名	K_{sp}	推荐硫化物剂量 /(mg/L)	加标水样金属含量 /(mg/L)	处理后出水金属含量 /(mg/L)	处理后出水硫化物含量 /(mg/L)
1	银	1.20×10^3	0.0	0.253	0.03	<0.02
2	锌	1.1×10^{-2}	2.0	5.03	0.057	<0.02
3	铜	6×10^3	1.0	5.16	0.86	<0.02

序号	金属污染物名	K_{sp}	推荐硫化物剂量/(mg/L)	加标水样金属含量/(mg/L)	处理后出水金属含量/(mg/L)	处理后出水硫化物含量/(mg/L)
4	汞	4×10^2	0.001	0.0051	0.0006	<0.02
5	镉	8×10^{-4}	0.1	0.033	0	0.02
6	铅	9.04×10^4	>2.0	—	—	—
7	锑（三价）	无明显效果	—	—	—	—
8	锑（五价）	无明显效果	—	—	—	—

理论上，金属硫化物沉淀法比金属氢氧化物沉淀法去除率高，但金属硫化物沉淀法存在下列缺陷：

（1）过量的硫化物会形成 H_2S——一种具有异味的有毒气体；

（2）硫化物沉淀法的成本通常比氢氧化物沉淀法高；

（3）在硫化物沉淀处理过程中，操作人员需随时注意控制相关的有毒有害物质；

（4）与氢氧化物沉淀法相比，硫化物沉淀产生的污泥呈胶体状，污泥量大且不易脱水。

实际中，硫化物沉淀法通常应用于氢氧化物沉淀法处理后的废水深度处理，以减少硫化物的投加量、污泥产量以及 H_2S 的生成量，同时达到较高的去除率。

12.2.1.4 碳酸盐沉淀法

与硫化物一样，相对于金属氢氧化物沉淀，经碳酸盐沉淀法处理后的废水重金属浓度更低，甚至可以处理含有螯合剂的废水。

（1）碳酸盐沉淀法的处理对象。碳酸盐沉淀法有三种不同的应用方式，适用于不同的处理对象。

① 投加难溶碳酸盐（如碳酸钙），利用沉淀转化原理，使水中金属离子（如 Pb^{2+}、Cd^{2+}、Zn^{2+}、Ni^{2+} 等）生成溶解度更小的碳酸盐而沉淀析出。

② 投加可溶性碳酸盐（如碳酸钠），使水中金属离子生成难溶碳酸盐而沉淀析出。这种方式可去除水中的重金属离子和非碳酸盐硬度。

③ 投加石灰，与水中碳酸盐硬度生成难溶的碳酸钙和氢氧化镁而沉淀出。这种方式可去除水中的碳酸盐硬度。

（2）碳酸盐沉淀法的药剂种类。所用的化学药剂包括碳酸钠（Na_2CO_3，纯碱）及碳酸氢钠（$NaHCO_3$，小苏打），其中碳酸钠处理效果好于碳酸氢钠。

（3）优点。与氢氧化物沉淀法以及硫化物沉淀法相比，碳酸盐沉淀法具有以下两方面优点。

① 金属可以在 pH 值为 7~9 的条件下发生沉淀，因此，控制系统比较简单；碳酸盐可以中和过量的反应物（即增加缓冲能力），有助于处理后废水的达标排放。

② 金属的沉淀处理过程中，碳酸盐和碳酸氢盐混合使用时比碳酸氢盐单独使用的处理效果好。通常，pH 值达到 9.0 以上，才能使多种金属沉淀去除，碳酸氢钠只能将 pH 值提高至 8.3 左右，此时某些金属（如镍和镉）并未有效去除，而碳酸盐与碳酸氢盐的混合物可使 pH 值达到 9.0 以上，处理后的废水水质可以达到预处理标准。

碳酸盐沉淀法的有效 pH 值和碱度，需依据水中的重金属量，通过试验确定。在任何 pH 值条件下，碳酸盐有三种存在形式（CO_3^{2-}，HCO_3^- 和 H_2CO_3）。废水处理过程中，投加更多碳酸盐可以使化学反应向沉淀方向转移，从而提高金属的处理效率。这是碳酸盐沉淀法优于氢氧化物沉淀法的地方，因为在氢氧化物沉淀法中投加过量的氢氧化物实际上相当于增加了金属的溶解度，不利于沉淀去除（见图 12-1）。

（4）缺点。碳酸盐沉淀法存在两方面的缺点。

① 碳酸盐沉淀的反应速度较慢，需要较大功率的快速搅拌和絮凝装置。

② 虽然大多数碳酸盐可以以干粉形式直接利用，但需要更多的处理和混合程序。

（5）螯合剂对金属沉淀去除的影响。某些金属加工和印刷线路板生产过程中使用螯合剂或络合剂。在螯合剂的作用下，金属离子可以在较宽的 pH 值范围内保持溶解状态，从而使金属镀层比传统电镀法更均匀。

螯合剂包括氨、聚磷酸盐、次氮基三乙酸（NTA）、乙二胺四乙酸（EDTA）、柠檬酸盐类、酒石酸盐、氰化物和葡萄糖酸盐。它们与金属离子络合，能有效防止金属离子在正常的碱性范围内形成沉淀。

处理这种废水时，在金属离子从废水中沉淀去除之前，需要破坏金属螯合物的结构。通过采用一些不受螯合效应影响的金属沉淀方法（不同于氢氧化物沉淀），可以裂解金属离子与螯合剂之间的配位键。这些方法包括硫化物沉淀、铁共沉淀（硫酸亚铁或硫酸铁）法、氨基甲酸酯沉淀、硼氢化钠沉淀、离子交换法、不溶性淀粉黄原酸盐（ISX）沉淀法等。

另外，调整废水的 pH 值至极值（极低或极高，具体取决于螯合剂种类）也可裂解金属离子与螯合剂之间的配位键。极端 pH 值可以解离螯合物，释放被络合的金属离子，接着投加合适的化合物，该化合物中的阳离子（如 Ca^{2+}）与解离的螯合剂结合，从而实现重金属离子的去除。

（6）投加方式。大多数废水的化学沉淀处理过程中，化学药剂的投加往往采用化学计量泵或供药装置，投加量一般根据废水流量、pH 值和其他工艺参数，采用手动或自动控制。通常，在沉淀之前需要进行快速混合和絮凝以达到较好的沉淀效果。所产生的污泥经沉淀分离后，再进一步处理。

12.2.1.5　混凝沉淀法

通常工业废水中有些无机污染物以细小颗粒形式存在，可向工业废水中投加铁盐或铝盐混凝剂破坏其稳定性，使其互相接触而凝聚在一起，然后形成絮状物，并下沉分离。去除无机污染物的铁盐和铝盐混凝剂通常包括氯化亚铁、硫酸亚铁、硫酸铝（明矾）以及聚合氯化铝等，在一定 pH 值下，铁、铝的氢氧化物也会沉淀。铁盐和铝盐的混凝沉淀可去除一些金属和其他无机污染物（如磷酸盐）。

与大多数化学沉淀过程相同，需要通过小试和中试确定铁盐及铝盐的类型和最佳投加量。除了污染物去除率外，影响铁盐和铝盐选择的因素包括：铁盐和铝盐投加量与成本、沉淀物质沉降性能、所产生固体的体积与性质、废水最终 pH 值及其调节需求、处理后废水出水的铁和铝浓度的限值、待处理废水的温度等。

同时需要注意搅拌强度，搅拌是为了帮助混合反应、凝聚（絮凝），过于强烈的搅拌会打碎已凝聚的（或絮凝）的矾花，反而不利于混凝沉淀，所以搅拌要适度，搅拌强度和水的流速应随絮凝体的增大而降低。

12.2.1.6　铁共沉淀法

金属螯合剂（常见的为 EDTA）可以通过螯合剂分子与金属离子的强结合作用，将金属离子包合到螯合剂内部，变成稳定的、相对分子质量更大的化合物，金属离子可以在较宽的 pH 值范围内保持溶解状态，从而使废水中的金属离子在正常的碱性范围内很难形成沉淀。

处理这种废水时，在金属离子从废水中沉淀去除之前，需要破坏金属络合物的结构。通过采用一些不受螯合效应影响的金属沉淀方法，如铁共沉淀法。

在实际工程实施过程中，应先咨询螯合剂生产厂家，选择金属螯合物的配位键裂解的技术，然后根据小试或中试结果，确定化合物的投加剂量及混合工艺参数。

铁共沉淀法是以铁盐为混凝剂，共沉淀去除废水中某些金属离子。与在碱性条件下直接形成氢氧化物或硫化物沉淀的混凝剂不同，铁在一定的 pH 值范围内与某些金属离子具有很强的结合力。一旦与这些金属离子结合，在 pH 值为 7.5～8.5 的条件下，铁很容易和这些金属共同沉淀。

所谓共沉淀是指铁和其他金属同时被沉淀去除。传统方法的去除效果取决于废水 pH 值及欲去除的金属性质，如传统中和-沉淀法的去除效果取决于金属氢氧化物或硫化物的量，而铁共沉淀法取决于铁的溶解性。铁共沉法首先是通过欲去除金属与铁反应形成铁-金属基体，然后在 pH 值 7.5～8.5 的条件下，使铁-金属基体沉淀。此法可以去除多种金属。由于其去除机理是通过铁-金属基体的强烈凝聚作用，因此，对不同种类的金属的去除均较完全，处理后废水中的金属浓度往往低于溶解度限值。

铁共沉淀法既可用铁盐，也可用亚铁盐。亚铁盐在共沉淀的 pH 值范围内不溶解，所以选用亚铁盐时，需先氧化为铁盐，然后欲去除的金属才能以氢氧化铁-金属络合物的形式被去除。亚铁盐的氧化可通过机械曝气或投加其他氧化剂（如氯、次氯酸钠或过氧化氢）来完成。

12.2.1.7 铁氧体共沉淀法

铁氧体共沉淀法是日本电气公司（NEC）研发的一种去除废水中重金属的工艺技术。它是在含重金属离子废水中加入铁盐，利用共沉淀法从废水中制取通信用的高级磁性材料超性铁氧体，化学式为 Fe_3O_4。形成理想铁氧体的条件是废水中 $Fe^{3+}:Fe^{2+}=2:1$，当溶液中含有其他重金属离子时，这些重金属离子就取代晶格中的 Fe^{2+} 位置，形成多种多样的铁氧体。砷是具有金属和非金属性质的两性物质，同样可以用铁氧体法去除。该方法的操作过程是将硫酸亚铁按铁砷比为 2.0～2.5 加入废水中，然后加碱调节 pH 值为 8.5～9.0，反应温度为 60～70℃，鼓风氧化 20～30min 后可生成咖啡色的磁性铁氧体渣。

Nakazawa Hiroshl 等研究指出，在热的含砷废水中加铁盐，在一定 pH 值下，恒温加热 1h，用这种方法比普通沉淀法效果更好，在有氧条件下即可形成黑色的具有磁性的铬铁氧体。

$$Fe^{2+}+Fe^{3+}_{2-x}+Cr^{3+}_x+2O_2 \longrightarrow FeO \cdot (Fe_{2-x}Cr_x)O_3 \qquad (x\ 为\ 0～2)$$

在形成铁氧体的过程中，重金属离子通过包裹、夹带作用，填充在铁氧体的晶格中并紧密结合，形成稳定的固溶物。铬等金属离子较容易与铁离子形成铁氧体，因此可以利用铁氧体共沉淀法实现废水的达标排放。

铁氧体共沉淀法的优点是对砷的去除效率较高，形成的沉淀颗粒大，易于分离，且颗粒不会再溶解，无二次污染的问题。但是该法在操作过程中需将废水加热到 60℃或更高，存在处理成本较高、操作较为复杂等问题。

12.2.1.8 应用实例

（1）某硫铁矿酸性矿坑水处理实例。某硫铁矿的酸性矿坑水的 pH 值为 4.5～6，是一种含铁、锌、砷较高的酸性矿山废水。采用石灰乳进行沉淀，并鼓入压缩空气的处理方法，处理后出水达到排放标准。压缩空气的通入，不仅有利于混合反应，并且有利于氢氧化亚铁的氧化，使沉渣更易于沉降分离。在此废水处理过程中不用投加絮凝剂，因为氢氧化铁本身就是良好的絮凝剂。

（2）某钨锡共生矿废水处理实例。某矿山为钨、锡共生矿，伴生砷黄铁矿，弃坑废水和选矿废水均含砷。采用投加石灰乳和硫酸亚铁的方法进行处理，石灰乳作为沉淀剂，硫酸亚铁作为絮凝剂。加入硫酸亚铁可在碱性溶液中被空气氧化成氢氧化铁，可吸附砷酸根和亚砷酸根离子，并与之生成难溶的亚砷酸铁，提高了石灰沉淀法除砷的效果。为防止沉淀物溶解，溶液的 pH 值控制在 6.5~8 的范围内为宜。废水经混合反应，沉淀分离后，砷的含量从 0.84mg/L 降至 0.10mg/L，达到排放标准。

（3）硫化物沉淀法处理某含重金属离子的废水。采用石灰石-硫化钠-石灰乳处理系统，处理工艺系统如图 12-3 所示。

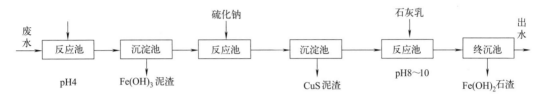

图 12-3　硫化物沉淀法处理矿山废水工艺系统

这种处理工艺有利于回收品位较高的金属硫化物，且使水质达到排放标准。

（4）印刷电路板蚀刻废水处理实例。印刷电路板的腐蚀多数采用碱氨蚀刻液，该蚀刻液借助氧化、溶解和配合等化学过程，将印刷电路板上露出的铜以二氯化四氨合铜 $\{[Cu(NH_3)_4]Cl_2\}$ 的形式溶解下来，产生大量的含铜清洗废水和回收尾液。此类废液偏碱性，NH_3 较多，铜以较稳定的铜氨络合物形式存在。常规处理法是用氢氧化物沉淀法，但因废水中螯合剂的存在会使铜不易沉淀，所以此法很难达到要求严格的排放标准。TMT（三巯基均三嗪三钠）是一种环境友好型有机硫螯合剂，比 Na_2S 和 DTC（二硫代氨基甲酸钠）等常见硫化沉淀剂更环保。在废水中加入适量的 TMT-15（质量分数为 15% 的 TMT）可以破坏稳定的 $[Cu(NH_3)_4]^{2+}$，使其生成易过滤的立体结构的絮凝体沉淀 $Cu_3(TMT)_2$。

12.2.2　化学转化法

废水中溶解态的无机离子较多是有毒有害物质，可以通过化学氧化或还原反应，将其转化为无毒无害的新物质，这种方法常用于六价铬和氰化物的金属加工厂的废水处理。另外，废水中无机物离子价态不同，往往存在更易沉淀的价态离子，可以通过化学反应转化为离子价态，再进行沉淀去除。

12.2.2.1　碱性氯化法

在生物处理工艺中，氰化物对微生物有毒害作用，需进行预去除。处理工艺设计之前，应分析含氰废水水质，确定两项指标：总氰化物量和能氯化的氰化物量。能氯化的氰化物通过碱性氯化法，转化为二氧化碳和氮气。不能氯化的氰化物为氰与铁、铬、镍的络合物。

碱性氯化法是在碱性的条件下，采用次氯酸钠（NaOCl）和苛性钠（NaOH）裂解氰化物，首先使氰化物氧化为氯化氰（CNCl），然后迅速生成氰酸根（CNO^-），最终形成二氧化碳和氮气。生成氰酸根的氧化反应式如下：

$$CN^- + NaOCl \longrightarrow CNO^- + NaCl \tag{12-5}$$

氰酸根被氧化，形成二氧化碳和氮气的反应如下：

$$2CNO^- + 3NaOCl + H_2O \longrightarrow 2CO_2 + N_2 + 3NaCl + 2OH^- \tag{12-6}$$

首先，在 pH 值为 10.5 或更高的条件下，氰酸根（CN^-）与次氯酸钠（$NaOCl$）反应，转化为氰酸根。反应时间需要 $30 \sim 45min$，反应时的氧化还原电位至少为 $+670mV$。投加更多的次氯酸钠，可以提高氧化还原电位。

然后加入酸使 pH 值降至 8.5，氰酸根被氧化。投加更多的次氯酸钠，使氧化还原电位提高至 $+790mV$。反应时间需要 90min，氰酸根可被完全氧化，生成二氧化碳和氮气。

处理后的废水可与其他废水混合，进一步处理达到规定的水质标准。

碱性氯化法是目前处理金矿含氰废水污染较为实用的一种方法。本法处理效果好，工艺流程简单，但对处理的工艺条件要求较为严格。

氰化物的其他氧化方法包括臭氧氧化、电解以及过氧化氢氧化等。

需要特别注意的是，氰的某些络合物（如铁-氰络化物、铬-氰络化物和镍-氰络化物）非常稳定，不仅在碱性条件下难以氯化，其降解也非常困难，在某些情况下，可以选择以下处理方法。

① 特殊的化合物与铁-氰化络合物沉淀法，处理后的废水 pH 值呈碱性（pH 值为 $10 \sim 12$），因此，需要再次进行 pH 值调节。

② 紫外线和过氧化氢结合的光化学处理。

③ 铜、锌为催化剂，过氧化氢氧化。

④ 电解提取法，利用电解裂解铁-氰配位键，然后通过常规氰化物处理方法氧化游离氰化物。

⑤ 离子交换法，用酸再生阳离子交换树脂形成氰化氢后，再进行 pH 值调节。

⑥ 废水膜过滤法（如反渗透），采用膜过滤分离铁-氰络合物，优点是出水达标，缺点是只能浓缩而不能降解铁-氰络合物。

12.2.2.2 催化氧化法

治理含硫废水应用较多的是催化氧化法，利用空气中的氧气，在催化剂作用下将硫离子氧化成硫酸盐、硫代硫酸盐等。常用的催化剂有醌类化合物，锰、铜、铁、钴等金属盐类，活性炭、过氧化物等。下面以采用硫酸锰（$MnSO_4$）作催化剂，借助空气氧化处理制革厂的含硫废水为例讲解。

硫离子是一种强还原剂，空气是一种弱氧化剂，在空气的作用下，废水中的硫离子（S^{2-}）被氧化成 $S_2O_3^{2-}$：

$$2S^{2-} + 2O_2 + H_2O \longrightarrow S_2O_3^{2-} + 2OH^- \tag{12-7}$$

硫酸锰作为催化剂，Mn^{2+} 促进空气中的氧对 S^{2-} 氧化，在不断供氧的条件下，废水中的 S^{2-} 不仅能被氧化成游离硫，而且还可以进一步氧化成 $S_2O_3^{2-}$、SO_3^{2-} 或者 SO_4^{2-}，从而将废水中的硫化物转化为无害物质。在碱性条件下（pH 值在 $8.5 \sim 9.0$），锰以氢氧化物的形式存在，起到氧的载体作用：

$$Mn^{2+} + 2OH^- \longrightarrow Mn(OH)_2 \downarrow \tag{12-8}$$

$$2Mn(OH)_2 + O_2 \longrightarrow 2H_2MnO_3 \downarrow \tag{12-9}$$

$$2S^{2-} + 4H_2MnO_3 + H_2O \longrightarrow S_2O_3^{2-} + 4Mn(OH)_2 + 2OH^- \tag{12-10}$$

空气氧化的能力较弱，为提高氧化效果，氧化要在一定条件下进行。如采用高温、高压条件或使用催化剂。目前从经济等方面考虑，国内多采用催化剂氧化法。即在催化剂作用下利用空气中的氧将硫化物氧化成硫代硫酸盐或硫酸盐。一般认为，该处理方法反应时间长、能耗较大。

12.2.2.3　六价铬的还原法

六价铬（Cr^{6+}）通常应用于金属电镀、染料和缓蚀剂。金属加工废水中，铬以重铬酸根（$Cr_2O_7^{2-}$）或铬酸（CrO_4^{2-}）的形式存在。六价铬对后续的生物处理系统中的微生物有毒性，通过传统的中和沉淀法不能去除。因此，需将其还原为低毒、易处理的三价铬（Cr^{3+}）。

六价铬常规的处理方法是，先还原为三价铬，然后以氢氧化物中和沉淀。六价铬的还原剂包括二氧化硫（SO_2）、亚硫酸钠（Na_2SO_3）、亚硫酸氢钠（$NaHSO_3$）、偏重亚硫酸钠（$Na_2S_2O_5$）、无水硫代硫酸钠（$Na_2S_2O_3$）、硫酸亚铁（$FeSO_4$）。

六价铬的还原过程，需要控制调节废水的氧化还原电位（ORP）、pH 值。除硫酸亚铁外，其他硫化合物还原六价铬的最佳 pH 值范围为 2～3。首先，向废水中加酸，使 pH 值降至 2～3，同时将氧化还原电位维持在＋250mV 或更低，反应时间大约 30min。六价铬被还原成三价铬时，废水的颜色由黄变绿。

在 pH 值为 7.5～8.5 的条件下，硫酸亚铁可在几分钟之内将六价铬还原为三价铬。硫酸亚铁的投加量取决于废水中氧化剂的量（包括溶解氧）。与其他还原剂相比，硫酸亚铁还原所产生的固体沉淀物较多。

六价铬还原后，再向废水中投加碱（石灰或苛性钠），使 pH 值调回至 7.5～8.5，即三价铬沉淀的最佳 pH 值范围。具体反应如下：

$$Cr_2O_7^{2-} + 3H_2SO_3 + 2H^+ \longrightarrow 2Cr^{3+} + 3SO_4^{2-} + 4H_2O \tag{12-11}$$

$$Cr_2(SO_4)_3 + 6NaOH \longrightarrow 2Cr(OH)_3 \downarrow + 3Na_2SO_4 \tag{12-12}$$

六价铬还原处理器的构造见图 12-4。

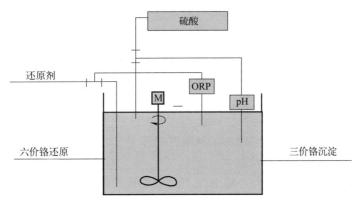

图 12-4　六价铬还原处理器的构造

12.2.2.4　硼氢化钠还原法

汞的化学处理方法是将汞离子还原成不溶性的元素汞并回收或是生成不溶性的汞盐而沉淀去除。常采用的汞还原剂为硼氢化钠等化学试剂。化学还原法的主要优点是汞可以回收，同时大多数固体物质可重复利用，缺点是与沉淀法相比，处理后的废水中汞的浓度较高。

硼氢化钠（$NaBH_4$）又称为四氢硼化钠，是一种强还原剂，能够使一些金属以元素形式沉淀。因此在工业上，硼氢化钠常用于含螯合剂废水中的金属（如银、铜和镍）离子的去除，也可以将汞还原至元素态后从废水中去除。

硼氢化钠呈碱性，可使废水 pH 值升高（理想的 pH 值是 5～7），所以硼氢化钠投加之前，废水需酸化（pH 值为 4～6）。而当硼氢化钠投加后，废水的氧化还原电位在 15min 内降至－600mV。

其基本反应如下：

$$8MX + NaBH_4 + 2H_2O \longrightarrow 8M + NaBO_2 + 8HX \tag{12-13}$$

$$NaBH_4 + 2H_2O \longrightarrow NaBO_2 + 4H_2 \tag{12-14}$$

其中 M 表示单一价态金属，X 表示阴离子（氯离子、碳酸根等）。

硼氢化钠还原法的主要优点是，可以回收贵金属使其重复利用。主要缺点是固、液需迅速分离，否则金属会再次溶解。此外，硼氢化钠在酸性条件下会生成爆炸性的氢气和氧化钠，故对 pH 值的控制十分重要。

硼氢化钠碱性溶液可从成分复杂的稀溶液中有效地选择性还原沉淀低浓度贵金属，过程不引入有害金属杂质污染产品。

12.2.2.5 二甲基二硫代氨基甲酸钠还原法

二甲基二硫代氨基甲酸钠（$C_3H_6NNaS_2$，SDDC）还原法是另一种去除金属的方法。通常采用常规方法处理效果不佳的金属，可以采用这种方法去除。SDDC 是一种含硫有机化合物，与硼氢化钠类似，可将金属还原至元素态，经沉淀后，处理的废水中金属的浓度可降到非常低。SDDC 可以去除由氨、EDTA、柠檬酸钠以及酒石酸钠等螯合剂形成的金属螯合物。据报道，采用该方法对锰、钼、硫化物和锡的去除效果也很好，其中反应的最佳 pH 值为 6～9。

聚硫代碳酸酯钠（PTC）的毒性较低，可替代 DTC。据报道，采用 PTC，在同样条件下，沉淀物质（污泥）的量要比 DTC 和其他金属盐类都低，而且 PTC 的耗量少，处理后的废水可以通过毒性测试。

氨基甲酸酯类物质沉淀所产生的沉淀物质（污泥）量较铁共沉淀法的少。但氨基甲酸酯类物质具有生物毒性，与水混合会产生危险性高的二硫化碳。

12.2.2.6 砷、硒和汞的去除

通过以上方法，可以去除废水中大部分的重金属，但砷、硒和汞除外，因此砷、硒和汞必须经过特殊的预处理去除。

（1）砷的去除。砷具有生物毒性。因此，含砷废水进入生物处理系统前，砷必须完全去除。砷的工业源主要包括采矿废弃物、木材防腐剂和半导体加工等工业。在工业废水中，砷主要有两种形态：亚砷酸盐和砷酸盐。

在正常 pH 值范围内，亚砷酸盐的去除不能采用传统的化学方法、吸附或离子交换法。一般地，利用氯、次氯酸钠、臭氧、高锰酸钾和过氧化氢等氧化剂，可将亚砷酸盐氧化为砷酸盐。为此，在选择处理方案之前，需分析废水水质，确定砷的存在形态。

经过氧化处理后，采用投加如石灰、铁和铝盐等化学药剂、特殊介质吸附、离子交换［在硫酸盐低于 120mg/L，总溶解性固体（TDS）浓度较低时处理效果好］、活性氧化铝（pH 值 5.5～6.0）处理、膜过滤等方法，可有效去除含砷废水中的砷。

与其他技术相比，铁共沉淀法的预处理较简单。其他处理技术一般需经过沉淀和过滤处理，才能达到较好处理效果（表 12-5）。对于实际工程，需先中试，再选择最终的处理方案。

表 12-5 对各种除砷技术（包括推荐剂量、设计参数、处理方法的性能评价及缺陷）进行了总结，这些技术不仅经过实践验证，而且具有可推广性。

表 12-5　除砷技术一览表 （引自 U.S. EPA，2001b；2000c）

工艺	投加量/设计参数	pH 值	预处理需求	备注
铁盐	30mg/L	5.5～8.0	无	去除率＞95% 砷去除效果优于明矾
铝盐	30mg/L	5.0～7.0	调节 pH 值	
石灰	变化	10.5～13.0	处理后需 pH 值回调	提高 pH 值可去除三价砷和五价砷 污泥产量大
吸附	吸附床深=3～4ft 6～8gpm/sqft	6.0～8.0	沉淀过滤	吸附饱和后，吸附介质不能现场再生
离子交换	交换床深=3～4ft 10～15gpm/sqft	8.0～9.0	沉淀过滤	高浓度硫酸盐（＞120mg/L）和 TDS 会显著影响除砷效果 避免铁盐类污染 高浓度砷再生液的处理与处置复杂
活性氧化铝	过滤床深=2.5～4.0ft EBCT=10～15min	5.5～6.0	沉淀过滤	高浓度硫酸盐（＞120mg/L）和 TDS 显著影响处理效果 再生无效，需要频繁更换吸附介质 高浓度砷再生液的处理和处置复杂
反渗透	100～200psi	6.5～7.5	沉淀过滤	处理成本比其他方法高 含砷浓度高的浓缩液需处理和处置

注：1ft=0.3048m；1gpm/sqft=2.444m^3/(m^2·h)；1psi=6.895kPa。

（2）硒的去除。硒也具有生物毒性，因此工业废水中的硒必须完全去除，才能进入集中污水处理厂。硒的主要工业源包括铜、钼、锌、硫和铀矿，烟尘，发电厂，炼油厂和钢铁制造厂等。

无机硒的形态，包括下列四种氧化态：胶体元素态硒（Se^0）；亚硒酸（HSe^-）；亚硒酸盐 [$Se(IV)$，$HSeO_4^-$ 和 SeO_3^{2-}]；硒酸盐 [$Se(VI)$；SeO_4^{2-}]。硒还有有机化合物态。其中亚硒酸盐和硒酸盐是工业废水中令人关注的主要形态，均易溶于水。

因为还原形态的硒更易通过传统的化学法，特别是投加铁盐去除，而且亚硒酸铁极难溶于水，所以硒的去除优先选择亚硒酸铁沉淀法。

与亚硒酸铁相比，硒酸铁的溶解性特别是在大量硫酸盐存在的条件下的溶解性明显高于亚硒酸铁。因此，在实际的除硒工程中，应先将硒酸盐还原为亚硒酸盐。为此应先分析废水中硒的存在形态，然后选择具体的处理工艺。

通过投加元素铁和特定的生物处理工艺可将硒酸盐还原为亚硒酸盐和单质硒。由于硫酸盐和硝酸盐更易与铁还原剂反应，所以废水中的硫酸盐与硝酸盐会抑制硒酸盐的化学还原，去除硒时应消除其影响。

硒的去除方法包括以下几种：①用铁盐（pH 值 6.5～8.0）处理；②特殊介质进行离子交换（选择条件为：硫酸盐浓度小于 120mg/L，总溶解性固体浓度较低）；③活性氧化铝（pH 值 3.0～8.0）处理；④反渗透法。

任何形态的硒，采用活性炭吸附均无去除效果。

（3）汞的去除。汞是控制最严格的元素之一，废水中的汞必须完全去除后才能排放后续处理厂。汞的主要工业源包括金属精加工厂、印刷电路板的制造厂、提炼厂、制药厂、汞矿、垃圾渗滤液以及焚烧炉洗涤废水等。

工业废水中的无机形态的汞，包括单质汞（Hg^0）、一价汞（Hg^+）和二价汞（Hg^{+2}）三种。常见的汞盐是氯化汞（$HgCl_2$）、氯化亚汞（Hg_2Cl_2）、硝酸汞 [$Hg(NO_3)_2$]、硫化汞（HgS）和硫酸汞（$HgSO_4$）。其溶解度范围从不溶（如 Hg_2Cl_2 和 HgS）到易溶 [如 $HgCl_2$ 和 $Hg(NO_3)_2$]。

汞也可以有机的形态存在。影响最大的是甲基汞，它是日本水俣病——环境灾难的元凶。甲基汞在工业废水中很少发现。

汞的去除方法包括铁盐和铝盐的共沉淀法、硫化钠的硫化物沉淀法、特殊硫黄浸渍处理的活性炭吸附法、离子交换法、膜过滤法和汞还原法等方法。其中，共沉淀法、离子交换法和浸渍活性炭吸附法的除汞性能好，处理后废水中的汞浓度最低。

汞的化学处理法是将汞离子还原成不溶性的元素汞并回收或是生成不溶性的汞盐而沉淀去除。常采用的汞还原剂为硼氢化钠等化学试剂。化学还原法的主要优点是汞可以回收，同时大多数固体物质可重复利用，缺点是与沉淀法相比，处理后的废水中汞的浓度较高。

采用离子交换法和浸渍活性炭吸附法处理含汞废水时，需采用沉淀和过滤预处理。此外，为了最大限度地提高汞的去除效率，可以增加氧化反应预处理。通过氧化反应可以确保废水中汞均呈现离子态而非还原态，然后采用离子交换法或浸渍活性炭吸附法进行处理。同样地，应在中试试验的基础上，选择合适的技术方案。

12.2.2.7 应用实例

每种化学处理方法都有其优点和缺点。表 12-6 比较了常用的金属废水化学处理方法比较。

表 12-6　常用的金属废水化学处理方法比较

处理方法	优点	缺点
氢氧化物沉淀-石灰法	成本最低 同时沉淀高浓度硫酸根离子 安全问题较少 对废水有缓冲能力 处理可靠	灰尘多，溶解缓慢，需配成药浆 药浆需泵输送，阻塞管道 污泥量多，蓬松，难置 螯合剂存在时无效
氢氧化物沉淀-氢氧化钠法	液体储存不需要搅拌混合 易溶 不堵塞管道，较石灰法易维护 无需水解	pH 值改变，氢氧化物会再沉淀 较石灰法费用高 对污水没有缓冲能力 污泥量多，蓬松，难置 在 10℃（50°F）或者温度更低时，氢氧化钠呈凝胶状 废水中的硫酸盐干扰处理过程
氢氧化物沉淀-氧化镁法	形成颗粒状沉淀剂 较其他氢氧化物沉淀法污泥好处置 较石灰法产泥量小 结晶点较氢氧化钠低	pH 值改变，氢氧化物会再次沉淀 较石灰法费用高 药浆需泵输送，储存期间需搅拌混合
硫化物沉淀法	同时沉淀其他离子 处理后的废水中金属离子浓度低 在 pH 值为 7～9 时可有效去除金属 在不发生还原反应的情况下，可去除六价铬 螯合剂干扰小	产生有毒烟雾 产生恶臭气体 H_2S 较氢氧化物沉淀法费用高 较石灰、明矾和铁盐法产生的污泥难以沉淀
碳酸盐沉淀法	使废水具有显著的缓冲能力 添加较多碳酸盐可以增加沉淀 超过正常 pH 值范围仍可沉淀	只能去除部分金属
铁共沉法	在 pH 值为 7～8.5 时，可同时去除多种金属 处理后的废水中金属的含量非常低	处理后的废水可能有颜色

(1) 某金矿含氰废水处理实例。某金矿含氰废水排放量 $300m^3/d$，含 CN^- 的浓度为 $150mg/L$。设计时采用如图 12-5 所示的处理流程。

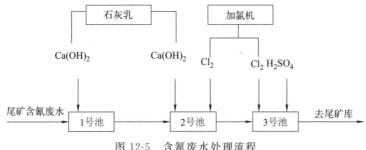

图 12-5　含氰废水处理流程

　　其中，1 号、2 号、3 号三个反应池均为玻璃钢质搅拌池，有效容积均为 $2.3m^3$，废水在每反应池中的停留时间约 11min。尾矿废水首先进入 1 号池，由石灰乳贮罐向 1 号池中加入石灰乳溶液，调节 pH 值在 7 左右。调节了 pH 值后的废水由 1 号池进入 2 号池，投氯机向 2 号池中投入氯气，同时不断地向其中补充石灰乳溶液，使反应的 pH 值维持在 11 左右。在这个反应池中，废水中的 CN^- 仅被氧化成 CNO^-，需进一步处理。废水在进入 3 号池时，其 pH 值仍在 10 以上，为改善反应条件，向 3 号池中加入硫酸溶液，调节 pH 值为 8～8.5，同时由投氯机投入氯气，在这种微碱性条件下，废水中的 CNO^- 被最终氧化成 CO_2 和 N_2。含氰废水经上述流程处理后，废水中的 CN^- 可去除 99% 以上。实际运行中碱性氯化法对尾矿水中 CN^- 的去除效果很好，出水基本上可达到 $CN^- < 0.5mg/L$，为安全起见，将处理后的废水用污水泵送至尾矿库，未完全反应的 CN^- 在尾矿库中可与水中的余氯继续反应或自然降解，达到彻底消除 CN^- 污染的目的。

　　(2) 某钒业公司废水处理实例。辰溪某钒业公司是一家生产五氧化二钒（V_2O_5）的民营化工企业，产生废水约 2400t/d，废水中含砷、六价铬、铜、锌、铅、镉等重金属。钒业废水呈酸性，产量约 100t/h，废水中含有铜、锌、铅、镉等重金属，必须使用 Na_2S 作还原剂。钒业废水处理工艺流程如图 12-6 所示。该处理工艺可以使出水达标排放。该方法有很好的可操作性。控制好 Na_2S 的用量，即总体控制了废水处理，从而能够确保废水稳定地达标排放。

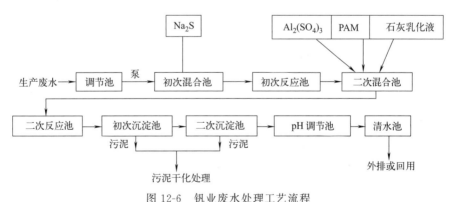

图 12-6　钒业废水处理工艺流程

12.2.3　离子交换法

　　离子交换法是一种借助离子交换剂上的离子和水中的离子进行交换反应而除去水中有害离子的方法。在工业用水处理中，它占有极重要的位置，用以制取软水或纯水；在工业废水处理中，主要用于回收贵重金属，也用于放射性废水和有机废水的处理。离子交换法具有去除率高、可浓缩回收有用物质、设备较简单、操作控制容易等优点，但目前应用范围还受到离子交换剂品种、性能、成本的限制，对预处理要求较高，离子交换剂的再生和再生液的处理有时也是一个难题。

12.2.3.1　离子交换法去除金属离子

离子交换法处理工业废水的重要用途是去除金属离子或回收有用金属。如许多摄影室通过离子交换树脂截留富集废水中的银，然后经过再生处理，实现银的回收。离子交换法也可以有效地去除废水中的汞离子。

图 12-7 所示为金属离子和硝酸根的离子交换工艺流程示意。其中，废水中带正电的金属离子被阳离子树脂的氢或钠离子交换而去除，而硝酸根离子在废水经过离子交换柱时，被阴离子树脂的氢氧根离子（OH^-）交换而被去除。

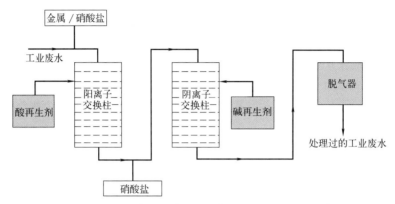

图 12-7　金属离子和硝酸根的离子交换工艺流程示意

离子交换树脂的可交换基团被完全交换，相应的离子交换柱停止运行，进行树脂再生。阳离子树脂的再生一般采用酸性溶液浸泡，以氢离子置换金属离子。阴离子交换树脂通常采用碱性溶液（如氢氧化钠）再生，以氢氧根离子取代酸根离子。

目前，离子交换法的发展趋势是不断研制能去除特定污染物质的离子交换树脂，不仅提高目标性污染物的去除效率，而且可简化树脂的再生过程。

应用于金属去除的树脂包括三种类型：强酸性阳离子交换树脂、弱碱性阴离子交换树脂和强碱性阴离子交换树脂（去除氰化物和氟化物）。当废水中含有多种金属时，设计者必须掌握离子交换树脂的金属去除的"顺序"，以确保离子交换工艺高效稳定地运行。如表 12-7 所示，排在前面的阴、阳离子较后面的离子优先去除。根据欲去除的离子及其之前离子的浓度，可以计算出离子交换柱再生前的废水可处理量。

表 12-7　离子交换去除阳离子和阴离子的优先顺序 （由先到后）

离子类型	去除顺序
阳离子	钡离子—铅离子—钙离子—镍离子—镉离子—铜离子—锌离子—镁离子—钾离子—铵离子—氢离子
阴离子	磷酸根—硒酸根—碳酸根—砷酸根—亚硒酸根—亚砷酸根—硫酸根—硝酸根—亚硫酸根—氯离子—氰离子—碳酸氢根—氢氧根—氟离子

12.2.3.2　离子交换法去除非金属离子

（1）砷。无机砷的存在形态包括：亚砷酸盐和砷酸盐。废水除砷处理之前，应通过试验，分析废水中砷的存在形态及浓度。

亚砷酸盐不易通过离子交换去除。但是，亚砷酸盐可先经氯或其他的氧化剂氧化为砷酸盐，再由离子交换去除。强碱性阴离子交换树脂很容易去除砷酸盐，交换饱和后的树脂可用钠盐再生。新型离子交换树脂需定期更换、无需再生，更换后的树脂应妥善处置。

废水中含有铁、硫酸盐以及砷时，树脂的交换负荷增加，相应的再生频率随之增加。

（2）硒。硒在废水中最常见的形态为亚硒酸盐和硒酸盐。通常，离子交换法更易去除硒酸盐（Se^{+6}）。因此，在选择处理方法的过程中，应分析废水水质，确定硒的存在形态及含量。选择离子交换法时，应先投加氧化剂（如氯、次氯酸钠或过氧化氢），将废水中的亚硒酸盐氧化为硒酸盐。

硒的去除通常采用强碱性阴离子交换树脂。由于铁和硫酸盐都会增加树脂交换的负荷，因此，废水中存在铁和硫酸盐时，应采用其他种类的树脂，进行硒的选择性去除。

（3）氨。离子交换法除氨是一种有效的水处理技术，其基本原理是利用离子交换剂上的可交换阳离子与水中的氨氮（主要以铵离子 NH_4^+ 形式存在）进行交换。树脂的选择则取决于废水中其他的干扰性阳离子和阴离子含量。许多除氨的离子交换工艺采用斜发沸石，其对氨具有很高的选择性，可用盐或氢氧化钠再生。其中，用氢氧化钠再生，可以用来置换氨，再生液可重复使用。

除氨的最佳 pH 值为 6～7，但在 pH 值 4～8 的范围内也有较好的除氨效果。然而，废水的 pH 值不在此范围时，树脂的氨交换容量下降，出水中氨的泄漏量增加，出现穿透现象。pH 值大于 9，氨废水中的氨变成游离的氨气，因此不能采用离子交换法。

脱氨可以采用强酸性阳离子交换树脂。树脂以钠离子交换氨，然后通过强酸溶液再生。

（4）硝酸盐。绝大多数的硝酸盐都呈现水溶性，所以其去除不能采用中和或沉淀法，但是可以选择离子交换法。通常，强碱性阴离子交换树脂可去除硝酸盐，然而与硝酸盐相比，强碱性阴离子交换树脂更易去除硫酸盐（表 12-7），所以如果废水中硫酸盐浓度过高，会造成硝酸盐的去除量下降。因此，应该选择适合于硝酸盐去除的专一树脂。这两类树脂的再生都采用钠盐和钙盐。

12.2.3.3　离子交换法去除放射性物质

离子交换法可有效去除废水中的放射性物质（如铀、镭、锕、钍、镁）。然而放射性物质的运输和处置，需要采取特殊的安全防范措施，或者委托树脂制造商直接负责含放射性物质的废水处理。

12.2.4　膜分离法

膜分离法发展很快，在水和废水处理、化工、医疗、轻工、生化等领域有广泛的应用。根据膜的种类、功能和过程推动力的不同，废水处理中常用的膜分离法有渗析（D）、电渗析（ED）、反渗透（RO）、纳滤（NF）和超滤（UF）和微滤（MF）。废水处理中常用的膜分离法及其特点见表 12-8。

表 12-8　废水处理中常用的膜分离法及其特点

膜分离过程	推动力	透过（截留）机理	产品水中的透过物及其大小	浓水中的截留物	膜类型
渗析	浓度差	溶质的扩散	低分子物质、离子 0.004～0.15μm	溶剂，相对 分子质量>1000	非对称膜、 离子交换膜
电渗析	电位差	电解质离子 选择性透过	溶解性无机物 0.0004～0.1μm	非电解质 大分子	离子交换膜
反渗透	压力差 0.85～7.0MPa	溶剂的扩散	水、溶剂 0.0001～0.001μm	溶质、盐 （SS、大分子、离子）	非对称膜 或复合膜

膜分离过程	推动力	透过(截留)机理	产品水中的透过物及其大小	浓水中的截留物	膜类型
纳滤	压力差 0.5～2.0MPa	溶剂的扩散	水、溶剂、小分子、离子 0.001～0.01μm	某些溶质、大分子	非对称膜或复合膜
超滤	压力差 0.07～0.7MPa	筛滤及表面作用	水、盐及低分子有机物 0.005～0.2μm	胶体、大分子、不溶有机物	非对称膜
微滤	压力差 0.071～0.1MPa	颗粒大小和形状	水、溶剂、溶解物 0.08～2.0μm	悬浮颗粒、纤维	多孔膜

　　膜分离性能可根据膜的孔径或截留分子量（MWCO）来评价。具有较小孔径或 MWCO 的膜可去除水中较小分子量的污染物。截留分子量是反映膜孔径大小的替代参数。因为分子的形状和极性会影响膜的截留，所以 MWCO 仅仅是一种衡量膜截留杂质能力的大致标准。压力驱动的膜分离工艺可用有效去除杂质的尺寸大小来分类。图 12-8 为膜分离法与水中微粒的相互关系图。

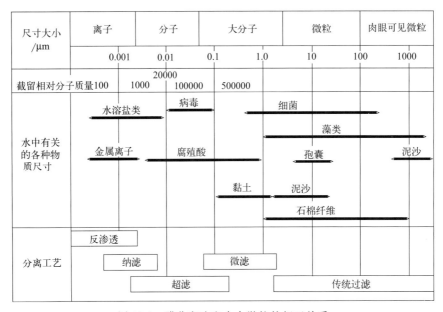

图 12-8　膜分离法和水中微粒的相互关系

　　膜分离法主要应用于金属精加工废水处理，以去除金属离子和其他可溶性的离子，实现废水回用。

　　然而膜污染，特别是水中存在碳酸钙、硫酸钡、硫酸钙和硅酸盐时是膜分离法运行面临的问题。一般来说，硫酸用于控制碳酸盐结垢。聚丙烯酸阻垢剂可以控制硫酸盐结垢。通常可以通过加入特定的硅酸阻垢剂、降低膜的水力负荷、提高 pH 值至 8.5 以上、升高水温等方法作为预处理，防止出现硅酸盐结垢。

12.2.4.1　扩散渗析法

　　扩散渗析是指在膜两侧溶液的浓度差（浓度梯度）所产生的传质推动力的作用下，溶质由高浓度的溶液主体透过半透膜，向膜另一侧的低浓度溶液迁移扩散的过程或现象。扩散渗析法是指利用渗析膜及浓差扩散原理对溶液进行分离提纯的水处理操作。扩散渗析法在废水处理中的实际应用如下。

　　（1）废酸液的扩散渗析法处理（酸回收）。工业废酸液经废酸存储池进入过滤器，在经过预处理后，打入渗析液高位槽，然后送入渗析器，渗析所得的 H_2SO_4 返回酸洗槽循环使用，渗析残液所含金属离子可采用蒸发结晶法加以回收。在实际生产过程中，由于酸洗工艺的不同，产生大量的混酸体系，扩散渗析同样适用于混酸体系的分离。例如可用于回收不锈钢钝化液中 HNO_3 和 HF。以扩散渗析法处理酸洗废液，其渗析分离过程以浓度差为推动力，无需耗电，但分离效果较低，设备投资较大。

（2）人造丝浆压榨的扩散渗析法处理（碱回收）。人造丝浆压榨液的主要成分有半纤维素、甘露醇、葡萄糖以及 NaOH 等。利用扩散渗析法可处理该压榨液并回收碱。原液和接受液在渗析膜两侧逆向流动，原液中的 NaOH 渗析到接受液侧，而半纤维素主要阻留在原液中，从而实现半纤维素和 NaOH 的分离。

12.2.4.2　电渗析法

电渗析法最先用于海水淡化制取饮用水和工业用水，后来在废水处理方面也得到了较广泛的应用。电渗析以较低的直流电为驱动力，使不溶性离子整齐排列于电极之间的离子选择性膜。含有阳离子和阴离子的废水进入膜室，阳离子向负极迁移，阴离子向正极迁移，然后分别穿过阳离子选择性膜和阴离子选择性膜。废水电渗析装置经多级交替处理后，分别产生去离子水和金属离子浓缩水。

电渗析运行方式有两种，即序批式或连续式。废水的除盐率为 40%～60%。运行的主要问题是膜污染和结垢，解决的措施为：配置必要的预处理单元（如化学处理、沉淀或过滤、活性炭吸附），每隔一定的时间，正负电极极性相互倒换一次（国内电渗析器一般 2～4h 倒换一次）。

下面介绍几种常见的电渗析技术。

（1）填充床电渗析（EDI）。填充床电渗析又称电脱离子法（EDI）。它是将电渗析法与离子交换法结合起来的一种水处理方法，即在电渗析的除盐室中填充阴阳离子交换剂，利用电渗析过程中的极化现象对离子交换填充床进行电化学再生，它兼有电渗析技术的连续除盐和离子交换技术深度脱盐的优点，又避免了电渗析技术浓差极化和离子交换法中的酸碱再生等带来的问题。填充床电渗析淡水室装有混合阴、阳离子交换树脂或装填离子交换纤维等，两边是浓室（与极室在一起）。它的工作过程一般分为三个步骤。

① 离子交换过程，淡水室中的离子交换树脂对水中电解质离子的交换作用，去除水中的离子。

② 离子选择性迁移，在外电场作用下，水中电解质沿树脂颗粒构成的导电传递路径迁移到膜表面并透过离子交换膜进入浓室。

③ 电化学再生过程，存在于树脂、膜与水相接触的扩散层中的极化作用使水解离为 H^+ 和 OH^-，它们除部分参与负载电流外，大多数对树脂起再生作用，从而使离子交换、离子迁移、电再生三个过程相伴发生、相互促进，实现了连续去除离子的过程。一般水中含盐量为 50～15000mg/L 时都可使用，而对含盐量低的水更为适宜。这种方法基本上能够除去水中全部离子，所以它在制备高纯水及处理放射性废水方面有着广泛的用途。

（2）高温电渗析。高温电渗析是将电渗析的进水温度加热到 80℃，使溶液的黏度下降，扩散系数增大，离子迁移数增加，有利于极限电流密度的大幅增大，从而提高电渗析器的脱盐能力，降低动力消耗，从而降低处理费用，尤其是对有余热可利用的工厂更为适宜。高温电渗析虽然有脱盐能力大、投资省及运转费用低等许多优点，可是存在耐高温膜的研制以及需增加热交换器而要消耗一部分热能的问题，因此，在什么情况下采用多高的温度，需要从投资、运转费用及水温等方面综合进行技术经济比较。

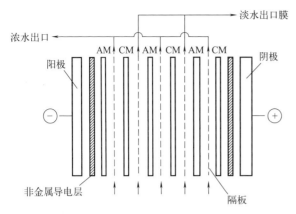

图 12-9 无极水电渗析器结构示意

（3）无极水电渗析。无极水电渗析的主要特点是取消了传统电渗析的极室和极水，原水利用率可达 70％以上，该装置如图 12-9 所示。电极紧贴一层或多层阴离子交换膜，它们在电气上都是相互连接的，这样既可以防止金属离子进入离子交换膜，同时又防止极板结垢，延长了电极的使用寿命。该装置在运行方式上频繁倒极，全自动操作，以城市自来水为进水，单台多级多段配置，脱盐率可达 99％以上。目前，无极水全自动控制电渗析器已在国内北京、西安、安徽等地使用。

（4）无隔板电渗析。传统电渗析器一般由浓淡水隔板、离子交换膜和电极等部件组装而成。后来出现的无隔板电渗析器采用 JM 离子交换网膜作为核心部件，集成了离子交换和隔板的功能，具有高效能和低能耗的特点。

除此之外还有卷式电渗析、液膜电渗析（EDLM）、双极性膜电渗析（EDMB）、离子隔膜电解等。

目前，电渗析法在废水处理实践中的应用有：

① 处理碱法造纸废液，从浓液中回收碱，从淡液中回收木质素；

② 从含金属离子的废水中分离和浓缩重金属离子，然后对浓缩液进一步处理或回收利用；

③ 从放射性废水中分离放射性元素；

④ 从芒硝废液中制取硫酸和氢氧化钠；

⑤ 从酸洗废液中制取硫酸及沉淀重金属离子；

⑥ 处理电镀废水和废液等，含 Cu^{2+}、Zn^{2+}、Cr（Ⅵ）、Ni^{2+} 等金属离子的废水都适宜用电渗析法处理，其中应用最广泛的是从镀镍废液中回收镍，许多工厂实践表明，用这种方法可以实现闭路循环。

12.2.4.3 反渗透

液-液分离的反渗透（RO）膜的孔径最小，一般小于 0.002μm。反渗透的基本原理是：水透过膜，而其中的溶质（如盐类、金属离子和某些有机物）被截留。其中被截留的盐类被浓缩成浓盐水，然后通过电渗析或电解法处理。

反渗透处理装置如图 12-10 所示。通常，反渗透的预处理包括：保安过滤器和袋式过滤器，以及防止膜结垢的化学处理。反渗透的后处理包括：加碱以降低溶液的腐蚀性、pH 值调节、确保反渗透的出水重复利用。

反渗透膜的膜孔径小，用于废水的金属离子分离时，工作压力高〔690～2410kPa

图 12-10 反渗透处理装置

（100~350psi）〕因此，其运行成本主要为电费。除盐浓度越高，运行费用越高。

导致反渗透工艺费用高的另一个因素为膜的更换。即使膜污染防治措施有效，反渗透膜的更换周期一般也不会超过 5 年。

目前出现了反渗透的变型，即"松散反渗透"。该技术操作压力低（约为反渗透的 1/2），脱盐率较低。在金属盐类去除要求较低时，可以选择该技术。

随着性能优良的反渗透膜以及膜组件生产的工业化，反渗透技术的应用范围已从最初的脱盐扩大到化工生产、食品加工和医药环保等领域，其中脱盐和超纯水制备的研究和应用最成熟，规模也最大，其他应用大多处于开发中。

12.2.4.4 超滤

超滤（UF）是以一定的外界压力为推动力，利用半透膜实现物质分离的膜分离方法，在废水处理中主要用于相对分子质量大于 500、直径为 $0.005~10\mu m$ 的中、低浓度的高分子溶解态及胶体态污染物的分离与回收。超滤所分离的溶质分子量较大，分离过程中的溶液的渗透压基本可以忽略，因而在较低的操作压力下进行，操作压力范围一般 $0.1~0.5Pa$。

由于超滤技术操作压力低、无相变、分离效率高，特别是可以回收有价值的物质，实现废水的再用，所以在环境治理过程中受到高度重视，目前已在纺织、机械、石油化工、造纸、食品、胶片印刷等行业的近 20 种工业废水以及在生活污水的处理与资源化利用中获得应用。

工业中超滤设备的核心是超滤膜组件，组件的结构形式有板框式、螺旋卷式、管式、中空纤维式等，并且通常是由生产厂家将这些组件组装成配套设备供应市场。

超滤工艺流程可分为间歇式超滤过程、连续超滤过程两种。间歇式超滤具有最大透过率，效率高，但处理量小。连续超滤过程常在部分循环下进行，回路中循环量常比料液量大得多，主要用于大规模处理厂。

12.2.4.5 纳滤

纳滤（NF）是一种介于反渗透和超滤之间的压力驱动型膜分离技术，对溶质的截留性能介于反渗透和超滤之间。纳滤膜孔径范围处于纳米级，属于无孔膜，通常表面荷电，不仅可以通过筛分和溶解-扩散作用对相对分子质量为 200~1000 的物质进行去除，同时也可通过静电作用产生道南（Donnan）效应，对不同价态离子进行分离，实现对二价和高价离子的去除。由于纳滤膜较反渗透膜具有更低的操作压力，且在高盐浓度和低压下也有较高的通量，因此被广泛应用于水处理、食品工业、制药等多个领域。

纳滤的特点有：纳滤膜孔径小，纳滤适用于分离相对分子质量在 200 以上、分子大小约为 1nm 的组分；操作压力较低，纳滤过程所施加的压差比在同样渗透通量的反渗透膜所必须施加的压差低 0.5~3.0MPa，由于这个特性，有时也将纳滤膜称为"低压反渗透膜"；纳滤对离子有选择性，这是一个重要的特点，它能将水溶液中不同的有机物组分与不同价数的低分子量的阴离子分离开来。在溶液中，一价阴离子的盐可以大量地渗过膜（但并不是无阻挡的），而膜对多价阴离子的盐具有较高的截留率。

12.2.5 蒸发法

蒸发能够从废水或浓缩液（如膜分离的浓缩液）中回收有用的副产物，作为进一步处理与处置的前处理。某些蒸发工艺也可从废水中回收纯溶剂。

蒸发法的基本原理是，一部分溶剂（通常是水）被蒸发，溶液被浓缩。蒸发产生的浓缩液含有原水中所有的非溶性固体或溶质。浓缩倍数越大，蒸发速率越小。

实际工程中，可以选用太阳能蒸发池或商品化的蒸发设备。蒸发池在运行过程中可能释放挥发性有机物，因此，选择前需进行挥发性有机物的释放评估。

12.2.5.1 蒸发池

年蒸发量大于年降雨量的地方，可选用蒸发池处理规模小或难处理的废水。蒸发池为开放性的废水存储池或废水塘。废水溶剂（特别是水）蒸发速率的主要影响因素包括：降雨量、温度、湿度、每平方米的蒸发速率和风速等气候条件。蒸发池的设计应依据废水最大排放流量及其蒸发的累积固体量计算。

蒸发池需设计防渗垫层、地下渗滤液收集系统和泄漏检测系统。应定期清除池内累积的蒸发残渣（固体物），检查和修复池体的防渗垫层。在蒸发过程中，随着溶液浓度的增加，蒸发速率会逐渐降低。因此，蒸发池的设计应有一定的安全系数。

12.2.5.2 机械式蒸发器

机械式蒸发器可以有效浓缩或去除废水中的盐类、重金属及其他有害物质。其工作原理是：在冷凝过程中，蒸汽通过金属表面将热传递至低温溶液使其蒸发。废水吸收热量，溶剂蒸发、溶质浓缩，蒸发出的气体排入大气（如果没有挥发性物质）或经冷凝回用。

其他通过加热水产生蒸发的方法包括使用热油、电气（electric gas）、燃料油、现有生产工艺的废热以及热泵加热废水。蒸发属于能耗高、投资大、成本高的处理工艺，因此，在实际工程中，蒸发工艺的选择和设计需要严格的论证。

蒸发技术在许多工业废水处理工程中得到了成功的应用，其中包括：重金属和螯合金属电镀废水；乳化油废水；高浓度溶解性生化需氧量（如糖类）废水；含不易挥发的有机或无机物质（如染料、酸和碱）的废水；有一定脱水要求的工艺水（如食品加工）。

蒸发技术的优势在于，在不投加化学剂的条件下，回收有价值的物质的同时，实现水的回用。如果蒸发器的结构材料选择合理，蒸发工艺可以处理任意浓度的金属废液或不挥发性有机废水。在许多金属精加工和金属加工企业，采用蒸发技术可以实现各种制造和涂层工艺冲洗水的零排放。

与传统的物理-化学处理工艺相比，蒸发技术具有很多优点。其中最重要的是蒸发可以产生高品质的蒸馏物（总的溶解性固体＜10mg/L），直接回用于生产工艺。尽管如此，机械蒸发能耗很大。因此，技术人员在设计过程中利用各种替代能源的同时，应选择高效的蒸发器。

理论上，1kg 蒸汽在其冷凝过程中能够从溶液中蒸发出 1kg 的水，其蒸汽使用效率从经济上是 1∶1。1 台简单的蒸发器有 1 个蒸发室（效），称之为"1 效"。蒸发过程中，随着"效"数增加，蒸发的经济性相应提高。多效蒸发器中，前效的蒸汽为后效的蒸汽源，蒸汽能够在很低的压力和温度下沸腾（图 12-11）。每增加 1 效都可提高蒸发的能量效率。例如，1 台 2 效蒸发器的蒸汽需求为 1 台单效蒸发器的 50%，即其蒸汽的经济性为 2。因此，蒸发器的"效"数的限度为，在已有基础上再增加 1 效，整个蒸发器的投资是否超过其能源节约费用。

实践表明，压缩蒸汽是降低能耗的技术之一。在蒸汽压缩蒸发器系统（图 12-12）中，蒸发室排放的蒸汽被压缩至蒸发器的热交换装置所需压力和温度。机械压缩机（如正向位移压缩机、离心压缩机和轴向压缩机）为最常见的蒸汽压缩设备。机械压缩蒸汽的蒸发器系统需要一个外界的蒸汽源（图 12-12 中驱动能量），才能启动系统的运行。蒸发器进料池中，

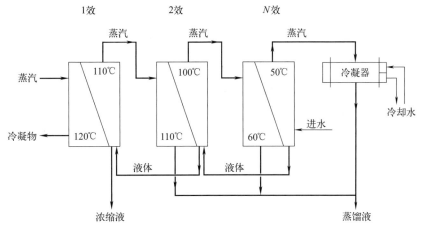

图 12-11　多效蒸发器的原理

安装一个小型锅炉或电阻加热器可以提供系统启动所需的蒸汽源。

利用其他过程中排放的废气或废热，也可以降低蒸发工艺的运行成本。热的工业流体经泵输送至加热管代替蒸汽，既可以回收热量，同时可将热转移至欲蒸发的液体。

机械式蒸发器的分类依据包括：传热表面的布局方式和传热方式。典型的蒸发器包括竖管降膜、水平管式喷膜、横管喷膜、压力环流和组合等类型。

（1）竖管降膜蒸发器。竖管降膜蒸发器的原理如图 12-13 所示。循环液（工艺液）从竖管束的顶部进入管内，呈薄膜状降落，从管外的蒸汽中吸收热量，其中的水分被蒸发。蒸汽和液体在竖管底部分离。

竖管降膜蒸发器通常用于高黏度液体的蒸发，以及停留时间短的热敏性液体的浓缩。

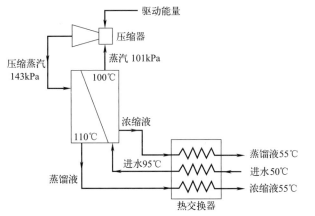

图 12-12　蒸汽压缩蒸发器系统的原理

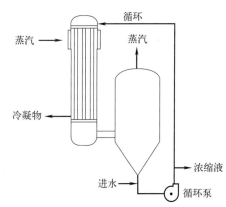

图 12-13　竖管降膜蒸发器的原理

（2）水平管式喷膜蒸发器。水平管式喷膜蒸发器的原理如图 12-14 所示。循环液体（工艺废水）加热后喷注在水平管束外表面，水平管束内部载着流动的低压蒸汽或浓缩蒸汽。蒸发器室的蒸汽可作为后续 1 效蒸发的热源或先通过机械压缩再回用于蒸汽制备。运行过程中，水平管外形成的垢状物需定期采用化学清洗去除。

此类蒸发器适合于室内或者净空较低的地方使用。

（3）压力环流蒸发（结晶）器。压力环流蒸发（结晶）器中，循环液（工艺废水）被泵入压力热交换器，可防止其在管内沸腾和结垢（图 12-15）。废水进入在低压或局部真空状

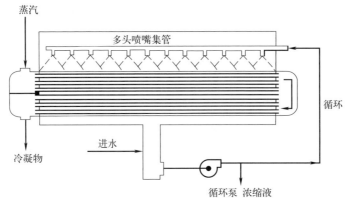

图 12-14 水平管式喷膜蒸发器的原理

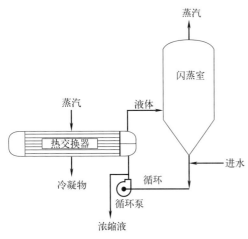

图 12-15 压力环流蒸发器系统的原理

况下运行的闪蒸室（分离室），水快速蒸发，从而在残余溶液中形成非溶性晶体。

压力环流蒸发（结晶）器通常适合于含有大量悬浮固体或需要使固体高度浓缩或结晶的工厂选用。该蒸发器所需的循环率高，能耗大。

（4）组合工艺。在实际工程中，往往通过不同类型的蒸发器组合或蒸发与其他处理工艺的组合来降低投资和运行成本或满足特殊的处理要求。降膜蒸发器后续压力环流蒸发（结晶）器是较常见的一种组合工艺。其中，蒸发器先将废水固体物质浓度浓缩至 20%～30%，然后经后续结晶器进一步浓缩至固体。蒸发器排出的蒸汽运转环流蒸发（结晶）器，可以降低能耗。

蒸发与其他处理工艺组合形成的组合工艺系统被日益广泛地应用于废水零排放工程。一个典型案例是反渗透或电渗析后续蒸发器或蒸发器-结晶器的组合工艺，其中反渗透或电渗析单元的浓缩液（出水）即蒸发器进水。

组合工艺系统比较复杂，却可显著地减小蒸发器的规模，而且大大降低能耗。尽管如此，某些废水，特别是易结垢的废水的处理不宜选择混合工艺系统。

12.3 营养物质的预处理工艺

废水中营养物质（主要是氮和磷）的预处理工艺包括物理化学法和生物法。为了控制藻类的生长，增加水体需氧量含量，营养物质的排放限值日益严格。因此，含高浓度营养物质的工业废水需要经过预处理。

12.3.1 除磷

常规的除磷方法包括生物法（Biological Nutrient Removal，简称 BNR）和中和沉淀法。

当预处理标准对磷的排放限值有规定时，可选择中和沉淀法进行工业废水的除磷处理。除磷的化学药剂和去除重金属的相同，包括铁盐（氯化铁和氯化亚铁、硫酸铁和硫酸亚铁）、铝盐（明矾、铝酸钠、聚合氯化铝）和石灰等。

12.3.1.1 铁盐和铝盐混凝沉淀

铁盐和铝盐与正磷酸盐（PO_4^{3-}）的简化沉淀反应式如下：

$$M^{3+} + PO_4^{3-} \longrightarrow MPO_4 \downarrow \tag{12-15}$$

其中，M 为铝离子或铁离子。

按照此化学反应式，可以根据废水中磷的含量计算铁盐和铝盐的理论投加量。但是在实际废水处理过程中，磷的沉淀存在其他竞争反应（与金属、碳酸盐、氢氧化物等反应），因此，化学药剂的实际投加量往往大于理论计算值。

如表 12-9 所示为城市污水化学除磷的常见金属盐类投加量（城市污水的总磷浓度一般为 3～8mg/L）。可以参考该表的数值选择工业废水处理过程中化学药剂的起始投加量。在实际工程中，应根据废水磷的排放限值，通过实验室小试，筛选、确定化学药剂的类型及实际投加量。

表 12-9　城市污水化学除磷的常见金属盐类投加量（引自 U. S. EPA1987a；1987b）

金属盐	投加量(以金属离子计)/(mg/L)	金属离子与磷酸根之比/(lb/lb)
氯化亚铁	9～15	3～4
氯化铁	10～15	4～5
硫酸亚铁	8～15	2～5
硫酸铁	5～15	2～5
硫酸铝	10～20	2～4

典型的化学处理系统的工艺流程见图 12-16。化学药剂投加、快速混合、絮凝和沉淀设施的相关设计参数见第 10 章相关内容。

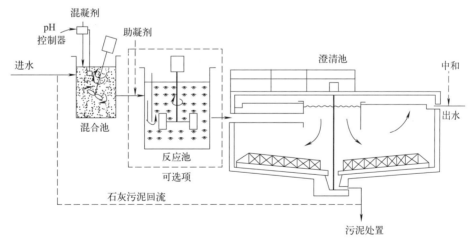

图 12-16　典型的化学处理系统的工艺流程

12.3.1.2 石灰法

石灰法就是将生石灰（CaO）或熟石灰 [Ca(OH)₂] 应用于工业废水处理中的方法。若采用生石灰，则需先熟化处理，即将生石灰水化成熟石灰。熟化过程排放大量的热量，粉尘较大，耗量较大。

铁盐和铝盐可直接与磷酸盐反应形成沉淀，但是石灰加入废水中后，首先与废水中的碱度反应生成碳酸钙（$CaCO_3$），只有投入过量石灰并使废水的 pH 值升至 10 以上时，石灰才会与磷酸盐反应，生成不溶性羟基磷灰石钙沉淀，从而达到除磷的效果。随后，再调节废水的 pH 值达到排放限值，以进一步处理或直接排放。

与铁盐、铝盐相比，石灰法在工程设计时需注意下列因素：

① 石灰法除磷所产生的污泥量大；

② 石灰法通常操作复杂、维护劳动强度大；

③ 石灰的单价较铁盐或铝盐法低。

石灰法除磷的处理效果主要受废水 pH 值的影响，与废水的磷浓度关系不大，因此，废水的磷浓度较高时可以优先选择石灰法。

12.3.2 脱氮

近年来我国政府对氮排放限值越来越严，以有效控制河流及湖泊水体中的营养物。相应地，工业废水预处理排放标准中增加了营养物的排放限值。工业废水处理中常用的脱氮处理技术如下。

12.3.2.1 氨的吹脱/蒸汽汽提

废水中氨呈现铵离子（NH_4^+）或游离氨（NH_3）两种形态，随着 pH 值的变化，两种形态呈现平衡变化，即：

$$NH_4OH \rightleftharpoons NH_3 \uparrow + H_2O \qquad (12\text{-}16)$$

吹脱塔中氨的吹脱原理基于上述氨-铵平衡。当废水 pH 值提高至 $10.8 \sim 11.5$ 时，其中的氨主要呈现为游离氨，通过逆流穿过吹脱塔的空气吹脱，从而去除水中的游离氨，即氨气。采用热空气或蒸汽吹脱，氨的去除效果进一步改善。

吹脱或者蒸汽汽提虽然可以有效进行废水脱氨，但目前正逐渐淘汰。因为该工艺处理过程需要调节废水的 pH 值，会造成空气或蒸汽的二次污染，产生刺激性气味等问题。另外，吹脱塔结垢和冻结（天气寒冷时）问题常导致其无法正常运行。然而在废水 pH 值较高、存在废弃的蒸汽和热水源可以利用，废水氨的浓度在 100mg/L 以上时，可以选择吹脱或蒸汽汽提。

需要特别注意的是，采用将废水中的游离氨吹脱到大气，要符合《恶臭污染物排放标准》（GB 14554—93）对氨的相关排放限值，有组织排放通常要在生产装置或储气罐配置收集装置，经相应设施处理后通过满足各行业要求的排气筒排出。

例如某化工集团是以生产合成氨、联碱、三聚氰胺为主的综合性化工企业，其主要含氮废水主要有两种：一种是高浓度氨氮废水，来自该企业合成氨、联碱、三聚氰胺生产中，如碱过滤机刷车废水、碳化塔煮塔废水等；还有一种是来自生产和生活的低浓度含氨氮废水。该企业含氮废水处理工艺流程见图 12-17。该企业在低浓度废水中于 1 号净水器中加入 AKL-1 型高效复合絮凝剂，使废水中的污染物沉淀，已达到脱除氨氮的目的，出水于 2 号净水器中通过石灰乳、AKL-1 净化后排出。该企业的高浓度含氮废水用本厂废碱液调节 pH 值后，连续通过 1 号、2 号两座吹脱塔后，用蒸汽进行氨氮的吹脱，出水氨氮小于 100mg/L。

12.3.2.2 离子交换法脱氮

离子交换法可用于氨、亚硝酸盐和硝酸盐的去除。其中，氨的去除除采用合成树脂外，

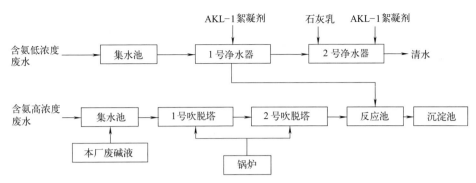

图 12-17　某企业含氮废水处理工艺流程

通常采用天然的斜发沸石。其他离子交换材料专门用于亚硝酸盐和硝酸盐的去除。

与生物脱氮比较，离子交换法的占地小，处理后废水的氨浓度低。尽管如此，离子交换法尚存在一些缺点。首先是运行费用高，尤其是污染物浓度高时，需要专门的离子交换树脂时，处理成本更高；其次，消除悬浮物和其他竞争性离子，如铁离子和铝离子的影响，离子交换单元之前需要预处理；另外，离子交换树脂的再生以及再生剂的处理成本很高。

在离子交换工艺的选择和设计过程中，应咨询树脂制造商并进行相关的中试性试验，确定工程的设计参数，尽量准确地估算工程投资与运营成本。

例如美国明尼苏达州某污水处理厂规模为 $2270m^3/d$，该厂采用 3 座斜发沸石交换柱（顺流运行）来去除污水中的氨氮，其中两柱串联。沸石交换被氨氮饱和后用 6％的氯化钠溶液再生，再生废液用蒸汽吹脱法回收氨。该厂沸石离子交换柱设计数据见表 12-10。

表 12-10　沸石离子交换柱设计数据

项目	水力负荷 /[$m^3/(m^2 \cdot h)$]	单柱沸石量 /kg	床深 /m	脱氮率 /％	沸石粒径/mm	通水量 /(BV/周)
数据	10.3(5.6BV/h)	41	1.83	95	0.29～0.83	250

注："BV"表示床体积（Bed Volume），指液体流过填充床的体积量。

12.3.2.3　折点加氯除氨

在废水折点加氯的处理过程中，加氯的目的在于将铵离子氧化成其他物质（主要是氮气）：

$$2NH_3 + 3HOCl \longrightarrow N_2 \uparrow + 3HCl + 3H_2O \tag{12-17}$$

需添加足够多的氯，以便能与废水中所有可氧化物质反应的同时，产生游离性余氯。其中涉及很多复杂反应，因此化学药剂的选用与合理工艺的设计至关重要。在适宜的操作条件下，废水中95％～99％的氨氮能被转化成氮气。具体的反应类型及次序可通过一些工艺参数（如 pH 值、温度、接触时间、初始氯的投加量与氨氮量之比等）选择确定。

与空气吹脱法相同，折点加氯属于成熟的脱氨技术，特别适用于季节性脱氨。然而在实际工程中，特别在废水氨浓度比较高（15～20mg/L 及以上）时，折点加氯法并不常用。理论上，加氯量与氨氮之比（质量比）为 7.6∶1，由于废水处理过程中所存在的不同有机物竞争反应，导致实际投氯量会明显大于理论值，因此造成运行成本高等问题。

折点加氯法的缺点具体包括：
① 可能产生有毒且易爆的三氯化氮（NCl_3）气体；
② 可能产生消毒副产物（如三氯甲烷和三溴甲烷）；
③ 增加废水中总溶解性固体的量，可能导致废水水质超标；

④ 生成的盐酸会造成钢表面腐蚀。

因此，选择折点加氯法除氨时，在工程设计过程中应采取一系列措施来克服上述问题。首先，废水需经合格的预处理，以降低高浓度的有机或无机化合物（如硫化物、亚硫酸盐类、硫酸盐类、亚铁离子、酚类、氨基酸、蛋白质以及糖类等）浓度，然后进行折点加氯，否则，导致氯的耗量显著增加。

为确保废水、氯溶液、pH值调节的化学药剂的快速充分混合和工艺运行的稳定性，不仅需设计足够的水力和机械混合动力，还需要采用信息反馈装置控制整个处理过程。化学药剂一旦完全混合，只需1min的接触时间足以使反应进行完全。因此，接触池应尽可能选择推流式。

为了尽量减少三氯化氮的产生，工程运行过程中废水pH值需控制在7.0左右。pH值调节的化学药剂应在加氯前投加至氯溶液中。化学药剂的有效混合十分重要，因为氯溶液与pH值调节的药剂混合不均匀，使部分废水在折点反应后的pH值偏离设计值，导致反应生成的三氯化氮浓度过高。在实际工程中，由于不能完全防止三氯化氮的产生，因此，反应池所在区域需通风良好。

另外，氯气的水解和氨的氧化过程中会产生酸，氧化1mg/L的氨大约消耗15mg/L碱度。因此，如果氨浓度比较高，必须提供足够的碱度维持废水的缓冲能力和pH值的稳定。

12.3.2.4 氨的生物硝化

生物脱氨通过硝化作用完成，包括下列两个过程：

$$2NH_4^+ + 3O_2 + 4HCO_3^- \longrightarrow 2NO_2^- \uparrow + 4H_2CO_3 + 2H_2O \tag{12-18}$$

$$2NO_2^- + O_2 \longrightarrow 2NO_3^- \tag{12-19}$$

第一步反应由亚硝化菌完成，第二步由硝化菌完成。硝化1kg氨的氧耗量在2kg以上。此外，硝化过程消耗碱度，因此，实际工程中需及时补充碱度维持pH值稳定。否则，如果废水的pH<6.5，则硝化过程受抑制，反应速率下降。

硝化过程中氧的消耗量称为硝化需氧量（NOD）。河流水体发生硝化会导致水体溶解氧匮乏。因此，工业废水应进行硝化预处理，以防止河流水体溶解氧匮乏。另外，高浓度的氨对敏感性动物（如水蚤、虾和鳟鱼）具有毒害作用。

12.4 工程实例

下面介绍白银中天化工有限责任公司含氟废水处理工程。

（1）水量及水质。该处理工程设计水量60m³/h，24h连续运行，污水水质见表12-11。

表 12-11 污水水质

指标	水质（参考同类排放水质）
COD_{Cr}	2000~3000mg/L
SS	1000~1500mg/L
pH值	2.0~5.5
[F⁻]	20~330mg/L

（2）工艺流程。含氟废水先入调节兼事故池，由污水泵提升至一级反应池反应，可有效去除废水中F⁻和部分重金属元素，之后以重力流流入一级沉淀池，沉淀部分难溶物质，上清液以重力流流入二级反应池。二级反应池设中间池，调节废水中pH值，使PAC、PAM在适当酸碱度条件下发生絮凝、混凝作用。废水以重力流分别流入二级沉淀池沉淀，再流入

生物反应池进行生化反应。生化反应池采用生物固定技术，可有效处理高 COD 废水，也可吸附重金属元素。处理工艺流程见图 12-18。

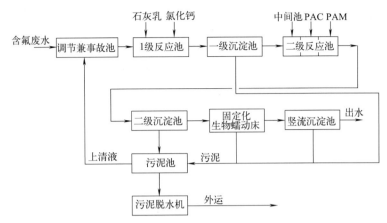

图 12-18　含氟废水处理实例流程

（3）处理效果。处理后水质达到《污水综合排放标准》（GB 8978—1996）一级标准，具体见表 12-12。

表 12-12　处理后工程水质

项目指标	COD_{Cr}	SS	pH 值	$[F^-]$
出水水质	100mg/L	70mg/L	6～9	10mg/L

思考题

1. 化学沉淀法中、铁共沉淀法以及铁氧体共沉淀法有什么相同之处和不同之处，试列表加以对比。
2. 说明六价铬的还原法的原理并总结去除六价铬的方法。
3. 什么是离子交换法？解释举例说明并画图表示。
4. 对比废水处理中常用的膜分离法及其特点。
5. 渗透和渗析的区别是什么？
6. 常用典型处理工艺中的蒸发法，对于易结垢的废水，为什么不适宜使用"混合"工艺系统？哪些处理工艺更适合此类水质？
7. 在脱氮方法中氨的吹脱法中，将废水中的非离子氨吹脱到大气时，要符合《恶臭污染物排放标准》（GB 14554—93）对氨的相关排放限值。请查询相关资料，将其详细标准写出。

参考文献

[1] 周岳溪，李杰. 工业废水的管理、处理与处置[M]. 北京：中国石化出版社，2012.
[2] 孙体昌，娄金生，章北平. 水污染控制工程[M]. 北京：机械工业出版社，2009.
[3] 陆晓华，成官文. 环境污染控制原理[M]. 武汉：华中科技大学出版社，2010.
[4] 唐受印. 废水处理工程[M]. 北京：化学工业出版社，1998.
[5] 丁桓如. 工业用水处理工程[M]. 北京：清华大学出版社，2005.

第13章
有机污染物的去除

13.1　工业有机废水的特征及其分类

工业生产制造过程中排放了种类多样的工业有机废水，如造纸工业废水中通常以木质素为主要有机组分；食品行业废水中有机物主要以油脂类有机物为主；化工废水含有以苯、醇、醛、氯乙烯、硝基化合物为主的有机物，呈现出水量大、水质复杂、毒性大等特点。因此，工业有机废水的主要特征是：有机物浓度差异较大（化学需氧量范围从数十至数十万毫克每升不等）；有机物种类复杂（不同工业行业不同生产车间排放的有机物种类各不相同，混合后呈现的有机污染物类型可达数十种）；生物降解难度迥异（如制糖、屠宰行业废水虽然有机物浓度较高，但主要为易生物降解的有机组分，而化工废水污染物主要由毒性大的难生物降解有机物组成）；共存污染物繁杂（例如冶金行业废水除含有多环芳烃、焦油等有机组分之外还含有大量的硫化物、重金属、酸和碱等污染物）。

根据有机物浓度工业有机废水分为低浓度工业有机废水和高浓度工业有机废水。工业有机废水中通常含有一定浓度的有机物，如蛋白质、糖类、油脂等以及一些无机物和悬浮物。低浓度易降解的工业有机废水通常采用多孔载体负载生物膜法等生物法处理，其处理基本工艺流程如图 13-1 所示。

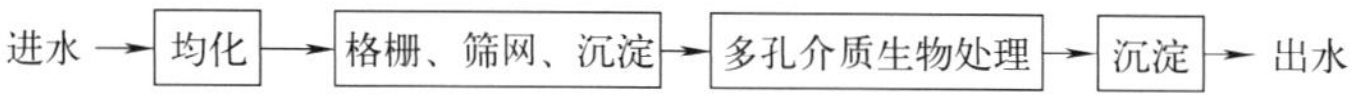

进水 → 均化 → 格栅、筛网、沉淀 → 多孔介质生物处理 → 沉淀 → 出水

图 13-1　低浓度工业有机废水的处理基本工艺流程

高浓度的工业有机废水主要来自造纸、印染、制药、农药等工业企业，其中含有大量的有机污染物，如纤维素、蛋白质、酯类、糖类等高浓度的有机物。通常采用好氧生物法处理或厌氧-好氧生物法处理高浓度易降解的工业有机废水。如通过好氧生物法能使处理后出水水质达标时，尽量采用好氧生物法。若废水中的有机污染物浓度太高，直接采用好氧生物法处理，其工程投资和运行费用将都很高时，可采用厌氧-好氧生物法处理工艺。厌氧生物法具有有机负荷高、运行费用较低、产生的甲烷可以回收能源等优点，是处理高浓度有机工业废水的首选处理技术。但是厌氧法处理后出水的有机物浓度还比较高，一般都不能达标，需再经好氧生物法处理才能确保出水水质达标，其处理基本工艺流程如图 13-2 所示。

进水 → 均化 → 格栅、筛网、沉淀 → 厌氧生物处理 → 好氧生物处理 → 后处理 → 出水

图 13-2　高浓度工业有机废水的处理基本工艺流程

根据废水中有机污染物的生物降解性，工业有机废水分为易降解的、可生物降解的、难生物降解的及有毒有害的工业有机废水。易降解的工业有机废水是指废水中含有大量微生物易代谢利用的有机污染物，如糖类、低分子量的醇类等，该类废水通常根据其浓度大小选用不同类型的生物法进行处理后达标排放。可生物降解的工业有机废水含有较多的易降解有机物或含可降解有机物，此类废水中的有机污染物在一定条件下可分解转化成无害的物质；但由于废水中还含有一定数量的难降解有机物（或不可降解有机物），BOD_5/COD_{Cr} 值较低。因此，其处理流程中除需依水质水量变化和悬浮物含量考虑设置均化池、格栅、筛网、沉淀等物理处理设施外，还需有其他的预处理或后处理设施，以提高废水的可生物降解性，或降低好氧生物工艺出水中难降解有机物的浓度，使出水能达标排放。可生物降解的工业有机废水的处理基本工艺流程如图 13-3 所示。

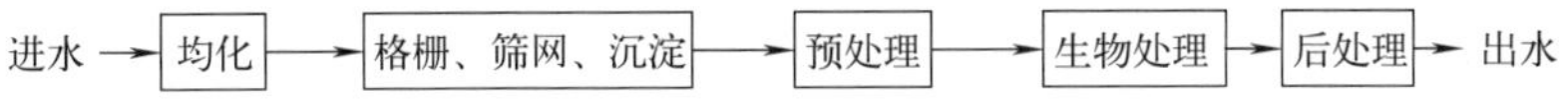

进水 → 均化 → 格栅、筛网、沉淀 → 预处理 → 生物处理 → 后处理 → 出水

图 13-3　可生物降解的工业有机废水的处理基本工艺流程

难生物降解的有机工业废水的处理问题是当今水污染防治领域面临的一个难题，至今尚无较为完善、经济、有效的通用处理技术，有些处理技术还处于实验室研究阶段。目前，用以处理该类废水的主要技术途径有物化-生物法联合处理工艺、优势菌种法、应用微生物的共代谢与协同作用强化生物处理等。采用好氧生物法处理难降解的工业有机废水时，需先进行化学的、物化的或生物的预处理，以改变难降解有机物的分子结构或降低其中某些污染物质的浓度，降低其毒性，提高废水的 BOD_5/COD_{Cr} 值，使废水中有机物能被微生物分解、利用和稳定，为后续生物处理的稳定运行和提高处理效率创造条件。对于某些废水经预处理和主体工艺处理后其水质指标（如色度、COD）依然未能达到预期的水质标准，仍不能满足排放要求时，需在主体工艺后设置深度处理单元，以降低残留有机物浓度。深度处理技术主要有混凝沉淀、混凝气浮和活性炭吸附等。难生物降解的工业有机废水的处理基本工艺流程如图 13-4 所示。

进水 → 均化 → 格栅、筛网、沉淀 → 物化预处理 → 生物处理 → 后处理 → 出水

图 13-4　难生物降解工业有机废水的处理基本工艺流程

有毒有害的工业有机废水是一种比较常见的工业废水，如农药生产废水中含有有机氯、有机磷等有毒有害物质；精细化工生产过程中会产生含有重金属盐、有机氯化物、染料等有毒有害物质。为降低有毒有害污染物对微生物的毒性作用，这类废水进行生物处理前都应进行预处理，经过预处理后使有毒有害污染物的浓度降低或改变有机污染物的化学结构，降低其对微生物的毒性作用，使后续的生物处理能顺利进行。预处理可选择物化法降低有毒有害有机物浓度，并可能回收废水中的资源。

此外，大量有毒有害化学物质在生产过程中易排放大量新污染物，如持久性有机污染物、内分泌干扰物、抗生素等，这类新污染物通常也是有机污染物，该部分的内容在第 14 章阐述，本章不再赘述。

13.2 生物法去除工业废水中的有机污染物

生物法去除工业废水中的有机污染物是废水处理领域中的一种重要方法，适用于可生物降解的工业有机废水处理，其目的是利用微生物将工业废水中的有机污染物转化为无害物质，使废水得到净化。工业废水中的有机污染物主要包括脂肪、蛋白质、糖类等含碳、氮、磷的营养物以及有机酸、酚类、芳香族化合物等。工业废水的生化处理工艺与城市污水处理工艺基本相同。原则上城市污水处理的所有方法与工艺都可用于工业废水处理。但在进行具体的工业废水处理工程设计时，需注意难降解有毒有害废水、高浓度含氮磷废水处理时长（生化处理时间）与微生物所需营养物质平衡的问题，还要考虑前期预处理与后期深度处理之间的协调统一问题。

13.2.1 氮磷营养物的去除

氮肥厂、稀土厂、农药厂、洗毛厂、造纸厂、印染厂、食品厂和饲养厂等排出的废水中常含有不同浓度的氮，特别是氮肥厂和稀土厂排放的废水甚至含有可资源化的氮。磷肥厂、农药厂等排出的废水中常含有无机磷与有机磷。

13.2.1.1 含氮有机物的去除

废水中含氮有机物的去除过程主要包括氨化、硝化、反硝化等过程，最终以非活性的气态氮从水中逸出去除。

（1）氨化反应。在氨化细菌的作用下，有机氮被分解转化为氨态氮，这一过程称为氨化过程。氨化过程较易进行，以氨基酸为例，加氧脱氨基反应式为：

$$RCHNH_2COOH + O_2 \longrightarrow RCOOH + CO_2 + NH_3$$

水解脱氨基反应式为：

$$RCHNH_2COOH + H_2O \longrightarrow RCHOHCOOH + NH_3$$

氨化过程产生的氨，一部分供微生物同化，一部分被转变成硝酸盐。

（2）硝化反应。硝化反应由好氧自养型微生物完成，在有氧状态下，以无机碳为碳源，由亚硝化菌将 NH_4^+ 氧化成 NO_2^-，然后由硝化菌将 NO_2^- 氧化成 NO_3^-。硝化过程必须有氧气参与，硝化反应的总反应式为：

$$11027NH_4^+ + 20465O_2 + 21827HCO_3^- \longrightarrow 227C_5H_7NO_2 +$$
$$11481H_2O + 20692H_2CO_3 + 10800NO_3^-$$
$$NH_4^+ + 1.8559O_2 + 1.9794HCO_3^- \longrightarrow 0.0209C_5H_7NO_2 +$$
$$1.0412H_2O + 1.8765H_2CO_3 + 0.9794NO_3^-$$

（3）反硝化反应。在缺氧状态下，反硝化反应由兼性异养细菌-反硝化菌利用硝酸盐和亚硝酸盐中的氧作为电子受体，以有机物（污水中的 BOD_5 成分）作为电子供体，当缺乏有机物时，无机物如氢、铁、硫等也可作为反硝化反应的电子供体，将亚硝酸盐氮、硝酸盐氮还原成气态氮（NO、N_2O、N_2）。目前认可的从硝酸盐还原为气态氮的过程如下：

$$NO_3^- \xrightarrow{\text{硝酸盐还原酶}} NO_2^- \xrightarrow{\text{亚硝酸盐还原酶}} NO \xrightarrow{\text{氧化氮还原酶}} N_2O \xrightarrow{\text{氧化亚氮还原酶}} N_2$$

13.2.1.2 含磷有机物的去除

工业废水中含磷有机物可通过生物法去除。生物除磷工艺的一个特征是设置厌氧区，供聚磷菌（储磷菌）吸收基质，产生选择性增殖。大量研究证实，在生物除磷工艺中经过厌氧状态释放正磷酸盐的活性污泥，在好氧状态下具有很强的磷吸收能力，并且磷的厌氧释放是好氧过量吸磷除磷的前提条件。

一般认为，在没有溶解氧和硝态氮存在的厌氧条件下，兼性细菌将溶解性 BOD_5 转化成挥发性脂肪酸（VFA，一种低分子有机物）。除磷菌能分解体内的聚磷酸盐而产生 ATP，并利用 ATP 将废水中的有机物摄入细胞内，以聚 β-羟基丁酸（PHB）或聚 β-羟基戊酸（PHV）的形式储存于细胞内，同时还将分解聚磷酸盐所产生的磷酸排至水体中。

在好氧条件下，聚磷菌利用废水中的 BOD_5 或体内储存的 PHB/PHV 的氧化分解所释放的能量来摄取废水中的磷，一部分磷被用来合成 ATP，另外绝大部分的磷则被合成为聚磷酸盐而储存在细胞体内，通过剩余污泥排放，将磷从系统中去除。

聚磷菌是生物除磷中起主要作用的微生物，其主要特征是能在细胞内合成并储存聚合磷和 PHB。聚合磷是一种高能无机聚合物。研究表明，在有生物除磷的废水处理厂的活性污泥中同时存在低分子聚合磷和高分子聚合磷。低分子聚合磷在厌氧条件下起提供能量的作用，高分子聚合磷则为细胞生长提供磷源。采用废水生物除磷技术，一般磷的去除率可达到 $80\%\sim90\%$，较好情况下出水总磷可低于 1mg/L，要将废水中的磷降低到 0.5mg/L 以下，仅仅采用生物除磷比较困难，往往要以化学除磷作为辅助方法。

基于脱除氮、磷的微生物新陈代谢所需的生境（温度、溶解氧、pH 值、碱度等），科学家和工程师相继开发了一系列的废水中脱氮除磷工艺，包括活性污泥法、生物膜法等，根据是否供氧可进一步分为好氧处理和厌氧处理。这些水处理工艺在去除氮磷营养物的同时，可有效地削减废水中有机污染组分。下面介绍工业有机废水典型的生化处理工艺。

13.2.2　活性污泥法

活性污泥法通过向废水中投加由好氧微生物和兼性厌氧微生物组成的活性污泥，使其与废水中的有机物质充分接触进行生物降解，从而达到净化废水的目的。活性污泥工艺一般由曝气池、沉淀池、污泥回流系统和剩余污泥排放系统组成。含有各种有机物和无机物的废水进入初次沉淀池，然后进入曝气池形成混合液并进行曝气。混合液在细小气泡的剧烈搅动下，悬浮固体和胶体物质在很短的时间内即被活性污泥吸附在菌胶团的表面上，同时一些大分子有机物在细菌胞外酶的作用下分解为小分子有机物进而被微生物利用作为生长繁殖的碳源和能源，代谢转化为生物细胞并氧化成为最终产物（主要是 CO_2），一部分供给自身的增殖繁衍，废水中的有机污染物则得以净化处理。活性污泥法适用于处理可生物降解的各类工业废水，如不同浓度的可生物降解的工业有机废水（制糖废水、造纸废水等）。

活性污泥法历经百余年的发展，在最初的脱氮除磷工艺的基础上发展了一系列的工艺。传统生物脱氮除磷工艺需设置不同的处理单元，如碳氧化池（O 池），主要用于去除污废水中 BOD_5；硝化池（O_{A1} 池），用于含氮物质的硝化反应过程，降低废水中氮素和 BOD_5 含量；吸磷池（O_{A2} 池），用于聚磷菌过量吸收废水中的磷，降低废水中的磷源和有机物含量；缺氧脱氮池（A_1 池），用于含氮物质的反硝化反应过程，将废水中氮素转化为气态氮形式去除；厌氧除磷池（A_2 池），用于除磷微生物释放磷为后续工艺过量吸磷创造有利条件。上述五个处理单元可根据废水中氮磷营养物的含量、其他有机组分情况及处理要求，灵活组合运用，可形成相应处理工艺。例如，根据各处理单元在工艺中的空间序列不同形成了以厌氧-缺氧-好氧法（A/A/O 法）为代表的脱氮除磷工艺；依据各处理单元的时序不同形成了基于序批式活性污泥法（SBR）的系列工艺；将各处理单元共处于环形渠道中形成了以氧化沟为代表的同步脱氮除磷废水生物处理工艺。下面选取三类典型的活性污泥法处理工艺进行阐述。

13.2.2.1 厌氧-缺氧-好氧法（A/A/O 法）

（1）工艺流程。厌氧-缺氧-好氧活性污泥法指通过厌氧区、缺氧区和好氧区的各种组合以及不同的污泥回流方式来去除水中有机污染物和氮、磷等的污水处理方法，简称 A/A/O 法，亦称 A^2/O 法，工艺流程如图 13-5 所示。

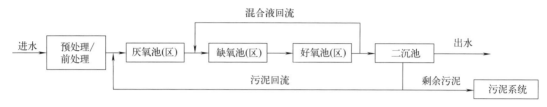

图 13-5　厌氧-缺氧-好氧的工艺流程

厌氧池（DO<0.2mg/L）中进行磷的释放使污水中磷的浓度升高，溶解性有机物被微生物细胞吸收而使水中 BOD_5 浓度下降，另外 NH_4^+-N 因细胞合成而被去除一部分，使污水中 NH_4^+-N 浓度下降，但 TN 浓度没有变化。缺氧池（DO 0.2～0.5mg/L）中，反硝化菌利用污水中的有机物作碳源，将回流混合液中带入的大量 NO_3^--N 和 NO_2^--N 通过反硝化作用还原为 N_2 释放至空气，因此 BOD_5 浓度继续下降，NO_3^--N 浓度大幅度下降，但磷的变化很小。在好氧池（DO>0.5mg/L）中，有机物被微生物生化降解，其浓度继续下降；有机氮被氨化继而被硝化，使 NH_4^+-N 浓度显著下降，NO_3^--N 浓度显著增加，而磷随着聚磷菌的过量摄取也以较快的速率下降。最后，混合液进入沉淀池进行泥水分离，沉淀的污泥一部分回流至厌氧池，另一部分作为剩余污泥排放。因此，A/A/O 法可以同时完成有机物的去除、反硝化脱氮和除磷功能。在此工艺中良好脱氮的前提是好氧池能将 NH_4^+-N 较好地硝化，而后由缺氧池最终完成脱氮的功能，除磷功能主要由厌氧池和好氧池联合完成。废水中的有机组分在各个反应池均能得到有效处理。

（2）A/A/O 法的主要特点如下。

① 厌氧、缺氧、好氧三种不同的环境条件和不同种类的微生物菌群的有机配合，可同时达到去除有机物、脱氮除磷的效果；

② 工艺简单，水力停留时间较短；

③ SVI 一般小于 100，不易发生污泥膨胀；

④ 污泥中磷含量高，一般为 2.5% 以上，具备回收磷资源的潜力；

⑤ 脱氮效果受混合液回流比的影响较大，除磷效果也会受回流污泥中挟带溶解氧和硝酸态氧的影响；

⑥ 沉淀池要保持一定浓度的溶解氧，减少停留时间，防止产生厌氧状态和污泥释放磷的现象出现，但溶解氧浓度也不宜过高，以防对厌氧反应器产生干扰。

（3）进水要求。采用 A/A/O 法处理工业有机废水时，需根据进水水质和水量情况采取适当的前处理工艺调节水质和水量，如水解酸化池、混凝沉淀池、中和池等，以满足生化反应池的进水要求。A/A/O 生物反应池的进水应符合：

① 水温宜为 12～35℃、pH 值宜为 6～9、BOD_5/COD_{Cr} 的值宜≥0.3；

② 有去除氨氮要求时，进水总碱度（以 $CaCO_3$ 计）/氮（NH_4^+-N）的值宜≥7.14，不

满足时应补充碱度；

③ 有脱总氮要求时，进水的 BOD_5/总氮（TN）的值宜≥4.0，总碱度（以 $CaCO_3$ 计）/NH_4^+-N 的值宜≥3.6，不满足时应补充碳源或碱度；

④ 有除磷要求时，进水的 BOD_5/总磷（TP）的值宜≥17；

⑤ 要求同时脱氮除磷时，宜同时满足③和④的要求。

在进水水质满足条件下，A/A/O 法良好运行可去除 70%～90% 的 COD_{Cr} 和 BOD_5，氨氮的去除率达到 80%～90%，总氮去除率为 60%～80%，总磷去除率为 60%～90%。

（4）问题及前景。A/A/O 法在废水的脱氮除磷中存在较多待解决的问题。例如，除磷效果难以进一步提高，主要原因是外回流污泥将大量的硝酸盐和 DO 带回厌氧段，严重影响了聚磷菌的磷释放；同时厌氧段存在大量硝酸盐时，污泥中的反硝化菌会以有机物为碳源进行反硝化，等脱氮完全后才开始磷厌氧释放，使得厌氧段进行磷厌氧释放的有效容积大大减少，使除磷效果降低。此外，脱氮效果受混合液回流比影响较大，为降低运行成本，内循环量一般以 $2Q$ 为限，因此脱氮效果也难以进一步提高。因此，基于 A/A/O 法原理，近年来开发了一系列改良和变形工艺，如串联增加缺氧区和好氧区，改变进水和回流污泥布置等，形成了改良厌氧缺氧好氧活性污泥法（UCT）、厌氧缺氧/缺氧好氧活性污泥法（MUCT）、缺氧/厌氧缺氧好氧活性污泥法（JHB）、多级缺氧好氧活性污泥法（MAO）等工艺，这些工艺在某些特定工业有机废水处理中得到部分应用。

13.2.2.2 循环活性污泥工艺

（1）SBR 的工艺过程。不同处理单元根据处理工艺的时间序列组合，形成了以序批式活性污泥法（SBR）为基础的废水处理工艺。SBR 工艺以运行工况为间歇式操作为主要特征。按运行次序，SBR 工艺一个运行周期可分为五个阶段：进水——反应——沉淀——排水——闲置（图 13-6）。

在 SBR 的基础上改进后形成的循环活性污泥工艺（CAST）具备抗冲击负荷和强化脱氮除磷功能，可连续进水（沉淀期、排水期仍连续进水），间歇排水，被广泛运用于有机废水处理中。相较于 SBR 工艺，CAST 池在 SBR 池内进水端增加了一个生物选择器（厌氧选择池）及污泥回流系统。生物选择器的主要目的是使系统选择出絮凝性细菌以快速吸附废水中的大部分可溶

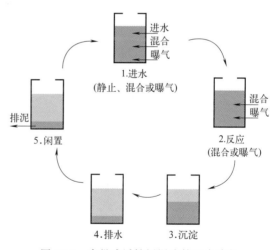

图 13-6　序批式活性污泥法的五个阶段

性有机物，容积约占整个池容的 10%。生物选择器遵循活性污泥的基质积累-再生理论，使活性污泥在选择器中经历一个高负荷的吸附阶段（基质积累），随后在主反应区经历一个较低负荷的基质降解阶段，以完成整个基质降解的全过程和污泥再生。

（2）CAST 池的分区。CAST 反应池一般包括三个分区（图 13-7）：一区（生物选择区）、二区（兼氧反应区）和三区（主反应区），各反应区容积比的参考值为 1:2:17。生物选择区设置在反应池前端，从主反应器回流的污泥和进水可在此混合，通常在厌氧或兼氧条件下运行，可充分利用活性污泥的快速吸附作用而加速对溶解性底物的去除，并对难降解

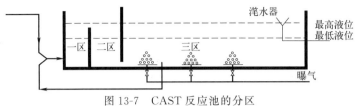

图 13-7 CAST 反应池的分区

一区—生物选择区；二区—兼氧反应区；三区—主反应区

有机物起到酸化水解作用，同时可使污泥中过量吸收的磷在厌氧条件下得到有效释放。缓冲区具有辅助厌氧或兼氧条件下生物选择的功能，以及对进水水质水量变化的缓冲作用，其通过再生污泥的吸附作用可去除有机物，同时促进磷的进一步释放和强化氮的反硝化过程。主反应区是最终去除有机物的主要场所，可通过曝气装置的开启和关闭，形成好氧硝化反应（曝气阶段）及缺氧反硝化反应（沉淀阶段）等。

（3）CAST 池的工艺过程。CAST 工艺一个循环过程一般包括四个阶段，即进水曝气阶段、沉淀阶段、滗水排放阶段和闲置阶段（图 13-8）。

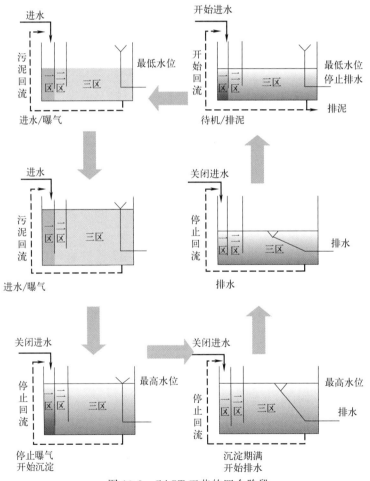

图 13-8 CAST 工艺的四个阶段

① 进水曝气阶段。边进水边曝气，同时将主反应器污泥回流至生物选择区，一般回流比20%。在此阶段，曝气系统定时向反应池内供氧，一是满足好氧微生物对氧的需求，二是起到混合作用，有利于污泥和有机物的充分混合接触，利于微生物氧化分解废水中的有机污染物。

② 沉淀阶段。沉淀阶段反应池停止曝气，微生物利用剩余溶解氧进行氧化分解，随着溶解氧的进一步降低，微生物逐渐转向缺氧状态，并发生部分反硝化作用，与此同时，活性污泥在几乎静止的条件下进行沉淀分离，污泥沉底之后可作为下一周期的菌种。

③ 滗水排放阶段。沉淀阶段完成后，反应池末端的滗水器自上而下逐层排出上清液，使水位降低至反应池所设定的最低水位，排水结束后滗水器自动复位，滗水期间，污泥回流系统可照常工作，其目的是提高缺氧区的污泥浓度。

④ 闲置阶段。闲置阶段的时间一般比较短，主要保证滗水器在此阶段内上升至原始位置，防止污泥流失。实际滗水时间通常比设计时间短，其剩余时间用于反应器内污泥的闲置与污泥吸附能力的恢复。

（4）CAST 工艺的特征

① 运行上的时序性。CAST 池通常按曝气、沉淀、排水和闲置四个阶段根据时间依次进行。

② 运行过程的非稳态性。每个工作周期内排水开始时 CAST 池内液位最高，排水结束时，液位最低。液位的变化幅度取决于排水比，而排水比与处理废水的浓度、排放标准及生物降解的难易程度等有关。一般情况下，排水比在 50% 左右。反应池内混合液体积和基质浓度均是变化的，有机组分的降解是非稳态的。

③ 溶解氧周期性变化，浓度梯度高。CAST 池在反应阶段是曝气的，微生物处于好氧状态，在沉淀和排水阶段不曝气，微生物处于缺氧甚至厌氧状态。因此，反应池中溶解氧是周期性变化的。氧浓度梯度大、转移效率高，这对于提高脱氮除磷效率、防止污泥膨胀及节约能耗都是有利的。

④ 容积利用率高。CAST 工艺根据生物反应动力学原理，采用多池串联运行，使废水在反应器中的流动呈现出整体推流而在不同区域内为完全混合的复杂流态，不仅保证了稳定的处理效果，而且提高了容积利用率。

⑤ 不易发生污泥膨胀。CAST 反应池中存在着较大的浓度梯度，而且处于缺氧、好氧交替变化之中，这样的环境条件可选择性地培养出菌胶团细菌，使其成为曝气池中的优势菌属，有效地抑制丝状菌的生长和繁殖，克服污泥膨胀，从而提高系统的运行稳定性。

（5）CAST 工艺的优势

① 工艺系统不设初次沉淀池，也不设二次沉淀池，活性污泥回流系统规模较小，工艺流程简单，基建工程造价低，维护管理费用省。

② 以去除 BOD_5、COD 为主体的水处理工艺系统，运行周期较短（一般为 4.0h），而且处理效果良好。

③ 脱氮、除磷操作易于控制，出水水质优于传统活性污泥法。

④ 不易发生污泥膨胀。生物选择区可选定适宜的微生物种群，抑制了丝状菌的生长繁殖，使工艺避免污泥膨胀的产生，有利于工艺的正常运行。

⑤ 采用可变容积，提高了系统对水质水量变化的适应性与运行操作的灵活性。

⑥ 自动控制程度高，便于管理，也易于维护运行。

⑦ 结构可采用组合式模块，构造简单，布置紧凑，节省占地面积，易于分期分批建设。

为了使 CAST 工艺能够实现连续处理废水的要求，应设置两座以上的反应池，当反应池数量为 2 时，第一座反应池处于进水曝气阶段，另一座反应器则处于滗水阶段，即可达到连续运行的目的。

（6）应用场景。工程实践证明，CAST 工艺适用于有脱氮除磷要求、废水可生化性较高的工业有机废水。在运行中，需根据监测数据和微生物的观察以及出现的异常情况等，及时调整运行参数。如，控制进水水量，保持系统的相对稳定，使 CAST 池中污染物负荷保持均匀的增长；保持 CAST 池中微生物量的相对稳定，保持适宜的污泥浓度等。

13.2.2.3 氧化沟工艺

氧化沟又名氧化渠，因其构筑物呈封闭的环形沟渠而得名，同时，因废水和活性污泥在曝气渠道中不断循环流动，也可称其为"循环曝气池""无终端曝气池"。氧化沟系统中，通过转刷（或转盘和其他机械曝气设备），使污水和混合液在环状的渠内循环流动，依靠转刷推动污水和混合液流动以及进行曝气，混合液通过转刷后，溶解氧浓度被提高，随后在渠内流动过程中又逐渐降低。氧化沟的水力停留时间长，有机负荷低，其本质上属于延时曝气系统。

氧化沟工艺结合了推流和完全混合两种流态，具有明显的溶解氧浓度梯度。由于氧化沟多用于长泥龄工艺，悬浮状有机物可在氧化沟内得到部分稳定，故氧化沟前可不设初沉池。此外，氧化沟工艺可以设计为一整套的处理工艺，也可作为一个小的处理单元，即参考其他独立的工艺单元进行相似的操作过程，如氧化沟前增加厌氧池可增加和提高系统的除磷功能，改善出水水质。氧化沟工艺流程如图 13-9 所示。

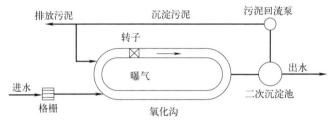

图 13-9　氧化沟工艺流程

氧化沟的主要设计参数宜根据试验资料确定。无试验资料时，可按表 13-1 取值。

表 13-1　氧化沟的主要设计参数（无初沉池，好氧污泥稳定）

项目	单位	参数值
污泥浓度(MLSS)X	g/L	2.5~4.5
污泥负荷 L_S	kgBOD$_5$/(kg MLSS·d)	0.03~0.08
污泥龄 θ_c	d	>15
污泥产率系数 Y	kgVSS/kgBOD$_5$	0.3~0.6
需氧量	kgO$_2$/kgBOD$_5$	1.5~2.0
水力停留时间 HRT	h	18~28
污泥回流比 R	%	75~150
总处理效率 η	%	>95(BOD$_5$)

氧化沟在工程应用中比较有代表性的形式有：多沟交替式氧化沟（如三沟式、五沟式）及其改进型、卡鲁塞尔（Carrousel）氧化沟及其改进型、奥贝尔（Orbal）型氧化沟及其改进型、一体化氧化沟等。

（1）卡鲁塞尔（Carrousel）氧化沟。Carrousel 氧化沟是一类多沟串联污水生化处理系统，进水与回流活性污泥混合后，沿水流方向在氧化沟的闭合渠道内做无终端的循环流动（图 13-10）。一般在池的一端安装立式表面曝气机，每组沟安装一个，均安设在一端，这样不仅起到曝气供氧的作用，而且起到搅拌混合的作用，并向混合液传递水平循环动力。表面曝气机的定位布置形成了"在装置下游混合液的溶解氧浓度较高，随着水流沿沟长的流动，溶解氧浓度逐渐下降"的变化趋势。利用这种浓度梯度变化形成了好氧区、缺氧区。Carrousel 氧化沟除了能获得较高的 BOD 去除率外，同时还能在同一池中实现了硝化和反硝化的生物脱氮效果。

当污水负荷较低时，可以关停部分表曝机或通过变频以较低的转速运行，在保证水流搅拌混合循环的前提下节约能耗。在正常的设计流速下，Carrousel 氧化沟渠道中混合液的流量是进水流量的 50～100 倍，曝气池中的混合液平均每 5～20min 完成一个循环。

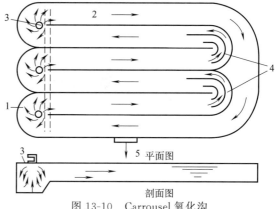

图 13-10 Carrousel 氧化沟
1—进水；2—氧化沟；3—表面机械曝气器；
4—导向隔板；5—处理水

实践证明，Carrousel 氧化沟具有适用范围广、投资省、处理效率高、可靠性好、管理方便和运行维护费用低等优点。Carrousel 氧化沟的设计参数可参考以下选取：

① 氧化沟断面多为矩形或梯形，平面形状多为长椭圆形，沟内水深一般为 2.5～4.5m，亦有达 7m 水深的；

② 宽深比为 2：1；

③ 沟中水流平均速度应大于 0.3m/s；

④ 混合液在好氧区中溶解氧 DO 的浓度大约 2～3mg/L；

⑤ 水力停留时间为 10～24h；

⑥ 污泥龄为 15～30d。

传统的 Carrousel 氧化沟虽然可以有效去除 BOD，但脱氮除磷的能力有限。为了进一步提高 Carrousel 氧化沟的脱氮除磷效果，在传统的 Carrousel 氧化沟的基础上又开发了 Carrousel 2000 型氧化沟和 Carrousel 3000 型氧化沟等，在此不做介绍。

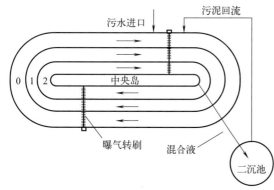

图 13-11 Orbal 型氧化沟

（2）奥贝尔（Orbal）型氧化沟。Orbal 型氧化沟由几条同心的椭圆或圆形沟渠组成，沟渠之间采用隔墙分开（隔墙下部设有一定比例面积的通水窗），形成多条环形渠道（图 13-11）。每条渠道相当于单独的反应器。根据需要可设两条、三条和四条沟渠，常为三条沟渠形式。三条沟渠形式为废水由外沟渠进入，与回流污泥混合，在不断循环的同时，依次由外沟渠进入中间沟道再进入内沟渠，最后，混合液自内沟渠经中心岛内的堰门排出，进入沉淀池。

当脱氮要求较高时，可以增设内回流系统（由内沟道回流到外沟道），提高反硝化程度。

Orbal 型氧化沟每个沟道内混合液的流态为完全混合式，其同心圆结构类似于多级串联反应器，整体形成推流式流态。对三沟系统，运行时外沟平均 DO 保持在<0.5mg/L，中沟为 1.0～1.5mg/L，内沟为 2.0～2.5mg/L。外沟内可以去除 80% 以上的 BOD，且具有较好的脱氮功能。在外沟形成交替的好氧和大区域的缺氧环境，较高程度地发生"同步硝化反硝

化"，即使在不设内回流的条件下，也能获得较好的脱氮效果。中沟起到互补调节作用，提高了运行的可靠性和可控性。内沟好氧出水，增设混合液内回流系统（由内沟回流到外沟），内沟中产生的硝酸盐氮在外沟中进行反硝化，以提高反硝化程度。

Orbal 型氧化沟还具有工艺流程简单的优点，一般适用于 20 万立方米每天以下规模的工业有机废水处理，其设计参数可参考：MLSS 为 4000～6000mg/L；沟渠断面形状多为矩形或梯形；各沟渠宽度由工艺设计确定，一般≤9m；设计水深一般为 4.0m；各沟道横跨安装有不同数量的转盘或转碟曝气进行供氧兼有较强的推流搅拌作用，转盘的浸没深度控制在 230～530mm，沟中水平流速为 0.3～0.6m/s；对三沟渠系统，外沟体积占整个氧化沟总体积的 60%，中沟体积占总体积的 20%～30%，内沟体积占总体积的 10%～20%。

（3）氧化沟的改造和辅助处理方法。氧化沟也可结合其他活性污泥法特点进行改造，如，双凤氧化沟是基于 A/A/O 工艺中对不同处理单元的设计要求，形成的改进型氧化沟工艺，其进一步提高废水处理效果。

氧化沟工艺除磷效果不佳时，宜采用化学除磷作为辅助手段。化学除磷的药剂可采用铝盐、铁盐等。用铝盐或铁盐作混凝剂时，宜投加离子型聚合电解质作为助凝剂，除磷最佳药剂种类、剂量和投加点宜通过试验确定。采用铝盐或铁盐作混凝剂时，其投加混凝剂与污水中总磷的摩尔比宜为 1.5～3。

13.2.3 生物膜法

生物膜法是通过附着生长于某些固体物表面的微生物（即生物膜）处理有机污水的方法。生物膜是由高度密集的好氧菌、厌氧菌、兼性菌、真菌、原生动物以及藻类等组成的生态系统，其附着的固体介质称为滤料或载体。

生物膜自滤料向外可分为厌氧层、好氧层、附着水层、运动水层（图 13-12）。生物膜首先吸附附着水层的有机物，由好氧层的好氧菌将其分解，再进入厌氧层进行厌氧分解，流动水层则将老化的生物膜冲掉以生长新的生物膜，如此往复以达到净化污水的目的。

生物膜法在废水处理中应用广泛，适用于各种类型的有机工业废水处理。其中，生物滤池和生物接触氧化法等是常见的生物膜法处理工艺。

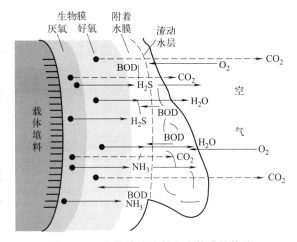

图 13-12　生物滤池滤料上生物膜的构造

13.2.3.1 生物滤池

生物滤池是生物膜反应器的最初形式，在工业有机废水处理中应用广泛。生物滤池中填放碎石或其他坚固块料作为滤料，当废水通过滤料时，废水中的有机物及微生物被滞留在滤料表面，逐渐覆盖整个滤料形成生物膜。生物膜有吸附胶质、溶解的有机物与微生物的巨大能力，能减少废水中的污染物；同时足量空气在滤料间促使生物膜中的好氧微生物大量繁殖，从而能迅速将废水中的有机物氧化分解，使废水净化。

利用生物滤池处理有毒有害的工业废水时，宜先用生活污水通过滤料形成生物膜，然后将少量工业废水加入生活污水，逐渐增加至合适量，使生物膜内的好氧微生物能适应废水中的有害物质而生长繁殖，将废水中的有害物质分解。

常见的生物滤池工艺包括低负荷生物滤池法、高负荷生物滤池法、塔式生物滤池法和曝气生物滤池法等。在此主要介绍曝气生物滤池。曝气生物滤池又称生物曝气滤池，是由接触氧化和过滤相结合的一种生物滤池，采用人工曝气、间歇性反冲洗等措施，主要用于有机污染物和悬浮物的去除。根据废水的水质条件，曝气生物滤池前宜设沉砂池、初次沉淀池或混凝沉淀池、除油池、厌氧水解池等预处理，进水的悬浮固体浓度不宜大于60mg/L。根据处理污染物的不同，曝气生物滤池可分为碳氧化型、硝化型、后置反硝化型或前置反硝化型等。碳氧化、硝化和反硝化过程可在单级曝气生物滤池内完成，也可分别在多级曝气生物滤池内完成。

曝气生物滤池反应器为周期运行，从开始过滤到反冲洗完毕为一个完整的周期。上向流式曝气生物滤池（图13-13）工艺流程为：经预处理的废水从滤池底部进入滤料层，滤料层下部设有供氧的曝气系统进行曝气，气水为同向流。在滤池中，有机物被微生物氧化分解；另外，由于堆积的滤料层内和微生物膜内部存在厌氧/缺氧环境，在硝化的同时可实现部分反硝化。滤池上部的出水可直接排出系统。随着过滤的进行，由于滤料表面新产生的生物量越来越多，截留的悬浮物不断增加，在开始阶段滤池水头损失增加缓慢，当固体物质积累达到一定程度，

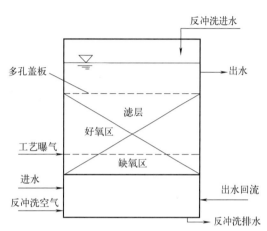

图13-13 上向流式曝气生物滤池

水头损失就会达到极限。此时悬浮物发生穿透，就必须对滤池进行反冲洗，以除去滤床内过量的微生物膜及悬浮物，恢复其处理能力。曝气生物滤池的反冲洗采用气水联合反冲，反冲洗水为经处理后的达标水，反冲洗空气来自滤板下部的反冲洗气管。反冲洗时关闭进水和曝气，先单独气冲，然后气水联合冲洗，最后进行水漂洗。反冲洗时滤料层有轻微膨胀，在气水对滤料的流体冲刷和滤料间的相互摩擦下，老化的生物膜与被截留的悬浮物与滤料分离，冲洗下来的生物膜及悬浮物随反冲洗排水排出滤池，反冲洗排水回流至预处理系统。

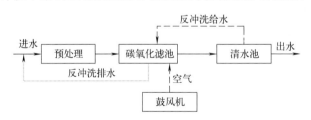

图13-14 单级碳氧化曝气生物滤池的工艺流程

曝气生物滤池可根据废水特性和处理要求选择合适的工艺流程，当主要去除废水中含碳的有机物时，可采用单级碳氧化曝气生物滤池，工艺流程如图13-14所示。当进水碳源充足且出水水质对总氮去除要求较高时，宜采用前置反硝化滤池＋硝化曝气生物滤池组合工艺，工艺流程如图13-15所示。

曝气生物滤池作为一种膜法污水处理工艺，具有以下特点。

① 具有较高的生物浓度和较高的有机负荷。曝气生物滤池采用的为粗糙多孔的球状滤料，为微生物提供了适宜的生长环境，易于挂膜及稳定运行，可在滤料表面和滤料间保持较多的生物量，单位体积内微生物量（可达10～15g/L）远大于活性污泥法中的微生物量（约

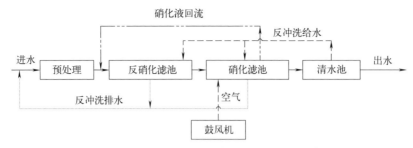

图 13-15 前置反硝化滤池＋硝化曝气生物滤池两级组合的工艺流程

4g/L），高浓度的微生物量使得曝气生物滤池的容积负荷增大，减少了池容和占地面积。

② 出水水质好。由于滤料的机械截留作用以及滤料表面的微生物和代谢中产生的黏性物质形成的吸附作用，出水的悬浮物一般不超过 10mg/L，同时，因进行周期性的反冲洗，生物膜可有效更新，生物膜活性较高，可保证高质量的出水水质。

③ 抗冲击负荷能力强。由于整个滤池中分布着较高浓度的微生物，可一定程度抵抗有机负荷、水力负荷的冲击，同时无污泥膨胀问题。

④ 氧的传输效率高。曝气生物滤池中曝气量明显低于一般生物处理，氧的利用率可达 20%～30%。其主要原因是：因滤料粒径小，气泡在上升过程中不断被切割成小气泡，加大了气液接触面积，提高了氧的利用率；气泡在上升过程中，由于滤料的阻挡和分割作用，使气泡必须经过滤料的缝隙，延长了其停留时间，同样有利于氧的传质。

⑤ 启动周期短。曝气生物滤池调试时间短，一般只需 7～12d，而且不需接种污泥，采用自然挂膜驯化。

⑥ 菌群结构合理。在曝气生物滤池中从上到下形成了不同的优势菌种，因此使得除碳、硝化/反硝化能在一个池子中发生。

13.2.3.2 生物接触氧化法

生物接触氧化法也称淹没式生物滤池，其是在反应池内充填一定密度的填料并在池内进行曝气，废水浸没全部填料并与填料上的生物膜广泛接触，在微生物新陈代谢功能的作用下，废水中的有机物氧化分解得以去除（图 13-16）。

生物接触氧化法池内对废水进行曝气充氧，使废水处于流动状态，以保证废水与填料充分接触。好氧微生物所需的氧由鼓风曝气供给，当生物膜生长至一定厚度后，填料壁的微生物会因缺氧而进行厌氧代谢，产生的气体及曝气形成的冲

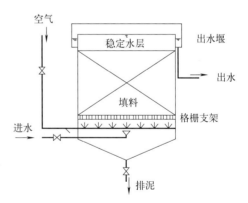

图 13-16 生物接触氧化法

刷作用会造成生物膜的脱落，并促进新生物膜的生长，此时，脱落的生物膜将随出水流出池外。

根据曝气装置与填料的相对位置，接触氧化池分为分流式 ［图 13-17 （a）］ 和直流式 ［图 13-17 （b）］。分流式生物接触氧化法是将曝气装置与填料分别设在不同的隔间内，形成曝气区与接触氧化区两部分，污水预先经过曝气充氧后，再进入填料层与生物膜相接触。分流式生物接触氧化池的优点是填料层内水流平稳，有利于生物膜的生长；缺点是冲刷力较小，不利于生物膜的脱落更新，采用蜂窝填料时，容易造成填料孔堵塞。一般适用于 BOD$_5$

值较低的有机废水的处理或用于废水的深度处理。直流式生物接触氧化法是将曝气装置直接设在填料层的下面，曝气与接触氧化在同一个池内进行。与分流式接触氧化池相比，可提高池体的利用率，而且上升气流增加了填料层的水流紊动性，促使生物膜更新加快，有利于提高生物膜的活性；缺点是曝气装置设在填料层的下面，检修不便。直流式生物接触氧化池是常用生物接触氧化池的形式，一般适用于处理 BOD 值较高的有机废水。

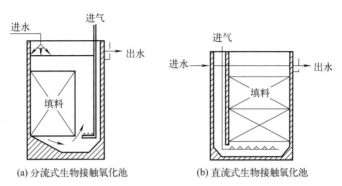

图 13-17　分流式生物接触氧化池和直流式生物接触氧化池

生物接触氧化法污水处理工艺可选用不同种类的填料，包括悬挂式填料、悬浮式填料和固定式填料等。接触氧化池应根据进水水质和处理程度确定总生物量，依据填料附着的生物量确定填料品种，依据池型、流态和施工、安装条件等选择填料类别。

生物接触氧化法的基本工艺流程由接触氧化池和沉淀池两部分组成，可根据进水水质和处理效果选用一级接触氧化池或多级接触氧化池（图 13-18）。

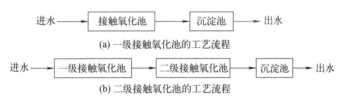

图 13-18　一级接触氧化池和二级接触氧化池的工艺流程

生物接触氧化法可单独应用，也可与其他废水处理工艺组合应用。单独使用时可用作碳氧化和硝化，脱氮时应在接触氧化池前设置缺氧池，除磷时应组合化学除磷工艺。进水的 COD≥2000mg/L 时，应增加厌氧法预处理工艺；进水可生化性较差（$BOD_5/COD<0.3$）时，宜增加水解酸化法厌氧处理工艺，以改善废水的可生化性；处理含油量大于 50mg/L 的废水时，应增设隔油池、气浮等预处理工艺；悬浮物浓度＞500mg/L 的工业废水，宜根据水质情况设置初次沉淀池，或采取混凝/沉淀或气浮等预处理工艺。

以水解酸化＋接触氧化为主体工艺的组合流程，适宜处理难降解有机废水（图 13-19），对于高浓度的工业有机废水多采用以厌氧＋接触氧化为主体工艺的生物接触氧化工艺，如图 13-20 所示。

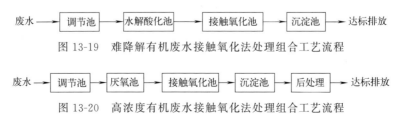

图 13-19　难降解有机废水接触氧化法处理组合工艺流程

图 13-20　高浓度有机废水接触氧化法处理组合工艺流程

生物接触氧化工艺污泥浓度高，主要存在两大类污泥：一类是生长在填料表面的生物膜的污泥；另一类是悬浮生长在混合液中间的污泥，这两部分污泥的浓度和（10～20g/L）高于活性污泥法和生物滤池，因此生物接触氧化工艺可在较高的容积负荷 [3～6kgBOD$_5$/(m^3·d)] 下运行。通常情况下不需要设置污泥回流，不存在污泥膨胀的问题，所以运行管理相对简单。此外，由于污泥浓度较高，对废水水量和水质的波动有较强的适应能力；作为一种生物膜法，污泥的产量也略低于活性污泥法。综上，生物接触氧化技术可广泛运用于石油化工、农药、印染、轻工造纸和食品加工等工业有机废水的处理中。

13.2.4 厌氧生物处理

厌氧生物处理是在厌氧条件下，通过厌氧菌和兼性菌的代谢作用，对有机物进行生化降解的过程。厌氧生物反应包括水解、酸化和甲烷化三个大的阶段（图 13-21）。第一阶段是水解发酵阶段，复杂的有机物被细菌的胞外酶水解成简单的有机物，例如，纤维素被纤维素酶水解为纤维二糖与葡萄糖，淀粉被淀粉酶分解为麦芽糖和葡萄糖，蛋白质被蛋白质酶水解为短肽与氨基酸等。这些小分子的水解产物能够溶解于水并透过细胞膜为细菌所利用。同时，水解产生的简单有机物在产酸菌的作用下经过厌氧发酵和氧化转化为乙酸、丙酸、丁酸等脂肪酸和醇类等。第二阶段是产氢产乙酸阶段，在进入甲烷化阶段之前，产氢产乙酸菌把代谢中间产物乙酸化，转化成乙酸合氢，并有 CO$_2$ 产生。第三阶段是甲烷

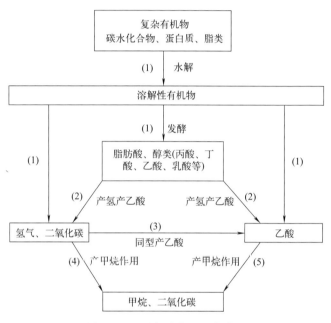

图 13-21 厌氧消化的三个阶段

（1）—发酵性细菌；（2）—产氢产乙酸菌；（3）—同型产乙酸菌；
（4）—利用 H$_2$ 和 CO$_2$ 的产甲烷菌；（5）—分解乙酸的产甲烷菌

化阶段。乙酸、氢气、碳酸、甲酸和甲醇被转化为甲烷、CO$_2$ 和新的细胞物质。

厌氧生物处理工艺可分为厌氧活性污泥法和厌氧生物膜法。厌氧污泥法包括水解酸化池、升流式厌氧污泥床、厌氧膨胀颗粒污泥床等；厌氧生物膜法包括厌氧生物滤池、厌氧流化床和厌氧生物转盘等。

13.2.4.1 水解酸化反应器

在工业有机废水处理中水解酸化处理可将难生物降解的物质转变为易生物降解物质，提高废水的可生化性，以利于后续的好氧处理。水解酸化反应器是指将厌氧生物反应控制在水解和酸化阶段，利用厌氧或兼性菌在水解和酸化阶段的作用，将污水中悬浮性有机固体和难生物降解的大分子物质（包括碳水化合物、脂肪和脂类等）水解成溶解性有机物和易生物降解的小分子物质，小分子有机物再在酸化菌作用下转化成挥发性脂肪酸的污水处理装置。

从机理上讲，水解和酸化是厌氧消化过程的两个阶段。水解阶段，大分子量有机物因相对分子尺寸较大，难以透过细胞膜被细菌直接利用，被细菌胞外酶分解为小分子。酸化阶段，水解生成的小分子化合物在酸化菌的细胞内转化为更为简单的化合物并被分泌到细胞外，主要产物为各种有机酸。

水解酸化反应器的类型主要包括升流式水解酸化反应器、复合式水解酸化反应器及完全混合式水解酸化反应器等。升流式水解酸化反应器主要由池体、布水装置、出水收集装置、排泥装置组成，反应器的结构如图 13-22 所示。水解酸化反应器中水解酸化微生物与悬浮物形成污泥层，废水通过布水装置自反应器底部均匀上升至顶部出水堰排出过程中，污泥层可截留污水中悬浮物，并在水解酸化微生物作用下降解有机物、提高废水可生化性等。

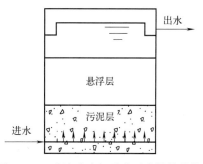

图 13-22 升流式水解酸化反应器的结构

水力停留时间是水解酸化工艺设计和运行的重要参数。通常，处理可生化性较好、非溶解性 COD 比例 >60% 的啤酒废水、屠宰废水、食品废水、制糖废水时水力停留时间可采用 2～6h；处理可生化性一般、非溶解性 COD 比例 30%～60% 的造纸废水、焦化废水、煤化工废水、石化废水、制革废水、含油废水、纺织染整废水等，包括工业园区废水的水力停留时间需延长至 4～12h；而处理可生化性较差的难降解工业有机废水时，水力停留时间需长于 10h。

水解酸化反应器可提高泥龄来控制反应器中优势菌群的种类，从而使反应器处于最佳的水解酸化状态。在常规的厌氧条件下，水解产酸菌与产甲烷菌生长速度不同，前者高于后者，当水解酸化泥龄较小时，甲烷菌的数量将逐渐减少，直到完全淘汰。

由于水解酸化法只是对有机物进行了初级分解，对 COD 的去除率不高，后续必须通过厌氧消化或者好氧处理才能使有机物彻底分解、矿化稳定，在工程应用中一般只作为有机废水的预处理工艺应用。水解酸化法一般与好氧处理相结合，也可与厌氧处理、物化处理相结合。若进水可生化性较好，且 COD 浓度 >1500mg/L，水解酸化法反应器内易进入厌氧产甲烷阶段，影响工艺运行，应选择其他厌氧反应器。

水解酸化反应器具有以下特点：水解、产酸阶段的产物主要为小分子的有机物，可生物降解性一般较好，可减少后续处理的反应时间和处理的能耗；水解酸化过程可以使固体有机物液化、降解，能有效减少废弃污泥量。

13.2.4.2 升流式厌氧污泥床反应器

(1) UASB 的原理。升流式厌氧污泥床反应器（UASB）是应用最广泛的厌氧生物处理技术之一。UASB 由污泥反应区、气液固三相分离器（包括沉淀区）和气室三部分组成，UASB 的构造如图 13-23 所示。废水由底部均匀地引入反应器，废水向上通过包含颗粒污泥或悬浮层絮状污泥的污泥床，在废水与污泥颗粒的接触过程中发生厌氧反应，在厌氧状态下产生的沼气（主要是 CH_4 和 CO_2），引起内部循环，这对于颗粒污泥的形成和维持有利。沉淀性能较差的污泥颗粒或絮体在气流的作用下于反应器上部形成悬浮污泥层。在污泥层形成的一些气体附着在污泥颗粒上，与混合液一起上升，当消化液（含沼气、污水和污泥的混合液）上升到三相分离器时，气体受反射板的作用折向气室而与消化液分离；污泥和污水进入上部沉淀区，受重力作用泥水分离，上清液从沉淀区上部排出，污泥被截留于沉淀区下部，并通过斜壁靠重力自动返回反应区内，集气室收集的沼气内由气管排出反应器。三相分

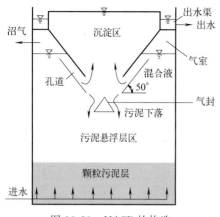

图 13-23　UASB 的构造

离器的工作，可以使混合液中的污泥沉淀分离并重新絮凝，有利于提高反应器内的污泥浓度，而高浓度的活性污泥是 UASB 高效稳定运行的重要条件。

（2）UASB 的组成。UASB 主要由下列几部分组成。

①进水配水系统。进水配水系统设在反应器底部，主要功能是将废水尽可能均匀地分配到整个反应器，使有机物均匀分布，并具有一定的水力搅拌功能，使污水与微生物充分接触。它是反应器高效运行的关键之一。

②反应区。包括污泥床区和污泥悬浮层区，是 UASB 的核心区，也是富集厌氧微生物的区域。废水与厌氧污泥在这里充分接触，产生强烈的厌氧反应，有机物主要在这里被厌氧菌所分解。污泥床主要由沉降性能良好的厌氧颗粒污泥组成，浓度可达 50～100g/L 或更高。污泥悬浮层主要靠反应过程中产生的气体的上升搅拌作用形成，污泥质量浓度较低，一般在 5～40g/L 范围内。

③三相分离器。由沉淀区、集气罩、回流缝和气封组成，其功能是把沼气、污泥和液体分开。污泥经沉淀区沉淀后由回流缝回流到反应区，沼气分离后进入气室。三相分离器的分离效果将直接影响反应器的处理效果。

④出水系统。其作用是把沉淀区液面的澄清水均匀地收集起来，排出反应器。出水是否均匀对处理效果有很大影响。

⑤气室。也称集气罩，其作用是收集沼气。

⑥浮渣清除系统。其功能是清除沉淀区液面和气室表面的浮渣。如浮渣不多可省略。

⑦排泥系统。其功能是定期均匀地排除反应区的剩余厌氧污泥。

（3）UASB 中三相分离器的要求。三相分离器是 UASB 的重要组成部分，它对污泥床的正常运行和获得良好的出水水质起十分重要的作用。三相分离器应满足以下几点要求。

①混合液进入沉淀区之前，必须将其中的气泡予以脱出，防止气泡进入沉淀区影响沉淀。

②沉淀器斜壁角度约可大于 $45°$。

③沉淀区的表面水力负荷应在 $0.7m^3/(m^2 \cdot h)$ 以下，进入沉淀区前，通过沉淀槽低缝的流速不大于 $2m/(m^2 \cdot h)$。

④应防止集气器内产生大量泡沫。

（4）UASB 的分类。根据不同废水水质，UASB 的构造有所不同，主要可分为开放式和封闭式两种。开放式 UASB 的特点是反应器的顶部敞开，不收集沉淀区液面释放出的沼气，有时虽然也加盖，但不一定密封。这种 UASB 主要适用于处理中低浓度的有机废水，中低浓度废水经反应区后，出水中的有机物浓度已较低，所以在沉淀区产生的沼气数量较少，一般不回收。这种形式的反应器构造比较简单，易于施工安装和维修。封闭式 UASB 的特点是反应器的顶部是密封的。封闭式 UASB 三相分离器的构造也与前者有所不同，其不需要专门的集气室，而在液面与池顶之间形成一个大的集气室，可以同时收集到反应区和沉淀区产生的沼气。封闭式 UASB 适用于处理高浓度有机废水或含硫酸盐较多的有机废水。因为处理高浓度有机废水时，在沉淀区仍有较多的沼气逸出，必须进行回收，并可较好地防止臭气释放。这种形式的反应器的池顶可以是固定的，也可做成浮盖式的。

（5）UASB的进水要求和使用场合。UASB设计水质应根据进入废水处理厂的工业废水的实际测定数据确定，通常进入UASB的进水需满足以下要求。

① pH值宜为6.0～8.0。

② 常温厌氧温度宜为20～25℃，中温厌氧温度宜为35～40℃，高温厌氧温度宜为50～55℃。

③ 营养组合比（COD_{Cr}：氨氮：磷）宜为（100～500）：5：1。

④ BOD_5/COD_{Cr}的值宜大于0.3。

⑤ 进水中悬浮物浓度宜小于1500mg/L。

⑥ 进水中氨氮浓度宜小于2000mg/L。

⑦ 进水中硫酸盐浓度宜小于1000mg/L。

⑧ 进水中COD_{Cr}浓度宜大于1500mg/L。

⑨ 严格控制重金属、氰化物、酚类等物质进入厌氧反应器的浓度。

如果不能满足进水要求，宜采用相应的预处理措施。在满足进水要求情况下，运行良好的UASB对COD_{Cr}去除率为80%～90%、BOD_5去除率为70%～80%、悬浮物去除率为30%～50%。

UASB主要适用于酒精、制糖、啤酒、淀粉加工、各类发酵工业、皮革、罐头、饮料、牛奶与乳制品、蔬菜加工、豆制品、肉类加工、造纸、制药、石油精炼及石油加工、屠宰等各种中、高浓度工业废水处理工程。UASB废水处理厂（站）主要由预处理、UASB、后续处理、剩余污泥、沼气净化及利用系统组成，UASB工艺流程如图13-24所示。

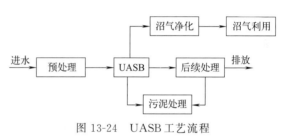

图13-24 UASB工艺流程

工业废水中常含有毒化合物，而UASB厌氧处理中甲烷菌对毒性物质往往比发酵菌更为敏感，因此，毒性物质的存在及其浓度是影响厌氧处理的重要因素。进水氨氮浓度最好控制在800mg/L以内，可通过稀释废水，或者从废水中去除氨氮源，或添加不含氮的有机废水，调节废水的碳氮比等方式实现。当废水中含有高浓度的硫酸盐时，会对厌氧反应产生不利的影响，硫酸盐离子的浓度应<1000mg/L。如废水中含有重金属、碱土金属、三氯甲烷、氰化物、酚类、硝酸盐和氯气等有毒物质，必须考虑对废水进行必要的预处理。

（6）UASB的主要特点

① 利用微生物细胞固定化技术使污泥颗粒化。UASB利用形成的颗粒化厌氧污泥，实现了水力停留时间和污泥停留时间的分离，从而延长了污泥泥龄，保持了高浓度的污泥。

② 由产气和进水的均匀分布所形成的良好的自然搅拌作用，在UASB中，颗粒厌氧污泥具有良好的沉降性能和高比产甲烷活性，且相对密度比人工载体小，靠产生的气体来实现污泥与废水的充分接触，节省了搅拌和回流污泥的设备和能耗，也无需附设沉淀分离装置。同时反应器内不需投加填料和载体，提高了容积利用率。

③ 容积负荷率高。对中高浓度有机废水容积负荷可达20kgCOD/（m^3·d），COD去除率均可稳定在80%左右。

④ 污泥产量低与传统好氧工艺相比，污泥产量低，污泥产率一般为0.05～0.10kgVSS/

kgCOD，仅为活性污泥产泥量的 1/5 左右。反应器产生的剩余污泥又是新厌氧系统运行所必需的菌种。

13.2.4.3 厌氧膨胀颗粒污泥床反应器

（1）EGSB 的构造与运行。厌氧膨胀颗粒污泥床反应器（EGSB）是继 UASB 之后的一种新型厌氧反应器，其构造与 UASB 较为相似，可以分为进水配水系统、反应区、三相分离区、沉淀区和出水渠系统，与 UASB 的不同之处是，EGSB 反应器设有内、外循环系统（图 13-25）。

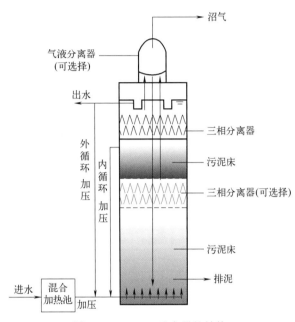

图 13-25 EGSB 反应器的结构

虽然在结构形式、污泥形态等方面与 UASB 非常相似，但其工作运行方式与 UASB 截然不同，较高的上升流速使颗粒污泥床处于膨胀状态，不仅能使进水与颗粒污泥充分接触，提高传质效率，而且有利于废水中有机组分和代谢产物在颗粒污泥内外的扩散、传送，保证了反应器在较高的容积负荷条件下的正常运行。资料表明，EGSB 可在 1~2h 的水力停留时间下，取得 UASB 需要 8~12h 才能达到的效果。

待处理的工业有机废水由 EGSB 底部的布水器进入反应器内，在水流均匀向上流动的过程中，废水中的有机组分与反应区内的厌氧污泥充分接触，进而被厌氧微生物分解利用，其中难降解的高分子有机物可被降解为小分子的挥发性有机酸和沼气，废水混合液到达三相分离器区域后进行气、固、液分离后，沼气由气室收集，污泥由沉淀区沉淀后受重力作用回到反应区，沉淀后的出水以溢流的形式从反应器顶部排出。EGSB 能够保持很高的生物量，且在短时间内形成颗粒污泥。由于颗粒污泥的沉降性好，加上三相分离器的有效截留，因此在较高水力上升流速下颗粒污泥仍可保留在反应器中。而且，较高的上升流速缩短了水力停留时间，也减小了反应器容积。

（2）EGSB 的特点。与 UASB 相比，EGSB 具有以下特点。

① EGSB 能在高负荷下取得高处理效率，在处理 COD_{Cr} 浓度低于 10000mg/L 的废水时仍能有很高的负荷和去除率。

② EGSB 内能维持很高的上升流速，UASB 中最大上升速度不宜超过 0.5m/h，而 EGSB 可高达 3~7m/h。

③ 可采用较大的高径比（3~8），细高型的 EGSB 构造可有效减小占地面积。

④ EGSB 对布水系统要求较为宽松，但对三相分离器要求更为严格。高水力负荷使得反应器内搅拌强度加大，在保证颗粒污泥与废水充分接触的同时，有效地解决了 UASB 常见的短流、死角和堵塞问题，但高水力负荷和生物气浮力搅拌的共同作用使污泥易流失。因此，三相分离器的设计成为 EGSB 高效稳定运行的关键。

⑤ EGSB 采用处理水回流技术，对于常温和低负荷有机废水，回流可增加反应器的水力负荷，保证处理效果。对于超高浓度或含有毒物质的废水，回流可以稀释进入反应器内的

基质浓度和有毒物质浓度，降低其对微生物的抑制和毒害，这是 EGSB 区别于 UASB 最为突出的特点之一。

（3）EGSB 的应用。EGSB 可以应用于各种类型、浓度的工业废水处理中，如制酒废水、制糖废水、造纸废水、饮料加工废水、食品加工废水、农产品加工废水、屠宰废水等。除此以外，EGSB 对硫酸盐废水、有毒性废水、难降解废水也有很好的效果。然而 EGSB 处理工业废水时，需前置预处理工艺。例如以薯干为原料的酿酒废水和禽类加工废水、畜禽粪便废水等，常含有砂砾等无机颗粒，为有效防止无机固体在反应器内积累，应设置沉砂池进行预处理；造纸废水和淀粉加工废水中含有大量悬浮物，为防止有机性悬浮物流入 EGSB，造成有机物负荷的增加，同时为有效防止无机固体在反应器内积累，应设置初沉池进行预处理。此外，企业废水一般间歇排放，水质、水量波动较大，而厌氧反应对水质、水量较大的冲击负荷比较敏感，所以设置调节池以稳定水质水量，保证系统的处理负荷在平稳的范围内波动。

生物法具有处理效果好、运行成本低、操作简便等优点。然而，生物处理也存在一些不足，如处理时间较长、对某些难降解有机物的处理效果不佳等。因此，针对不同种类的废水，需要选择不同的生物处理方法和技术，还可与其他化学处理法相结合。此外，需要注意的是，与一般城市污水处理厂中采用的生物法去除生活污水中有机物相比，工业废水中有机物种类更为复杂，因此，在工艺流程设计、运行参数选取等方面需要进行针对性改进。

13.3 化学处理法去除工业废水中有机组分

化学处理法去除工业废水中有机组分是通过各种化学反应和传质作用来分离和去除废水中呈溶解、胶体状态的有机组分或将其转化为无害物质。与生物处理法相比，化学处理法能够较为快速、高效地去除和矿化降解有机污染物，因此，既可以用于生物处理的预处理工艺，也可置于生物处理的后端用于深度净化废水。工业废水处理中广泛采用的化学处理法主要有高级氧化技术和催化微电解处理技术等。

13.3.1 高级氧化技术

高级氧化技术（AOPs）是利用强氧化性的自由基来降解有机污染物的技术，泛指反应过程有大量羟基自由基（·OH）等自由基参与的化学氧化技术。高级氧化技术的原理是在反应中运用催化剂、氧化剂等产生活性极强具有强氧化性的自由基，再通过自由基与污染物之间的加合、取代、电子转移等使污染物全部或接近全部矿化，将废水中的有机物质转化为低毒或无毒产物，从而实现绿色排放。此过程产生的自由基种类已被发现的有·OH、硫酸根自由基（·SO_4^{2-}）、超氧自由基（·O_2^-）等，其中研究最为广泛的是·OH。主要手段包括芬顿法、臭氧活性炭法、光催化氧化法等。

13.3.1.1 芬顿氧化法

英国化学家芬顿（H. J. H. Fenton）于 1894 年发现 Fe^{2+} 和过氧化氢共存的液体有很强的氧化性，能够快速氧化有机物，处理难降解有机废水效果很好。1964 年，国际上首次将芬顿试剂应用于处理环境污染物，利用芬顿试剂处理烷基苯和苯酚废水。此后，芬顿氧化法得到了广泛的关注和研究，不断出现改进的芬顿氧化法及与其他废水处理技术联用的方法。

芬顿氧化法主要通过自由基氧化和絮凝这两个过程处理废水，其一般原理是过氧化氢（H_2O_2）被 Fe^{2+} 催化分解生成·OH，并引发产生更多的其他自由基，可对有机污染物进行彻底的氧化分解。·OH 具有较高的电负性或电子亲和能，比其他氧化剂具有更高的氧化电极电位（$E = 2.80eV$），能够夺取有机物分子中的 H 原子，生成游离自由基 R·，R·可进一步降解为小分子有机物或者发生裂变降解为无害物，继而转化成 CO_2 和 H_2O 等。同时，芬顿试剂在处理有机工业废水时会产生铁水配合物，起到絮凝剂的作用。

芬顿氧化反应体系很复杂，关于其机理曾经提出了多种解释，一般认为芬顿试剂中，H_2O_2 在 Fe^{2+} 的催化下，产生活泼的·OH，从而引发和传递链反应，加速有机物和还原性物质的氧化反应，反应过程如下。

链的引发：
$$Fe^{2+} + H_2O_2 \longrightarrow Fe^{3+} + \cdot OH + OH^-$$
$$Fe^{3+} + H_2O_2 \longrightarrow Fe^{2+} + HO_2 \cdot + H^+$$

链的传递：
$$HO_2 \cdot + H_2O_2 \longrightarrow O_2 + H_2O + \cdot OH$$
$$RH + \cdot OH \longrightarrow R \cdot + H_2O$$

链的终止：
$$R \cdot + Fe^{3+} \longrightarrow R^+ + Fe^{2+}$$
$$R^+ + O_2 \longrightarrow ROO^+ \longrightarrow CO_2 + H_2O$$

·OH 产生的反应步骤控制了整个反应的速率。·OH 通过与有机物反应逐渐被消耗，Fe^{3+} 能催化降解 H_2O_2 使之变为 O_2 和 H_2O。在 H_2O_2 的存在下，Fe^{3+} 可以通过反应再生为 Fe^{2+}，这样通过铁的循环，源源不断地产生·OH。因此，芬顿氧化技术在废水处理中表现出以下特点：pH 值对芬顿试剂反应的影响较大；过氧化氢投加量和 Fe^{2+} 投加量对·OH 的产生具有重要影响。因此，选择适宜芬顿反应的条件对废水处理的效果至关重要。

芬顿氧化法主要适用于含难降解有机物废水的处理，如造纸工业废水、染整工业废水、煤化工废水、石油化工废水、精细化工废水、发酵工业废水、垃圾渗滤液等废水及工业园区集中废水处理厂废水等的处理。

芬顿氧化法的进水应符合以下条件：在酸性条件下易产生有毒有害气体污染物（如硫离子、氰根离子等）的不应进入芬顿氧化工艺单元；进水中悬浮物浓度宜小于 200mg/L；应控制进水中 Cl^-、$H_2PO_4^-$、HCO_3^-、油类和其他影响芬顿氧化反应的无机离子或污染物的浓度，其限制浓度应根据试验结果确定。

当废水水质难以满足芬顿氧化法要求时应根据进水水质采取相应的预处理措施：

① 芬顿氧化法用于生化处理预处理时，可设置粗、细格栅、沉砂池、沉淀池或混凝沉淀池，去除漂浮物、砂砾和悬浮物等易去除污染物；

② 芬顿氧化法用于废水深度处理时，宜设置混凝沉淀或/和过滤工序进行预处理；

③ 进水中溶解性磷酸盐浓度过高时，宜投加熟石灰，通过混凝沉淀去除部分溶解性磷酸盐；

④ 进水中含油类时，宜设置隔油池除油；

⑤ 进水中含硫离子时，应采取化学沉淀或化学氧化法去除；进水中含氰离子时，应采取化学氧化法去除；

⑥ 进水中含有其他影响芬顿氧化反应的物质时，应根据水质采取相应的去除措施，以消除对芬顿氧化反应的影响。

芬顿氧化法废水处理工艺流程主要包括调酸、催化剂混合、氧化反应、中和、固液分离、药剂投配及污泥处理系统，具体见图 13-26。

利用芬顿氧化法处理有机工业废水时，根据氧化反应池最佳 pH 值条件要求，应通过投

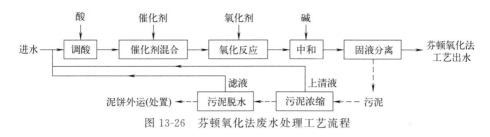

图 13-26 芬顿氧化法废水处理工艺流程

加浓硫酸或稀硫酸来调整废水的 pH 值，pH 值宜控制在 3.0～4.0。大多数废水 pH 值高于此范围，需投加浓硫酸或稀硫酸作为 pH 值调节药剂。某些废水在加酸调整 pH 值至小于 4.0 后，会产生有毒和有害气体。炼油、石化、制药、印染（硫化染料）、制革（毛皮浸灰脱毛）等行业废水中含有大量硫离子，在加酸后有大量 H_2S 有毒气体产生。这需要在 pH 值调整工序前采取化学沉淀（如硫化铁沉淀）和化学氧化（锰催化氧化）的方法将游离硫离子去除。金银的湿法提取、化学纤维的生产、炼焦、合成氨、电镀和煤气生产等行业排放废水中含有氰根离子，在加酸后有氢氰酸剧毒气体产生。这需要在 pH 值调整工序前采取化学氧化（次氯酸钠氧化）的方法将氰离子去除。

废水完成中和反应后进入固液分离系统，由于亚铁盐的存在，使得芬顿反应除通过氧化作用去除有机物之外，还具有混凝作用。在固液分离系统中，可以根据水质要求适量投加 PAC 等混凝剂或 PAM 等絮凝剂以提高混凝效率。芬顿沉淀（气浮）池中混合方式可选择管式混合器混合、水泵混合和机械混合，由于经中和反应后，亚铁盐以氢氧化物形式析出，废水中存在絮状物，因此推荐此阶段混合方式选用机械混合。

芬顿氧化法的污泥产生量主要与水量、悬浮物浓度、有机污染物种类和药剂投加量等因素有关。因废水水质不同，污泥产生量差别较大，宜通过多组试验确定污泥产量。污泥量无法通过计算获得时，可根据进水 COD 进行估算，当芬顿氧化法用于废水深度处理时，污泥产生量一般为处理水量的 5%～15%（以含水率 99% 计）；当来水悬浮物浓度较低，COD 较低时，取低值；当来水悬浮物浓度较高，COD 较高时，取高值。脱水后的污泥应按国家相关规定进行无害化处置。列入《国家危险废物名录》的污泥和经鉴定属于危险废物的污泥，应按照危险废物进行妥善储存与处置。

芬顿氧化法可作为废水生化处理前的预处理工艺，也可作为废水生化处理后的深度处理工艺。然而芬顿氧化法存在部分问题，如体系中·OH 产生速率较低，并存在大量的竞争反应。此外，芬顿氧化法需要在酸性条件下进行，出水需要调至中性，导致消耗大量药剂，增加处理费用，同时产生大量铁泥，增加了出水 COD、色度并造成二次污染的风险。运输和储存 H_2O_2 也需要较高的费用，存在安全风险。

针对传统芬顿氧化法的缺陷，研究人员将光场、电场、超声波等引入芬顿体系，并研究其他可能替代 Fe^{2+} 的过渡金属，如铈、钴、锰、铜等。目前，类芬顿法主要包括光芬顿法、电芬顿法、超声芬顿法及无铁芬顿法等。这些基于芬顿氧化法的工艺开始部分应用于工业有机废水的处理中，但仍存在部分缺陷，处于快速发展中。

13.3.1.2 臭氧-生物活性炭技术

臭氧-生物活性炭技术采用臭氧氧化和生物活性炭滤池联用的方法，可将臭氧化学氧化、臭氧灭菌消毒、活性炭物理化学吸附和生物氧化降解等技术相结合。臭氧-生物活性炭技术的主要目的是在常规处理之后进一步去除水中有机污染物、氯消毒副产物的前体物以及氨氮，降低出水中的有机污染物含量。

臭氧具有很强的氧化能力，在酸性条件下其标准氧化还原电位为 2.07V，仅次于 F_2（2.87V）。臭氧主要通过两种途径与有机物作用：臭氧分子与有机污染物间的直接氧化作用；臭氧分解后产生的·OH 与水中有机物作用。臭氧单独氧化技术传质效率较低且在水中极不稳定，造成臭氧的利用率不高，而且臭氧对有机物的降解具有选择性，对某些有机物的降解效果较差。因此，需在臭氧氧化工艺后设置其他处理单元。

活性炭具有比表面积大、高孔隙度的特性，能够迅速吸附水中的溶解性有机物，也能聚集水中大量的微生物。因此，活性炭表面聚集的微生物能以这些溶解性有机物为营养源，同时炭床中生长繁殖的大量好氧微生物吸附降解小分子有机物，在活性炭表面形成了一层有生物吸附和氧化降解双重作用的生物膜。

基于活性炭能有效去除水中小分子有机物，但对大分子有机物的去除有限。废水先经臭氧氧化，使水中大分子有机物分解成小分子有机物，这样就提高了有机物进入活性炭微孔内部的可能性，可以充分利用活性炭的吸附表面，提高了出水水质，且延长了活性炭的使用周期。实际运行资料表明，臭氧-生物活性炭技术与仅使用活性炭吸附去除相比对有机物的去除能力增加了约 10 倍，活性炭的使用寿命延长了 6 倍，可达 3 年左右，克服了普通活性炭寿命短、需反复再生的缺陷，大大降低了工程造价。

工业有机废水处理实际运用臭氧-生物活性炭工艺多采用"臭氧接触池＋活性炭滤池"流程。臭氧接触池中臭氧由臭氧发生装置制备，臭氧发生装置单元主要由气源装置、臭氧发生器、冷却水循环装置、臭氧气体输送管道和臭氧尾气消除装置等构成，臭氧发生器是臭氧接触池的核心。

臭氧-生物活性炭工艺的具体净水效果受多种因素影响，主要包括温度、臭氧投加方案、活性炭性能及工艺形式等。除此之外，臭氧接触池构造、活性炭滤池结构、水质情况等也是影响工艺处理效果的重要因素。活性炭的物化性质，如比表面积、孔隙率、生物相容性等，也是影响臭氧-生物活性炭工艺去除废水中有机污染物的重要因素。值得注意的是，当废水中含有溴离子（Br^-）时，O_3 或 O_3 产生的·OH 能与 Br^- 反应生成副产物溴酸盐，并且溴酸根（BrO_3^-）已被认定具有致癌和致突变性，较难通过后续生物活性炭去除。因此，在运用臭氧-生物活性炭工艺处理工业有机废水时需根据进水水质灵活配置相关预处理或深度处理单元。

13.3.1.3　电化学催化氧化法

电化学催化氧化法是在一定的外加直流电源条件下，利用阴阳电极及电极板间的固体催化活性填料在电场作用下形成的粒子电极的共同作用，使废水中的难降解污染物不断地产生吸附-降解过程，实现污染物的电化学催化氧化；同时电场作用下所形成的 H_2O_2、·OH 和各种活性物质等与污水中有机物发生羟基取代反应、脱氢反应和电子转移反应，将有机物被彻底氧化分解为 CO_2 和 H_2O。

电化学催化氧化法中阳极催化氧化降解有机物的基本原理是利用有催化剂的阳极电极，使吸附在其表面的有机污染物发生催化氧化反应，使之解为无害的物质，或降解成容易进行生物降解的物质。有机污染物在催化阳极上的直接氧化按其生成物的特征分为两种过程：一是电化学直接氧化过程，其主要依靠阳极的氧化作用，将吸附在电极表面的有机污染物直接氧化降解生成小分子，把有毒物质转变为无毒物质，或把难以进行生物降解的有机污染物转化为容易进行生物降解的物质；二是间接氧化过程，通过阳极在高电势下产生的羟基自由基等活性中间体，通过对有机物产生脱氢、亲电子和电子转移作用，形成活化有机自由基，产生连锁自由基反应，使有机物迅速完全降解。因此，电化学催化氧化法在一定程度上既发挥了阳极直接氧化的作用，又利用了产生的氧化剂，显著提高了处理效率。电化学直接氧化对于含氰化物、含氮、含酚等有机废水有很好的污染物氧化降解效果。然而，直接电氧化存在两个问题，一是污染物从本体溶液向电极表面迁移是限速步骤，二是阳极表面钝化对直接电氧化过程速率的限制作用。

间接电化学氧化的一个典型例子是处理含氯有机废水时电极表面除产生·OH外，还会产生活性氯物种或含氯氧化剂（·Cl、ClO^-、Cl_2）：

$$Cl^- \longrightarrow \cdot Cl + e^-$$
$$2Cl^- \longrightarrow Cl_2 + 2e^-$$

同时还可发生反应：

$$Cl_2 + \cdot OH \longrightarrow HClO + Cl^-$$
$$Cl_2 + 2H_2O \longrightarrow HClO + H_3O^+ + Cl^- \quad \text{（酸性介质）}$$
$$Cl_2 + 2OH^- \longrightarrow ClO^- + H_2O + Cl^- \quad \text{（碱性介质）}$$
$$HClO + H_2O \longrightarrow H_3O^+ + ClO^-$$

这些含氯氧化剂活性高，可与·OH共同氧化降解许多有机污染物。在反应过程中，活性氯间接电化学氧化会伴随着很多副反应，不同的溶解pH值会对这些副反应发生的难易程度产生很大的影响。低pH值条件利于析氯反应，产生大量的活性氯有利于污染物被快速降解。在高pH值条件下，副反应中次氯酸盐会被氧化为高氯酸盐和氯酸盐，使得反应过程中产生的活性氯氧化剂减少。因此，可以通过调节溶液pH值来减少反应过程中副反应的发生，使溶液处于更有利于HClO和Cl_2产生的酸性条件，提高有机污染物的降解效果。此外，还可以通过提升溶液Cl^-的浓度和调控电流密度来提高活性氯的产量，从而促进污染物的去除效果。需注意的是，在阳极产生活性氯的过程中，次氯酸盐（ClO^-）会进一步发生氧化，生成有较高健康风险的副产物亚氯酸盐（ClO_2^-）、氯酸盐（ClO_3^-）和高氯酸盐（ClO_4^-）。

影响电化学催化氧化对有机污染物降解效果的因素有很多，包括电极材料、pH值、电解质、电流密度、有机污染物的种类等。阳极材料种类对·OH的产生量及类型起决定性的作用，同时影响到电极的析氧过电位。根据其催化性能可将阳极材料分为活性电极和非活性电极。析氧过电位较低的电极材料在电解过程中容易发生析氧副反应，这类电极被称为活性电极。反之，析氧过电位高的电极材料副反应较少，称之为非活性电极。电化学法处理废水的先决条件是废水必须有足够的电导率，因此，对某些废水常要投加电解质以提升废水的电导率。电解质的种类和浓度在很大程度上影响到电解过程中所产生氧化剂的种类和数量。常见的电解质为氯化物或者硫酸盐溶液。电流密度的大小会影响氧化剂的产量，从而影响直接电化学反应速率。通常而言，在污染物向阳极扩散不受传质作用所限的低电流密度条件下发生电解反应时，污染物的降解速率和电流效率与电流密度呈正相关。

电催化氧化技术因具有较强的还原能力与氧化能力、适应性较好、成本较低等优点而被广泛应用在含酚、醇、烃、染料、醛等有机污染物的处理上。在含酚废水中，可使用多孔碳材料作为阳极，当有机废水通过碳孔时，在电解反应的作用下，可有效去除废水中的酚类有机污染物。电催化氧化法还可与其他废水处理工艺联合使用，如与陶瓷平板膜生物反应器联合处理垃圾渗滤液。

13.3.2 铁碳催化微电解法

铁碳催化微电解法是利用金属腐蚀原理，由原电池反应、絮凝沉淀、氧化还原、电化学富集、物理吸附等过程协同完成去除污染物。因此，铁碳催化微电解法又称为内电解法、零价铁法、铁屑过滤法、铁碳微电解法等。铁碳催化微电解法具有使用范围广、工艺简单、处理效果好等特点。

铁碳催化微电解法对污染物的去除是各种机理协同完成的，主要机理有原电池反应、絮凝-沉淀、氧化还原、电化学富集、物理吸附等，发生的电化学反应过程如下：

$$阳极（Fe）：Fe-2e^- \longrightarrow Fe^{2+} \qquad E(Fe/Fe^{2+})=0.44V$$
$$Fe^{2+}-e^- \longrightarrow Fe^{3+} \qquad E(Fe^{2+}/Fe^{3+})=0.77V$$
$$阴极（C）：2H^++2e^- \longrightarrow 2[H] \longrightarrow H_2 \qquad E(H^+/H_2)=0.00V$$

反应中，产生了初生态的 Fe^{2+} 和原子 $[H]$，它们具有高化学活性，能改变废水中许多有机物的结构和特性，使有机物发生断链、开环等作用。

若有曝气，还会发生下面的反应：

$$O_2+4H^++4e^- \longrightarrow 2H_2O \qquad E(O_2/H_2O)=1.23V$$
$$O_2+2H_2O+4e^- \longrightarrow 4OH^- \qquad E(O_2/OH^-)=0.41V$$
$$Fe^{2+}+O_2+4H^+ \longrightarrow 2H_2O+Fe^{3+}$$

反应中生成的 OH^- 是出水 pH 值升高的原因，而由 Fe^{2+} 氧化生成的 Fe^{3+} 逐渐水解生成聚合度大的 $Fe(OH)_3$ 胶体絮凝剂，可以有效地吸附、凝聚水中的悬浮物及重金属离子，且吸附性能远远高于一般的 $Fe(OH)_3$，从而增强对废水的净化效果。

若额外投加 H_2O_2 可与水中的 Fe^{2+} 反应，即芬顿氧化反应，生成氧化能力极强的 $\cdot OH$：

$$Fe^{2+}+H_2O_2 \longrightarrow Fe^{3+}+\cdot OH+OH^-$$

上述过程中产生的新生态 $\cdot OH$、$[H]$、Fe^{2+}、Fe^{3+} 等能与废水中的许多组分发生氧化还原反应，比如能破坏有色废水中的有色物质的发色基团或助色基团，甚至断链，达到降解脱色的作用。

综上，催化微电解法具有以下特点。

（1）反应速度快。填料采用微孔活化技术，比表面积大，同时配加催化剂，对废水处理提供了更大的电流密度和更好的微电解反应效果，反应速率快，处理时间短。

（2）作用污染物范围广。催化微电解处理法可以达到化学沉淀除磷的效果，还可以通过还原除重金属。对含有偶氮、碳双键、硝基、卤代基结构的难除降解有机物质等都有很好的降解效果。

（3）操作方便。规整的微电解填料使用寿命长，且操作维护方便，处理过程中只消耗少量的微电解填料，降低了维护劳动强度。

（4）二次污染小。废水经微电解处理后会在水中形成原生态的亚铁或铁离子，具有比普通混凝剂更好的混凝作用，无需再加铁盐等混凝剂。

（5）应用方式多样。该产品还可应用于已建成未达标的高浓度有机废水处理工程，用于废水的预处理，可确保废水处理后稳定达标排放，也可将生产废水中浓度较高的部分废水单独引出进行微电解处理。

铁碳微电解填料是催化微电解处理技术的核心。最初使用催化微电解处理废水时多采用铸铁毛坯切削过程中的粉末状下脚料，即铸铁屑或铁刨花材料。通常将这种材料称为初代铁碳微电解填料，其主要有效成分为铁元素，其中还包括一些少量的元素，例如碳硅、锰等成分。微电解填料中铁的作用还是以还原作用为主，且在实际运行中存在铁屑结块、堵塞、填料更换困难等问题。为了提高微电解填料对废水的处理效率，开始尝试利用高温烧结微孔技术对微电解填料的制备过程进行强化处理，主要通过在铁粉和铁碳中加入结合剂（比如黏土），压制成型后无氧烧结成规整填料。初步改进后铁碳微电解填料具有类似活性炭疏松多孔结构，有较大的比表面积，能够达到增加其吸附性能的效果。通过对铁碳填料进行形状规整化处理，再加之高温烧结微孔技术处理，可明显提高填料自身的综合处理性能。虽然基本上解决了板结的问题，但由于加入了比例较大的无效成分（如黏土或膨润土），反应过程中黏土或膨润土不会消耗，致使产生的污泥量较大，且填料表面的铁消耗以后，里面的铁被黏土包围，使得反应效果开始有一定程度的下降。此后，在此填料的基础上做了更进一步的改进，几乎不用其他结合剂（如黏土），只用极细且占比较多的铁粉和碳粉，再加以微量元素，压制成型后无氧烧结即可，其铁和碳总含量能达到 98％以上。当表面的铁反应析出后，表面的碳随着构架的松动而剥离表面，即填料可保持同等的质量配比。当氧化物附着在极细颗粒的铁的表面时，其附着力很小，容易通过曝气或反冲脱落下来，并且由于制备时几乎不添加任何黏土等惰性成分，减少了污泥产量。

影响铁碳催化微电解法处理效果的因素主要有废水 pH 值、水力停留时间、处理负荷、曝气量、粒径大小、微电解材料选择及组合方式等。废水 pH 值应控制 3～6.5，酸性过强虽能促进微电解的作用，但破坏了后续的絮凝体，且铁的消耗量较大，后续处理负荷重，产生的铁泥多。随着微电解的进行，废水中的 H^+ 逐渐被消耗而导致 pH 值升高，从而使得微电解反应趋于缓和。水力停留时间是影响微电解处理效果的重要因素，其长短直接关系到微电解反应的进程。一般处理效果随停留时间延长而提高，但当到达一定时间后反应基本停止，且停留时间过长会带来铁消耗量大、返色等不利因素，停留时间不足则反应不完全。不同的废水其污染物不同，所需反应时间也差异很大。曝气有利于废水中有机组分的氧化，也增加对铁屑的搅动，减少结块，能及时去除铁屑表面沉积的钝化膜，还可增加出水的絮凝效果。但曝气量过大也影响废水与铁屑的接触时间，使有机物去除率降低。在中性条件下曝气一方面供氧，促进阳极反应的进行，另一方面也起到搅拌、振荡的作用，减弱浓差极化，加速电极反应的进行。填料的粒径是催化微电解工艺的重要参数，粒径越小，它的比表面积就越大，在废水中形成的微电池数量也越多，微电解反应的速度就越快，对废水的处理效果就越好。但在实际工程中，采用小的填料粒径会导致更为严重的填料板结问题。

铁碳催化微电解法在工业废水处理中的应用表现中具有环境友好、运行成本低、操作管理方便、应用广泛、可提高废水可生化性等优势，尤其是在难生物降解工业废水的处理中得到广泛应用。针对成分复杂、浓度高、可生化性差的焦化废水，铁碳催化微电解法可协同芬顿、类芬顿等高级氧化技术，可大幅度提高污染物去除效能、提高废水可生化性，广泛应用于印染、化工、电镀、制浆造纸、制药、洗毛、农药、酒精等各类工业废水的处理及处理水回用工程。铁碳催化微电解法对电镀废水中的 Cr^{3+}、Pb^{2+}、Zn^{2+}、Fe^{2+}、Ni^{2+} 等离子通过氧化还原、絮凝-沉淀、物理吸附等途径进行去除，可确保处理后的废水稳定达标排放（图 13-27）。此外，铁碳催化微电解法对医药废水处理效果良好，尤其含有硝基苯类化合物、抗生素类化合物等的医药废水，可显著改善叮生化性，降低生化反应单元处理鱼荷。铁碳催化微电解法可有效降低印染废水的色度、降低有机物含量、提高可生化性。

运用铁碳催化微电解法处理实际废水时，需注意以下几点。

① 微电解填料在使用前注意防水防腐蚀，运行一旦通水后应始终有水进行保护，不可

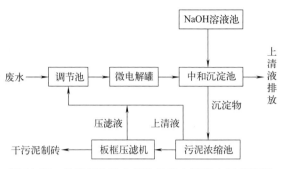

图 13-27 铁碳催化微电解法处理电镀废水工艺流程

长时间暴露在空气中，以免在空气中被氧化，影响使用。

② 微电解系统运行过程中应注意合适的曝气量，不可长时间反复曝气。

③ 微电解系统不可长时间在碱性条件下运行。

④ 油脂类废水需先进行隔油处理。

⑤ 对于一些特殊废水，铁碳催化微电解法仅仅能起到破链的作用，即把大分子链破解为稍小的小分子链物质，COD 可能会不降反升，对于这种情况，采取芬顿工艺作为后续补充工艺，两者耦合处理取得更好的处理性能。

铁碳催化微电解法作为一种废水处理工艺，目前无论从理论上还是从实践上来讲，都有待进一步完善和改进。在实际运行中，常会出现填料钝化、板结以及出水"返色"等现象，这是在实际工程中必须妥善解决的问题。催化微电解的铁碳填料经过一段时间的运行后，表面会形成钝化膜，废水中的悬浮颗粒也会部分沉积在填料表面上，这样就阻隔了填料与废水的有效接触，导致铁床处理效果降低。铁床的运行周期应通过实际运行确定，一般为 20d 左右，浸洗活化时间可采用 2~3h。此外，一些染料废水经铁床脱色后，在较短时间内出现颜色逐渐加深的现象。

13.4 工程实例

13.4.1 造纸废水

（1）工程概况。某纸业有限公司年纸张生产能力为 15 万吨，该企业产生的废水有再生浆废水、制浆废水、纸机白水、热电联产项目废水、生活污水及其他废水等，各类废水水量约为 2 万立方米每天。再生浆废水、制浆废水、纸机白水、热电联产项目废水的水量、水质情况如表 13-2 所示。

表 13-2　生产废水水质情况

项目	废水量/(m³/d)	pH 值	COD/(mg/L)	SS/(mg/L)
再生浆废水	850	6~9	≤5000	≤1000
制浆废水	8000	6~9	≤1900	≤380
纸机白水	9500	6~9	≤1200	≤1700
热电联产项目废水	2500	6~9	≤140	≤2500

（2）工艺流程。该造纸企业产生的废水中，制浆废水和纸机白水占较大比例。制浆废水主要是采用蒸煮、氧脱、漂白等工序生产针叶木浆时产生的。纸机白水中的污染物成分主要为纤维、填料、淀粉、助留剂、施胶剂、消泡剂、防腐剂和颜料等。两种废水的污染物构成有所区别，故工艺设计将两种废水分开做预处理和生化处理，以便针对水质调节加药量、培

养优势菌种。为确保造纸废水处理效果，从处理成本、处理效果、运行稳定性等方面入手，结合废水特性，确定造纸废水处理流程如图 13-28 所示。

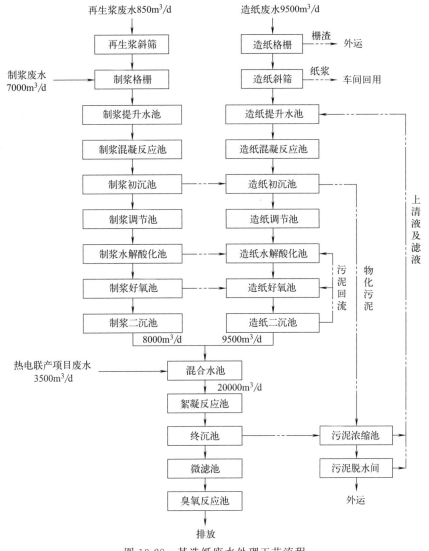

图 13-28　某造纸废水处理工艺流程
——→ 污水流向；- - -→ 固体残渣流向

（3）运行情况。工程运行后，COD 指标基本稳定在 50mg/L 以下，SS 小于 10mg/L，pH 值控制在 6~9；运行良好，出水水质稳定达标。表 13-3 为本造纸废水不同监测点出水各项指标的检测结果。

表 13-3　本造纸废水不同监测点出水各项指标的检测结果

监测单元	COD /(mg/L)	BOD /(mg/L)	SS /(mg/L)	TN /(mg/L)	NH$_3$-N /(mg/L)	色度 /度	pH /(mg/L)
混合水池进水口	≤1200	<500	<500	<60	<50	<5000	6~9
调节池	1140	<500	450	<60	<50	<5000	6~9
絮凝池	798	400	157	<60	<50	1500	6~9
水解酸化池	559	320	50	16	4	180	6~9
好氧池	84	32	50	16	4	180	6~9
终沉池	47	7	4	12	4	25	6~9

由表 13-3 的监测数据看出，该造纸厂生产废水经物化预处理、生化处理、深度处理后，COD、BOD_5、SS 值均大大降低，整个系统处理出水水质可达到《制浆造纸工业水污染物排放标准》（GB 3544—2008）的要求，即 COD≤100mg/L、BOD_5≤30mg/L、SS≤50mg/L、pH 值为 6～9。

13.4.2 石油化工废水

（1）工程概况。某石油化工厂的废水来源于生产苯酐（PA）、顺酐（MA）、增塑剂（DOP）等产品的车间。废水主要成分有反应物邻苯二甲酸、无机酸，产物邻苯二甲酸二辛酯、邻苯二甲酸二辛醇以及其他副产品等，废水原液浓度高（COD 浓度平均达 9000mg/L）、大分子物质含量高，难以直接好氧降解。设计进水水质 COD 浓度＜1500mg/L，石油类＜20mg/L，SS＜100mg/L，pH 值约为 5～9。出水水质 COD 浓度＜130mg/L，石油类＜5mg/L，SS＜60mg/L，pH 值约为 6～9。

（2）工艺流程。由于生产车间废水排放存在不均匀性，为此设置了调节池，收集雨水以及来自生产车间的高浓度废水。车间排放废水含有大量石油类物质，调节池设有隔油间，同时设有大孔曝气，起到除油和预曝气的作用，隔油间的浮油采用人工撇除的方式定期撇除。

经隔油并预曝气处理后的废水通过泵进入中和池。同时将处理后的出水（COD 在 130mg/L 以下）回流至中和池稀释原液，从而控制进水 COD 负荷低于 1500mg/L。通过 pH 值自动控制系统自动调节中和池出水 pH 值达到 7.5～8.0。

废水经过以上处理后，通过计量泵进入水解酸化池，设计停留时间为 12h（实际约 13h），水流方向为自下而上式，出水自流进入接触氧化池。

经过两级接触氧化（共计 8 个好氧池，串联结构，停留时间约 45h）处理后达标排放，出水部分回流，剩余部分排放。具体工艺流程如图 13-29 所示。

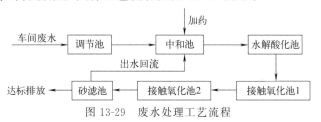

图 13-29 废水处理工艺流程

（3）运行效果。在稳定运行期间，水解酸化池进水 COD 浓度 1396.2～1773.63mg/L，平均浓度为 1548.81mg/L；经过处理出水 COD 平均浓度为 123.29mg/L；COD 平均去除率为 92.04%。平均处理原水 20t/d，处理 COD 17.1kg/d。

13.4.3 制药废水

（1）工程概况。某制药公司主要生产中成药制剂，同时也生产少量的合成制药产品等。中药废水来自提取车间的中药材清洗水、设备冲洗水、提取中药材原料所剩余的废水及乙醇回收塔废水；制剂车间的车间及设备冲洗水；研发中心及质检中心的试验废水。中药废水主要含有各种天然有机污染物，主成分为糖类、有机酸、苷类、蒽醌、木质素、生物碱、单宁、蛋白质、淀粉及其水解产物。该制药公司的合成制药产品随市场需求调剂，所以合成制药废水水质也不稳定，废水中主要含有醇类化合物，酯类化合物，四氢呋喃，醚类化合物，醛、酮类化合物，腈类化合物，脲类化合物，芳香类化合物，亚砜类化合物，卤代物，胺类化合物，酰胺类化合物，磺酰胺类化合物，硼酸类化合物，吡啶、哌啶、嘧啶、吲哚类化合物，咪唑、唑类化合物，喹啉、吡嗪、哌嗪类化合物以及其他氮硫杂环类化合物。由于产品品种较多，原料种类多，合成工艺流程较长，副反应也较多，因而生产废水的水质、水量变化很大。

该厂废水设计进水水质情况如表13-4所示。根据设计进水水质可知，中药废水的主要污染物为色度、SS、有机物，氮和磷含量很低，废水的可生化性较好。合成制药废水各项污染物浓度均较高，废水的可生化性较差；氮和磷含量虽然较高，但是经过与中药废水混合后氮和磷的浓度得到稀释，已接近排放标准。综上所述，本项目废水处理的主要目标是COD、BOD_5、色度、SS。

表 13-4　制药废水水质情况

废水种类	COD /(mg/L)	BOD$_5$ /(mg/L)	废水量 /(m³/d)	SS /(mg/L)	色度	TN /(mg/L)	TP /(mg/L)
合成制药废水	25000	7000	80	600	200	160	15
中药制药废水	2000	850	450	250	200	2.5	0.2

本项目含有中药废水和合成制药废水，若两种废水分开处理、分开排放，则排放标准分别执行《中药类制药工业水污染物排放标准》（GB 21906—2008）和《化学合成类制药工业水污染物排放标准》（GB 21904—2008）。考虑到合成制药废水水量较少，为节约工程投资、减少运行维护难度，拟将合成制药废水经过预处理之后与中药废水一道进行后续处理，因此本项目出水最终执行两个标准中较严格的标准。

（2）工艺流程。针对制药企业产品变化频繁、污染物浓度高、水质波动大、容易对废水处理系统造成水质冲击的特点，结合水质分析结果综合考虑，该工程采用将中药废水、合成制药废水单独预处理之后，再一道进行生化处理和深度处理。预处理采用了混凝气浮、铁碳微电解、混凝沉淀、臭氧氧化等工艺，生化处理采用水解酸化＋两级生物接触氧化工艺，深度处理采用活性炭吸附，工艺流程见图13-30。

由图13-30可见，合成制药排放的高浓度有机废水经格栅除污后进入隔油调节池，去除浮油和调节水质水量。随后废水经混凝反应和溶气气浮系统，进一步去除水中的油类、悬浮物质和胶体物质。出水进入铁碳微电解设备，通过电化学反应改变废水中有机物的结构和特性，使有机物发生断链、开环等作用，显著改善废水的可生化性。铁碳微电解后的出水中含有浓度较高的 Fe^{2+}、Fe^{3+}，具有较强的混凝反应性，出水在调整 pH 值后，加入助凝剂形成絮体，进入沉淀池进行絮体的分离。沉淀上清液排入臭氧氧化装置，在此与 O_3 进行充分的接触，使废水中的难生化降解的高分子有机化合物得到进一步的氧化反应，为后续生化处理创造有利条件。经过预处理的合成制药废水进入生化处理系统。中药废水经格栅去除较大的悬浮杂质后，进入调节池调节水质水量，出水经混凝反应池后，进入溶气气浮系统去除一些小的不易沉降的纤维悬浮物和胶体物质。清液进入生化处理系统。

生化处理系统采用水解酸化和两级生物接触氧化工艺。在水解酸化反应池内废水中大分子有机物被转化为易于生物降解的小分子物质如有机酸等，再进入生物接触氧化池，以一定的流速流经池内的填料，废水与生物膜广泛接触，有机物得到去除，出水沉淀后进入最后的保障单元——活性炭吸附设备，以保障出水的有机物和色度稳定达标。

（3）运行效果。废水处理站正式运行超过 3 年，运行状况良好，出水稳定达到排放标准。实际出水氨氮、总氮和总磷远低于排放标准，出水重点污染物监测结果如表13-5所示。本项目直接运行费用为 5.21 元/m^3，其中电费 1.27 元/m^3，人工费 0.50 元/m^3，药剂费 1.24 元/m^3，污泥处理处置及其他费用 2.2 元/m^3。

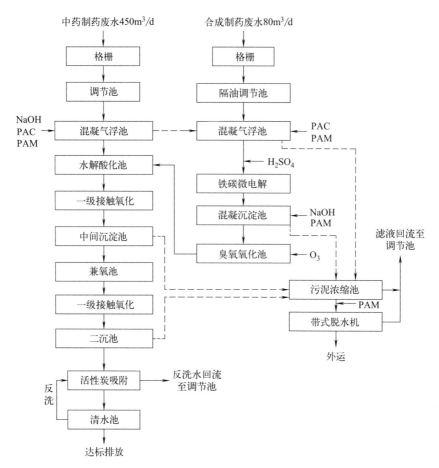

图 13-30 制药废水处理工艺流程

———→ 污水流向； - - - -→ 固体残渣流向

表 13-5 出水重点污染物监测结果

水质指标		色度/倍	SS/(mg/L)	COD/(mg/L)	BOD₅/(mg/L)
合成制药废水	范围值	100~220	190~480	12687~24352	3015~6323
	平均值	151	411.8	20552.5	5268.5
中药制药废水	范围值	170~250	180~245	1120~2145	495~1187
	平均值	213	225.4	1864.2	880.1
出水	范围值	30~48	18~40	67~91	5~12
	平均值	43	29.2	83.6	7.1

13.4.4 焦化废水

（1）工程概况。青海省某焦化厂通过扩建，现达到年产优质焦炭 40 万吨，回收加工焦油 1.6 万吨、粗苯 4000t。形成了以洗煤、炼焦、焦油回收加工、仓储集运为一体的完整产业链。

该厂区废水来源分两部分：一部分为生活废水，水量为 $10m^3/h$；另一部分为生产废水，水量约为 $30m^3/h$，合计约 $40m^3/h$。一次污水站的处理规模为 $Q_d=960m^3/h$，即 $Q_h=40m^3/h$。

根据同类废水水质情况，焦化废水本身的可生化性较差，但加入了生活污水后，可生化性有一定改善。废水进出水水质及回用水水质要求见表13-6。

表 13-6　废水进出水水质及回用水水质要求　　　　　　　　单位：mg/L

项目	pH 值	COD	BOD$_5$	挥发酚	SS	NH$_4^+$-N	石油类	氰化物
进水水质	7 月 8 日	2000～2500	1000	500～650	210	150	300	10
出水水质	6 月 9 日	<100	<20	<0.5	<70	<15	<5	<0.5
回用水质	6 月 9 日	<50	<10	未检出	<5	<15	<1	未检出

（2）工艺流程。焦化废水主要成分有挥发酚、矿物油、氰化物、苯酚及苯系化合物、氨氮等，属于污染物浓度高、污染物成分复杂、难于治理的工业废水之一。焦化废水的处理方法主要有 A/O、A^2/O、微波水处理、微电解和超临界法。结合国内外焦化废水处理的先进经验，确定以 A^2/O^2、混凝沉淀、过滤和氨吸附为主体工艺，这样不仅能有效地除去废水中的有机污染物，而且对氨氮污染物也有较好的去除效果。具体工艺流程如图 13-31 所示。

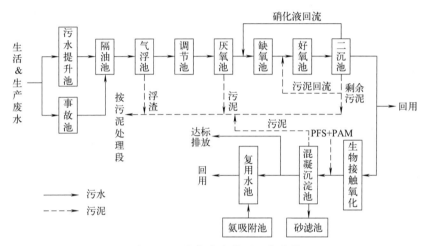

图 13-31　焦化废水处理工艺流程

生活生产废水经由提升池进入隔油池去除粒径较大的油珠及相对密度大于 1.0 的杂质。经隔油后的废水进入气浮池，投加破乳剂、混凝剂及助凝剂，可将乳化态的焦油有效地去除。同时，COD 和 BOD 也得到部分去除。之后进入调节池均质均量。调节池的水由潜水泵提升至厌氧池。通过厌氧生物处理去除 COD 和改善废水的可生化性，提高废水的好氧生物降解性，为后续的好氧生物处理创造良好条件。尔后废水进入缺氧池，废水中 NH$_4^+$-N 在下一级好氧硝化反应池中被硝化菌与亚硝化菌转化为 NO$_3^-$-N 与 NO$_2^-$-N 的硝化混合液，循环回流于缺氧池，通过反硝菌生物还原作用，NO$_3^-$-N 与 NO$_2^-$-N 转化为 N$_2$。缺氧池流出的废水自流入推流式活性污泥曝气池，在此完成含氨氮废水的硝化过程。在此投加适量 Na$_2$CO$_3$，以补充碱度，反应温度为 20～40℃，pH 值为 8.0～8.4，此过程要求较低的含碳有机质，以免异养菌增殖过快，影响硝化菌的增殖，气水体积比 20∶1。与悬浮活性污泥接触，水中的有机物被活性污泥吸附、氧化分解并部分转化为新的微生物菌胶团，废水得到净化。净化后的废水进入二沉池，使活性污泥与处理完的废水分离，并使污泥得到一定程度的浓缩，使混合液澄清，同时排除污泥，并提供一定量的活性微生物。二沉池流出的废水自流入生物接触氧化池，自下向上流动，运行中废水与填料接触，微生物附着在填料上，水中的有机物被微生物吸附、氧化分解并部分转化为新的生物膜，废水得到净化。接触氧化池出水经加药、曝气反应后，进入混凝沉淀池。二沉池出水仍然不能保证水中悬浮物达到杂用水悬浮固体指标要求。因为污水中含有很多的细小的颗粒，故使其流入砂滤池，其中孔隙为 $10\sim15\mu m$ 的石英砂滤料保证悬浮物大部分被滤掉，出水清澈。砂滤池的出水可以有选择地进入高效氨吸附池，以沸石为原料对水中的氨氮快速吸附，以进一步保证出水达标排放。

（3）运行效果。废水处理系统采用 24h 连续运行，进出水水质情况见表 13-7。

本工程采用隔油池-气浮池-A^2/O^2-生物接触氧化池-混凝沉淀-过滤器-氨吸附池处理焦化废水，出水一直稳定，达到并高于《污水综合排放标准》（GB 8978—1996）一级标准。

表 13-7 进出水水质 　　　　　　　　　　单位：mg/L

项目	pH 值（无单位）	COD	BOD$_5$	挥发酚	SS	NH$_4^+$-N	油类
隔油池进水	8.23	2616.3	1108.3	561.4	216.6	163.2	309.1
混凝沉淀池出水	7.13	89.2	19.6	0.4	15.3	12.5	0.5
砂滤出水	7.14	45.6	17.6	0.3	5.6	12.2	0.2
氨吸附池出水	6～9	31.2	8.3	0.1	3.1	8.3	未检出

13.4.5 啤酒废水

（1）工程概况。某啤酒公司生产啤酒的主要原料是干麦芽、酒花和大米。利用原料中的淀粉，经过糖化和发酵而制成啤酒，原料中大部分蛋白质留在麦糟及凝固物中。啤酒厂每天除排出大量的工艺废水外，还要排出麦糟、废酵母、废酒花、废啤酒、二氧化碳等副产物。其生产工艺及主要污染源见图 13-32。啤酒废水中的副产物含有许多营养成分且无毒，适于生产饲料或食品；啤酒废水是高浓度有机废水，可利用厌氧处理工艺，既达到处理效果，又可回收能源。

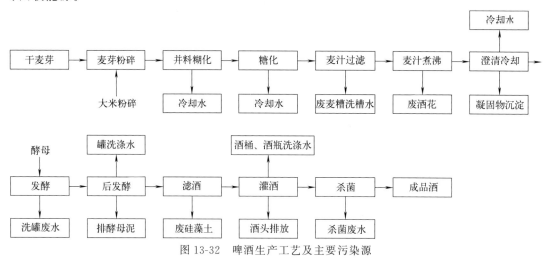

图 13-32 啤酒生产工艺及主要污染源

该啤酒公司目前生产能力为 25 万吨每年，每吨啤酒产生废水 7～8t，排放废水量为 6500m³/d，其主要水质指标见表 13-8。

表 13-8 生产废水水质及排放标准主要指标 　　　　　　　　　　单位：mg/L

项目	pH 值（无单位）	COD	BOD$_5$	SS
进水	5～11	1500～3000	800～1600	250～1200
排放标准	6～9	≤100	≤30	≤70

（2）工艺流程。该啤酒公司通过工艺技术改进，减少污染物的排放量，同时对废水中的有用物质加以提取利用，使啤酒废水中的污染负荷大大降低，但 COD 仍然在 1500～2500mg/L，不能达到污水排放标准，还需对其进一步处理。

该公司采用 UASB-SBR 处理工艺，首先实行了全公司废水的清污分流，冷却水直接排放。高浓度废水先经过 UASB 池处理，出水再与低浓度废水混合进入 SBR 反应池，工艺流程见图 13-33。

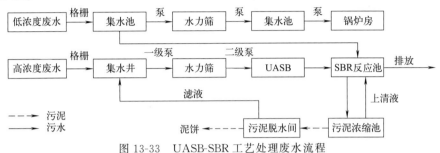

图 13-33　UASB-SBR 工艺处理废水流程

（3）运行效果。该厂每年 5 月份生产进入旺季，水量、水质达到设计水平。从 5 月 5 日～5 月 9 日对原水、厌氧出水、进 SBR 混合水、SBR 排水中 COD 进行了连续监测，监测结果见表 13-9。

表 13-9　COD 监测结果（日均值）　　　　　　　　　单位：mg/L

监测日期	UASB 进水	UASB 出水	SBR 进水	SBR 出水
5 月 5 日	903.2	210.5	582.3	20
5 月 6 日	1781.1	459.9	657.4	24.3
5 月 7 日	1971.4	791.8	1169.1	26.3
5 月 8 日	1660.4	450.1	1178.1	25.6
5 月 9 日	1832.5	521.4	1110.3	27.2

由表 13-9 可以看出，满负荷运行期间，厌氧 UASB 反应器中 COD 去除率为 70%～75%，SBR 反应池 COD 去除率为 95% 以上，排水各项指标均低于排放标准。

思考题

1. 如何判断工业有机废水的可生化性以及如何提高其可生化性。
2. 简述生物接触氧化法处理工业有机废水的主要控制参数。
3. 简述铁碳催化微电解法耦合芬顿氧化法的优缺点。

参考文献

[1] 许保玖，龙腾锐. 当代给水与废水处理原理[M]. 北京：高等教育出版社，2009.
[2] 崔玉川. 给水厂处理设施设计计算[M]. 3 版. 北京：化学工业出版社，2019.
[3] 中华人民共和国住房和城乡建设部. 室外给水设计标准：GB 50013—2018 [S]. 北京：中国计划出版社，2018.
[4] 李晓斌. 造纸废水处理工程实例分析[J]. 中国资源综合利用，2023，41（11）：187-189.
[5] 张为，刘锋刚，罗进，等. 制药废水处理工程实例研究[J]. 给水排水，2023，59（2）：85-89.

第14章
新污染物、高效微生物及生物识别技术

14.1 新污染物

14.1.1 新污染物的定义与类别

新污染物（emerging contaminants）又称新型污染物或新兴污染物，联合国教育、科学及文化组织认为，新污染物可以广义地理解为任何合成的或天然存在的化学物质或微生物，它们在环境中通常不被监测或管理，具有潜在的已知或可疑的生态破坏能力，会对人体健康造成不利影响。

一般而言，新污染物具有较低的浓度、较强的生物持久性、明显的生物富集性，种类繁多且难以监测，对人体健康和生态环境构成了较大危害。

目前国际上对于新污染物的分类还没有广泛的共识，但环境学家们根据污染来源及危害，通常将新污染物划分为以下六种类型：

① 内分泌干扰物（Endocrine Disrupting Chemicals，EDCs）；

② 药品与个人护理用品（Pharmaceuticals and Personal Care Products，PPCPs）；

③ 全氟烷基和多氟烷基物质（Per-and Polyfluoroalkyl Substances，PFAS）；

④ 溴代阻燃剂（Brominated Flame Retardants，BFRs）；

⑤ 消毒副产物（Disinfection by-products，DBPs）；

⑥ 微塑料（Microplastics，MPs）。

而由于药品与个人护理用品中抗生素抗性基因（Antibiotic Resistance Genes，ARGs）的危害方式较为特别，在国际上也受到了广泛关注，因此将其单独列为一种新污染物。

14.1.1.1 内分泌干扰物

世界卫生组织（WHO）定义的内分泌干扰物（EDCs）是指能改变机体内分泌功能，并对生物体、后代或种群产生不良影响的外源性物质或混合物。目前，已知包含农药、阻燃剂、塑料制品、个人护理品、重金属、增塑剂和抗氧化剂等在内的，超过 800 种化学物质具有内分泌干扰特性。

内分泌干扰物的直接来源主要是污水处理厂、畜牧养殖、农业化学药品、施肥、人类排放物、化学实验室等。间接来源于港口船舶活动、降雨径流和农业灌溉方式。排入环境的内分泌干扰物渗透于地表水及地下水系统，然后被土壤沉积物吸附和积累，甚至存在生物放大作用，进一步对环境造成巨大潜在威胁。

14.1.1.2 药品与个人护理用品

药品与个人护理用品最早由美国环境科学家 Christian G. Daughton 在 1999 年提出，包括药物与个人护理用品及其各自代谢与转换产物，主要包括消毒剂、止痛药、抗生素、抗菌药、降血脂药、β-阻滞剂、类固醇类、抗癌药、镇静剂、抗癫痫药、利尿剂、X 射线显影剂、咖啡因、香料、化妆品、防晒剂、染发剂、发胶、香皂、洗发水等。

这类污染中较为常见的一种是抗生素污染。抗生素通过水体、土壤进入自然环境后，不仅会显著提升微生物的耐药性，而且这些具备耐药性的抗生素一旦通过呼吸、食物、水等途径进入人体后，会增加相关病症的治疗难度，对人类健康产生更大危害。

14.1.1.3 抗生素抗性基因

抗生素抗性基因作为一类新污染物，在不同环境介质中的传播、扩散，可能比抗生素本身的环境危害更大，抗生素抗性基因在地表水、地下水、医疗废水、城市污水处理厂、养殖场、土壤、沉积物以及大气环境中都有分布。该种污染物通过使人体和动物提前对药物产生抗性而导致治疗时药物失效来产生危害。因此，将抗生素抗性基因作为一类新污染物进行讨论。其主要产生的原因有以下几个方面。

（1）有的抗生素能够在环境中分解，而氟喹诺酮和四环素等不易降解，可以累积到更高浓度并进一步传播。

（2）有的抗生素是在人类和动物患病进行治疗时，通过尿液和排泄物进入环境。

（3）有的情况是工业企业排放的污水中有抗生素活性成分。

（4）未使用的药物直接排入污水系统，导致地表水、地下水、饮用水、土壤等污染。

（5）一些转基因食品的研究过程中会使用抗生素抗性基因作为标记基因。

抗生素抗性标记基因潜在的食用安全性一直存有争议，有研究表明转基因食品中的抗生素抗性基因可能通过转染肠道细菌，从而造成人类对这些抗生素产生抗性，会导致人类或动物药品中的抗生素使用失效。

14.1.1.4 全氟烷基和多氟烷基物质

全氟烷基和多氟烷基物质被定义为"持久存在于环境、具有生物储蓄性并对人类有害的物质"，主要包括全氟辛酸铵（PFOA）和全氟辛烷磺酰基化合物（PFOS）两类，在纺织、涂料、皮革、洗涤剂、纸质包装材料、装饰材料以及炊具制造中都有着广泛应用，包括地毯、雨伞、无食纸包装、烘焙纸、宠物食品袋、帐篷、防护服和外套等，同时 PFOA 和 PFOS 可以用于制作涂层并起到绝缘作用。

目前的研究发现，全氟化合物会影响人体激素分泌和甲状腺功能，同时还会引发神经行为缺陷、生殖功能障碍、脏器官损伤、代谢紊乱、免疫抑制、胆固醇升高、癌症等病症。

需要指出的是，全氟化合物包含碳氟高能键，因此具有极强的稳定性，进入自然环境后极难被光解、水解和生物降解，甚至可持续数千年而性质不变，被称为"永久性化学品"。但这也意味着它对人体及环境有着更为持久的危害。

14.1.1.5 溴代阻燃剂

溴代阻燃剂是指分子中包含溴元素的一类有机化合物，目前广泛应用于电子线路板、建筑材料、泡沫、家居装修、汽车内饰、装饰性纺织品中。溴代阻燃剂已普遍存在于全球环境中，其具有环境持久性、长距离迁移性及生物富集性，是一类新兴的持久性有机污染物，在各个地区（包括极地地区）和各种介质（土壤、空气、水体、底泥和生物体等）中均有检出，且浓度逐年上升。其按作用机理不同，主要可分为添加型和反应型两种。

阻燃剂在遇热后易挥发到空气中，并随着食物链传递，可在人体中富集。人类如果长期暴露在溴代阻燃剂环境中，会诱发甲状腺和神经系统毒性，并极大提高胎儿畸形率。

14.1.1.6 消毒副产物

消毒副产物（DBPs）是在饮用水消毒时由消毒剂与有机或无机前体物反应生成的一类次生污染物。1974 年，Rook J. J. 首先发现氯气消毒中存在的次氯酸和次溴酸会与水体中天然有机物发生反应，产生四种三卤甲烷。这也是第一次正式提出 DBPs 的概念。消毒副产物有致癌、致畸和致突变的特性，因此在全球范围内广受关注。

目前，已经在饮用水中发现 700 余种消毒副产物。常见消毒副产物包括氯消毒副产物、二氧化氯消毒副产物、氯胺消毒副产物、臭氧消毒副产物等。

14.1.1.7 微塑料

微塑料指直径小于 5mm 的塑料颗粒、纤维或碎片。2004 年，Richard Thompson 等首次提出了微塑料的概念。在自然环境中，微塑料的粒径范围从几微米到几毫米，是形状多样的非均匀塑料颗粒混合体。

微塑料按照来源可以分为初生微塑料和次生微塑料。初生微塑料是指人类生活和生产过程中直接产生的粒径小于 5mm 的塑料废弃物。如人们日常护理用品中的洗面奶、沐浴露、磨砂膏、牙膏、浴盐等清洁类用品中，经常添加一些聚氯乙烯微塑料颗粒加强清洁效果；工业生产常用的抛光剂也含有大量的微塑料颗粒。这些微塑料颗粒进入生活污水和工业废水中，最终流入水体中，成为初生微塑料。次生微塑料是指被排放进入环境后的大体积塑料，经过一系列物理、化学、生物等作用，分解形成的微塑料，这些微塑料颗粒会随着降雨、径流输入、风力搬运等自然运动进入环境中。当暴露在环境中时，经过一系列的物理化学和生物降解过程，这些微塑料极有可能转变为纳米塑料（尺寸小于 100nm 的塑料颗粒），由于纳米尺寸的性质，它们能够通过渗透或破坏细胞壁进入细胞，这可能导致细胞毒性，进而造成更严重的环境危害。

14.1.2 新污染物的特点

虽然新污染物在生态环境中的浓度整体较低，但当它通过生物富集作用积累到一定阈值后，会对人体及生态环境产生严重危害。新污染物的特点如下。

14.1.2.1 生物危害性大

新污染物主要是人工合成的化学物质，进入生物体内会对神经系统、生殖系统、免疫系统、内分泌系统以及多种脏腑器官产生生物毒性，直接威胁人类健康和生态系统的稳定。研究表明，新污染物会导致神经行为缺陷、生殖功能障碍、脏器官损伤、代谢紊乱、免疫抑制、胆固醇升高，并且也会引发癌症等病症。

14.1.2.2 隐蔽性强

与易被人们发现和察觉的传统污染物不同，新污染物种类繁多且来源广泛，并且在生态环境中整体浓度较低，相关监测技术和设备尚不成熟，因此不易被人们发现。同时普通公众对新污染物了解较少，对其健康危害性的敏感度较低，容易忽视。这就导致新污染物是在进入环境多年后或产生实质危害时，才被人们发现。新污染物的这种隐蔽性特征，极大地增加了预防和治理难度。

14.1.2.3　环境持久性长

新污染物大多是人工合成的高分子化学物质，往往具备稳定的化学性质，不易在环境中自然降解。在生态系统中，新污染物能长期在自然环境中存在，还能随着食物链富集，更能利用空气和水作为载体，实现远距离迁移，对人类、动物、植物的危害极大，影响范围广且危害持久。

14.1.2.4　来源广泛

新污染物的类型繁多，且来源广泛，产生于各种行业，主要包括化工行业、农业种植、水产养殖、医药行业、建筑行业等。新污染物与人类的化工生产有着紧密联系，目前我国约有化学物质4.6万种，且还以每年数千种的数量不断增加。这些种类繁多的化学物质在生产、加工、运输、储存、使用以及废弃处置过程中都可能会排放至环境中，最终成为对环境和人体健康都有巨大危害的新污染物。

14.1.2.5　治理难度高

由于新污染物的来源和分布非常广泛，且环境持久性长，因此可在土壤、空气和水体中持续存在。又因为其具有极强的隐蔽性，这就意味着即使按照科学标准小剂量排放，新污染物也会在环境以及生物体内不断累积，最终酿成无可挽回的巨大环境灾难和健康悲剧。因此，在对这一类污染物进行治理时，需结合其具体特征，实现精准治理和防范。此外，由于新污染物包含的成分非常复杂，与许多行业和产业链有关，与之相关的替代技术并未得到有效开发和利用，现有的替代产品技术含量较低，因此如何治理新污染物成为一个难题。

14.1.3　我国新污染物防治工作的进展

我国是世界上最大的化学品生产国和消费国，这是我国化学工业的骄傲，但同时这也意味着我国面临着更为严峻的新污染物防治形势。从总量来看，我国每年生产的化工产品量占全球总量的1/3以上，已记录在案的化学物质超4.6万种，且还在持续增加。绝大多数与新污染物相关的化学品，我国的产量和使用量也都居于世界前列。分项来看，我国是全球最大的农药化肥生产与使用国，我国每年农业化肥施用量约占全球的30%，而农药施用强度更是达到世界平均水平的2.5倍。尽管党的十八大以来，我国积极推广绿色农业，农药化学施用量有所降低，但目前仍处于世界高位。因此，我国新污染物的污染情况较为严重。

14.1.3.1　我国主要面临的新污染物污染

我国抗生素滥用问题也十分严重，目前主要存在于医疗和农业（兽用）领域。统计数据显示，2013年我国抗生素使用量达到16.2万吨，其中一半以上为兽用抗生素。依照我国畜牧业目前的发展趋势，预计到2030年，我国兽用抗生素使用量还会增加一倍，届时将占全球总量的1/3。由于抗生素残留，目前在我国水体、土壤中已经多次检测出高浓度抗生素。2015年，一项针对在校儿童的尿检结果显示，目前我国儿童普遍暴露于低剂量抗生素环境中。

我国另一个极为严重的新污染物威胁是微塑料污染。我国是塑料品消费和生产大国，面对"白色污染"的严重危害，我国曾在2008年推出"限塑令"，但政策效果并不尽如人意。此后随着电商、快递行业的发展，我国塑料废弃物也呈现爆发式增长。此外，我国农用塑料薄膜需求量也在快速增加。数据显示，2020年我国农用塑料薄膜使用量超290万吨，较

2000年增长了1.8倍。2017年农业部印发了《农膜回收行动方案》，但到2020年我国农用塑料薄膜整体回收率不足2/3，这意味着每年有数十万吨塑料会进入土壤和水体中。这些被丢弃到自然环境中的塑料垃圾最终会分解为微塑料颗粒，给我国生态环境和人民健康带来巨大危害。

近年来我国海洋、地表淡水、土壤、地下水、空气以及沉积物中都检测出了新污染物，这表明新污染物在我国已经有了十分广泛的分布。更令人担忧的是，不仅是自然环境中，在蔬菜、水产品、人体尿液、血液等生物介质和人体中也发现了新污染物。这意味着新污染物已经对我国居民身体健康产生了实质性危害。

14.1.3.2　新污染物在我国的分布情况

从区域看，我国新污染物的浓度总体呈现由西向东逐渐增加的趋势，特别是东部沿海工业发达地区（京津冀、长三角、珠三角等地），新污染物的浓度水平远超西部地区。

从具体污染物类型来看，我国环境激素、抗生素的生产量和使用量都居于世界前列，是我国新污染物的主要类型。以抗生素为例，我国每年抗生素使用量占全球总使用量的一半以上，这导致我国境内河流水体抗生素污染较为严重。我国海水养殖业发达，在水产养殖过程中为防止鱼虾病死，养殖户盲目、过量地使用喹诺酮抗生素的现象较为严重，这也导致我国近海喹诺酮浓度较高。

我国境内河流中，珠江流域抗生素污染最为严重，其次是海河和太湖。我国海洋抗生素污染较为严重的海域为长三角、珠三角等地的近海海域。内分泌干扰物主要来源于农药、激素饲料、化妆品以及工业废水中，该污染类型主要分布于我国工农业发达的海陆交错地带。全氟化合物污染在我国也较为严重，目前我国大部分城市的饮用水中都检测出了全氟化合物，其中渤海湾、长江口、珠江口等地区和海域污染浓度尤其高。微塑料目前在全球所有地区都有分布，其污染主要存在于土壤和水体中，土壤微塑料污染主要由农业薄膜造成，河流中的微塑料主要来自生活污水和工业废水。尽管目前学者们对海洋微塑料关注度较高，但事实上土壤中微塑料含量是海洋总量的4～23倍。目前我国陆地微塑料污染在中西部农业耕作区较为严重。海洋微塑料污染较为严重的海域主要集中在大连星海湾、潮州大埕湾、湛江观海等海域。

14.1.3.3　我国对于新污染物治理的推进

由于长期局限于以职业安全管理为主导的化学品管理体制，我国的化学品管理一直存在较大的盲区，主要关注易燃、易爆和剧毒等有急性危害化学品管理，对隐蔽的、长期性的环境健康风险重视不足。

2001年12月，我国环境内分泌干扰物研究方面的第一个国家"863"项目，"环境内分泌干扰物的筛选与控制技术"立项，标志着我国新污染物风险防范工作正式起步。2018年5月的全国生态环境保护大会指出，要重点解决损害群众健康的突出环境问题，并要求对新污染物治理开展专项研究和前瞻研究。党的十九届五中全会和《国民经济和社会发展第十四个五年规划和2035年远景目标纲要》明确提出"重视新污染物治理"。2021年11月，《关于深入打好污染防治攻坚战的意见》提出到2025年"新污染物治理能力明显增强"的工作目标。2022年5月，《新污染物治理行动方案》正式发布。一系列重大决策部署的相继出台，标志着新污染物风险防范得到前所未有的重视，我国对新污染物治理工作的要求逐步深入，力度不断加大。

近年来，在制定并实施多项新污染物防控政策措施的基础上，我国在有毒有害新污染物的监测分析、风险评估、排放源溯源、有效去除技术研发与评价等方面开展了一系列工作。特别是在有毒有害化学物质环境风险管理方面，已实施新化学物质环境管理登记，开展化学物质环境风险评估，印发优先控制化学品名录，限制、禁止一批国际环境公约管控的有毒有害化学物质的生产和使用，加强化学物质全生命周期环境风险管控等措施，为加强新污染物治理工作积累了经验。

目前，我国的新污染物治理工作已经在制度建设、管理体制机制、监测评估、科学研究等方面取得一定进展，新污染物风险防范能力不断提高。

14.1.4　新污染物的检测

新污染物对人类、动物和环境的危害较大。检测出环境中的新污染物是达到高效处理目标的前提。

对于大部分新污染物，目前比较主流的检测分析主要依赖于色谱技术，其在环境监测中的比例高达 64%，其中主要有气相色谱法（Gas Chromatography，GC）和高效液相色谱法（High Performance Liquid Chromatography，HPLC）。除了这两种方法以外，在新污染物的检测中使用较多的还有：气相色谱-质谱联用法（Gas Chromatography-Mass Spectrometry，GC-MS）、毛细管电泳法（Capillary Electrophoresis，CE）、超临界流体色谱法（Supercritical Fluid Chromatography，SF）、高效液相色谱-质谱联用法（High Performance Liquid Chromatography-Mass Spectrometry，HPLC-MS）、生物学检测技术以及免疫学检测方法。

不同的新污染物具有不同的物化特性和检测方法的适用性。由于新污染物的广泛分布和复杂性，实际中，需要综合使用更多的方法和技术，才能准确、可靠和全面地对新污染物进行检测。下面介绍一些常见新污染物的检测方法。

14.1.4.1　内分泌干扰物（EDCs）

（1）生物检测方法。通过生物学基础实验确定内分泌干扰物活性的方法主要分为以下几类：细胞增殖法、荧光素酶检测法、卵黄蛋白原检测法和雌激素受体竞争筛选法。

① 细胞增殖法。该法主要通过细胞生长和分裂来检测内分泌干扰物的活性。

② 荧光素酶检测法。该法是在细胞溶解之后投加荧光素，当其与相对应的抗原或抗体起反应时，形成的复合物上就带有一定量的荧光素，在荧光显微镜下可以看见发出荧光的抗原抗体结合部位，检测出抗原或抗体。

③ 卵黄蛋白原检测法。卵黄蛋白原（Vitellogenin，VTG）存在于卵生动物血液中，是一种高分子脂磷聚糖蛋白（Glycolipophosphoprotein），为卵黄蛋白的前体。卵黄蛋白原可作为生物标志物，通过检测雄性及幼年动物血液中是否存在卵黄蛋白原来评价生物体是否受到内分泌干扰物的影响。

④ 雌激素受体竞争筛选法。该法的检测原理是用待测化合物替换受体结合探针分子的能力来评价化合物的激素效应水平。目前使用的探针以放射标记为主，也有应用荧光标记的高亲和力配体。

（2）质谱分析法。环境中的内分泌干扰物种类繁多、浓度较低且结构多变，对其进行检测具有很大挑战。质谱分析法是内分泌干扰物定量分析的主要手段，与其他方法相比，质谱分析仪的检测限更低。质谱分析法对多种水源水中痕量或者微量有机物的检测十分有效。根据目标污染物的性质，可以采用不同的色谱分析手段，如气相色谱-质谱、液相色谱-质谱、气相色谱-串联质谱等。这些复杂的仪器可以提供非常好的定量分析的结果，但经济投入较大，对技术人员的要求也高。

质谱分析过程包含样品预处理和检测两个部分，预处理的效果对测试结果的准确性影响极大，内分泌干扰物最常用的预处理手段为萃取技术。萃取技术分为固相萃取技术（SPE）、固相微萃取技术（SPME）以及液相微萃取技术（LPME）。其中液相微萃取技术也是水样中内分泌干扰物简单、快速和高效的预处理方法。

（3）生物-质谱串联法。为了实现内分泌干扰物的定性和定量分析，生物学基础实验法和质谱法串联技术应运而生，即生物定向的化学分析法（BDCA）。在该分析方法中，样品经过酵母菌雌激素筛检实验（YES）分离后，进行雌激素活性的检测。具体的化学形态分析由 LC-MS/MS 确定。另外一种方法是生物定向的分级法，即细胞增殖的雌激素筛选方法——E-Screen 实验联合化学分级技术。此外，重组基因酵母（RYA）技术联合 LC-MS 分析技术也有应用。

目前，生物基础实验法是确定内分泌干扰物对动物和人体影响的最好方法。

14.1.4.2　药品与个人护理用品（PPCPs）

环境中的 PPCPs 含量多在纳克每升至微克每升或皮克每升至纳克每升数量级，在检测前必须经过浓缩富集过程。对于水体中的 PPCPs，目前常用的萃取富集方法是固相萃取（SPE），通过固相萃取柱内填料的选择性保留作用，萃取过程中还可同时完成杂质净化过程。对于固态样品，多数采用有机溶剂萃取。加速溶剂萃取（ASE）、压力溶剂萃取（PLE）、超声溶剂萃取（USE）和微波辅助萃取（MAE）等萃取方法都可以提高萃取效率。

目前，GC 或 HPLC 后接 MS 是通用的检测仪器。这是由于常常要同时检测多种 PPCPs 类化合物，色谱可以作为有效的物质分离手段，质谱是灵敏的选择性检测器。GC-MS、GC-MS/MS、LC-MS 和 LC-MS/MS 是目前最常用的检测手段。GC 检测灵敏度高，但是适用范围相对 LC 窄，LC-MS 和 LC-MS/MS 是将来检测方法开发的重点。

14.1.4.3　全氟烷基和多氟烷基物质（PFAS）

（1）高效液相色谱-质谱联用法（HPLC-MS）。HPLC-MS 是一种常用的 PFAS 检测方法。它利用 HPLC 将样品中的 PFAS 分离出来，然后通过 MS 对分离出的化合物进行定性和定量分析。这种方法具有高灵敏度和选择性，能够检测多种 PFAS 化合物。

（2）高分辨质谱法（HRMS）。HRMS 是一种高级的质谱技术，可以提供更准确的质量测定和结构信息。它能够检测低浓度的 PFAS，并且能够区分不同的 PFAS 同分异构体。

（3）气相色谱-质谱联用法（GC-MS）。GC-MS 是一种基于 GC 和 MS 的检测方法，主要用于检测挥发性和半挥发性的 PFAS。它需要将样品中的 PFAS 化合物蒸发成气体，然后通过气相色谱将其分离，最后通过质谱进行检测和定量分析。

（4）高分辨质谱成像（HRMSI）。HRMSI 是一种高级的质谱成像技术，可以在样品表面生成化学图像，以了解 PFAS 的分布情况。它可以提供样品中 PFAS 的空间分布和定量信息。

（5）免疫测定法。免疫测定法是一种基于抗体和抗原反应的检测方法，适用于高通量的 PFAS 筛查和快速检测。它可以通过 PFAS 特异性抗体与样品中的 PFAS 结合，然后使用特定的检测方法（如酶标记或荧光）来测量 PFAS 的浓度。

14.1.4.4　溴代阻燃剂（NFRs）

（1）气相色谱-质谱联用法（GC-MS）。由于部分 NFRs 热稳定性较差，在高温条件下会发生异构化或分解，因此，在使用 GC 同时测定多种不同类型的 NFRs 时，需要选择合适的进样条件。

在 GC-MS 中，EI 源可用于分析多种化合物，但是由于部分 NFRs 的化学结构相对不稳定，一般推荐使用软电离技术，如采用电子捕获负化学电离（ECNI）对十溴联苯乙烷（DBDPE）等化合物进行分析。需要注意的是，ECNI-MS 不具有特异性，因此，需配合使用色谱技术对化合物进行分离。GC 与大气压化学电离（APCI）离子源的新组合也为此类化合物的分析开辟了新的前景。GC-APCI-MS/MS 是一项更灵敏的技术。

气相色谱-飞行时间质谱联用法（GC/TOF）可用于环境样品中可疑和非目标化合物的快速定性识别，也可用于多种类 NFRs 的同时快速筛查。同时，该技术也被证明具有极高的可靠性和灵敏度。

（2）液相色谱-质谱联用法（LC-MS）。对于一些分子量大、难挥发或热稳定性差的 NFRs，可以使用 LC 进行分离。由于大部分 NFRs 具有疏水基团，一般使用 C18 或 C8 作为固定相的反相色谱进行分离。色谱柱多选用填充有小粒径（$<2\mu m$）颗粒的短柱，对于较复杂的环境样品则选择较长的色谱柱（150～250mm）。

2004 年以来，高效液相色谱（UHPLC）已逐渐成为一种常用的分离技术。该技术通过使用小内径（$<2mm$）色谱柱实现了对多种分析物的快速分离，并获得了更高的分离度，同时也为复杂样品中新污染物的分析提供了更高的灵敏度和更好的分离效果。

ESI（电喷雾电离）技术具有适用范围广、灵敏度高等优点，可用于高分子量、难挥发和热不稳定化合物的分析，是采用 LC-MS 分析 NFRs 时使用最广泛的电离技术之一。

配置有 QQQ 质量分析仪的 LC-MS/MS 或 UHPLC-MS/MS 方法是最常用的测定环境样品中 NFRs 的检测技术。依据化合物类型的不同，可选择离子扫描（SIM）或多反应监测（MRM）模式进行分析。

（3）MS 检测技术。环境中 NFRs 的种类繁多，部分同类化合物结构、性质相近，同分异构体众多，MS/MS 质量分析器的选择性有时不足以满足这类化合物的分析需求。高分辨质量分析仪间的串联目前还处于探索阶段，但已经实现与四极杆或轨道阱（orbitrap）的联用。另一种 HRMS，即傅里叶变换离子回旋共振质谱（FT-ICR-MS），是目前分辨率最高的质谱，其分辨率可达几十万甚至上百万分之一，结合碳、氢、氧、氮、硫等具体元素组成，可精确鉴定化合物分子式，真正从分子水平获得目标物的分子式，因此在分析异常复杂的环境样品中的 NFRs 时具有极大的潜力。

常规质谱检测器在有机污染物分析中的使用较为广泛，但在分析 NFRs 时会遇到一些问题，如采用 GC-MS（分析物热稳定性差）或 LC-MS（缺少将分析物离子化的离子源）很难测定四溴双酚 A（TBBPA）的衍生物。而电感耦合等离子体-质谱（ICP-MS）对 NFRs 中的卤素原子具有极高的灵敏度，为此类 NFRs 的分析提供了额外的解决方案。

利用高效液相色谱-串联质谱（UPLC-MS/MS）技术，不仅能够快速准确地测定溴代阻燃剂的含量，还能够分析其降解产物。

14.1.4.5 饮用水消毒副产物（DBPs）

目前已被识别的 DBPs 有 700 多种，其中氯化 DBPs 有 300 多种，还有更多未知的 DBPs。《生活饮用水卫生标准》（GB 5749—2022）和《生活饮用水标准检验方法　第 10 部分：消毒副产物指标》（GB/T 5750.10—2023）中仅规定了 14 种 DBPs 的检测方法，包括三氯甲烷、三溴甲烷、二氯一溴甲烷、一氯二溴甲烷、二氯甲烷、甲醛、乙醛、三氯乙醛、二氯乙酸、三氯乙酸、氯化氰、2,4,6-三氯酚、亚氯酸盐、溴酸盐，其余 DBPs 的检测方法还在不断研发中。

DBPs 的检测主要包括靶标分析和非靶标鉴别。靶标分析基于已知 DBPs 的特性，针对挥发性、小分子有机 DBPs。如三卤甲烷等的前处理方法有顶空、吹扫捕集等，针对半挥发、不挥发有机 DBPs 如卤乙酸、卤代苯醌、卤代酚、卤代硝基甲烷、卤代羟基呋喃、N-亚硝胺等的前处理方法有液液萃取、固相萃取、固相微萃取、膜萃取、衍生化（重氮甲烷、酸化甲醇）等，检测方法有 GC、GC-MS、HPLC、HPLC-MS、毛细管电泳（CE）等。对于无机 DBPs 如卤酸盐，可用离子色谱（IC）、分光光度法等检测。

当化合物成分未知时，常用非靶标技术筛查样品中的化合物种类，常用的鉴定方法为 GC-MS 和 HPLC-MS。如用二维 GC×GC-qMS 结合 OECD QSAR Toolbox Ver.3.2 非靶向筛选方法鉴别原水氯化、氯胺化或臭氧化过程中形成的 DBPs，在每个样品中初步鉴别出 500 多种 DBPs。近年来，具有超高分辨率的傅里叶转化离子回旋加速共振质谱与电喷雾离子化技术（ESI FT-ICR MS）发展很快，在鉴别水中未知 DBPs 及其前驱物的分子组成方面发挥了重要作用。氯化饮用水样品通过 ESI FT-ICR MS 可鉴别出 659 种单氯代产物、348 种二氯代产物、441 种单溴代产物、37 种二溴代产物、178 种单碘代产物、13 种二碘代产物、15 种单氯代和碘代产物。

14.1.4.6　抗生素抗性基因

常用的抗生素抗性基因检测方法包括聚合酶链式反应（PCR）、DNA 测序和基因芯片技术、样品 DNA 的提取、高通量荧光反应定量。这些方法可以快速、准确地检测细菌中的抗生素抗性基因，并判断细菌对抗生素的敏感性或抗性。

抗生素抗性基因的检测只能确定细菌是否具有抗生素抗性基因，但不能确定细菌是否真正对抗生素产生抗性。因此，在使用抗生素治疗时，还需要结合临床症状、细菌培养等综合信息来确定最佳治理方案。

14.1.4.7　微塑料的检测方法

微塑料的检测方法与其他新型污染物较不相同，其主要是通过光谱法以及观察法来进行确定，主要使用的是显微镜鉴别法、傅里叶变换红外光谱、拉曼光谱、扫描电子显微镜法、热重-红外-气质联用技术等。其主要优缺点和适用情况见表 14-1。

表 14-1　微塑料检测方法对比

检测技术	适用情况	优点	缺点
显微镜鉴别法	1～5mm 粒径范围	操作简单,检测成本低	对更为细小的颗粒难以鉴别,适合用作初筛手段
傅里叶红外光谱	>50μm 粒径范围	利用物质自身特异性进行物质种类识别,配合图像识别软件,可以对样品进行高效的检测	对粒径小于 50μm 或者没有标准谱图的混合物质无法进行检测
拉曼光谱	<20μm 粒径范围	细微颗粒有更好的识别能力	易受到杂质背景干扰,对样品纯度要求较高,样品的预处理步骤更为复杂
扫描电子显微镜法	样品表面特征	获得样品表面物理信息	对样品成分难以鉴别
热重-红外-气质联用技术	确定样品的组成	同时对样品进行定性和定量测试	设备昂贵,操作复杂,对样品有较大的破坏性

14.1.5　新污染物的去除技术

多年来，新污染物一直是水处理界关注的焦点。它几乎无处不在，在环境中被频繁检出，例如水、空气、土壤和沉积物。研究人员通过各项研究发现，它具有以下降解特性：稳定性、持久性、缓慢降解、生物累积性、毒性强。由于这些特性，所以新污染物在自然环境中很难被常规方法去除。

因此，选用何种方法来处理新污染物就显得至关重要。目前主要通过吸附技术、化学氧化技术、化学还原技术以及生物降解技术等对其进行处理。

14.1.5.1 吸附技术

吸附技术主要利用吸附剂对吸附质的吸引作用，将污水中的新污染物富集于吸附剂表面，从而降低污水中新污染物的浓度。常用的吸附剂主要包括活性炭（AC）、离子交换树脂、矿物和其他新型吸附材料等。

吸附法去除水中新污染物的原理主要包括疏水作用、静电作用、离子交换、桥连作用、氢键作用、范德瓦耳斯力、配体交换中的一种或几种。如图 14-1 所示，新污染物多以阴离子的形式存在于溶液中，故主要通过静电作用和疏水作用吸附于 AC 的表面。当溶液中存在有机物或金属离子时，桥连作用也会促进上述吸附过程的发生。对于离子交换树脂，新污染物主要通过离子交换和静电吸引作用吸附于其表面。对于矿物材料，配体交换、氢键作用和静电作用在新污染物的吸附过程中占主导地位。而对于带有氨基、羟基（·OH）的新型吸附材料，其能与阴离子型新污染物发生偶极相互作用，将新污染物有效吸附。

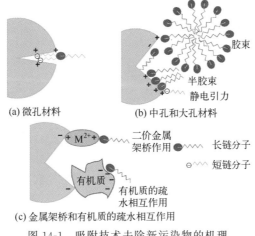

图 14-1　吸附技术去除新污染物的机理

吸附技术去除新污染物的主要影响因素有吸附材料的性质、新污染物的物理化学性质、溶液 pH 值、无机离子和共存有机物等。

由于具有成本低廉、操作简便、去除效率高的优点，吸附技术现已被广泛应用于污水处理。

14.1.5.2 化学氧化技术

化学氧化技术主要利用·OH 和硫酸根自由基（·SO_4^-）等具有强氧化性的活性物质氧化降解污染物，使高毒性污染物转化为低毒或无毒化合物。该技术去除水中新污染物的原理主要为脱羧—羟基化—水解。

目前应用于新污染物降解的化学氧化技术主要包括 Fenton 和类 Fenton 反应技术、硫酸根自由基降解技术、电化学降解技术、光催化降解技术和超声化学降解技术等。

化学氧化技术去除新污染物的主要影响因素有新污染物的物理化学性质、反应温度、溶液 pH 值、无机离子和共存有机物等。

化学氧化技术因为具有技术成熟、降解效果良好、操作简便等优点而受到关注，现已成为处理有机污染物的重要方法之一。

14.1.5.3　化学还原技术

近年来，化学还原技术对新污染物的降解效率和机制被广泛研究，其主要是利用水合电子，零价铁（ZVI）等强还原性活性物质降解新污染物。目前应用于新污染物降解的还原技术主要包括基于水合电子、纳米 ZVI 的还原体系。

水合电子一般是由一个孤电子及周围的 $4\sim8$ 个水分子组成，具有极高的还原电位（$-2.9V$），是目前已知还原能力最强的物种之一。此外，水合电子还具有较高的扩散系数和极强的迁移能力，并能够维持反应活化能处于较低水平不变，所以与新污染物的反应效率较高。

ZVI 由于具有较强的还原势（$E=-0.44V$）而被广泛应用，用来还原去除环境中的污染物。相比于其他技术，ZVI 具有廉价易得、反应活性高、无二次污染等优点。然而，较高的表面能和磁相互作用也使得其自身易发生团聚，从而降低反应性能。

14.1.5.4　生物降解技术

19 世纪以来，生物降解技术在水处理领域扮演着极其重要的角色，被广泛应用于多种水处理工艺。其主要利用微生物的代谢作用，将有机污染物转化为无毒的 CO_2 和水。

然而，普通生物降解技术在去除新污染物这类持久性污染物的过程中存在着降解周期长、效率低、降解不彻底、反应条件苛刻等应用瓶颈，且去除效果较差。因此，新污染物往往会"穿透"污水处理厂随排水流出，故能否筛选、驯化出可高效降解新污染物的微生物是该技术被实际应用的关键。

14.1.5.5　其他降解技术

除了上述被广泛研究的新污染物降解技术外，膜分离技术、机械化学法和低温等离子体技术近年来也受到了国内外学者的关注。

膜分离技术是近年来迅速崛起的一种新污染物去除技术，其主要利用特殊的薄膜对溶液中粒径不同的混合物进行选择性分离。虽然膜分离技术具有能耗低、工艺简单、处理周期短等优点，但价格昂贵、易受污染、对痕量新污染物污染水体的适应性差等缺点也限制了该技术在水处理领域的推广使用。

机械球磨技术因为具有操作简单、降解产物便于处理等优点而受到广泛关注。其主要是利用剪切、挤压和摩擦等机械外力，使新污染物的结构和物理化学性质发生变化，从而达到降解的目的。研究发现，该技术应用的关键是寻找有效的研磨剂。

低温等离子体技术也是一种有效的新污染物去除方法。当反应体系有电流等外界能量输入时，体系中的分子吸收能量转变为激发态，并进一步电离出·OH 等活性自由基粒子，与新污染物发生化学反应而将其去除。目前，该技术的应用还面临着副产物多、能耗高等难题，后续研究应在继续保持较高降解率的基础上，通过控制反应条件减少有毒副产物的产生，并降低能耗。

14.1.5.6　不同降解技术的对比

目前，新污染物的降解技术主要包括上述吸附技术、Fenton 和类 Fenton 技术、硫酸根自由基降解技术、电化学降解技术、光催化降解技术、超声化学降解技术、水合电子降解技术、ZVI 降解技术、生物降解技术、膜分离技术、机械化学技术和低温等离子体技术，以上技术的反应机理和适用条件存在差异，对新污染物的去除效果也不同。不同新污染物降解技术的常用材料、去除率、反应时间、反应机理、优缺点与展望详见表 14-2。

表 14-2　不同新污染物降解技术对比

降解技术	技术分类	常用材料	去除率/%	反应时间/h	反应机理	优点	缺点	展望
吸附	物理	活性炭、碳纳米管、离子交换树脂、矿物材料、新型吸附材料	20~100	0.33~480	静电作用、疏水作用、离子交换作用、桥联作用、配体交换等	成本低廉、能耗较低，适用于较广浓度范围的新污染物	吸附时间长，再生能力弱，选择性差，吸附后的污染物需二次处理	开发无毒无害、高效廉价的选择性吸附剂
Fenton 和类 Fenton	化学	·OH、臭氧等	20~99.1	2.5~120	氧化作用	技术较成熟	反应机理不明确，去除效果差，不具有选择性	深入探究降解机理及路径，与其他技术联用
·SO$_4^-$降解	化学	·SO$_4^-$	60~100	4~30	氧化作用	去除效果好、实际应用性强	大量 PS① 的使用造成环境盐碱度的升高	优化反应条件、与其他技术联用
电化学降解	化学	BBD 电极、改性电极等	31.7~100	0.5~5	氧化作用	绿色环保、能耗较低	选择性差，环境适应性差，电极材料的稳定性不能保证	开发合适的电极材料，增强环境适应性
光催化降解	化学	TiO$_2$、改性 TiO$_2$、In$_2$O$_3$等	45~100	0.33~48	催化氧化	直接利用太阳能、绿色经济	反应条件苛刻、能耗较高	开发出稳定性高、抗污染性能强的光催化剂
超声化学降解	化学	超声波	26~100	1~5	高温热解、空穴、·OH	—	环境适应能力差、能耗高，去除效率低	优化反应条件、提高环境适应性
水合电子降解	化学	水合电子	40~100	0.33~24	脱氟加氢、脱羧基水解	—	水合电子易被氧化性物质猝灭，反应条件严苛	提高水合电子利用率，简化反应体系，提高环境适应性
ZVI②降解	化学	ZVI	8~96	1~2880	电子转移还原	—	ZVI 易发生团聚、实际应用性差	开发出更高效率的负载材料，降低 ZVI 的团聚
生物降解	生物	微生物	50~100	240~4224	微生物代谢	绿色环保、无需耗能	反应周期长，反应条件苛刻，去除不彻底	筛选、驯化出可高效降解新污染物的微生物
膜分离	物理	RO 膜、NF 膜等	90~99	—	截留	能耗较低，适用于较广浓度范围的新污染染物，截留后的污染物可以洗脱再利用	价格昂贵，截留作用不彻底，可重复应用性差，实际应用性差	与其他技术联用，提高膜处理的选择性和实际应用型
机械化学	化学	—	100	4	剪切、挤压和摩擦等机械外力	操作简单、降解产物方便好	反应周期长、能耗高	寻找有效的助磨剂
低温等离子体	化学	—	>99	—	氧化作用	去除效果好	反应副产物多、能耗较高	优化反应条件，减少有害副产物的生成，降低能耗

① PS: persulfate, 活化过硫酸盐。
② ZVI: Zero-valent Iron, 零价铁。

尽管上述技术在实验室内的模拟效果良好，但距离实际应用还有一段很长的路要走。吸附技术因为成本低廉、能耗较低、操作简单且适用于较宽浓度范围的新污染物而被广泛研究，但吸附时间较长、吸附剂选择性差、再生能力弱、吸附后的污染物仍需二次处理等问题也限制了其进一步的实际应用；由于高键能以及高电负性，新污染物几乎对多数化学氧化技术表现出排斥性，且技术本身也易受复杂环境因素的干扰，能否应用于实际场地修复还有待优化研究；化学还原技术作为一种新兴的污水处理技术，能够对新污染物进行矿化处理，但目前应用最多的水合电子易被氧化，需要控制碱性、厌氧等严苛的反应条件，且大多数化学还原技术无法满足实际场地修复的要求；生物降解技术目前需找到合适的菌株降解新污染物，且处理周期极长，一般需要几十天到上百天的时间，国内外研究尚处于起步研究阶段。

因此，上述单一的技术体系很难实现对新污染物污染实际水体的高效治理。在未来的研究中，多种处理技术耦合使用可能是成功处理新污染物污染水体的关键。如首先通过选择性吸附剂将复杂水体中的新污染物高效富集，随后配合高效降解技术将脱附的新污染物无害化处理。目前相关降解技术体系需要进一步完善，未来对新污染物降解技术的研究范围也应该进一步拓展，关注重点主要体现在如下方面。

（1）优化反应体系，增加现有技术的高效性、选择性和环境适应性，并降低能耗，节约成本，同时开展降解产物的综合毒性和生态风险评价，降低有毒物质的生成。

（2）进一步研究相关技术在去除实际废水中新污染物的作用机制，采取切实措施，削弱废水中不利因素的影响，尽快推动上述技术的实际场地应用。

（3）开发联用技术体系，如利用吸附技术对废水进行预处理，富集浓缩新污染物后，再利用高级氧化/还原技术降解矿化新污染物，彻底消除其有害影响。

（4）开发与新污染物具有相似应用价值而毒性更低、更易降解的环境友好型替代品，使其更易被现有的降解技术体系降解矿化。

14.2 高效菌生物强化技术

14.2.1 生物强化技术概述

生物强化技术又称生物增效技术或生物增强技术，是指将具有某种特定功能的菌种投入生物反应体系中，以达到强化增效作用的方法。该技术起源于 19 世纪，最早应用于酿酒工业，20 世纪 50 年开始应用于污水处理。与物化处理法相比，生物处理法主要利用微生物的新陈代谢作用将水中的污染物质转换为无害、稳定的小分子物质，从而使污水得到净化。生物处理法具有处理效率高、投资和运行成本低、操作与管理方便、无二次污染等优势，已成为当前污水处理领域中普遍采用的方法之一。在实际工程应用中，低温、难降解有机物和重金属离子等因素均对生物处理系统中的微生物有一定的毒性或抑制性，限制了微生物的活性，导致生物处理效率低下，出水水质无法达标排放。研究发现，通过向传统生物处理系统中投加具有特定功能的高效菌种，不仅能改善活性污泥性能，提高系统中的微生物浓度和酶活性，增强抗冲击负荷能力，明显缩短生物处理系统的启动时间，进一步强化传统生物处理系统对污水中目标污染物的去除效率；同时，也能减少污泥总量。目前，生物强化技术已在土壤、海洋和地下水的污染治理与修复、污（废）水的处理和污泥减量化等领域得到广泛的研究与应用。

14.2.2 高效菌的来源

微生物是污水生物处理中污染物去除的主要承担者。因此，如何获得环境适应性强、作用底物广泛、能降解特定污染物的高效菌是实现生物强化技术的关键步骤。随着微生物育种技术的不断发展，研究人员采用传统微生物分离培养技术和现代分子生物学技术，已构建出多种具有特定功能的高效菌。目前，高效菌种的主要来源有四种方式，分别为定向培育和驯化、诱变育种、基因工程育种和 EM 高效菌。

14.2.2.1 定向培育和驯化技术

自然界中的微生物种类繁多，具有形体微小、比表面积大、繁殖速率快、代谢能力强和易变异等特点，从理论上来讲，在适宜的环境条件下，大多微生物通过长期的驯化与适应，对各种污染物均具有一定的降解作用。因此，从自然界、受污染环境或污水处理构筑物中分离筛选与驯化是获取高效菌种最普遍、最直接的方法。通过人为地控制微生物生长繁殖所需的营养要求、温度、pH 值、溶解氧和有毒物质等因素，不仅能定向地培养出具有特异性和高效降解性的微生物，也能提高微生物对不利环境条件的耐受性，使其在特定的环境条件下对污染物由不利用变为利用，由缓慢利用变为快速降解。目前，研究人员已选育出一些具有特定功能的单一高效菌株，并将这些高效菌株按照一定比例复配和发酵，进一步构建出高效菌群。但传统的定向培育和驯化技术存在试验周期长，工作量大，选育出的单一高效菌株往往只能降解一种或一类污染物，且对各种环境因素如温度、pH 值和有毒物质等的耐受力不足，往往处理效果达不到污染治理工程的要求。

14.2.2.2 诱变育种技术

微生物诱变育种技术是一种基因突变技术，在人为的条件下，因物理或化学等因素能直接或间接地作用于遗传物质，诱发微生物的基因发生突变，改变其遗传结构和功能，进而培育出具有特定优良性状的突变菌株，进而提高污染物的降解能力。诱变育种可分为物理诱变、化学诱变和复合诱变。

(1) 物理诱变。物理诱变是指利用物理因素进行诱变，引起微生物发生基因突变。常见物理诱变因素有紫外辐射、X 射线、β 射线、γ 射线、激光和等离子体诱变等。由于 DNA 链上的碱基对紫外辐射敏感，紫外照射不仅能引起 DNA 的断裂，也能形成胞嘧啶和鸟嘌呤的水合物及胸腺嘧啶二聚体等，导致 DNA 的结构发生改变，因操作简单，获得突变体的概率较高，是常用的物理诱变方法之一。X 射线、β 射线和 γ 射线等电离辐射诱变依靠独特的电离作用，直接或间接地改变 DNA 分子结构，获得微生物突变体，但电离辐射操作要求高，具有一定危险性。等离子体诱变是近年来常采用的一种新型高效的物理诱变技术，利用高能化学活性粒子对微生物产生高强度遗传物质损失，进而诱发微生物启动 SOS（又称"错误倾向修复"，指 DNA 受到严重损伤，细胞处于危急状态时所诱导的一种特殊的 DNA 修复方式）修复机制，产生多种错配位点，形成遗传稳定的突变体。该技术具有操作简便、条件温和和安全性高的特点，可提高微生物的突变频率。

(2) 化学诱变。化学诱变是指利用化学物质进行诱变，引起微生物发生基因突变。常用的化学诱变剂有氯化锂、烷化剂、亚硝酸、硫酸二乙酸、硝基胍和碱基类似物等。但不同的诱变剂作用机制不同。亚硝酸、硫酸二乙酸和硝基胍等诱变剂能与 DNA 链上的碱基发生化学反应，造成 DNA 复制时出现碱基配对的转换，诱发遗传物质突变；碱基类似物如 5-尿嘧啶、5-氨基尿嘧啶等诱变剂是正常碱基的结构类似物，在 DNA 复制过程中可取代正常碱基引发突变。化学诱变能直接作用于 DNA 链上的某些碱基,具有操作性强、简单易行的特点。

(3) 复合诱变。复合诱变是指利用物理、化学等因素联合处理微生物,以增强微生物的诱变效果。目前,常见的复合诱变包括同一种诱变剂的重复作用、两种或多种诱变剂的先后使用以及两种或多种诱变剂的同时使用等。与单一诱变剂处理相比,复合诱变具有协同效应,引起微生物发生基因突变的频率更高。

14.2.2.3　基因工程育种技术

构建基因工程菌治理环境污染是环境生物工程领域的前沿课题。1973 年斯坦利·科恩和赫伯特·博耶首次完成了 DNA 分子的体外重组实验,为微生物育种提供了新思路。与传统分离筛选、定向驯化和诱变育种相比,基因工程育种技术把对特定污染物具有降解功能的功能基因或质粒导入繁殖能力强和适应性能佳的受体菌株细胞内并使其表达,进而构建出可降解多种污染物的基因工程菌,去执行净化污染物的功能。由于某些新的微生物细胞中携带有分解某种化合物的功能基因或降解性质粒,所以其不仅能增加微生物的数量和酶活性,也能创造出新的代谢途径,实现现有微生物所不具备的分解代谢能力,加速多种污染物的生物分解。基因工程育种技术构建高效菌的途径包括目的基因获取、PCR 技术扩增目的基因、载体的选择与准备、受体菌株的选择、目的基因与载体连接形成重组 DNA 分子、导入受体细胞、筛选与表达等过程。研究发现,利用基因工程育种技术构建的工程菌在特定环境条件下能降解石油、农药、木质素、多环芳烃、樟脑、辛烷、二甲苯、萘、染料和汞等多种污染物,且降解效率高。

14.2.2.4　EM 高效菌

EM 高效菌为最初由琉球大学比嘉照夫教授研制的一种有效微生物菌群 (EffectiveMicroorganisms,EM),于 20 世纪 80 年代投入市场。根据微生态学原理,将光合细菌、乳酸菌、放线菌、丝状菌、固氮菌、纤维素分解菌和酵母菌等 80 余种微生物按一定比例进行复配,充分利用不同微生物间的相互共生、相互协同作用,形成一个成分复杂、结构稳定的多功能复合的微生物活性菌剂。该菌剂因具有微生物活性高,繁殖能力强,对低 pH 值、高温和低温等特殊环境具有较强的适应能力的特点,目前已开发出多种产品,并广泛应用于食品添加、养殖病害防治、土壤改良、污水处理和土壤污染修复等领域。EM 高效菌利用微生物代谢的降解、吸收作用,来减少污染物的产生,以达到污染物去除或降低的目的。

在实际污水生物处理过程中,因污泥中的微生物抗冲击性能差,对高氨氮、难降解有机物和重金属等污染物去除效率低,也对环境条件如 pH 值和温度等环境因素改变的适应性差,导致处理效果不稳定,出水水质无法达标排放。近年来,研究人员根据处理污染物的种类不同,已开发出 COD 降解菌、高效脱氮菌(硝化菌、反硝化菌、短程硝化菌、全程硝化菌)、除磷菌、脱硫菌、高盐菌和耐低温菌等多种专性降解高效菌剂,用于处理石油类、难降解有机物、氮和磷等污染物。与活性污泥中的普通微生物相比,将专性复合菌剂投加到生化系统中,能显著缩短反应器的启动时间,增强了抵抗外界因素如温度、毒性、冲击负荷和pH 值等的干扰能力。

14.2.3　生物强化作用机制

微生物降解是污染物分解转化的主要驱动力。通常认为,生物强化技术对污染物的降解机制如下。

14.2.3.1 直接降解作用

生物强化最普遍的作用机制是高效菌的直接降解作用。污染物的直接降解是在微生物酶的催化作用下，经过一系列的生化反应，污染物被分解为小分子有机物或简单无机物的过程。因污染物分子结构和理化性质存在差异，生物分解性也不同。目前，根据生物分解的程度和最终产物的不同，将生物分解性分为生物去除、初级分解、环境可接受分解和完全分解等。生物去除是指利用活性污泥中微生物的吸附作用将污染物浓度降低的现象。初级分解是指在分解过程中，使原有污染物的繁殖结构发生变化，失去原有的物质特性。环境可接受分解是指就微生物的新陈代谢作用，使污染物的理化性质和毒性达到环境安全要求的程度。完全分解是指污染物在一种或多种微生物作用下彻底分解为 CO_2 和水等稳定无机物的过程。通常，将微生物菌剂投加到污水处理系统中，直接利用微生物本身所具备的生理特性和代谢机制，将污染物进行有效降解。

14.2.3.2 共代谢作用

1959 年美国的 Lead Better 和 Foster 提出共代谢作用。共代谢作用是微生物为适应复杂生存环境形成的一种新的代谢途径，它是大多数微生物降解环境中有机污染物的一种重要方式，也是生物强化过程中高效菌降解有机污染物的一种重要的代谢机制。近年来，随着化工企业的快速发展，产生了许多新型有机化合物，如化学塑料、农药、杀虫剂、含酚硝基化合物、硫氰化合物、多环芳烃等，这些物质具有结构复杂、难以生物降解和致癌致畸的特点，不能被常规污水生化处理系统中的微生物短时间内利用和代谢，一旦进入自然环境，对生态环境和人类健康造成严重威胁。研究发现，一些难降解污染物不能直接作为碳源或能源被微生物利用，当有其他可利用的碳源或能源物质（称为生长基质）存在时，难降解污染物（称为共代谢基质）才能被利用，这种代谢过程称为共代谢作用。在共代谢过程中，第二基质的降解不能为微生物生长提供能量和碳源，且这种降解往往不彻底，生成的中间产物需要依赖其他微生物进一步代谢。共代谢作用受多种因素的影响，如生长基质的类型、生长基质和共代谢基质的浓度关系、微生物的菌株类型以及污水处理工艺的选择等。

14.2.4 高效菌强化生物技术的应用

高效菌剂投加到污水生物处理系统中，需满足以下条件才能产生较好的生物强化效果：①投加到生化系统中，高效菌仍有较高的微生物活性和酶活性；②对不同的目标污染物能保持较高的降解效率；③微生物适应环境能力强，在系统中能够竞争生存，并维持一定的数量。因此，如何将高效菌有效地保持于污水生物处理系统中已成为生物强化技术应用的关键。

目前，高效菌生物强化技术的应用方式主要包括直接投加高效菌和微生物固定化。

14.2.4.1 直接投加高效菌

将筛选、驯化或构建的高效菌直接投加到生化处理系统中，通过微生物的直接作用和共代谢作用，以达到提高原有污水处理系统处理能力的目的。EM 菌液是水溶性液体或者粉状固体，将其直接投加到活性污泥法生物处理工艺中，微生物以悬浮状态存在，易于从反应器中流失，无法长期保持较高的微生物浓度，且重复利用性差，尤其在低温、难降解有机物和重金属等存在的情况下，更难以形成稳定的生物降解体系。

14.2.4.2 微生物固定化

研究与实践结果表明，在实际工程中，微生物固定化技术有利于反应器对生物量的有效截留，可有效解决微生物容易随水流失的问题，能提高生物反应器内微生物的浓度，也能保持高效菌种的生长繁殖，利于脱氮除磷和去除难降解有机物，强化了生物菌的降解作用，也优化了污水的生物处理技术。该技术在难降解工业废水和冬季低温环境下污水的处理中，已取代悬浮菌法而广泛应用于实际生产工艺中。微生物固定化相关内容详见14.2.5。

14.2.5 微生物固定化技术

微生物固定化技术（Immobilized Microorganism Technology）是20世纪60年代发展起来的一项新技术，采用物理和化学手段将游离细菌或酶固定在载体上，使其保持原有活性，使其能够反复、连续地使用。近年来，微生物固定化技术因具有高稳定性、高反应速率和高活性而迅速发展，并广泛应用于工业、医药、食品、化工、环境净化、能源开发和污水处理等领域。

在污水处理中，微生物固定化技术的主要优点如下。

① 与常规污水生物处理相比，微生物固定化能维持生物处理系统中较高的生物量，易于实现固液分离。在降解有毒污染物方面，抗毒性作用明显加强，适用于含有有毒有害物污水、废水的处理。

② 微生物整体活性高，比普通活性污泥法的处理能力高1～3倍，出水水质好，抗水力、有机负荷的冲击能力强，可降低运行费用与投资。

③ 对于厌氧消化工艺，可保留对环境干扰敏感、生长缓慢的产甲烷细菌，缩短了启动时间，使工艺稳定地运行。

微生物固定化技术种类繁多，常见的固定化方法有载体结合法、包埋法、共价键法、交联法和微胶囊法等，目前国内外对此还没有统一的分类标准。从实际研究和应用的情况来看，载体结合法和包埋法是目前研究最多、实用性最强、最有发展前途的微生物固定化技术。

14.2.5.1 载体结合法

载体结合法是利用特殊的生化反应载体将高效菌固定于其表面的方式。载体结合法中微生物和载体之间的结合往往是物理吸附、离子结合、共价结合和微生物特异性吸附等诸多影响力的共同作用。与普通活性污泥法相比，传统生物膜法是最简单的载体结合微生物固定化，早期的载体大多以天然材料如鹅卵石和以具有高比表面积的聚乙烯、聚苯乙烯和聚酰胺等有机材料制成的波纹状、列管状和蜂窝状等有机合成填料及软性填料等，它们为微生物生长繁殖提供附着固定的表面，但这些载体的表面与微生物的附着固定力差，稳定性和力学性能存在不足，制约了生物膜法水处理技术的发展。随着多孔功能型反应性填料的出现，生物膜法水处理技术有了突破性的发展，产生了载体结合法这一微生物固定化方法。该方法和传统生物膜法相比也有了本质的区别，传统生物膜法的生物膜多是靠微生物的自然生长过程形成的，废水处理中强调微生物以"膜"的形式存在的状态，要求载体表面粗糙，并能给微生物提供足够的比表面积。载体结合微生物固定化的微生物法需预先培养高效菌。对载体不仅要求表面粗糙和大的比表面积，还要求载体表面带有电荷或其他基团，以便微生物和载体之间形成较强的价键结合力，同时要求载体能给微生物提供良好的生长微环境，使用中强调载体和微生物一起所能达到的多功能处理效果。以多孔功能型吸附填料为主要形式的载体结合微生物固定化法的出现，使生物膜法水处理技术有了重要的发展突破。

总之，载体结合法是目前污水处理工程实践中最常用的固定化技术之一。它以操作简单、固定化条件较温和、对微生物活性影响小、成本低等优点成为颇具发展前景的微生物固定化技术。

14.2.5.2 包埋法

包埋法诞生于 20 世纪 70 年代末，是将微生物细胞截留在水不溶性的凝胶聚合物孔隙的网络空间中。这种截留作用通过聚合作用或通过离子网络形成，或通过沉淀作用，或改变溶剂、温度、pH 值使细胞截留。凝胶聚合物的网络可以阻止细胞的泄漏，同时能让基质渗入和让产物扩散出来。载体是包埋固定化技术的关键。包埋法不受微生物附着性和增殖特点的限制，都可以进行固定；有较好的结合性能，微生物固定化后活性损失率低；包埋微生物后的单体启动运行快；在反应工程（考虑反应器的设计、操作稳定性等）中应用灵活。但包埋载体的扩散阻力大，使细胞的催化活性受到限制，且不适用于涉及大分子物质的反应。

包埋法的发展完善是建立在包埋载体材料发展的基础之上的。目前主要的包埋材料分为天然高分子凝胶和有机合成高分子凝胶化合物两大类。

（1）天然高分子凝胶载体具有固化、成形方便，对微生物毒性小，固定化密度高等优点，但它们抗微生物分解的性能较差，机械强度较低，在厌氧条件下易被微生物分解，寿命短。常见的载体材料有琼脂、明胶、卡拉胶、海藻酸盐、角叉菜胶、甲壳素等。

（2）有机合成高分子凝胶载体抗微生物分解性能好，机械强度高，化学性能稳定，但聚合物网络的形成条件比较剧烈，对微生物细胞的损害较大，传质性差。常见的载体材料有聚丙烯酰胺凝胶（ACAM）、聚乙烯醇凝胶（PVA）、聚砜、硅胶、光硬化树脂和聚乙烯醇（PVA）等。

PVA 包埋固定化微生物的原理是将聚乙烯醇热溶于水，加入硼酸或硼砂，PVA 在 $55 \sim 90 \, ℃$ 发生相变，形成长链网状分子结构的凝胶，将微生物包埋在其中，通常称这种方法为 $PVA\text{-}H_3BO_3$ 法。使用中将凝胶做成小球状，简称为 PVA 凝胶小球。该方法具有包埋效果好、使用简单、经济、低毒、稳定性好等特点，成为目前众多包埋法中应用研究最多、综合性能较好的微生物固定化方法。但 PVA 凝胶小球由于外部有一层较厚的球壳，传质性能不及海藻酸钠。而海藻酸钠易成型，传质性好，但其机械强度差。试验中发现将两者联合使用能克服彼此的不足，发挥两者的优势，形成了包埋效果更好的 $PVA\text{-}海藻酸钠\text{-}H_2BO_3$ 包埋法替代工艺，并得到了广泛应用。

14.2.5.3 固定化微生物的反应特性

微生物经过固定化后，许多反应特性都会发生变化，主要包括微生物活性、微生物稳定性、溶解氧和底物传质速率等，这些变化决定了固定化微生物与游离微生物在污染物处理工程及工艺上的差异。

微生物从本质上讲也是一种含有多种官能团的蛋白质结构，微生物经过固定化后，其官能团与载体发生了共价键或范德瓦耳斯力等形式的作用，主链结构得到加固。因此，从总体上讲，微生物不易流失，加固后的主链结构性质较稳定，不易被破坏，能耐 pH 值、有机物浓度、生物毒性等因素变化的冲击。另一方面，微生物固定化后，由于其官能团稳定性增加，也使其生物活性有所减弱。但由于采用固定化技术后，微生物在某一固定区域内有很高的密度，单个微生物活性降低的缺点得以弥补。

载体结合和包埋微生物固定化技术中，由于载体的作用，使得反应系统中主体的底物浓度及氧浓度与微生物所处区域的底物及氧浓度出现差异，这种差异引起微生物固定化后传质效果的变化。

14.2.5.4 微生物固定化技术发展中的主要问题

固定化微生物自身的性质和所用载体的性能是影响微生物固定化使用效果的主要因素。

微生物性质是影响微生物固定化效果发挥的主观因素，与微生物的种类有关；载体性能则是影响微生物固定化效果发挥的客观因素，微生物固定载体技术是最主要的研究发展目标。

微生物固定化技术的发展就是其载体的发展，也是微生物固定化技术发展中面临的主要问题。载体结合和包埋微生物固定化技术能成为目前最实用的微生物固定化技术，这与其载体的发展是分不开的，但这两种载体尚处于发展阶段，远没有达到成熟的程度，还需针对载体结合和包埋微生物固定载体存在的不足之处进行更加深入的研究。

总之，微生物固定化技术在污水生化处理领域展现出了广阔的应用前景，传统的污水生化处理工艺借助微生物固定化技术，实现了诸多方面的技术突破。国内已开始了微生物固定化技术研究向实际应用发展的转变，主要涉及生物脱氮、难降解有毒有害废水与重金属废水的处理。随着微生物固定化技术的不断完善，其在实际中必将发挥越来越重要的作用。

14.3　微生物组分析技术

污水处理的需求是伴随着城市的诞生而产生的。污水处理技术历经数百年的变迁，从简单的消毒、沉淀到有机物去除、脱氮除磷再到深度处理回用。20世纪初，生物处理技术成为污水处理的重大突破，它利用微生物新陈代谢功能，使污水中呈溶解和胶体状态的有机污染物被降解并转化为无害的物质，从而使污水得以净化。微生物始终在人类的生活、经济和技术发展中扮演着重要角色，随着人们对环境保护和健康的不断追求，人们开始探寻更高效、更清洁的污水处理方法。

在微生物检测分析技术产生前，人们仅仅知晓微生物在污水处理中发挥着重要的作用，却无法得知它的作用机理。但在过去的几十年里，微生物研究的技术和方法快速发展，人们对微生物的认识不断拓展和深化。微生物检测分析的出现是一次巨大的变革，它引导我们探究生物处理技术的实质和定向培养高效微生物菌群，提供污水生物处理新思路，加速水处理领域的研究和发展。

通过微生物分析，了解不同环境条件下微生物群落结构的演替和动态变化，推动了人们探究外界因素对体系微生物的影响；了解污染物降解过程中的主要承担者和优势菌种，为改进处理效果提供了可行性依据。微生物分析分别以优势物种分析、物种群落组成、组间微生物结构相似程度等表征优势菌种的丰富度和均匀度以及微生物群落组成的差异性和相关性。通过微生物分析，了解不同条件下的各优势菌种对污染物降解的贡献度，改善水处理功能菌的环境条件，可以达到最好的处理效果，提高废水处理系统的稳定性和处理效率。未来，污水生物处理将继续发展，为人们创造更加清洁和健康的生活环境。

14.3.1　α多样性

α多样性是评价局部均匀生境下的物种在丰富度、均匀度和多样性等方面的指标，也被称为生境内多样性。α多样性反映一个群落内微生物多样性程度的高低，强调群落的异质性，α多样性越高，群落可能越稳定。常见α多样性指数见表14-3。

α多样性分析主要关注局域均匀生境下的物种多样性程度，分析样品中物种丰度和群落中个体分配的均匀度。度量α多样性的指标中Chao 1和Observed-species是反映菌群丰富度的指数，Shannon和Simpon是反映菌群多样性的指数。如图14-2所示，三组样本R0、R1、R2在不同的指数计算下数值大小有所变化。Chao 1指数和Observed-species指数越大，表明群落的丰富度越高。Shannon 指数、Simpson 指数的值越高，表明群落的多样性越高。R0 样本群落丰富度和多样性均高于 R1 和 R2 样本。R2 样本的群落丰富度略高于 R1，但多样性却略低于 R1。

表 14-3 α多样性指数

指数名称	指数意义	指数比较
Chao 1 指数	用 Chao 1 算法估算样品中所含的 OTU 数目的指数，在生态学中用来估计物种总数	Chao 1 和 Observed-species 指数反映样品中群落的丰富度，数值越大，表明群落的丰富度越高
Observed-species 指数	通过计算群落中不同的物种、ASVs 或 OTUs 的个数来指示群落中物种的丰富度	
Shannon 指数	Shannon 指数是用来估算样品中微生物多样性的指数，更适用于复杂群落	Shannon 指数、Simpson 指数的值越高，表明群落的多样性越高
Simpson 指数	Simpson 指数是用来估算样品中微生物多样性的指数，在生态学中常用来定量描述一个区域的生物多样性。更适用于简单群落	
Faith's PD 指数	基于系统进化树来计算的一种多样性指数，它用各个样品中 OTUs 的代表序列构建出系统进化树的距离，将某一个样品中的所有代表序列的枝长加和，从而得到的数值。数值越大，群落多样性越高	
Pielou's evenness 指数	与 Shannon 指数相关，强调群落的均匀度。指数值越高，表明群落越均匀	
Good's coverage 指数	评估测序对群落中物种的覆盖度。Good's coverage 指数越高。样品中序列被测出的概率越高。该指数反映本次测序结果是否代表了样品中微生物的真实情况	

注：OTU（Operational Taxonomic Unit，种下单元）。

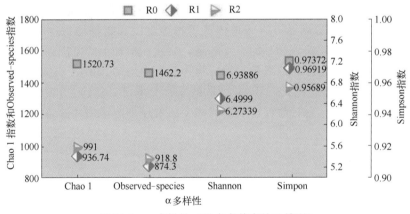

图 14-2 α多样性（见本书前言处二维码）

14.3.2 稀疏曲线

稀疏曲线（rarefaction curve）探究了样本 α 多样性随抽平深度的变化趋势。它可直接反映测序数据量的合理性，并间接反映样品中物种的丰富程度。

如图 14-3 所示，横坐标代表测序数量，纵坐标代表物种数量，当曲线趋向平坦时，说明测序数据量合理，增加数据量只会产生少量新的物种，反之则表明继续测序还会产生较多新的物种，测序数据量不合理。稀疏曲线可以反映样本中绝大多数的微生物多样性信息。

在稀疏曲线里，一般常用的 α 多样性指数为 Observed-species 指数和 Shannon 指数。

如图 14-4 所示，横坐标表示测序数量；纵坐标表示 Observed-species 指数，指数越大表明群落的丰富度越高，由此可以看出小球载体填料体系中的微生物群落多样性最高。并且随着测序数量的增加，曲线逐渐趋于平缓，表明测序数量饱和，继续增加测序数不能获得更多的 OTU，表明测序深度符合要求，测序结果合理。

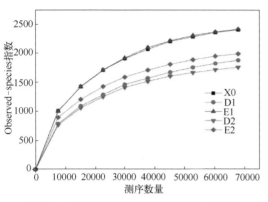

图 14-3　稀疏曲线（见本书前言处二维码）

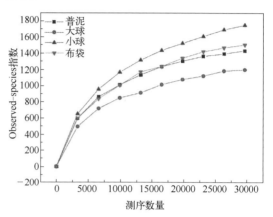

图 14-4　不同分散度下 BBSIR 混合液中
污泥样品的稀疏曲线（见本书前言处二维码）

14.3.3　丰度等级曲线

丰度等级曲线（Rank abundance curve）是一种分析多样性的方式。通过统计单一样品中，每个 OTU 所含的序列数，将 OTUs 按丰度由大到小等级排序，再以 OTU 等级为横坐标，以每个 OTU 中所含的序列数（或 OTU 中序列数的相对百分含量）为纵坐标作图。

丰度等级曲线如图 14-5 所示，直观地体现了物种丰度和物种均匀度。在水平方向，物种的丰庶由曲线的宽度来反映，物种的丰度越高，曲线在横轴上的范围越大；曲线的平滑程度反映了样品中物种的均匀度，曲线越平缓，物种分布越均匀。如图 14-6 所示，与 MP1 样本相比，生物海绵铁体系（MP2～MP4）的曲线长度均长于 MP1，这表明大多数 OTU 在生物海绵铁体系中被测定。各污泥样本的曲线梯度随着序列的增加而变得平缓，表明样本中微生物的均匀度高。

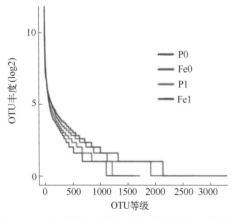

图 14-5　丰度等级曲线（见本书前言处二维码）

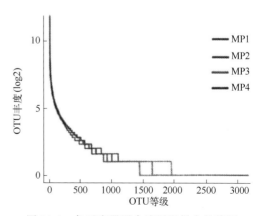

图 14-6　各反应器混合液污泥样本的等级
丰度曲线（见本书前言处二维码）

14.3.4　优势物种相对丰度图

根据 OTU 注释结果分别在各个分类水平：domain（域）、kingdom（界）、phylum（门）、class（纲）、order（目）、family（科）、genus（属）、species（种）统计各样品的物种相对丰度并作图，即得到优势物种相对丰度图，见图 14-7、图 14-8。图中包含了两个信息：一是样品中所含微生物的种类；二是样品中各微生物的序列数，即各微生物的相对丰度。

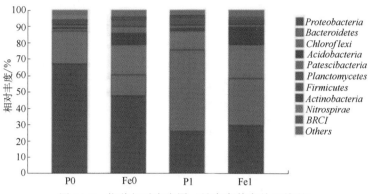

图 14-7　物种相对丰度图（见本书前言处二维码）

因此，可以使用统计学的分析方法，观测样品在不同分类水平上的群落结构。当一起比对多个样品的群落结构分析时，还可以观测其变化情况。通常使用较直观的柱状图形式呈现。

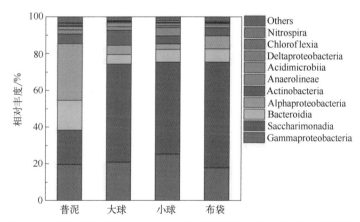

图 14-8　不同分散度下 BBSIR 混合液中纲水平上微生物群落结构分析
（相对丰度＞1%）（见本书前言处二维码）

物种组成的堆叠柱状图可以直观地看到微生物的种类及相对丰度。如图 14-8 所示，纲水平上相对丰度大于 1% 的菌有 10 个，分别是 Gammaproteobacteria（γ-变形菌纲）、Saccharimonadia、Bacteroidia（拟杆菌纲）、Alphaproteobacteria（α-变形菌纲）、Actinobacteria（放线菌纲）、Anaerolineae（厌氧绳菌纲）、Acidimicrobiia（酸微菌纲）、Deltaproteobacteria（δ-变形菌纲）、Chloroflexia（绿弯菌纲）和 Nitrospira（硝化螺旋菌纲）。其中，Gammaproteobacteria（γ-变形菌纲）、Alphaproteobacteria（α-变形菌纲）和 Deltaproteobacteria（δ-变形菌纲）都属于变形菌门。Gammaproteobacteria（γ-变形菌纲）为纲水平

上相对丰度高于18%的优势菌纲，在普泥、大球、小球和布袋中的相对丰度分别为19.7%、21.1%、25.4%、18%，该菌纲在小球体系中相对丰度最高。该图横坐标表示不同样本，纵坐标表示相对丰度。不同颜色对应同一层次不同物种，others表示已鉴定但低于丰度取值或者未鉴定的。

14.3.5　β多样性

β多样性指沿环境梯度下不同生境群落之间物种组成的相异性，即两个或多个群落之间，组成结构、功能特性等方面的相互比较以及变化幅度的大小。β多样性逐一比较每个物种在两个或多个群落的数量和分布的差异，它强调群落之间的相似度、差异度和演替。常见β多样性指数见表14-4。

表14-4　常见β多样性指数

指数名称	计算方法	适用情况
Jaccard distance	计算两个样本间非共有物种在所有物种中的比例	适用于不强调微生物之间的进化距离，环境差异巨大的生境
Bray-Curtis distance	采用加权的计算方法，计算两个样本间各物种丰度差值的绝对值之和与其总丰度的比值	适用于不强调微生物之间的进化距离，环境梯度/试验处理引起的微生物群落差异
Unweighted UniFrac distance	计算两个样本间非共有的进化枝长度占总进化枝长度的比例，以反映样本间的进化距离差异	适用于强调微生物之间的进化距离，环境差异巨大的生境
Weighted UniFrac distance	在Unweighted UniFrac的基础上同时考虑物种丰度的差异；通过给每个进化枝校度权重，从而定量谱系之间的差异程度	适用于强调微生物之间的进化距离，环境梯度/试验处理引起的微生物群落差异

注：在实际应用中针对不同情况采用相应的计算方法。

14.3.6　距离矩阵与PCoA分析

14.3.6.1　距离矩阵

样品间的物种丰度分布差异程度可通过统计学中的距离进行量化分析，使用统计算法Euclidean、Bray-Curtis、Unweighted_unifrac、weighted_unifrac等计算两两样品间距离，获得距离矩阵，用于后续进一步的β多样性分析和可视化统计分析。

14.3.6.2　PCoA分析（主坐标分析）

PCoA分析以样本距离为基础，直观显示不同环境样品中微生物进化上的相似性及差异性。PCoA分析一般通过二维或三维散点图来进行展示。坐标轴中括号内的百分比表示对应的坐标轴所能解释的样本差异数据（距离矩阵）的比例。图14-9中，每个点代表一个微生物群落样本，不同样本或分组用不同颜色/图形表示。点与点在坐标轴上的投影距离越远，则对应两个群落样本中的整体组成结构差异越大。如果样品距离越接近，表示物种组成结构越相似，因此群落结构相似度高的样品倾向于聚集在一起，群落差异很大的样品则会远远分开。

PCoA分析也可将空间中样本间的相似距离映射至二维平面上加以呈现。将样品间的距离在坐标轴上进行不同角度地投影，找到最能够反映原始距离分布的前两个坐标轴进行数据输出。如图14-10（a）所示，PCoA是对样品间距离（连线）的投影，在二维平面上展示的是样品间距离的信息，而不是样品的位置信息。

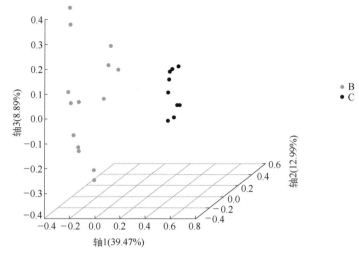

图 14-9　PCoA 分析结果（三维）（见本书前言处二维码）

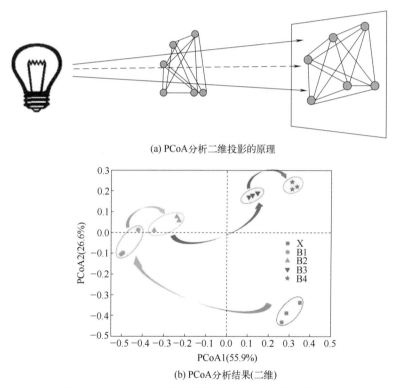

(a) PCoA分析二维投影的原理

(b) PCoA分析结果(二维)

图 14-10　PCoA 分析结果图（见本书前言处二维码）

　　图 14-10（b）中的横纵轴分别代表了第一、第二主坐标。PCoA 分析通过降维分析将输入其中的样本间相似性距离矩阵降维映射到以两个主坐标构成的二维平面上。通常横轴百分比的数值高于纵轴数值。

　　PCoA 是基于样本间相似性距离的分析，它的结果受相似性距离计算方式的影响，因此不同相似性距离计算方式对 PCoA 结果影响较大。

　　图 14-11 共有四个样本，不同的颜色代表不同样本：MP1 反应器为对照组，MP2～MP4 反应器分别投加不同量的海绵铁。分析发现，MP2 反应器与 MP3 反应器有重叠现象，

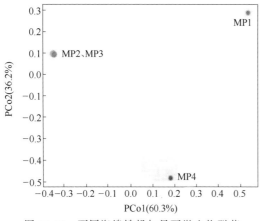

图 14-11 不同海绵铁投加量下微生物群落
PCoA 分析（见本书前言处二维码）

它们在坐标轴上的投影距离十分接近，MP1反应器与 MP2～MP4 反应器的投影距离较远。在 PCoA 分析中样品距离越接近，表示物种组成结构越相似，说明 MP2 反应器（海绵铁投加量为 45g/L）与 MP3 反应器（海绵铁投加量为 90g/L）混合液中的生物群落结构在相应维度中相似，而 MP1 反应器（普通活性污泥体系）中微生物群落组成成分与生物海绵铁体系微生物群落组成成分相似度较小，群落差异较大。实验分析表明，海绵铁的添加对于理化环境有较大的影响，在很大程度上改变了系统中的微生物组成。

14.3.7 NMDS 分析与比较

14.3.7.1 NMDS 分析

NMDS 分析即非量度多维尺度分析，与 PCoA 相似，每个点代表一个群落样本，不同样本或分组用不同颜色或图形表示。NMDS 分析图如图 14-12 所示。NMDS 分析与 PCoA分析的相同之处在于两者都使用样本相似性距离矩阵进行降维排序分析，从而在二维平面上对样本关系做出判断。与 PCoA 分析不同的是，NMDS 分析不参考投影距离，弱化了对实际距离数值的依赖，更加强调数值间的秩次。例如三个样本的两两相似性距离，（1，2，3）和（10，20，30）在NMDS 分析上的排序一致，所呈现的效果相同。

NMDS 是距离值的秩次信息的评估，图形上样本信息仅反映样本间数据秩次信息的远近，而不反映真实的数值差异。同组样本点距离远近说明了样本重复性的强弱，不同组样本的远近反映了组间样本距离在秩次上的差异。样本相似性距离计算方式对 NMDS 分析结果有影响，选择输入不同相似性距离值的矩阵，得到的结果存在着不同程度的差异。

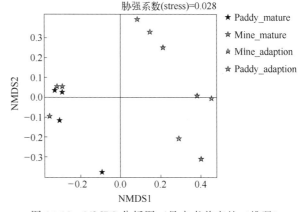

图 14-12 NMDS 分析图（见本书前言处二维码）

NMDS 整体降维效果由 stress 值进行判断。stress 值用于判断该图形是否能准确反映数据排序的真实分布，stress 值越接近 0 则降维效果越好，一般要求该值 <0.1。

为探究不同系统之间微生物群落结构差异的大小进行的 NMDS 分析，通过点与点间的距离来体现不同样品间的差异程度。如图 14-13 所示，NMDS 分析图结果显示 stress 值为0，表明该结果具有很好的代表性。与 MP2～MP4 样本之间的距离相比，MP1（对照组污泥样本）距离较远，说明对照组 MP1 和实验组 MP2～MP4 的微生物群落有显著差异。

14.3.7.2 PCoA 分析与 NMDS 分析的比较

PCoA 与 NMDS 都是以降维思想为核心的排序分析方法，是基于各类型样本相似性距离的降维，其区别见表 14-5。

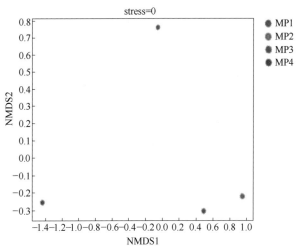

图 14-13 不同海绵铁投加量下微生物群落
NMDS 分析（见本书前言处二维码）

表 14-5 PCoA 和 NMDS 的区别

项目	PCoA	NMDS
输入数据	相似性距离表	相似性距离表
分析点	β 多样性分析	β 多样性分析
分析信息	原始相似性距离	相似性距离排序
含 stress 值	否	是
坐标轴有权重意义	是	否

PCoA 与 NMDS 均用于反映样本距离矩阵关系，不同点在于 NMDS 更侧重反映距离矩阵中数值的排序关系，弱化数值的绝对差异程度。在多样本、物种数量多的情况下（可进行排序的数量更大），stress 值往往随着样本的复杂程度而减小，因此模型能更准确地反映出距离矩阵的数值排序信息。

14.3.8 韦恩图

韦恩图（Venn 图）如图 14-14 所示，可用于统计多个样品中共有或独有的 OTU 数目，可以直观地表现不同环境样品的 OTU 数目组成相似性。

根据上述分析结果，MP2 与 MP3 反应器混合液中的生物群落结构相似，而对照组 MP1 微生物群落组成成分与生物海绵铁体系微生物群落组成成分相似度较小，群落差异较大。绘制韦恩图进一步展示各样本间独有或共有菌属的详细数目，如图 14-15 所示，四个混合液污泥样本共包含 8106 个 OTU。其中 MP1～MP4 特有 OTU 数分别为 2864、1206、1326 和 1330，共有的 OTU 数有 74。各反应器独有的 OTU 数和共有的 OTU 数有较大区别，说明随着运行周期的增加，各反应器虽然依旧存在同样的微生物群落，但均产生了大量新的微生物群落。

14.3.9 热图

14.3.9.1 基本知识

热图（heat map）是通过将数据矩阵中的各个值按照一定规律映射为颜色展示，利用颜色变化来可视化数据，这种方法可以很直观地呈现多样本或者多个基因的全局表达量变化，同时还可以展现多样本或者多基因表达量的聚类关系。

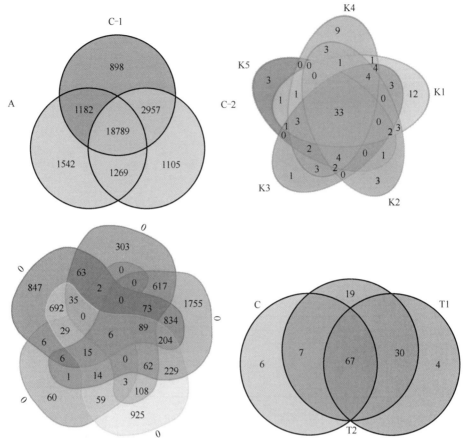

图 14-14　韦恩图（见本书前言处二维码）

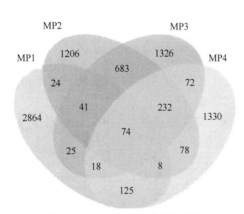

图 14-15　不同海绵铁投加量下
韦恩图（见本书前言处二维码）

热图的目的是进一步比较样本间的物种组成差异，实现对各样本的物种丰度、分布趋势的展示，同时将差异物种可视化，通过物种聚类能很清楚地看到差异物种所属的分类、分类学水平的分类单元以及在各样本或者分组中的分类情况。

当热图应用于数值矩阵时，热图中每个单元格的颜色展示的是行变量和列变量交叉处的数据值的大小；若行为基因，列为样品，则是对应基因在对应样品的表达值；若行和列都为样品，则展示的可能是对应的两个样品之间的相关性。

14.3.9.2　热图的主体和组件

单个热图由热图主体和热图组件组成。热图主体可以按行和列拆分，位于热图中央。热图组件包括标题、树状图、矩阵名称和热图注释，热图注释以行列为划分进行注释，一般列注释对应其样本来源，行注释对应分子学类型。四个组件分别位于热图主体的四个侧面。

在热图侧面有一条色带，色带相应颜色与热图矩阵数据相映射，一般靠近正值颜色为高表达、正相关，靠近负值颜色为低表达、负相关。热图的横纵坐标可以按照特定顺序进行排列，如按照样本的采集时间等，亦可根据样本间或者分组间的相关性进行聚类，绘制聚类热图。

14.3.9.3 热图的基本描述与聚类

首先对物种的丰度值进行标准化，热图中的每一个色块代表一个样品的一个属的丰度，通过颜色的深浅反映物种的丰度变化，由此直观地展示物种在每个样本或分组中的变化趋势。以分组的热图（图 14-16）为例，可以看出这几个分组中，颜色越蓝即物种丰度越高。将物种的分度值通过标准化后，以颜色的深浅展现，这样可以更加直观地看出不同的分组上物种组成的差异变化。

聚类的本质是利用多组值间两两的差异程度或者相似程度作为依据，对多组值进行层级聚类，以最终得到样本间聚类的远近关系，通过聚类，即可探讨样本（或基因）的表达量水平如何分类，以及相关关系。

如图 14-17 所示，样品纵向排列，属横向排列，从聚类中可以了解样品之间的相似性以及属水平上的群落构成的相似性。

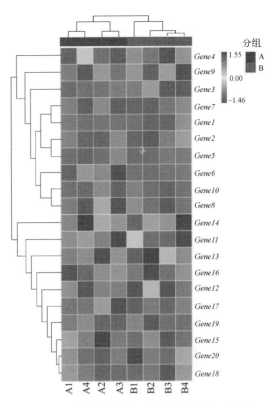

图 14-16 分组的热图（见本书前言处二维码）

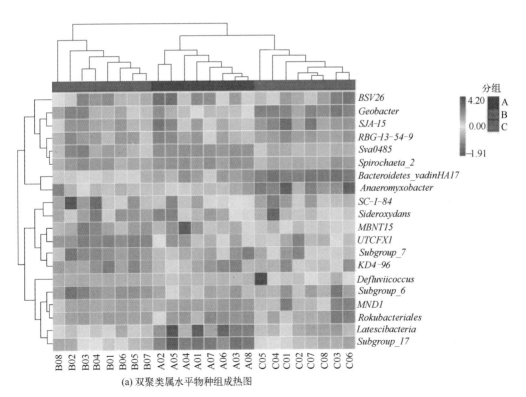

(a) 双聚类属水平物种组成热图

图 14-17

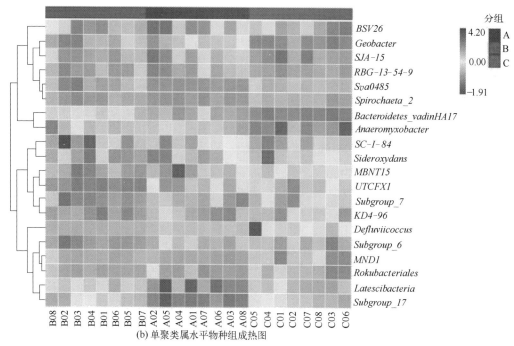

(b) 单聚类属水平物种组成热图

图 14-17   双聚类和单聚类的热图（见本书前言处二维码）

图 14-17（a）为双聚类的属水平物种组成热图，不同分组之间通过样本聚类可以很好地展示分组之间的差异，即相同分组的样本还可以聚类在一起。图 14-17（b）为单聚类的属水平物种组成热图，当不同处理组聚类在一起比较乱，但仍需按照每个分组中的样本顺序去展示时，则采用单聚类热图。

若聚类结果中出现大面积的白色或黑色，则表明大量的菌含量非常低导致没有数值，可以在绘制之前进行标准化操作，即对每一类菌单独进行标准化。通过聚类，可以将高丰度和低丰度的分类单元加以区分，并以颜色梯度及相似程度来反映多个样品在各分类水平上组成的相似性和差异性。

14.3.9.4   样本相关性热图分析

样本相关性热图中每个单元格代表一个相关性值，样品相似度高的样品聚在一起，一般结合层级聚类展示。同时标记样品的分组、处理信息，查看样品聚类结果与生物分组吻合程度、差异范围、重复生物的一致性等，由此反映不同处理批次产生的影响和样品质量的好坏。

图 14-18 是一种点状图形式的样品相关性热图，表明功能细菌之间的关联性，横纵坐标均为各种不同的反硝化菌，通过圆圈的大小和颜色对数据进行可视化。圆圈的大小反映行变量和列变量交叉处的数据值的大小，即不同功能菌间相关性的强弱，圆圈越大则相关性越强，红色为正相关，蓝色为负相关。例如，*Blastocatella* 与 *Simplicispira* 之间存在明显的负相关，而 *Arenimonas* 与 *Terrimonas* 存在明显的正相关等，由此可知不同反硝化菌之间存在的复杂的相关性。

14.3.10   系统进化树

系统进化树又名分子进化树，是生物信息学中描述不同生物之间的相关关系的方法。通

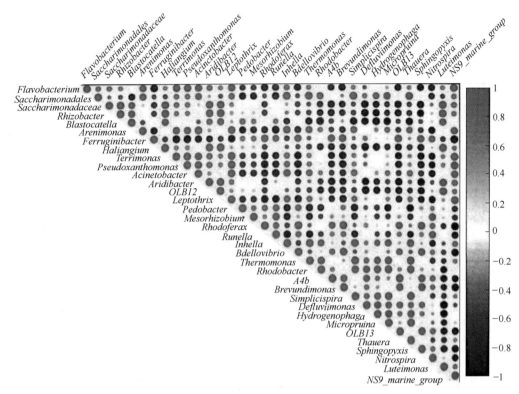

图 14-18 功能细菌之间的关联性（见本书前言处二维码）

过系统学分类分析可以帮助人们了解所有生物的进化历史过程。在生物进化和系统进化的研究中，常用一种树状分支图来概括各种生物之间的亲缘关系，这种表征物种或序列进化关系的树状分支图称为系统进化树（pylogentic tree）。

14.3.10.1　系统进化树的基本结构

系统进化树如图 14-19 所示，具有与树类似的结构，最基部为根节点（rootnode），从根开始生长，每次分出两条枝（branch）；枝生长到一定程度后，再次分枝的地方称为内节点（internalnodes）；树的最末端称为叶节点（leafnodes），包含多个叶节点的分支称为进化枝（clade）。

以上是树的基本结构。如果只有这些结构，还不能称其为系统进化树，只能说是一个树状图。只有当我们赋予该树状图以生物学意义的时候，才能称为系统进化树：一个叶节点代表一个生物类群（taxon），一个内部节点代表一个假想的祖先（ancestor）。

枝的长度用于衡量祖先和后代之间的远近。根据树的构建方法不同，枝的长度可以有不同含义。如果使用基于进化模型的方法（贝叶斯法/最大似然法），枝的长度代表碱基替换速率；如果使用基于距离的方法则代表的是距离。因为用于构树的性状、构树的方法对枝长影响很大，所以不同的树之间的距离往往无法直接比较。

14.3.10.2　构建系统进化树

微生物多样性组成谱分析中的许多分析都会用到系统进化树，因此，我们在获得了 ASV 特征序列或 OTU 代表序列之后，需要构建这些序列的系统进化树，以获得序列间的遗传距离或亲缘关系。系统进化树可以使用基于距离的方法或基于字符的方法从基因序列构

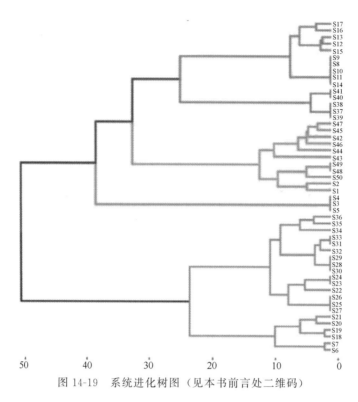

图 14-19　系统进化树图（见本书前言处二维码）

建。基于距离的方法，包括非加权组平均法（Unweighted Pair Group Method with Arithmetic Means，UPGMA）和邻接法（Neighbor-Joining，NJ），是基于计算序列之间的成对遗传距离矩阵。基于字符的方法，包括最大简约法（Maximum Parsimony，MP）、最大似然法（Maximum Likelihood，ML）和贝叶斯分析法（Bayesian Analysis）。

（1）基于距离的方法

① 非加权组平均法（UPGMA）。UPGMA 是最简单的距离矩阵方法，它使用序列聚类来建立一个有根的系统发生树，是一种较常用的聚类分析方法，可用于分析分类问题，也常被用于微生物多样性研究。

② 邻接法（NJ），这是指一种快速的聚类方法，不需要关于分子钟的假设，不考虑任何优化标准，基本思想是进行类的合并时，不仅要求待合并的类是相近的，而且要求待合并的类远离其他的类，从而通过对完全没有解析出的星形进化树进行分解，来不断改善星形进化树。

（2）基于字符的方法

① 最大简约法（MP）。这是基于奥卡姆剃刀原则（Occam's Razor）发展起来的一种进化树重构的方法，即突变越少的进化关系就越有可能是物种之间的真实的进化关系，系统发生突变越少得到的系统发生结论就越可信。该方法能确保找到最优的树，但算法非常耗时。

② 最大似然法（ML）。也称为最大概似估计，也叫极大似然估计，是一种具有理论性的点估计法。此方法的基本思想是，当从模型总体随机抽取 n 组样本观测值后，最合理的参数估计量应该使得从模型中抽取该 n 组样本观测值的概率最大。因为对比对结果中每一位置序列的改变都要加以考虑，这种方法要穷尽所有可能的树，所以运算量极大。

③ 贝叶斯分析法。该法是基于假设的先验概率、给定假设下观察到不同数据的概率以及观察到的数据本身而得出的，是一种计算假设概率的方法。

（3）不同方法的比较。基于距离的方法是一种纯数学计算过程，无法与其他树型进行比较，基于字符的方法从树长和似然值上可判断哪种树最优。在计算时间上，基于距离的方法最快，最大似然法最慢。基于距离的方法和最大似然法都可以估计枝长。

14.3.10.3 实例分析

（1）系统进化树实例。构建系统进化树图用于判断物种群落之前的遗传距离或者亲缘关系。系统进化树图在考虑物种丰度的同时，也考虑群落系统发育关系的远近，从而更全面地反映群落样本之间的相似程度。如图 14-20 所示，对混合液中门水平上相对丰度前 10 的微生物层次进行聚类分析。结果表明，普通污泥体系和 BBSIR 体系的微生物群落组成存在差异，投加海绵铁改变了门水平上的微生物群落结构。

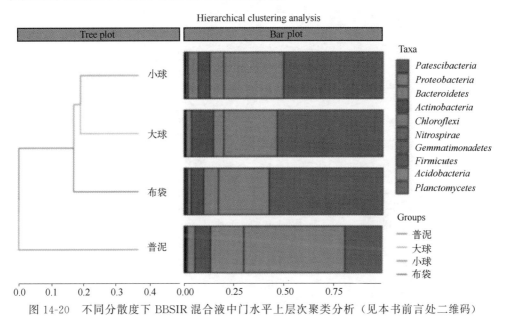

图 14-20　不同分散度下 BBSIR 混合液中门水平上层次聚类分析（见本书前言处二维码）

（2）热图和系统进化树结合 1。在进行微生物的基础研究时，常使用系统进化树进行基因组亲缘关系分析，如果每个样本还附带各自的特征，并且需以可视化的方式展示，那么可将系统进化树和热图结合起来。图 14-21 采用的就是热图和系统进化树结合的组合图，这种形式可以简洁地同时展示样本间的物种丰度和相关关系。

从热图角度分析，图 14-21 展示的是混合液属水平上相对丰度大于 0.5% 的优势菌与普通污泥、大球、小球、布袋四个样品的关系，横坐标为不同菌种，纵坐标为各个样品，红色是正相关，绿色是负相关。由图 14-21 可知，属水平上四个样品中相对丰度最高的优势菌为 *Saccharimonadales*，它在普通污泥、大球、小球和布袋中的相对丰度依次增大。其次为 *Saccharimonadaceae*，它在普通污泥、大球、小球和布袋中的相对丰度依次减小。通过观察热图中菌种在不同样品环境中的相对丰度变化，可以分析不同样品中的环境因素对于该菌生长繁殖的影响。

从系统进化树的角度分析，普通污泥体系和 BBSIR 体系存在较大差异，投加海绵铁对属水平上微生物群落的结构具有较大影响，属水平上 BBSIR 体系中小球和布袋的微生物最接近，这与理化指标的变化规律高度一致，理化指标分析结果表明，小球和布袋对各指标的处理效果均较好。

（3）热图和系统进化树结合 2。如前所述，图 14-22 也是热图和系统进化树的组合图，

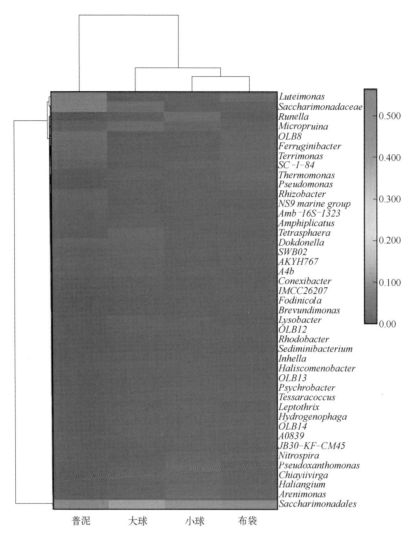

图 14-21 不同分散度下 BBSIR 混合液中属水平上微生物群落热图

（相对丰度＞0.5%）（见本书前言处二维码）

该图展示的是不同分散度下 BBSIR 载体内部的属水平微生物群落热图。从热图角度分析，横坐标为不同菌种，纵坐标为各个样品，颜色越白表明相对丰度越高。由图 14-22 可知，不同分散度下 BBSIR 体系载体内部相对丰度最高的优势菌属与混合液中的相同，为 *Saccharimonadales*，其在小球载体内部相对丰度最高，*Arenimonas*（阿伦单胞菌属）是与铁氧化有关的混合型营养型的反硝化菌，它在大球载体内部相对丰度最高，在小球和布袋载体内部相对丰度相近但明显低于大球，说明大球中的载体内部形成的铁离子浓度更高，更有利于 *Arenimonas* 的富集生长。与除磷有关的 *Micropruina*（微白霜菌属）和 *Pseudomonas*（假单胞菌属）在布袋载体内部相对丰度最高。布袋载体分散度较大，随着反应的进行，在载体内会渗入混合液中的污泥样品，导致布袋载体内部的除磷菌相对丰度更高。

从系统进化树角度分析，与混合液相比，载体内部的微生物群落结构发生了较大变化，但依旧是小球和布袋体系的微生物群落结构更为相似。属水平上，布袋载体内部出现了较高丰度的与除磷有关的 *Micropruina*（微白霜菌属）和 *Pseudomonas*（假单胞菌属）以及有机物降解菌和脱氮菌。

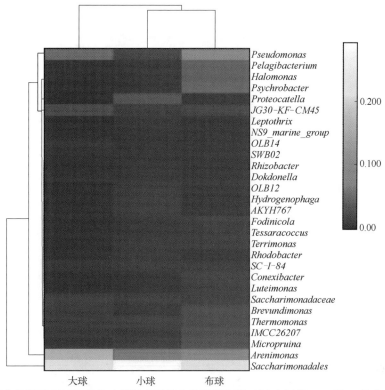

图 14-22　不同分散度下 BBSIR 载体内部属水平微生物群落热图（相对丰度＞0.5％）（见本书前言处二维码）

思考题

1. 列举新污染物的类型及危害。
2. 新污染物的检测方法有哪些？
3. 新污染物的去除方法有什么？
4. 物种丰度图的意义是什么？它反映什么内容？
5. 稀疏曲线和丰度等级曲线评估的内容分别是什么？
6. 简述 α 多样性和 β 多样性的区别。
7. 常见 β 多样性指数适用的情况有哪些？
8. 简析 PCoA 分析与 NMDS 分析的异同点。
9. 热图的含义是什么？热图可以应用于哪几种情况？
10. 如何解读热图？
11. 系统进化树基于不同距离有哪些常用方法？
12. 系统进化树图可以表征什么内容？

参考文献

[1] 江桂斌，阮挺，曲广波. 发现新型有机污染物的理论与方法[M]. 北京：科学出版社，2019.
[2] 陈铭. 生物信息学[M]. 4 版. 北京：科学出版社，2022.
[3] 王亚韡，曾力希，杨瑞强，等. 新型有机污染物的环境行为[M]. 北京：科学出版社，2018.